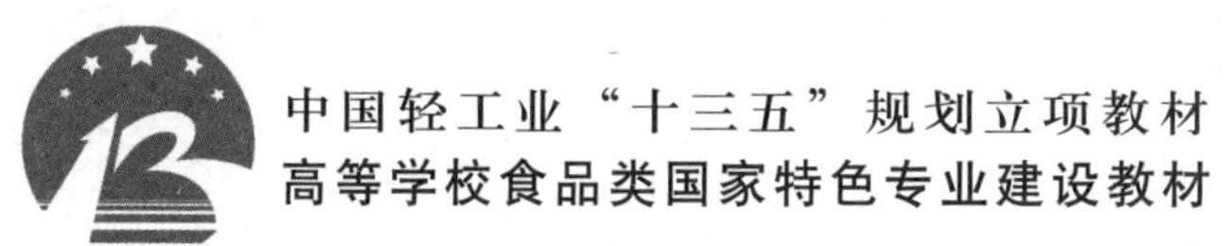

中国轻工业“十三五”规划立项教材

高等学校食品类国家特色专业建设教材

饮料工艺学（第二版）

YINLIAO GONGYIXUE

罗安伟　都凤华　谢春阳◎主编

郑州大学出版社

郑 州

图书在版编目(CIP)数据

饮料工艺学/罗安伟,都凤华,谢春阳主编.—2版.—郑州:郑州大学出版社,2020.8
普通高等教育食品类专业“十三五”规划教材
ISBN 978-7-5645-6925-9

Ⅰ.①饮… Ⅱ.①罗…②都…③谢… Ⅲ.①饮料-生产工艺-高等学校-教材 Ⅳ.①TS27

中国版本图书馆CIP数据核字(2020)第046103号

郑州大学出版社出版发行
郑州市大学路40号　　邮政编码:450052
出版人:孙保营　　发行部电话:0371-66966070
全国新华书店经销
河南匠心印刷有限公司印制
开本:787 mm×1 092 mm　1/16
印张:16.5
字数:393千字
版次:2020年8月第2版　　印次:2020年8月第5次印刷

书号:ISBN 978-7-5645-6925-9　　定价:39.00元

本书作者

主　　编　罗安伟　都凤华　谢春阳

副主编　焦凌霞　王　娜　孙希云　罗毅皓

编写人员　(按姓氏笔画排序)

于楠楠　徐州工程学院

王　娜　河南农业大学

孙希云　沈阳农业大学

宋丽军　塔里木大学

张　丽　塔里木大学

张锦华　山西大学

罗安伟　西北农林科技大学

罗毅皓　青海大学

都凤华　吉林农业大学

焦凌霞　河南科技学院

谢春阳　吉林农业大学

廖　兰　福州大学

前言（第一版）

改革开放30年来，我国饮料生产量增长了近300倍，目前已超过日本成为第二大饮料生产消费国，特别是2006年以来，软饮料生产每年过一个千万级的关口，2006年饮料产量过4000万吨大关，2007年过5000万吨大关，2008年过6000万吨大关，2009年更是一举跃上了8000万吨大关，实现产量的连续跨越。在产量增长的同时，品种也日趋多样化，为消费者提供了更多的选择余地。我国饮料品种已由单一的汽水发展成为包括碳酸饮料(汽水)类、果汁和蔬菜汁类、蛋白饮料类、包装饮用水类、茶饮料类、咖啡饮料类、植物饮料类、风味饮料类、特殊用途饮料类、固体饮料类、其他饮料等11大类产品。本教材详细地论述了各种软饮料加工的基本原理及加工工艺以及生产中易出现问题的解决方法。

全书共分14章。由吉林农业大学都凤华和谢春阳主编，编写人员有徐州工程学院马利华、西北农林科技大学罗安伟、河南科技学院余小领、吉林大学邢贺钦、吉林省蚕业研究所田兰英，以及吉林农业大学的文连奎、王治同、谷春梅、林柯。本书主编负责全书的通稿和审定工作。

本书内容丰富、新颖，理论性与实用性兼顾，反映了软饮料加工的现状与发展动态，可作为高等院校食品科学与工程、食品质量与安全以及园艺专业的本科生教材，也可为相关的科研人员、专业人士提供有益的参考。

本书在编写和出版过程中，得到了郑州大学出版社的大力支持，在编写过程中引用和参考了一些编著、文献资料，在此一并表示衷心的感谢。由于篇幅所限，参考资料仅列出一部分，敬请有关作者给予谅解。

由于本书涉及面广、内容丰富，加之编者能力有限，时间仓促，书中难免有一些不足和疏漏之处，敬请同行专家和读者批评指正。

编　者

2011年3月

前言（第二版）

《饮料工艺学》是系统阐述饮料种类、饮料用水及水处理、原辅料、加工原理、生产工艺、主要设备、产品质量控制技术的教材，其内容体系新、学科适用性强，因而出版后即受到国内同行及广大读者的关注。该教材第二版是在第一版的基础上进一步吸收、借鉴国内外的最新研究成果，吸纳同行及广大学生的合理意见和建议，根据近十年本学科的发展和编者的教学实践进行的再次修订。

教材修订的指导思想：修正错误，弥补不足；理论联系实际，应用与学术并重；去陈纳新，紧跟科技和学科发展前沿。修订的要求是基本坚持第一版的体例，对内容进行适当增减；增补的内容新颖、真实、适用，具有较高的科学与学术价值；教材各章节的编排，按照新的国家标准《饮料通则》（GB/T 10789—2015）中各类饮料的顺序进行排列。

根据教材修订的指导思想和要求，此次修订内容如下：第一版教材书名《软饮料工艺学》改为《饮料工艺学》。第2章中增加水质标准的主要指标等新的数据标准；过滤中增加微滤、超滤与纳滤内容；增加以地表水、地下水、自来水为水源的水处理典型案例。第3章改为“饮料生产常用的食品添加剂”，且添加剂顺序按《食品添加剂使用标准》（GB 2760—2014）中的顺序排列；各种具体添加剂按照性状、性质、作用、使用注意事项、添加限量等顺序描述；天然甜味剂中增加罗汉果甜苷，人工甜味剂中删除糖精钠，增加三氯蔗糖；合成色素中增加亮蓝，天然色素中增加红曲色素（红曲黄、红曲红）、姜黄，充实焦糖色内容；香精分类中增加粉末香精、微胶囊香精的介绍；抗氧化剂中增加茶多酚；增稠剂中增加阿拉伯胶、罗望子多糖胶；乳化剂增加吐温系列和司盘系列；酶制剂中增加单宁酶、葡萄糖氧化酶；CO_2中补充《食品添加剂液体二氧化碳》（GB 10621—2006）中的质量标准要求；增加其他食品添加剂，如抗结剂二氧化硅、磷酸三钙、碳酸镁、微晶纤维素，电解质如氯化钾、硫酸镁、硫酸锌等。第4章增加包装饮用水的定义与分类；删除矿泉水分布的一般规律及纯净水生产的主要设备；饮用纯净水中增加常见质量问题与控制措施；补充其他类饮用水中的调味水、风味水。第5章概述中增加NFC果汁、益生菌发酵果汁、超高压杀菌技术、电子束杀菌技术等；增加果蔬汁饮料原料要求的内容，水果原料增加梨、杧果、山楂、猕猴桃，蔬菜原料中增加番茄、胡萝卜、芹菜等常见原料的概要介绍;增加果蔬汁的检验内容;补充浓缩汁(苹果汁)在储藏中的变色及生产中的控制措施。第6章增加介绍均质机、杀菌机、发酵罐、灌装机设备;增加植物蛋白饮料生产常见问题及控制措施内容。第7章重点介绍一次灌装工艺;增加容器与设备的清洗内容。第8章增加运动饮料开发程序、营养素饮料的定义与发展概况、营养素饮料中的主要营养素,新增能量饮料、电解质饮料相关内容。第9章增加柠檬红茶、茉莉花茶两种风味茶饮料,删除原来的荔枝干、果味荷叶清凉汁饮料实例,增加风味水饮料。第10章删除第一版中的"茶饮料生产的主要设备";补充茶多糖、蜂蜜、螯合剂、护色剂;增加茶饮料的护色、茶乳酪的去除与防治技术,介绍先进技术的冷泡茶、低温去乳酪、充氮灌装防氧化等新型实用技术。第11章删除第一版中"速溶咖啡生产工艺"内容,放入第13章固体饮料中;第一版咖啡饮料的种类修订为咖啡饮料的定义与分类;补充比较国际三大咖啡豆品种阿拉比卡、罗布斯塔及利比里亚品质的差异;增加咖啡饮料质量问题与控制措施。第12章增加植物饮料的定义与分类;重点介绍谷物饮料、草本饮料;实例中列举米饮料、玉米汁饮料、豆类饮料;第一版其他植物饮料中列举的花卉饮料、红景天保健饮料均属于草本饮料,绿豆饮料属于谷物饮料,均不可再列入第二版中的其他植物饮料中。第13章原辅材料中增加植脂末、抗结剂(膨松剂);生产案例选取市场上常见的、有代表性的固体饮料,如橙味果珍(风味固体饮料)、奶茶(蛋白固体饮料)、速溶茶粉、速溶咖啡等各举一例;增加影响固体饮料溶解性的因素。删除第一版中的第14章饮料加工新技术,分解到各章节中,避免重复。

参与本教材修订的人员均是从事饮料工艺学教学和科研的高校教师,具有一线教学和科研经验,他们熟悉教材内容,了解存在的问题和不足,掌握修订的切入点,可使教材修订后更臻完善。本次教材由罗安伟任第一主编,并负责制定修订方案和统稿,都凤华、谢春阳参与了部分章节的修订工作。罗安伟修订第1章、第4章;焦凌霞修订第2章、第9章;于楠楠修订第3章;宋丽军、张丽修订第5章;孙希云修订第6章、第13章;张锦华修订第7章;廖兰修订第8章;罗毅皓修订第10章;王娜修订第11章、第12章。

本教材在查阅大量文献资料的基础上,结合生产实践系统地阐述了各类饮料的特性、原辅料、加工原理、生产技术及在生产与流通过程中的质量安全控制措施。教材内容丰富并有新意,理论联系实际且实用性强,既可作为高等院校食品科学与工程、食品质量与安全、农产品储藏与加工等专业的教材,也可作为食品科学相关专业研究生的教材或教学参考书。同时,对在饮料领域从事科研、生产、管理、营销、配送的人员有一定的应用和参考价值。

在教材修订过程中,再次承蒙郑州大学出版社和西北农林科技大学教务处的大力支持,在此表示衷心感谢!

本教材编写的结构体系和案例选用仍有不当之处,加之编者水平有限,不足之处在所难免,诚望广大读者和同行专家提出宝贵意见,力求使本教材日臻完善。

罗安伟

2019年4月

目录

Food 第1章 绪 论

【内容提要】

本章主要介绍饮料的定义与分类、饮料工业发展的现状与趋势、饮料生产中高新技术的应用情况及饮料工艺学的研究内容与学习方法。

【学习目标】

掌握饮料的定义与分类;了解国际国内饮料工业的发展现状;熟悉饮料生产中应用的现代高新技术;了解饮料工艺学主要阐述的研究内容。

【名词及概念】

饮料;碳酸饮料;果蔬汁饮料;蛋白饮料;包装饮用水;茶类饮料;咖啡类饮料;植物饮料;风味饮料;固体饮料;特殊用途饮料

1.1 饮料的定义与分类

1.1.1 饮料的定义

饮料(beverage)泛指经过加工制作,供人们饮用的食品,以补充人体所需的水分和营养成分,生津止渴和增进身体健康目的。

饮料的种类繁多,根据其酒精含量可分为酒精饮料和非酒精饮料两大类。酒精饮料是酒精含量在0.5%以上的饮料,包括各种酒类,如白酒、啤酒、果酒、黄酒等;非酒精饮料即传统意义上的软饮料,其酒精含量在0.5%以下(因有的香精溶剂是酒精,有的发酵饮料可能产生微量酒精)。

根据组织形态的差异,饮料可分为液态饮料、固态饮料和共态饮料三大类。通常情况下,饮料以液态的居多,如纯净水、果汁饮料、茶饮料等。固态饮料是以糖及其他原料和食品添加剂,经加工干燥成粉末状、颗粒状或块状,需经冲泡或冲调后饮用的制品。共态饮料则是指那些既可以是固态,也可以是液态,在形态上处于过渡状态的饮料。如冷饮中的冰淇淋、雪糕、冰棍等。

国际上对饮料的定义和称谓差别较大,至今没有统一。日本将饮料统称为清凉饮料,包括碳酸饮料、水果饮料、固体饮料等,但不包括天然蔬菜汁。美国将人工配制的、酒精(用作香精等配料的溶剂)含量不超过0.5%的饮料定义为软饮料,但不包括果汁、纯蔬菜汁、大豆乳制品、茶叶、咖啡、可可等植物基饮料。英国定义饮料为任何供人类饮用而出售的需要稀释或不需要稀释的液体产品,包括各种果汁饮料、汽水、姜啤以及加药或植物的饮料;但不包括水、天然矿泉水(包括强化矿物质的水)、果汁(包括加糖和不加糖的、浓缩的)、乳及乳制品、茶、咖啡、可可或巧克力、蛋制品、粮食制品(包括加麦芽汁含酒精的)、肉类、酵母或蔬菜等制品(包括番茄汁)、汤料、能醉人的饮料以及除苏打水外的任何不甜的饮料。

我国国家标准《饮料通则》(GB/T 10789—2015)规定,饮料是指经过定量包装的,供直接饮用或按一定比例用水冲调或冲泡饮用的,乙醇含量(质量分数)不超过0.5%的制品。也可为饮料浓浆或固体形态。

1.1.2 饮料的分类

按照国家标准《饮料通则》(GB/T 10789—2015)的规定,根据原料及产品性状,将饮料分为11大类63小类。

(1)包装饮用水(packaged drinking water) 指以直接来源于地表、地下或公共供水系统的水为水源,经加工制成的密封于容器中可直接饮用的水。包括饮用天然矿泉水、饮用纯净水、其他类饮用水(饮用天然泉水、饮用天然水、其他饮用水)。

(2)果蔬汁类及其饮料(fruit/vegetable juices and beverage) 指以水果和(或)蔬菜(包括可食的根、茎、叶、花、果实)等为原料,经加工或发酵制成的饮料。包括果蔬汁(浆)、浓缩果蔬汁(浆)、果蔬汁(浆)类饮料。

(3)蛋白饮料类(protein beverage) 指以乳或乳制品,或其他动物来源的可食用蛋白,或含有一定蛋白质的植物果实、种子或种仁等为原料,添加或不添加其他食品原辅料和(或)食品添加剂,经加工或发酵制成的液体饮料。包括含乳饮料、植物蛋白饮料、复合蛋白饮料与其他蛋白饮料。

(4)碳酸饮料(汽水)(carbonated beverage) 指以食品原辅料和(或)食品添加剂为基础,经加工制成的,在一定条件下充入一定量二氧化碳气体的液体饮料,不包括由发酵自身产生二氧化碳气的饮料。包括果汁型、果味型、可乐型及其他型4种类型。

(5)特殊用途饮料(beverages for special uses) 指加入具有特定成分的适应所有或某些人群需要的液体饮料。包括运动饮料、营养素饮料、能量饮料、电解质饮料及其他特殊用途饮料5种类型。

(6)风味饮料(flavored beverage) 指以糖(包括食糖和淀粉糖)和(或)甜味剂、酸度调节剂、食用香精(料)等的一种或多种作为调整风味的主要手段,经加工或发酵制成的液体饮料。包括茶味饮料、果味饮料、乳味饮料、咖啡味饮料、风味水饮料及其他风味饮料6种类型。不经调色处理、不添加糖(包括食糖和淀粉糖)的风味饮料为风味水饮料,如苏打水饮料、薄荷水饮料、玫瑰水饮料等。

(7)茶(类)饮料(tea beverage) 指以茶叶或茶叶的水提取液或其浓缩液、茶粉(包括速溶茶粉、研磨茶粉)或直接以茶的鲜叶为原料,添加或不添加食品原辅料和(或)食品添加剂,经加工制成的液体饮料。包括原茶汁(茶汤)/纯茶饮料、茶浓缩液、茶饮料、果汁茶饮料、奶茶饮料、复(混)合茶饮料及其他茶饮料7种类型。

(8)咖啡(类)饮料(coffee beverage) 指以咖啡豆和(或)咖啡制品(研磨咖啡粉、咖啡的提取液或其浓缩液、速溶咖啡等)为原料,添加或不添加糖(食糖、淀粉糖)、乳和(或)乳制品、植脂末等食品原辅料和(或)食品添加剂,经加工制成的液体饮料。包括浓咖啡饮料、咖啡饮料、低咖啡因咖啡饮料、低咖啡因浓咖啡饮料4种类型。

(9)植物饮料(botanical beverage)　指以植物或植物提取物为原料,经加工或发酵制成的饮料,添加或不添加其他食品原辅料和(或)食品添加剂,经加工或发酵制成的液体饮料。包括可可饮料、谷物类饮料、草本(本草)饮料、食用菌饮料、藻类饮料、其他植物饮料,不包括果蔬汁类及其饮料、茶(类)饮料和咖啡(类)饮料。

(10)固体饮料(solid beverage)　指用食品原辅料、食品添加剂等加工制成的粉末状、颗粒状或块状等,供冲调或冲泡饮用的固态制品。包括风味固体饮料、果蔬固体饮料、蛋白固体饮料、茶固体饮料、咖啡固体饮料、植物固体饮料、特殊用途固体饮料和其他固体饮料8种类型。

(11)其他饮料类(other beverage)　除(1)~(10)之外的饮料,其中经国家相关部门批准,可声称具有特定保健功能的制品为功能饮料。

1.2　饮料工业的发展现状与趋势

饮料作为人们休闲、佐餐的快消食品,不仅能为人们补充水分,而且还有补充营养的作用,有的甚至还有特殊的保健功能与食疗作用,深受广大消费者的喜爱。饮料都具有一定的风味和口感,而且十分强调色、香、味,它们或者保持天然原料固有的色泽、香气与滋味,或者经过调配等加工处理加以改善,以满足人们各方面的需要。目前,饮料种类繁多,风味各异,且更加强调安全、营养与健康,已成为人们日常生活中最普遍的必需品。

1.2.1　国外饮料发展状况

全球最大的饮料消费市场为北美,其次是西欧,亚太地区排名第三。饮料消费因各国人民的饮食习惯、饮食资源和生活水平不同而有所差异。美国人虽仍然钟情于可乐等碳酸饮料,但含维生素的果蔬汁饮料、含蛋白质的乳饮料及植物蛋白饮料,以及功能饮料等发展迅速,极大地挤占了碳酸饮料的市场份额;德国人喜欢选择含有多种维生素的果汁饮料,以及能提供热量和消暑的汽水;英国饮料市场品种丰富,果蔬汁饮料、果汁与酒精混合饮料、植物草本饮料、茶饮料等是市场上较为主流的饮料;法国的饮料消费市场发生了很大的变化,由过去主要的葡萄酒消费,转向果汁、水果饮料、矿泉水、纯净水为主的无醇清凉饮料消费;日本饮料以清凉饮料、健康饮料为消费趋势,100%纯天然果汁、果汁碳酸饮料、维生素饮料、矿物质饮料、膳食纤维饮料、运动饮料、茶饮料等较为流行。

美国不仅是世界最大的饮料生产国,也是最大的消费国,人均年消费饮料360 L;日本饮料消费量居世界第二位,人均年消费230 L;意大利为瓶装饮用水最大消费国,人均年消费164 L;阿根廷人均碳酸饮料消费世界第一,人均年消费137 L,智利、墨西哥、美国分列2~4位;法国的矿泉水消费量最大,人均年消费100 L;英国含糖饮料的人均年消费量超过100 L;中国2018年人均饮料年消费量为113 L。

1.2.2　国内饮料发展状况

1.2.2.1　生产状况

近年来,我国饮料行业保持高速发展,在食品工业中的增速排名第一,是我国发展最快、最有潜力的产业之一。据统计,30 年来我国饮料行业年产量平均增长 20% 以上,随着产量的增长,产品种类也日益丰富。目前,我国饮料种类已发展到包括包装饮用水、果蔬汁类及其饮料、蛋白饮料、碳酸饮料(汽水)、特殊用途饮料、风味饮料、茶(类)饮料、咖啡(类)饮料、植物饮料、固体饮料和其他类饮料共 11 大类产品。

图 1.1 为 2009—2018 年我国饮料产量。纵观改革开放 40 年来,我国饮料产量增长了 500 倍,目前已超过日本成为第二大饮料生产消费国。特别是 2010 年以来,饮料产量每年增长均超过 1 000 万 t,2011 年饮料产量突破 1 亿 t,2012 年达到 1.3 亿 t,2013 年达到 1.49 亿 t,2014 年达到 1.66 亿 t,2016 年达到 1.83 亿 t,实现了产量的持续增长。

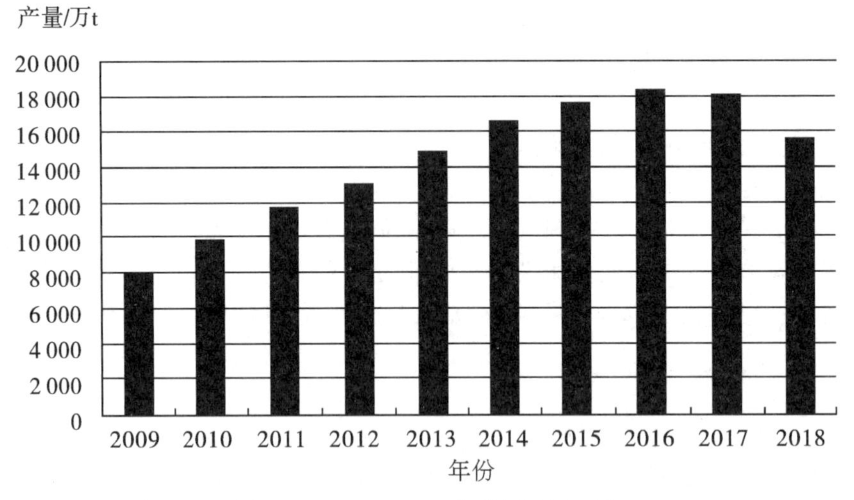

图 1.1　2009—2018 年我国饮料产量

1.2.2.2　饮料行业的特点

(1)产品生命周期短　中国的饮料行业大致经历六个阶段:1979—1995 年为第一阶段,这一时期是可口可乐和百事可乐碳酸饮料的天下,历时近 17 年;1996—2000 年为第二阶段,重要的标志是娃哈哈、乐百氏和农夫山泉包装饮用水在中国的热销,打破"两乐"在饮料市场一统天下的格局,历时近 5 年;2001 年,以康师傅为代表的茶饮料倍受消费者青睐,可以视为中国饮料发展的第三阶段;2002 年最引人注目的是以统一鲜橙多为代表的果汁饮料在市场上火爆销售,可视为第四阶段;从 2003 年开始,各种新品功能饮料和果汁蔬菜汁饮料、茶饮料轮流登台唱主角,王老吉突然崛起可作为第五阶段的代表;2010 年后,以红牛、脉动等为代表的各种营养、健康、保健饮料迅速崛起,标志着饮料行业进入功能饮料时代。饮料产品的生命周期明显缩短,消费者口味的变化明显加快,消费者偏好更加容易转移,这些都迫使饮料企业加快新产品的开发,以满足人们对饮料消费越来越高的要求。

(2)形成了寡头垄断竞争的市场结构　寡头垄断是介于完全竞争和完全垄断之间的一种市场结构,由于市场上存在几个较大规模的相互依存、相互竞争的企业,所以每一个企业的市场行为都会对其他企业的行为产生有效的影响。以“两乐”为代表的国际巨头,以娃哈哈、农夫山泉、汇源为代表的本土饮料企业,以及以康师傅、统一为代表的台湾饮料品牌是市场中的“寡头”,它们凭借雄厚的资金实力、丰富的品牌运作经验和强大的产品研究开发能力对饮料市场起着绝对主导和控制的作用,国内其他中小型饮料企业和品牌面对它们的竞争显得力不从心。换句话说,我国饮料市场早已形成了“三分天下”的竞争格局。

(3)产品品类多元化　碳酸饮料的霸主地位已被打破,饮料品类琳琅满目。2000 年后,碳酸饮料的产量在饮料行业中的占比逐渐下降,至 2017 年已跌破 10%,占比降至 9.55%;包装饮用水、果汁饮料、蛋白饮料和茶饮料迅速崛起,市场份额已超过 70%。图 1.2 为 2016 年我国各类饮料产量的品种结构图,其中包装饮用水占 46.87%,果蔬汁饮料为 16.6%,碳酸饮料为 10.86%,茶饮料为 7.39%,蛋白饮料为 6.14%。一个饮料企业或者品牌再也不能以一种类型的产品“打遍天下”,市场呈现出从单一产品走向复杂多元化产品的竞争态势。

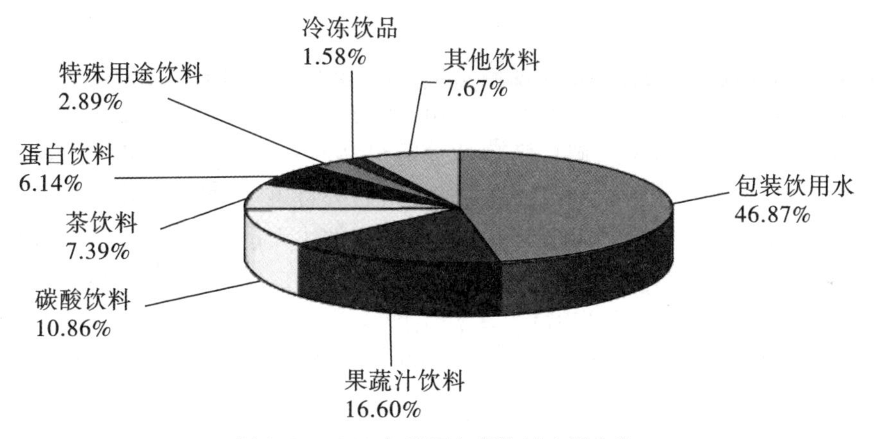

图 1.2　2016 年我国各类饮料产量占比

(4)消费的品牌集中度高　目前国内碳酸饮料市场消费的品牌集中度达到 90% 以上,果汁饮料的品牌集中度为 60%,茶饮料的品牌集中度为 75%,瓶装水市场的品牌集中度也超过了 50%,饮料市场的消费集中度与品牌垄断可见一斑。

(5)产品竞争转向产业链的竞争　饮料工业的发展一般都须经历产品竞争、渠道竞争和品牌竞争三个阶段。我国饮料市场正从产品竞争向渠道竞争和品牌竞争过渡,竞争的焦点正由下游生产环节向上游原料供应环节转移。对于源头、渠道的控制能力,是企业在竞争中胜出的关键要素。

(6)外资并购频起,市场集中度加大　近年来,饮料行业大宗投资并购和重组案非常频繁,市场格局发生了很大的变化,市场集中度加大。

(7)产品销售季节性强　饮料产品的销售有很明显的季节性,夏秋季是饮料消费的旺季。这就很容易造成很多饮料企业在夏秋季的时候设备产能不足,订单无法完成;而到了淡季,生产设备长时间闲置、开机率不足,这使饮料企业陷入经营困境,同时也造成了社会资源的巨大浪费。

1.2.2.3 饮料行业的策略

各个企业针对自己的特点采取了不同的战略发展竞争策略。娃哈哈采用成本领先,成为产业中低成本供应者;可口可乐在大城市采取集中化,致力于寻求目标市场上的竞争优势控制成本,重建企业价值。饮料各细分行业也采取了不同的发展战略。

(1)瓶装水行业 市场的竞争不仅表现在厂家之间,每年的水战基本都是从概念之争开始。从纯净水到矿泉水、天然水等,其背后都有厂家为争夺市场进行的争斗。近年来,中国水市相对没有提出新概念,娃哈哈和乐百氏凭借成熟的营销体系和强势的品牌形象稳居三甲之中;以营销策划见长的农夫山泉,通过宣传关于天然水和纯净水的大争论,在同行中知名度大增,而冲入三甲。三者为争夺饮用水市场,投入巨大精力和财力,外树品牌,内重产品开发和工艺改进,进一步从行业中脱颖而出,品牌集中度更趋提高。

(2)茶饮料行业 近年来,康师傅相继推出绿茶、冰红茶、乌龙茶、柠檬茶;统一则推出麦香红茶、乌龙茶及奶茶与之抗衡。为了巩固各自地位,瓜分更多的市场份额,行业巨头都纷纷投入巨资,加大广告和促销力度,众多品牌的茶饮料广告纷纷请来明星助阵。2015 年统一推出冷泡茶“小茗同学”,2016 年农夫山泉推出果味茶饮料“茶 π”,2018 年娃哈哈推出“安化黑茶”“宜茶时”等多款茶饮料,茶饮料市场竞争更加激烈。

(3)果汁饮料行业 从 2001 年统一推出“鲜橙多”果汁饮料开始,各大企业纷纷跟进;康师傅陆续推出“每日 C”“鲜果橙”“冰糖雪梨”等果汁,可口可乐推出“美汁源”“酷儿”等果汁品牌,汇源推出了系列口味的中浓度及百分百果汁,果汁市场竞争进入白热化阶段。成熟的市场和丰厚的利润吸引了更多的企业加快入市步伐,众多新产品的低价上市,打乱了原来稳定的市场格局。为了保住市场份额,各厂家纷纷调低价格,同时为了争夺细分市场,各生产厂家的果汁口味及果汁浓度越来越趋于细分化,橙汁、菠萝汁、苹果汁等新产品、新品牌层出不穷。每个企业都想通过独特的口味延伸与差异化策略与其他产品抗衡,以获取更大的市场份额。

1.2.2.4 饮料行业未来发展的趋势

(1)果蔬汁饮料 因具有新鲜果蔬特有的风味,并富含维生素 C、β-胡萝卜素、K、Ca、Mg 等维生素和矿物质,果蔬汁饮料成了饮料行业中健康饮料的代名词,总产量已跃居第二位,仅次于包装饮用水。果蔬汁饮料市场以橙汁为主,其他果汁主要有苹果汁、复合果汁、桃汁、葡萄汁、草莓汁、西红柿汁等;果汁浓度以低浓度果汁为主,约占市场的 83%,中浓度果汁约占 13%,纯果汁仅占 4%。果蔬汁饮料未来的发展趋势是纯果汁、NFC 果汁、益生菌发酵果汁及果粒果汁。

(2)茶饮料 茶具有不含热量、能助消化、缓解疲劳、利尿、消肿等特点,是一种天然饮料,符合当今人们追求天然、健康的要求,其消费量不断增长。茶饮料发展的方向是冷泡茶、果汁茶、气泡茶。

(3)功能保健型饮料 随着人们对健康的重视,功能性饮料开始踏入市场,在饮料中添加维生素、矿物质等各种功能因子的功能性饮料,具有营养、免疫、调整生理机能,防病,抑制衰老等功效,在大健康时代具有广阔的市场。

(4)运动型饮料 亦称电解质饮料,含有钾、钠、钙、镁、氯、磷等多种矿物质元素。随着人们生活方式的改变,越来越多的消费者更加注重休闲运动、美体健身,对运动饮料等特殊用途饮料的需求与日俱增。

总之,饮料的发展趋势是营养、保健、安全、卫生、回归绿色天然。在普及包装饮用水的情况下,大力鼓励发展果蔬汁饮料、蛋白饮料、茶饮料、植物饮料和特殊用途饮料。在发展生产的同时,要强化营销工作,拓展国内外市场,特别是农村市场,以销售拉动生产,以搞好生产促进销售,最大限度地满足城乡居民日益增长的生活需要。

1.3 饮料生产中高新技术的应用

饮料工业作为食品工业的重要分支,生产正朝向规模化、集约化方向发展,高新技术在饮料生产中的使用越来越广泛,特别是节能、环保、先进、智能、高效的生产技术得到越来越多饮料企业的重视。高新技术的应用不仅提高了原料利用率、产率、节能环保,产品质量显著提高且更加稳定,同时降低了劳动强度、减少了操作工人、提高了自动化程度、降低了生产成本。目前,饮料行业的领军企业基本都采用了先进的生产设备与领先的生产技术,以使企业在行业竞争中处于不败之地。饮料生产中应用的高新技术有酶解、发酵等生物技术,超声波辅助低温萃取、超临界萃取等高效提取技术,反渗透过滤、超滤膜浓缩等膜分离技术,超微粉碎、微胶囊等破碎与包埋技术,臭氧、超高压等非热杀菌技术,以及无菌冷灌装技术等,新技术的使用大大提高了生产效率与产品质量。

1.3.1 高效提取技术

在饮料生产中,为了从原料中获得更多的有效成分,提高原料利用率,采用超声波、微波、射频辅助提取及超临界流体萃取技术进行原料提取的企业越来越多。超声波辅助提取是利用超声波产生的高速、强烈的空穴效应和搅拌作用破坏原料细胞,使有效成分更易于溶解于水中,具有提取效率高、提取时间短、提取温度低、适应性广、提取液纯度高、操作简单、运行成本低等优势。微波辅助提取是在高频微波能的作用下,使水对原料的渗透作用更强,有效成分的溶解更充分、更彻底,从而实现快速高效提取;微波辅助提取具有节省溶剂、加热均匀、提取温度低、具有选择性、生物效应强、提取快速高效等特征。射频辅助提取与微波辅助提取类似,也属于介电加热,其频率在10~300 MHz,波长是微波的几百倍,穿透深度可达几十厘米,且能量更为集中,因此对有效成分的提取效果比微波辅助提取要好,产物得率更高。超临界流体萃取技术主要利用超临界流体 CO_2 具有极高的溶解性和选择性,可以将原料中极性大小不同、沸点高低不同、分子量大小不同的有效成分有选择性地萃取出来;该技术萃取温度低,对营养成分破坏少,提取效率高,工艺及操作简单。

在茶饮料、咖啡饮料、草本饮料、谷物饮料、植物蛋白饮料、食用菌饮料等产品生产中,采用超声波、微波辅助提取及超临界流体萃取等高效提取技术,可大大提高茶多酚、咖啡因、蛋白质、多糖等营养及功能成分的提取率。

1.3.2 生物技术

生物技术在饮料中的应用主要包括生物酶解、发酵及细胞培养等技术,用于处理原料，提高产率及获得功能性成分等，或是用于生产新的产品。

酶解技术在果蔬汁饮料、蛋白饮料、草本饮料、谷物饮料、茶饮料生产中应用十分普遍。如苹果浓缩汁生产中，常用果胶酶和淀粉酶酶解果浆，以提高出汁率，并获得稳定的清汁；橙汁生产中常用柚苷酶、柠碱酶酶解果汁中的苷类物质以减弱橙汁的苦味；豆乳饮料生产中常用己醛脱氢酶酶解豆浆中的正己醛，以减弱或消除豆乳中的豆腥味；凉茶饮料生产中加入纤维素酶可提高草本原料中药效成分的提取率；谷物饮料生产中通常要添加α-淀粉酶和β-淀粉酶，对淀粉进行液化和糖化处理；茶饮料生产中，为防止产生冷后浑现象，减少茶乳酪形成，常添加单宁酶、纤维素酶、蛋白酶或果胶酶，分解茶汁中的大分子物质，提高茶可溶性物质在冷水中的溶解度，从而减少混浊沉淀现象，提高茶汁的澄清度。

生物发酵技术在饮料中的应用已十分成熟。在乳酸菌乳饮料、乳酸菌饮料生产中，通常采用保加利亚乳杆菌、嗜热链球菌等进行乳酸发酵，并保持一定数量的活菌数，如大家熟知的酸奶；在果汁饮料生产中，通过植物乳杆菌发酵，生产益生菌发酵果汁；以面包为原料，添加保加利亚乳杆菌、酵母发酵生产的格瓦斯饮料，具有典型的麦乳与酒花香气；豆乳饮料中可加入乳酸菌适度发酵，生产无豆腥味的酸乳。

利用基因工程或细胞工程技术培育新的饮料原料和开发功能饮料是生物技术在饮料中更深层次的应用。如利用细胞培养可大量生产免疫球蛋白、多肽、黄酮、生物碱、糖苷等功能性物质，用于特殊用途饮料的生产；也可利用基因工程生产乳酸菌，用于酸奶及发酵果汁与酸豆乳的生产。

1.3.3 膜分离技术

膜分离技术是以一定孔径的膜材料为介质，通过压力差、浓度差等推动力，使某些组分透过膜而另一些组分被膜截留，从而实现分离、提纯或浓缩的目的。在饮料中应用较多的膜分离技术有微滤、超滤、纳滤、反渗透、电渗析。

在饮料用水处理中，常用微滤脱除水中的悬浮物质和胶体物质等杂质，超滤可以截留水中的微生物，反渗透可以降低水的硬度并脱除绝大部分无机盐。现代饮料生产中，微滤与反渗透等膜分离技术是水处理中重要的分离除杂手段；在矿泉水生产中，采用微滤膜过滤，既能除掉悬浮物、胶体及微生物等杂质，还能保留水中的微量元素与常规矿物质。

在果蔬汁生产中，以微滤结合超滤处理，可以获得较高澄清度的果蔬清汁，除掉果汁中的蛋白质、淀粉、果胶等易引起沉淀的物质，而保留果蔬汁中的糖、酸、维生素、矿物质等营养成分；在浓缩苹果汁生产中，几乎都采用超滤+反渗透技术进行浓缩，利用一定孔径的超滤膜，可以截留果蔬汁中的绝大部分营养物质，再将过滤液通过反渗透膜，几乎能将所有物质全部截留，合并截留液，即可实现苹果汁的低温无相变浓缩，该浓缩汁的质量显著高于常规的低温真空浓缩汁。

在茶饮料、草本饮料、运动饮料等的生产中，常用孔径 1 μm 左右的微滤膜过滤，以获得澄清度较高的饮料，防止产生混浊或沉淀。

1.3.4 非热杀菌技术

非热杀菌技术包括超高压、高压脉冲电场、电离辐射及脉冲磁场等杀菌技术。与热力杀菌相比,非热杀菌温度低,能更好地保持饮料固有的色泽、香气与滋味,对热敏性成分造成的损失小,且相对能耗低。

在饮料中应用较多的非热杀菌技术是超高压杀菌。该技术是将包装好的饮料置于超高压杀菌装置中,在高于 100 MPa 的压力下维持一段时间,实现常温下钝化酶及杀灭微生物的目的。目前,已经有超高压杀菌的果蔬汁饮料进入市场,其风味与新鲜果蔬相差无几,说明超高压杀菌技术能最大限度地保持饮料的色香味,在其他类型饮料的杀菌处理中也有广阔的应用前景。

高压脉冲电场、电离辐射、脉冲磁场等也具有良好的杀菌效果,并能保持饮料的色香味,但目前还处于试验研究阶段,商业化应用还有待时日。

1.3.5 无菌包装技术

无菌包装技术是指将饮料杀菌后,迅速冷却,在无菌环境下灌装入事先已经灭菌的包装容器中并密封的包装技术。与传统的热灌装相比,无菌灌装温度低,包装环境无菌,产品受热时间短,热敏性成分及营养物质损失少,产品品质高。在饮料生产中,纸盒包装的果蔬汁、乳饮料、植物蛋白饮料、草本饮料以及无菌枕、利乐包、百利包等包装的各类饮料,基本都采用无菌冷灌装技术;此外,在浓缩果汁生产中,标准 200 kg 的铝箔袋+铁桶包装的产品,基本也是采用无菌灌装技术进行包装生产。

在饮料生产中,还有很多高新技术的应用,如冷冻浓缩技术、香气回收技术、自冷自热技术、超微粉碎技术、微胶囊技术、超高压均质技术等,它们为营养、安全、健康饮料的生产提供了技术保证,促进了饮料工业的快速发展。

1.4 饮料工艺学的研究内容与学习方法

饮料工艺学是一门应用科学,属于食品工艺学的一个分支,涉及的学科门类较多,需要数学、物理、化学、生物学、自动化控制、食品工程、机械与设备、品质分析与检验、食品感官评价、营销与管理等多学科知识作为基础,并将其融会贯通,才能灵活应用于饮料生产中。

饮料工艺学是根据技术上先进、经济上合理、品质满足消费需求的原则,研究饮料生产中的原辅料、半成品、成品的加工技术与方法,包装材料和容器、生产机械与设备的选型与匹配,以及产品流通、质量控制与市场营销的一门综合性应用学科。

饮料生产中的技术先进指的是生产工艺和机械设备先进。要实现生产工艺先进,就需要了解和掌握工艺技术参数对饮料品质的影响,也就是要了解加工条件和饮料生产中的物理、化学、生物学之间的变化关系,这就需要掌握食品化学、食品微生物及食品生物化学的基础知识,将生产过程中饮料品质的变化与工艺技术参数的控制有机联系起来,使工艺控制达到最佳水平。机械设备先进包括设备自身的先进性和对工艺水平的适应程度,饮料生产设备必须性能可靠,运行稳定,材质符合饮料生产要求,同时还要掌握相关单元操作的基本原理,熟悉食品工程及食品机械设备的基础知识。饮料生产中的技术先进需要多学科、多门类基础知识和基本技能的支撑,这也是饮料工艺学研究所需要的充分条件。

经济上合理指的是饮料生产中的投入和产出要有合理的比例关系。饮料企业的生产都必须考虑投入与经济效益的关系,这就需要经济管理学科方面的知识作指导,使生产和科研能在权衡经济利益的前提下科学有效地进行,这是饮料工艺学研究所需的必要条件。

饮料工艺学的研究对象,从原辅料到饮料成品,对它们的品质要求、加工性能及加工过程中的物化性质与品质变化,应有充分的了解与科学控制,才能合理地制定生产工艺及相关技术标准。这些都需要对饮料品质进行科学的分析评价,因而食品分析与检测、食品感官评价是饮料生产中重要的基础知识,有了科学的分析数据才能确定合理的工艺技术参数,确保产品质量符合生产需求。分析评价数据不准确往往是决策失误的重要原因。

对饮料加工过程和方法的研究,是建立在试验的基础上的。过程和方法是否先进,也就是技术上是否先进的反映。饮料生产的工艺过程,采用的工艺技术参数是否有科学依据,就表明了该饮料产品生产技术水平的高低。生产中所采用设备的先进性及其与工艺水平的适应性,往往就决定了饮料产品品质的高低;选用的包装材料与包装形式既会影响产品在流通过程中的质量,也会影响营销效果,对饮料品牌构建也有直接影响。因此,对饮料生产中的研究内容与研究对象应综合考虑,统筹分析,只有采取科学、合理的方法与技术,才能生产出符合市场和消费需求的高品质饮料。

综上所述,饮料工艺学是一门涉及多学科、应用性强、理论与实践结合紧密的工艺学课程,需要将所学知识灵活应用。饮料种类繁多,加工所用原辅料来源多样,加工过程和工艺技术复杂多变,因此,本门课程的学习不能仅靠一本教材就能全部掌握所有饮料生产相关知识,而是要不断学习和运用所学过的各类相关知识,同时汲取新的理论与技术知识,并在实践中不断总结,掌握各类饮料生产的基本理论与关键技术。此外,要通过参观、实验、实习等实践活动,丰富自己的饮料专业知识和提高自己的实践技能,并阅读和查阅有关饮料生产与技术的新的文献与报道,关注最新发展态势。只有这样,才能真正学好该门课程,熟练掌握饮料工艺学基本知识与实践技能。

第2章　饮料用水及水处理

【内容提要】

本章主要介绍了饮料用水的类型、水质要求及特点；水的澄清、过滤、软化及消毒的原理和方法。

【学习目标】

了解饮料用水的来源及特点；掌握饮料用水的硬度、碱度以及水质要求；掌握饮料用水的澄清、过滤、软化和消毒的概念、原理及常用方法；掌握饮料用水的水处理工艺。

【名词及概念】

饮料用水；水的硬度；水的碱度；过滤；软化；消毒

2.1　饮料用水的水质要求

2.1.1　水源的分类及特点

2.1.1.1　地表水

地表水（surface water）是指陆地表面上动态水和静态水的总称，由经年累月自然的降水和下雪累积而成，亦称"陆地水"，包括各种液态的和固态的水体，主要有河流、湖泊、沼泽、冰川、冰盖等。它是人类生活用水的重要来源之一，也是各国水资源的主要组成部分。其特点是水量丰富，水质不稳定，受自然因素及外界因素影响较大，所含杂质会随地理位置（如发源地、上游、下游）和季节的变化（如雨季、旱季）等而发生改变。地表水中溶解的矿物质较少，硬度为1～8 mmol/L，混浊度较大，污染严重。

地表水的污染物主要有黏土、砂、水草、腐殖质、昆虫、微生物、无机盐等，有时还会受环境污染（如工业废水等）。因此，水的污染必须引起饮料生产企业的高度重视，受工业废水或其他因素污染的地表水，不能用作饮料生产用水。

2.1.1.2　地下水

地下水（ground water）是由地表水渗入地层并存积于地面以下土壤及岩石空隙中的水，主要包括深井水、泉水和自流井水，是水资源的重要组成部分。由于经过土壤、黏土和石灰岩的渗透、过滤，融入了各种可溶性矿物质，如钙、镁、铁的碳酸氢盐等。地下水的特点是水量稳定、水质较澄清、受气候影响较小,温度变化小,但矿物质含量较高,一般含盐量为0.1~5 g/L,硬度为2~10 mmol/L,有的高达10~25 mmol/L。按单位体积可溶性盐类的含量(矿化度)可将地下水划分为四类:淡水,矿化度小于1 g/L;微咸水,矿化度1~3 g/L;半咸水,矿化度3~5 g/L;咸水,矿化度大于5 g/L。

2.1.1.3 城市自来水

城市自来水(tap water)主要是指地表水经过适当的水处理工艺,水质达到国家饮用水标准的供人们生活、生产使用的水。位于城市的饮料厂多以自来水为水源,故在此也作为水源考虑。其特点为水质好且稳定,达到饮用水标准,使用时只需注意控制 Cl^-、Fe^{3+} 含量及碱度、微生物含量;水处理设备简单,容易处理,一次性投资小,但水价高,经常性费用大。

2.1.2 天然水源中的杂质

2.1.2.1 天然水源中杂质的分类

在自然界循环过程中,天然水不断与空气、土壤及地下岩层等外部环境接触,溶解或混入了各种物质,使天然水源中含有多种杂质。按其微粒分散的程度,大致可分为悬浮物质、胶体物质和溶解物质三种类型(表2.1)。

表2.1 天然水源中杂质的分类

杂质类型	溶解物	胶体	悬浮物
粒径	<1 nm	1~200 nm	>200 nm
特征	透明	光照下混浊	混浊(肉眼可见)
识别	电子显微镜	超显微镜	普通显微镜
处理方法	离子交换	澄清、过滤	混凝、自然沉降、过滤

2.1.2.2 天然水源中杂质的特征及其对饮料生产的影响

(1)悬浮物质(suspended substance) 天然水中粒径大于200 nm的微粒统称为悬浮物质,主要是泥土、砂粒之类的无机物质,也有浮游生物(如蓝藻类、绿藻类、硅藻类)及微生物等。这类杂质大多肉眼可见,使水质混浊,静置时会自行沉降。

悬浮物质不仅使饮料混浊,而且在饮料储存过程中会上浮至瓶颈处产生颈环,或沉积在瓶底形成积垢和絮状沉淀的蓬松性微粒;在生产含 CO_2 的饮料时,悬浮物质会影响 CO_2 的溶解,造成灌装时喷液,导致瓶内液面高度不一致;有害微生物的存在不仅影响产品风味,还会导致产品变质,危害消费者健康。

(2)胶体物质(colloidal substance) 胶体物质的粒径大小为1~200 nm,具有两个很重要的特性:丁达尔现象和胶体稳定性。水中的胶体物质分为无机胶体和有机胶体。

1)无机胶体 天然水源中的胶体物质多数是无机胶体,如黏土和硅酸胶体,是由许多离子和分子聚集而成的,是水质混浊的主要原因。

2)有机胶体 有机胶体是一类分子量很大的高分子物质,一般是动植物残骸经过腐蚀分解所产生的腐殖酸、腐殖质等，是水质呈色的原因。

胶体物质在成品饮料中会造成饮料混浊、变色，以及口感和风味劣变等质量问题。

（3）溶解物质（dissolved substance）　溶解物质指粒径在 1 nm 以下，以分子或离子状态存在于水中的物质，主要包括溶解气体、溶解盐类和其他有机物。

1）溶解气体　天然水源中的溶解气体主要是 O_2 和 CO_2，此外是 H_2S 和 Cl_2 等。溶解气体会影响碳酸饮料的碳酸化程度，引起营养成分的氧化，产生异味，导致饮料的风味和色泽变差。

2）溶解盐类　天然水中所含溶解盐的种类和数量，因地区不同差异很大。这些无机盐构成了水的硬度和碱度。

① 硬度（Hardness，H）　水的硬度是指水中离子沉淀肥皂水的能力。水的硬度大小，通常指的是水中钙、镁盐类的含量。

$$\text{硬脂酸钠} + \text{钙或镁离子} \longrightarrow \text{硬脂酸钙或镁} \downarrow$$

水的硬度分为碳酸盐硬度（暂时硬度）、非碳酸盐硬度（永久硬度）和总硬度。构成碳酸盐硬度的主要化学成分是钙、镁的重碳酸盐，其次是钙、镁的碳酸盐。由于这些盐类一经加热煮沸就分解成为溶解度很小的碳酸盐，硬度大部分可除去，故又称暂时硬度。

上述化学反应的反应式如下：

$$Ca(HCO_3)_2 \xrightarrow{\triangle} CaCO_3 \downarrow + CO_2 \uparrow + H_2O$$

$$Mg(HCO_3)_2 \xrightarrow{\triangle} MgCO_3 + CO_2 \uparrow + H_2O$$

$$MgCO_3 + H_2O \xrightarrow{\triangle} Mg(OH)_2 \downarrow + CO_2 \uparrow$$

非碳酸盐硬度（又称永久硬度）由水中钙、镁的盐酸盐（$CaCl_2$、$MgCl_2$）、硫酸盐（$CaSO_4$、$MgSO_4$）、硝酸盐[$Ca(NO_3)_2$、$Mg(NO_3)_2$]等盐类构成。这些盐类经过加热不会发生沉淀，硬度不会变化，故又称永久硬度。总硬度等于暂时硬度与永久硬度之和。根据水质分析结果，可计算出总硬度。公式如下：

$$\text{总硬度} = \frac{[Ca^{2+}]}{40.08} + \frac{[Mg^{2+}]}{24.3}$$

式中：$[Ca^{2+}]$——水中钙离子质量浓度，mg/L；

$[Mg^{2+}]$——水中镁离子质量浓度，mg/L。

水硬度的表示方法有多种，通用单位为 mmol/L，也可用德国度（°d）表示，即 1 L 水中含有相当于 10 mg CaO 的硬度为 1°d。其换算关系为：1 mmol/L = 2.804 °d = 50.045 mg/L（以 $CaCO_3$ 表示）。

饮料用水的水质，要求硬度小于 8.5°d。当水的硬度过大时，会产生碳酸钙沉淀和有机酸钙盐沉淀，影响成品饮料的口味及质量。例如碳酸氢钙等会与有机酸反应产生沉淀，影响产品感观品质。非碳酸盐硬度过高时，还会使饮料出现盐味。另外，使用高硬度的水还会使洗瓶机、浸瓶槽、杀菌槽等产生水垢，使包装容器发生污染，增加烧碱的用量。因此，高硬度的水必须经过软化处理。

②碱度　水的碱度指天然水中能与 H^+ 结合的 OH^-、CO_3^{2-} 和 HCO_3^- 的含量，以 mmol/L 表示。其中 OH^- 的含量称为氢氧化物碱度，CO_3^{2-} 的含量称碳酸盐碱度，HCO_3^- 的含量称为重碳酸盐碱度。水中 OH^-、CO_3^{2-} 和 HCO_3^- 的总含量为水的总碱度。

天然水中通常不含 OH^-,又由于钙、镁碳酸盐的溶解度很小,所以当水中无钠、钾存在时,CO_3^{2-} 的含量也很小。因此,天然水中仅有 HCO_3^- 存在。只有在含 Na_2CO_3 或 K_2CO_3 的碱性水中,才存在 CO_3^{2-}。总碱度与总硬度的关系,有以下三种情况(表 2.2)。

表 2.2 天然水中碱度与硬度的关系

分析结果	硬度/(mmol/L)		
	$H_{非碳}$	$H_{碳}$	$H_{负}$
$H_{总}>A_{总}$	$H_{总}-A_{总}$	$A_{总}$	0
$H_{总}=A_{总}$	0	$H_{总}=A_{总}$	0
$H_{总}<A_{总}$	0	$H_{总}$	$A_{总}-H_{总}$

注:H 表示硬度(如 $H_{非碳}$ 即非碳酸盐硬度);A 表示碱度;$H_{负}$ 表示水的负硬度,主要含有 $NaHCO_3$、$KHCO_3$、Na_2CO_3、K_2CO_3

天然水中的总碱度通常与该水中的暂时硬度大小相当。

总碱度大于总硬度时,说明水中存在 OH^-、CO_3^{2-},属于碱性水。

总碱度小于总硬度时,说明水中存在钙、镁离子的氯化物,OH^-、CO_3^{2-} 基本上不存在,属于非碱性水。如 Ca^{2+}、Mg^{2+} 与 OH^-、CO_3^{2-} 同时存在,则 Ca^{2+}、Mg^{2+} 会与 OH^-、CO_3^{2-} 发生反应,生成沉淀。

总碱度等于总硬度时,说明水中只含有 Ca^{2+}、Mg^{2+} 的碳酸氢盐。

水的碱度过大时,也会对饮料品质产生不良影响。例如,和金属离子反应形成水垢,产生不良气味;和饮料中的有机酸反应,改变饮料的糖酸比,导致风味变差;影响 CO_2 溶解量;使饮料的酸度下降,导致微生物易在饮料中生长繁殖;生产果汁型碳酸饮料时,与果汁中的某些成分反应,产生沉淀等。

2.1.3 饮料用水的水质要求

生活饮用水的水质并不能满足饮料用水的要求。饮料用水除应符合我国《生活饮用水卫生标准》(GB 5749—2006)外,对水的浊度、色度、碱度、硬度、臭气与异味、Fe 与 Mn 含量、微生物等指标有更严格的要求(表 2.3)。

表 2.3 中,浊度是指水中悬浮物质对光线透过时所产生的阻碍程度。浊度大小和水中含有的悬浮物含量及其粒径大小、形状、对光的散射特性有关。1 L 蒸馏水中含有 1 mg SiO_2 时的浊度定义为 1 度。测定浊度的方法有目视比色法、分光光度法、浊度仪法等。浊度单位有“度”“mg/L”“NTU”等。浊度的高低一般不能直接说明水质的污染程度,但由人类生活和工业生活污水造成的浊度增高,表明水质变差。

色度是指除去悬浮物后水样的颜色,标准单位是度。1 L 水中含有 1 mg 铂[以 $(PtCl_6)^{2-}$ 形式存在]时所产生的颜色为 1 度。pH 值对颜色有较大影响,在测定颜色时应同时测定 pH 值。色度的测定方法有铂-钴比色法和稀释倍数法。铂-钴比色法适用于比较清洁的地表水、地下水和饮用水等的色度测定,稀释倍数法常用于污染较严重的地表水和工业废水的色度测定。

表2.3 饮料用水标准

项目	指标	项目	指标
浊度/NTU	≤1	锰(以Mn计)/(mg/L)	≤0.1
色度/度	≤5	溴酸盐/(mg/L)	≤0.01
溶解性总固体/(mg/L)	≤500	臭和味	无臭、无味
总硬度(以$CaCO_3$计)/(mg/L)	≤100	状态	无肉眼可见异物
总碱度(以$CaCO_3$计)/(mg/L)	≤50	pH值	5.0~7.0
高锰酸钾消耗量(以O_2计)/(mg/L)	≤2.0	细菌总数/(CFU/mL)	<100
游离氯(以Cl^-计)/(mg/L)	≤0.05	大肠菌群/(CFU/mL)	<5
铁(以Fe计)/(mg/L)	≤0.1	致病菌	不得检出

2.2 饮料用水的水处理

饮料生产用水要求极为严格,因此必须对不符合饮料用水要求的水质进行改良,这个过程称为水处理。在水处理之前,应首先对水质进行精密分析,了解水中杂质种类、状态,并确定用水量,以便决定水处理选用的工艺、设备。

2.2.1 原水预处理

常规的饮料用水处理工艺一般包括混凝、过滤、软化、消毒等流程。对于水质良好的水源,常规处理工艺即可满足饮料用水要求。但如果水源存在有机污染物、氯化消毒副产物、致病微生物污染等情况时,必须进行原水预处理,去除常规工艺难以除去的污染物,或者通过预处理工艺改变这些污染物的性质,以便在后续处理中有效去除。目前,原水预处理方法主要有化学预氧化技术、生物预处理技术和粉末活性炭吸附预处理技术。

(1)化学预氧化技术　利用氧化剂氧化水中的有机物或改变有机物的性质,以便在后续工艺中有效去除该类有机物的强化处理技术。化学预氧化不仅可以去除水中有机污染物和控制氯化消毒副产物,在除去藻类、除臭味、除铁锰和氧化助凝等方面也有一定作用。在预氧化过程中,氧化剂和水中多种成分作用,有效提高了有害成分的去除率,同时也会产生某些副产物。不同氧化剂对水处理的综合影响程度也有所不同。目前,用于水处理的氧化剂主要有氯和二氧化氯。

(2)生物预处理技术　在常规水处理工艺前,利用附着在固体表面上的生物膜初步除去水中的氨氮、有机污染物、亚硝酸盐、铁、锰等物质的生物处理技术。生物预处理技术对易被生物氧化的有机物,特别是亲水性的、分子量小于1 000的、利用常规混凝沉淀处理工艺难以去除的有机物去除效率较高,可除去水中80%的易被生物降解有机物,如以高锰酸钾指数表示,去除率可达20%~30%。同时,还可以除去氨氮及亚硝酸盐,对氨氮的去除率高达70%~90%,减轻后续处理的负担。

(3)粉末活性炭吸附处理技术　将粉末活性炭投加到待处理水中,利用活性炭的微孔吸附作用吸附水中的有机物，再通过混凝沉淀工艺进行去除。该技术是除去水中有机污染物的有效方法之一，可除去酚类、农药、消毒副产物及其前体物质，对去除水中的色、臭、味也有显著的效果，具有价格便宜、不需增加特殊设备、应用灵活等特点，适合原水水质季节性变化大的净化处理和常规水处理工艺的完善。

2.2.2 混凝与过滤

除去水中细小悬浮物质和胶体物质的方法有两种。一种是混凝，即在水中加入混凝剂，使水中细小悬浮物及胶体物质互相吸附结合成较大的颗粒，在重力作用下从水中沉淀出来；另一种是过滤，即使细小悬浮物和胶体物质直接吸附在一些相对巨大的颗粒表面而除去。若两种途径并用，则过滤过程在混凝过程之后进行。

2.2.2.1 混凝

混凝(coagulate)是指向水中加入某些溶解盐类(混凝剂)，使水中难以沉淀的细小悬浮物或胶体微粒互相吸附结合而成较大颗粒，从水中沉淀下来的过程。

(1)混凝剂(coagulating agent) 常用的混凝剂主要有铝盐、铁盐两类。铝盐主要包括明矾、硫酸铝、聚合氯化铝等，铁盐主要包括硫酸亚铁、硫酸铁、三氯化铁等。

1)明矾(alum) 又名硫酸铝钾 [$KAl(SO_4)_2$]·$12H_2O$ 或 $K_2SO_4 \cdot Al_2(SO_4)_3 \cdot 24H_2O$，是两种不同金属离子和一种酸根离子组成的一种复盐，在水中 $Al_2(SO_4)_3$ 水解生成氢氧化铝胶体。

$$Al_2(SO_4)_3 \longrightarrow 2Al^{3+} + 3SO_4^{2-}$$

$$Al^{3+} + H_2O \longrightarrow Al(OH)^{2+} + H^+$$

$$Al(OH)^{2+} + H_2O \longrightarrow Al(OH)_2^+ + H^+$$

$$Al(OH)_2^+ + H_2O \longrightarrow Al(OH)_3 \downarrow + H^+$$

氢氧化铝是溶解度很小的化合物，经过聚合后，以胶体状态从水中析出。在近中性的天然水中，氢氧化铝胶体带正电，水中的胶体物质及悬浮物微粒大多带负电，它们可以起到电性中和的作用。同时，氢氧化铝胶体具有吸附作用，可以吸附水中的胶体和悬浮物。在电性中和及吸附作用下，水中胶体杂质及悬浮物渐渐凝聚成粗大的絮状物而沉降，沉降过程中将其他杂质颗粒裹入其中一起沉淀，使水质澄清。明矾的用量一般为0.001%～0.02%。使用明矾时应注意以下几个方面：

①待处理水的 pH 值要求在中性范围内(6.5～7.5)。$Al(OH)_3$是两性化合物，pH 值太高或太低都会促使其溶解，致使 Al^{3+}残留量上升。另外，pH 值影响 $Al(OH)_3$胶体所带的电荷。当 pH 值$<$5 时，带负电；当 pH 值$>$5 时，带正电；pH 值为 8 左右时，以中性氢氧化物存在。

②要求水温为 25～35 ℃。在 25～35 ℃温度范围内，水温升高，混凝剂溶解速度上升，混凝作用加强，有利于除去杂质；水温下降则相反。但当水温高于 40 ℃时，生成的絮凝物细小，不利于沉淀。若水温高于 50 ℃时，则失去混凝作用。

③搅拌适宜。刚加入混凝剂时，快速搅拌有利于 $Al(OH)_3$胶粒的形成并及时扩散。絮凝物形成后，不宜快速搅拌，否则絮凝物会被搅散而不利于沉淀。

2)硫酸铝(pearl alum) 硫酸铝的净水原理与明矾相同。因硫酸铝 $Al_2(SO_4)_3$是强酸弱碱盐,水解时会使水的 pH 值降低至 4.0~5.0。而水解产物 $Al(OH)_3$ 是两性化合物,水中 pH 值太高或过低都会促使其溶解,使水中残留的 Al^{3+} 含量增加。

当 pH<5.5 时,氢氧化铝有明显的碱性的作用。

$$Al(OH)_3+3H^+ \longrightarrow Al^{3+}+3H_2O$$

当 pH>7.5 时,氢氧化铝又有酸的作用。

$$Al(OH)_3+OH^- \longrightarrow AlO_2^-+2H_2O$$

当 pH 值>9.0 时,水中就不再有 $Al(OH)_3$ 存在。水的 pH 值为 5.5~7.5 时,生成的 $Al(OH)_3$ 量最大,所以在使用硫酸铝为混凝剂时,往往要用石灰、氢氧化钠或酸,将原水的 pH 值调至中性范围(一般取 6.5~7.5)。

由于混凝过程不是单纯的化学反应,所需混凝剂量不能根据计算来确定,而需凭实验数据确定。采用 $Al_2(SO_4)_3 \cdot 18H_2O$ 时的有效剂量为 20~100 mg/L。每投入 1 mg/L $Al_2(SO_4)_3$ 需加 0.5 mg/L 石灰(CaO)调节水的 pH 值。

3)碱式氯化铝(poly aluminium chloride,PAC) 碱式氯化铝又称为羟基氯化铝、聚合氯化铝,颜色有白色、黄色、棕褐色,不同颜色的聚合氯化铝在应用及生产技术上也有较大区别。白色聚合氯化铝的原材料是优质的氢氧化铝粉、盐酸,可用于食品、医药、化妆品及水处理等多个领域。黄色聚合氯化铝的原材料是铝酸钙粉、盐酸、铝矾土,主要用于饮用水和污水处理。棕褐色聚合氯化铝的原材料除铝酸钙粉、盐酸、铝矾土外还有铁粉,所以颜色呈棕褐色,主要用于污水处理。

碱式氯化铝的用量一般为 0.005%~0.01%,pH 值范围为 6.0~8.0,温度适应范围为 20~30 ℃。在 pH 值 6.0~8.0 范围内,Al^{3+} 水解不完全,$Al(OH)_3$ 生成量少;pH > 8 时,$Al(OH)_3$ 溶解。使用时温度低于 15 ℃,Al^{3+} 水解慢;温度高于 40 ℃,生成的絮凝物细小,凝聚效果差;温度高于 50 ℃,则失去凝聚作用。

碱式氯化铝是一种新型的无机高分子混凝剂,水溶性比较好,在溶解的过程中伴随电化学、凝聚、吸附和沉淀等物理化学变化,具有吸附能力强,形成沉淀大而快,出水浊度低,脱水性能好等优点,对高浊度水的净化效果明显。在相同的效果下,其用量仅为硫酸铝的 1/4~1/2。

4)铁盐(malysite) 有硫酸亚铁($FeSO_4 \cdot 7H_2O$,俗称绿矾),氯化铁($FeCl_3 \cdot 6H_2O$)和硫酸铁[$Fe_2(SO_4)_3$]。国内常用于水处理工艺的是前两种。铁盐在水中发生水解产生了 $Fe(OH)_3$ 胶体,$Fe(OH)_3$ 混凝原理及过程与铝盐相似。一般把它们的化学反应表示为:

$$FeSO_4+Ca(HCO_3)_2 \longrightarrow Fe(OH)_2+CaSO_4+CO_2\uparrow$$

$$4Fe(OH)_2+2H_2O+O_2 \longrightarrow 4Fe(OH)_3$$

$$Fe_2(SO_4)_3+3Ca(HCO_3)_2 \longrightarrow 2Fe(OH)_3+3CaSO_4+6CO_2\uparrow$$

与铝盐相比,绿矾作为混凝剂有以下优点:由绿矾水解产生的 $Fe(OH)_3$ 胶体在碱性水中稳定,待处理水 pH 值偏高时对其混凝作用影响小;$Fe(OH)_3$ 胶体比同体积的 $Al(OH)_3$ 重 1.5 倍,沉降速度更快;水温对 $Fe(OH)_3$ 影响不大。

使用绿矾进行水处理时,要注意以下事项:由于 $Fe(OH)_2$ 氧化生成 $Fe(OH)_3$ 的反应在 pH 值>8.0 时才能完成,需加石灰调节 pH 值并除去水中的 CO_2。每投加 1 mg/L 的 $FeSO_4$,需要加 0.37 mg/L 的 CaO。用 $FeSO_4 \cdot 7H_2O$ 时的有效剂量一般为 0.05~

0.25 mmol/L,相当于 14 ~ 70 mg/L。另外,当 pH 值>6.0 时,Fe^{3+} 与水中的腐殖酸能生成不沉淀的有色化合物,所以,含有机物较多的水不适宜用铁盐处理。

(2)助凝剂(coagulant aid) 助凝剂是为提高混凝效果,加快絮凝和沉淀而加入的辅助药剂。常用的助凝剂有活性硅酸、海藻酸钠、羧甲基纤维素钠(CMC)及化学合成的高分子助凝剂,如聚丙烯胺、聚丙烯酰胺(PMA)、聚丙烯等。此外,还有用来调节 pH 值的碱、酸、石灰,以及加速混凝过程的黏土等。选择助凝剂的种类及添加量应根据水质情况、对水质的要求及混凝剂的特性综合考虑。

(3)混凝条件的确定 混凝反应的条件受以下几方面因素的影响:即原水的性质,包括水的温度、混凝时的 pH 值及其他物理、化学性质;混凝剂的种类及添加量;助凝剂的种类及添加量;混凝沉淀的装置;混凝沉淀工艺(包括混凝剂、助凝剂等的添加顺序、搅拌强度及时间等)。总之,水处理时,适宜的混凝反应条件需要经过反复试验才能确定。

2.2.2.2 过滤

过滤(filter)是悬浮液在推动力(重力、压力、离心力)作用下通过过滤介质,使其中的固体颗粒被过滤介质截留,而流体通过过滤介质,从而固液分离的操作。

(1)过滤原理 原水通过滤层时,其中的悬浮物、胶体等杂质被截留在介质表面或孔隙中,从而将不溶性杂质分离除去的过程称为水的过滤。过滤过程是一系列不同过程的综合,包括阻力截留(筛滤)、重力沉降和接触凝聚作用。

1)阻力截留 当原水由上而下流过介质(也称滤料)时,直径较大的悬浮杂质首先被截留在过滤介质表面的孔隙之间,使过滤介质表面的孔隙越来越小,从而拦截更多的杂质,被截留的颗粒在过滤介质表面逐渐形成一层过滤层,同样也起到过滤作用。

2)重力沉降 介质及其构成的滤层有较大的沉降面积。介质颗粒的比表面积越大,过滤介质可供悬浮物沉降的有效面积越大。当原水流经过滤介质时,只要速度合适,悬浮物就会不断地沉降到滤料颗粒表面。

3)接触凝聚 过滤介质如砂粒等物质在水中带负电,可以吸附带正电的杂质(如铁、铝的胶体微粒及硅酸等),形成带正电荷的薄膜。当原水流经过滤介质时,水中的悬浮物、胶体及微生物等带负电的杂质与其接触而被吸附,达到除去水中杂质的目的。

以上 3 个过程在同一过滤系统中是同时发生的。一般来说,阻力截留主要发生在过滤介质表面,而重力沉降和接触凝聚则发生在过滤介质深层。

(2)过滤的工艺过程 过滤的工艺过程包括过滤和冲洗两个循环过程。过滤是生产清水的过程,而冲洗则是洗去过滤介质表面的污物,使其恢复过滤能力的过程。冲洗和过滤的水流方向是相反的,因此冲洗又叫反冲或反洗。

(3)过滤的形式 水处理中常用的过滤形式有砂滤、活性炭过滤、膜过滤等。

1)池式过滤(砂石过滤) 主要是指过滤介质即滤料填于池中的过滤形式。常用的过滤介质有砂、石英砂、石头、无烟煤、磁铁矿、石榴石等。为了改善介质的过滤性能,提高含污能力和产水能力,可采用两种或多种滤料,将粒径大密度小的滤料铺在上层,粒径小密度大的铺在下层,造成具有孔隙上大下小特征的滤料层,如双层滤池或三层滤池结构,沿着水流方向,不同粒径的悬浮物逐级沉降在不同的滤料层,滤层的截污能力得到充分发挥。为了防止过滤时滤料进入配水系统,以及反冲洗时能均匀布水,在滤料层和配水系统之间还要设置垫层。另外,滤池需定期进行冲洗,除去滤料吸附的杂质,恢复产水能力。冲洗方法常用逆流水力冲洗,有时兼用压缩空气反冲、高压清水表面清洗、机械或超声波扰动等措施。

池式过滤常用于一级过滤,可除去原水中的悬浮物质、胶体物质、铁、锰,及部分微生物和余氯。池式过滤得到的水仍需进一步处理,方可作为饮料用水。

2)砂滤棒过滤　砂滤棒又名砂芯,是采用细微颗粒的硅藻土和骨灰等可燃性物质经高温焙烧形成的多孔滤棒,孔径大小为0.002~0.004 mm。待处理水在外压作用下,通过砂滤棒的微小孔隙,水中存在的少量有机物及微生物被微孔吸附截留在砂滤棒表面。经砂滤棒过滤的水,基本无菌,符合国家饮用水标准。

砂滤棒有棒状和板状等形式,我国主要用棒状,其他国家多用板状。砂滤棒过滤器外壳是用铝合金铸成锅形的密封容器,分上下两个区,即原水区和净水区。两个区中间用一块精密加工的带有封闭性能的隔板隔开,四周用定制橡胶圈密封,隔板上(或下)为待滤水。隔板下(或上)为过滤水,容器内安装一根至数十根砂滤棒。

砂滤棒使用前需用75%的酒精或0.25%的新洁尔灭或10%的漂白粉浸泡30 min进行消毒处理。使用一段时间后,可取出砂芯除去其表面积垢,也可不卸砂芯采用洗涤剂进行封闭冲洗。使用砂滤棒过滤要注意控制外加压力,压力太小则过滤速度慢,滤出水量小;超过正常操作压力则可能损坏砂滤棒。

3)活性炭过滤　活性炭过滤是通过炭床来完成的。组成炭床的活性炭颗粒有非常多的微孔和巨大的比表面积,具有很强的吸附能力。水通过活性炭炭床时,水中有机污染物被活性炭有效地吸附。活性炭在水中吸附杂质分子,也是由于溶质分子的疏水性和对溶质分子的吸引力所致。活性炭与溶质分子之间的吸引力是由于静电吸附、物理吸附以及化学吸附联合作用的结果,同时,活性炭还兼有机械过滤的作用。

活性炭过滤器有固定床式和膨胀床式两类。膨胀床式的处理效果优于固定床式,但炭粒容易流失,而固定床式则较稳定。饮料用水处理一般多采用固定床式。活性炭使用一段时间后需要清洗再生,生产上常把活性炭过滤和砂滤棒过滤串联使用。

4)微滤　微滤(micro filtration,MF)所用的膜为微孔膜,平均孔径0.02~10 μm,介于常规过滤和超滤之间。微滤膜分离技术是以静压差为推动力,能够从液相介质中截留悬浮物、胶体、细菌及部分病毒,但对天然和人工合成的有机物的去除效果欠佳,常与混凝、吸附相结合进行水处理。混凝和吸附作为微滤的预处理不仅可以提高膜通量,去除天然有机物,还可以减缓膜污染,延长清洗周期。

微滤膜有无机膜和有机高分子膜,以有机高分子膜使用率最高。微滤膜具有表面孔隙率高、孔径分布均匀、过滤速度快、过滤精度较高及膜污染小的特点,常作为超滤、反渗透前的预处理工艺,以减小超滤膜或反渗透膜的工作负荷,延长其工作寿命。

5)超滤　超滤(ultra filtration,UF)膜大多由醋酯纤维或与其性能类似的高分子材料制得,是一种孔径规格一致,额定孔径在0.01 μm以下的微孔过滤膜。在压力(0.1~0.5 MPa)作用下,溶液中的小分子溶质、无机离子、溶剂能够穿过超滤膜上的微孔,分子量大于500的大分子溶质、粒径大于10 nm的杂质、藻类、病毒则被膜截留。

超滤在水处理中得到了广泛应用,和其他传统水处理技术相比,具有以下的特点:①去浊率高,出水水质稳定可靠。UF工艺的出水浊度保持在0.1NTU以下,颗粒物质去除率可达99.9%以上。②能有效去除病原微生物。UF工艺能有效去除水中的贾第虫、隐孢子虫、细菌等病原微生物和病毒，无须再进行消毒处理。③占地面积小。生产能力相同的条件下，UF 工艺的占地面积只需传统工艺的 1/5。④节约成本。超滤过程仅采用压力作为分离的动力，因此分离装置简单、流程短、设备成本低；超滤过程是在常温下进行的，无相变，无须加热，能耗低，无须添加化学试剂，无污染，是一种节能环保的分离技术。

6）纳滤　纳滤（nanofiltration，NF）膜的孔径为 1～10 nm，截留分子量介于反渗透膜和超滤膜之间，为 200～2 000。纳滤膜属于压力驱动型膜，操作压力通常为 0.5～1 MPa，一般在 0.7 MPa，最低时可为 0.3 MPa，故纳滤膜又称低压反渗透膜。纳滤膜大多是非对称复合膜，截留溶解盐类的能力为 20%～98%，对可溶性单价离子的去除率低于高价离子。纳滤膜的这些性能使其在水处理中得以广泛应用，特别是在硬水软化、去除水中有机物及重金属污染物方面效果突出。

7）其他过滤装置　主要有钛棒过滤器、蜂房式过滤器、大孔吸附树脂过滤器等。

钛棒过滤器的过滤原理与砂滤棒类似，滤芯是用精细钛金属粉末烧结而成，其结构为均匀分布的大量开口气孔，具有孔隙率高、孔径均匀、过滤精度高、渗透性好、耐高温、耐腐蚀及使用寿命长等特点。钛棒过滤的过滤精度范围为 0.2～100 μm，可有效脱除水中的悬浮物质和胶体物质，常用于水处理工业中超滤、反渗透及电渗析系统前的保安过滤，及臭氧灭菌后的过滤和臭氧曝气。

蜂房式过滤器又称线绕滤芯过滤器，滤芯是用各种化学纤维线精密缠绕在多孔骨架上而成的中空管状过滤器，通过控制纤维缠绕密度来控制滤芯的过滤精度。蜂房过滤的过滤精度范围为 0.5～100 μm，能有效去除水中的悬浮物质、胶体物质和铁锈。

大孔吸附树脂是一类不含交换基团且有大孔结构的高分子吸附树脂，具有良好的大孔网状结构和较大的比表面积，通过选择性的物理吸附脱除水中的有机物。

2.2.3 水的软化与除盐处理

除去或降低水中钙、镁离子的过程称为水的软化。在软化时，同时除去或降低水中无机盐的过程称为水的除盐处理。水的软化及除盐处理方法有化学药剂法、离子交换法、膜分离法及电渗析法等。

2.2.3.1 石灰软化法

石灰软化法（lime softening）是利用石灰等化学试剂，在不加热的条件下除去 Ca^{2+}、Mg^{2+}，降低水的硬度，达到水质软化的目的。该法不仅可以去除水中的 CO_2 和大部分的碳酸盐硬度，而且可以降低水的碱度和含盐量。

将生石灰 CaO 配制成石灰乳，反应方程式为：

$$CaO + H_2O \longrightarrow Ca(OH)_2 \tag{1}$$

将石灰乳加入待处理水中以去除水中的重碳酸钙 $Ca(HCO_3)_2$、重碳酸镁 $Mg(HCO_3)_2$ 和 CO_2。反应方程式为：

$$CO_2 + Ca(OH)_2 \longrightarrow CaCO_3\downarrow + H_2O \tag{2}$$

$$Ca(HCO_3)_2 + Ca(OH)_2 \longrightarrow 2CaCO_3\downarrow + 2H_2O \tag{3}$$

$$Mg(HCO_3)_2 + Ca(OH)_2 \longrightarrow Mg(OH)_2\downarrow + CaCO_3\downarrow + H_2O + CO_2 \tag{4}$$

$$MgCO_3 + Ca(OH)_2 \longrightarrow Mg(OH)_2\downarrow + CaCO_3\downarrow \tag{5}$$

$$2NaHCO_3 + Ca(OH)_2 \longrightarrow CaCO_3 \downarrow + Na_2CO_3 \downarrow + 2H_2O \tag{6}$$

反应(2)先除去水中的 CO_2，才能完成软化过程，否则水中的 CO_2 会与 $CaCO_3$、$Mg(OH)_2$ 等沉淀物重新化合，再产生碳酸盐硬度，使反应(3)～(6)不能进行下去，其反应方程式为：

$$CaCO_3 + H_2O + CO_2 \longrightarrow Ca(HCO_3)_2 \tag{7}$$

$$Mg(OH)_2 + CO_2 \longrightarrow MgCO_3 + H_2O \tag{8}$$

$$MgCO_3 + H_2O + CO_2 \longrightarrow Mg(HCO_3)_2 \tag{9}$$

反应(6)是当水中碱度大于硬度时才会出现的。如果 $NaHCO_3$ 中的 HCO_3^- 没有被除去，则这部分 HCO_3^- 仍会与 Ca^{2+}、Mg^{2+} 生成碳酸盐硬度，其他反应就不能完成。

与以上反应同时进行的反应还有：

$$4Fe(HCO_3)_2 + 8Ca(OH)_2 + O_2 \longrightarrow 4Fe(OH)_3 \downarrow + 8CaCO_3 + 6H_2O \tag{10}$$

$$Fe_2(SO_4)_3 + 3Ca(OH)_2 \longrightarrow 2Fe(OH)_3 \downarrow + 3CaSO_4 \tag{11}$$

$$H_2SiO_3 + Ca(OH)_2 \longrightarrow CaSiO_3 \downarrow + 2H_2O \tag{12}$$

$$mH_2SiO_3 + nMg(OH)_2 \longrightarrow nMg(OH)_2 \cdot mH_2SiO_3 \downarrow \tag{13}$$

因此，石灰软化法不仅能降低水中的碳酸盐硬度，还可除去水中部分铁和硅的化合物。

石灰软化法处理水时投加石灰量要准确，过量会增加永久性钙的硬度，不足则达不到软化的效果。石灰添加量可按式(14)计算：

$$G = \frac{56D \times (H_{Mg} + H_{Ca} + CO_2 + 0.175)}{K \times 10^3} \tag{14}$$

式中：G——石灰添加量，kg/h；

D——需要软化水的量，t/h；

H_{Mg}——原水中镁的硬度，mol/L；

H_{Ca}——原水中钙的硬度，mol/L；

CO_2——原水中游离 CO_2 的量，mol/L；

0.175——石灰过剩量；

K——石灰纯度(一般为60%～85%)；

56——CaO 的摩尔质量。

根据经验，一般每降低 1 m^3 水中 1 度的暂时硬度，需要加入 10 g CaO，每降低 1 m^3 水中 1 mg/L 的 CO_2，需要加入 1.27 g CaO。

2.2.3.2 离子交换法

水中的电离杂质可用离子交换法(ion exchange technique)除去。离子交换剂有多种，其中离子交换树脂在水处理中应用广泛。离子交换法是利用离子交换树脂具有交换离子的能力，按水处理的要求将原水中不需要的离子通过交换而暂时占有，然后再将它释放到再生液中，从而除去水中离子的水处理方法。根据除掉水中离子种类的不同，分为离子交换法软化和离子交换法除盐两种。软化仅要求除去水中的硬度离子，主要是 Ca^{2+} 和 Mg^{2+}，而除盐则必须把水中全部的成盐离子(阴阳离子)都除掉。

(1)离子交换法除盐

1)离子交换树脂的结构和性质　离子交换树脂是由有机分子单体聚合而成的具有

三维网状结构的球形高分子聚合物，不溶于酸、碱、水，但吸水膨胀。主要由惰性的网状结构骨架和连接在骨架上可被交换的活性基团（交换基团）组成，可与溶液中的离子进行离子交换反应；交联度和交换容量决定着离子交换剂的交换性质。

2）离子交换树脂的分类　按照离子交换树脂的交换基团能解离的离子种类，分为阳离子交换树脂和阴离子交换树脂。交换基团能解离阳离子的树脂为阳离子交换树脂，根据解离出 H^+ 的能力不同，分为强酸性树脂和弱酸性树脂；交换基团能解离阴离子的树脂为阴离子交换树脂，根据解离出 OH^- 的能力不同，分为强碱性和弱碱性树脂，其中带伯、仲、叔胺基的树脂为弱碱性树脂，带季胺基的树脂为强碱性树脂。

3）离子交换法除盐原理　离子交换法除盐又叫阴阳离子交换化学除盐法，是将阳离子交换树脂和阴离子交换树脂分别（或混合）放在两个（或一个）离子交换器内，用阳离子交换树脂将水中各种阳离子交换成 H^+，用阴离子交换树脂将水中各种阴离子交换成 OH^-，将水中各种盐类除尽。

离子交换树脂在水中是解离的，当原水通过阳离子树脂层时，原水中含有 K^+、Na^+、Ca^{2+}、Mg^{2+} 等阳离子扩散到树脂的网孔内被树脂所吸附，而网孔内的 H^+ 则置换到水中：

$$R{-}H^+(-SO_3H^+) + Ca^{2+}、Mg^{2+}、Na^+、K^+ \longrightarrow R{-}SO_3Ca(Mg、Na、K) + H^+$$

经过阳离子交换树脂处理后的水再通过阴离子树脂层时，水中的 SO_4^{2-}、Cl^-、HCO_3^-、CO_3^{2-} 等阴离子被交换成 OH^- 置换到水中：

$$R{-}OH^-(\equiv N{-}OH^-) + HCO_3^-、SO_4^{2-}、CO_3^{2-}、Cl^- \longrightarrow R\equiv N{-}SO_4^{2-}(HCO_3^-、CO_3^{2-}、Cl^-) + OH^-$$

这样，原水中的阴阳离子被树脂所吸附，离子交换树脂中的 H^+ 和 OH^- 进入水中并结合生成水：$H^+ + OH^- \longrightarrow H_2O$。

经过阳离子和阴离子树脂的交换后，原水中的盐类被除去。处理水的含盐量可降至 5 ~ 10 mg/L，硬度接近 0，pH 值接近中性，水的硬度和碱度都能得到较好控制。

4）离子交换树脂的选择性　离子交换树脂对于水中不同离子的交换能力是不一样的，这种对水中不同离子的亲和力的大小就是离子交换树脂的离子交换选择性。在常温、低浓度下，离子所带电荷越多，越容易被吸附交换，如三价离子比二价离子易被吸附。而同价离子原子序数越大，则越易被吸附交换。但是在高浓度溶液中，离子交换树脂的选择性消失，仅受高浓度离子的影响。

离子交换处理水的关键是根据原水的离子组成和对水质的要求，正确选择离子交换树脂，使树脂的除盐作用最大化。可以按照原水中需要除去离子的种类要求、树脂的交换容量、树脂的机械强度、树脂的交联度、膨胀度、颗粒度以及外观等几个方面选择所采用的离子交换树脂。

5）离子交换树脂的再生　离子交换树脂处理一定水量后，除盐能力下降，通称为树脂“失效”或“老化”，使失效的树脂重新恢复离子交换能力的过程称为再生。再生是根据离子交换反应的逆反应进行的，阳离子交换树脂可采用一定浓度的酸溶液再生，阴离子交换树脂可采用一定浓度的碱溶液进行再生。阳离子交换树脂的再生液一般为 4% ~ 5% 的盐酸或 1% ~ 2% 的硫酸；阴离子交换树脂的再生液一般为 4% ~ 5% 的氢氧化钠溶液。

6）离子交换水处理装置　离子交换水处理装置有多种类型，其运行方式也各不相同，常见的有复床除盐和混床除盐。复床就是把阴离子和阳离子交换树脂分别装在两个交换器内组成。交换器的运行分为四个阶段:交换除盐、反洗、再生和正洗。混床就是把阴、阳离子交换树脂充分混合均匀,放在同一个交换器内,相当于多级复床串联在一起,除盐反应比较彻底,出水水质纯度很高,但树脂交换容量的利用率低,再生操作复杂,适用于处理含有微量盐的水。

(2)离子交换法软化　离子交换法软化的反应原理、设备及运行步骤与复床相似,不同的是软化只是除掉水中的 Ca^{2+} 和 Mg^{2+},因此,软化水的含盐量要比除盐水的含盐量高。离子交换法软化所用的交换剂是 R-Na 或 R-H,若交换剂是 R-Na 时,再生液为 5% ~ 10% 的食盐水。

2.2.3.3 反渗透法

反渗透(reverse osmosis,RO)是一项新型的膜分离技术,因其对水的软化和脱盐效果好而在饮料用水处理中得到普遍应用。反渗透可脱除水中 90% 以上的溶解性盐类和 99% 以上的胶体、微生物及有机物等。

(1)反渗透原理　利用只允许溶剂透过、不允许溶质透过的半透膜将两种不同浓度的溶液隔开,稀溶液中的溶剂就会通过半透膜进入浓溶液一侧,这种现象叫渗透。由于渗透作用,溶液的两侧在平衡后会形成液面的高度差,产生一定的压力,这种高度差所产生的压力叫渗透压。如果在浓溶液一侧施加一个大于渗透压的压力时,溶剂就会从浓溶液一侧通过半透膜进入稀溶液中,这种现象称为反渗透(图 2.1)。反渗透作用的结果是浓溶液变得更浓,稀溶液变得更稀,最终达到脱盐目的。

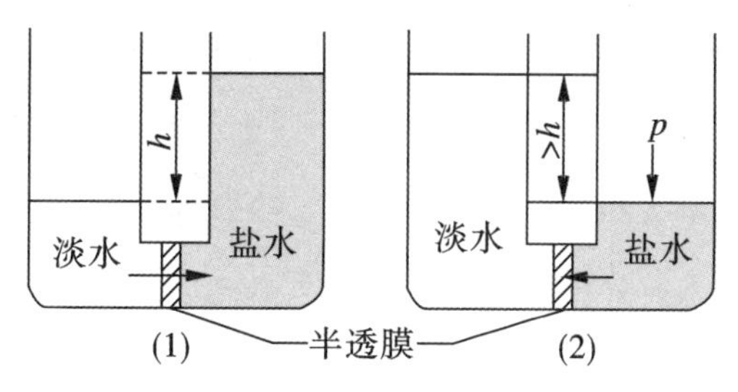

图 2.1　反渗透工作原理

反渗透法主要利用溶剂或溶质对膜的选择性原理。反渗透膜的选择透过性与组分在膜中的溶解、吸附和扩散有关,还与膜的化学、物理性质有密切关系。

(2)反渗透膜的脱盐机理　到目前为止,对反渗透脱盐机理的解释很多,下面介绍几种较公认的机理。

1)氢键理论　也叫孔穴式与有序式扩散理论,是针对乙酸纤维膜提出的模型。此模型认为乙酸纤维素是一种具有高度矩阵结构的聚合物,当盐水中的水分子进入乙酸纤维膜的非结晶部分后,和羧基的氧原子形成氢键而构成结合水。在反渗透压力的作用下,与氢键结合进入膜内的水分子由第一个氢键位置断裂而转移到另一个位置而形成另一个氢键,这些水分子就这样通过一连串的氢键形成-断开过程,依次从一个极性基团移到下一个极性基团,直至离开表面层,进入膜的多孔层。这种结合水的结合强度取决于膜内的孔径。孔径越小结合越牢。由于牢固的结合水把孔占满,故不与乙酸纤维膜以氢键结合的溶质就不能扩散透过,但与膜能进行氢键结合的离子和分子(如水、酸等)都能穿过结合水层而有序地扩散通过。

2)优先吸附-毛细孔流理论　该理论是索里拉金(Sourirajan)在 Gibbs 吸附方程的基础上提出的,他认为膜是由含有适当亲水活性基团的多孔材料组成的,在盐水溶液和聚合物多孔膜接触的情况下,膜界面上有选择性吸附的能力,即优先吸附水而排斥盐,因而形成一负吸附层,它是一层已经被脱盐的纯水层,纯水的输送可通过膜中的小孔来进行。在反渗透压力推动作用下,此水层的纯水通过膜的毛细作用而连续地流出。纯水层厚度不仅与溶液的性质(如溶质的种类、溶液的浓度等)有关,也与膜的表面化学性质有关,索里拉金认为孔径必须等于或小于纯水层厚度的 2 倍,才能达到完全脱盐而连续地获得纯水,但在膜孔径等于纯水层厚度 2 倍时工作效率最高。根据膜的吸附作用有选择性,可以推知膜对溶质的脱除应有选择性。

(3)反渗透膜的种类及性质　不同种类反渗透膜的透水量和脱盐性能有所不同,常用的反渗透膜的种类及脱盐性能见表 2.4。

表 2.4　反渗透膜的种类及脱盐性能

膜种类	测试条件/MPa	透水量/[$m^3 \cdot (m^2 \cdot d)^{-1}$]	脱盐率/%
醋酸纤维膜	1% NaCl(15.20)	0.30	99.0
醋酸纤维超薄膜	海水(10.13)	1.00	99.8
醋酸纤维中空纤维膜	海水(6.08)	0.04	99.8
醋酸丁酸纤维膜	海水(10.13)	0.48	99.4
芳香聚酰胺膜	3.5% NaCl(10.13)	0.64	99.5
芳香聚酰胺中空纤维膜	1% NaCl(15.2)	0.02	99.0
聚苯并咪唑膜	0.5% NaCl(14.19)	0.65	95.0
多孔玻璃膜	3.5% NaCl(12.16)	1.00	88.0
磺化聚苯醚膜	苦咸水(7.60)	1.05	98.0
氧化石墨膜	0.5% NaCl(14.19)	0.04	91.0

(4)反渗透法的特点　反渗透法是较其他方法更为合理、有效的苦咸水淡化方法,脱盐率可达 96% 以上,淡化水水质达到国家生活饮用水标准。与其他水处理方法相比,采用反渗透法处理水的优点是脱盐率高,产水量大,化学试剂消耗少,劳动强度低,水质稳定,终端过滤器寿命长,同时还具有无相态变化、常温操作、设备简单、效益高、出水质量好等优点,出水水质优于我国《生活饮用水卫生标准》。缺点是需要高压设备,原水利用率只有 75% ~80%,反渗透膜需要定期清洗。

(5)反渗透法对待处理水的水质要求　由于反渗透膜元件的结构、材质、脱盐机理等条件的限制,反渗透设备对待处理水的水质有较为严格的要求(表 2.5)。若某一项或几项指标不达标时,会对反渗透膜造成不良影响,如膜会受金属氧化物、有机物等污染,导致出水 COD 升高。因此,反渗透膜系统前均应配备保安过滤器,其过滤孔径为 1 ~2 μm,

防止可能存在的颗粒物引起的破坏。

表2.5　反渗透器进水的水质要求

导致膜污染指标		允许值	解决办法
悬浮物等	浊度	<1 NTU	絮凝沉淀、微滤、超滤
	颗粒物	<100 个/mL	絮凝沉淀、微滤、超滤
	微生物	<1 个/mL	微滤、超滤
金属氧化物	铁，Fe^{3+}	<50 μg/L	氧化+沉淀或过滤
	锰	<50 μg/L	使用分散剂
结垢物质	碳酸钙	LSI<0	调节 pH 值、加阻垢剂
	硫酸钙	<230%	加阻垢剂
有机物	TOC	<10 mg/L	活性炭过滤、树脂吸附
	COD	<10 mg/L	活性炭过滤、树脂吸附
	BOD	<5 mg/L	活性炭过滤、树脂吸附
氧化剂	余氯	<0.1 mg/L	还原剂、活性炭吸附

(6)反渗透水处理工艺流程　常规反渗透法工艺流程：原水→预处理系统→高压水泵→反渗透膜组件→净化水。其中预处理系统视原水的水质情况和出水要求可采取粗滤、活性炭吸附、精滤等。另外，复合膜对水中的游离氯非常敏感，因而预处理系统中通常都配备活性炭吸附。

2.2.3.4　电渗析法

电渗析(electro dialysis，ED)是在外加直流电场作用下，利用离子交换膜对溶液中离子的选择透过性使溶液中阴、阳离子发生迁移并分别穿过阴、阳离子交换膜，导致带电离子从水溶液或其他不带电的组分中脱除，从而达到除盐或浓缩目的的一种电化学分离方法。

目前，电渗析法已经发展成为一个大规模的化工单元过程，在膜分离技术领域内占有重要地位，在食品、轻工行业制取纯水，电子、医药工业制取高纯水中得到了广泛应用。

(1)电渗析法脱盐的基本原理　电渗析法也是一种膜分离技术。如图2.2所示，电渗析器中的阴极和阳极间交替排列着若干阳膜和阴膜，膜间保持一定的间距形成隔室。当待处理水进入这些小室后，在直流电场的作用下，水中的离子就会定向迁移，阳离子(Na^+)移向负极，阴离子(Cl^-)移向正极。由于离子交换膜的选择透过性，阳膜只允许阳离子通过而把阴离子截留下来，而阴膜只允许阴离子通过而把阳离子截留下来。结果使得阳离子和阴离子分别聚集在相应的室中，形成了相间的浓室和淡室，分别汇聚并引出各浓室与淡室的水，即得到浓水和需要的淡水。

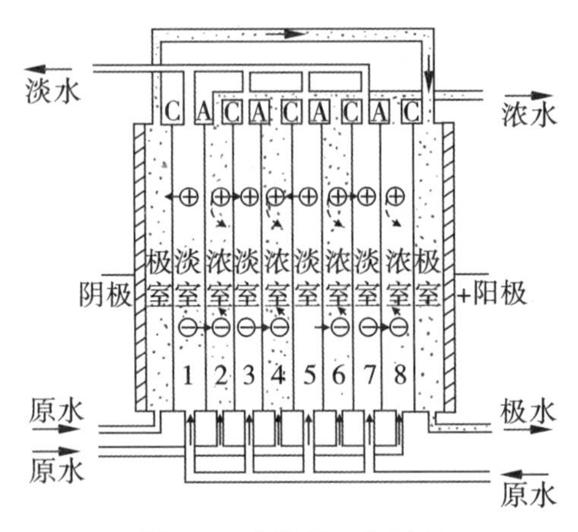

图 2.2 电渗析工作原理

(2)电渗析法对待处理水的水质要求　待处理水中的悬浮物质和胶体物质在设备的水流通道和空隙中产生堵塞现象,水流阻力的不均匀改变会使浓水室和淡水室中的水压不相等,严重时会使膜面破裂。水中夹带的砂粒也会使膜产生机械性破损;水流通过电渗析隔板时,水中悬浮物、极性有机物吸附在膜面上,会改变膜的极性,膜电阻增加,膜的选择透过性降低,出水水质恶化。电渗析膜是细菌的有机养料,水中所含细菌转移到膜面上繁殖,也会产生水质恶化的后果;高价金属离子(如铁、锰)会使离子交换膜中毒;游离氯会使阳膜产生氧化作用,进水硬度高时会导致膜的浓差极化和沉淀结垢。

因此,电渗析法对待处理水的水质有一定的要求:水温应在 4 ~40 ℃,污染指数 SDI<5,混浊度<1 mg/L,化学耗氧量≤3 mg/L($KMnO_4$法),游离性余氯≤0.2 mg/L,铁含量≤0.3 mg/L,锰含量≤0.1 mg/L,非电解杂质少,硬度超过 900 mg/L 时应软化处理。

(3)电渗析法的特点　电渗析脱盐法具有设备简单、投资少、不需要消耗化学药品、脱盐率高(可达到 80% 以上)、耗电少、可连续处理、操作简单、检修比较方便和占地面积小等优点。但是,电渗析对 HCO_3^-、$HSiO_3^-$ 等弱电解质的去除率很低,对非电解质和不溶性杂质无去除作用,也不能去除水中以硅酸盐和二氧化硅形式存在的硅。因此,原水在电渗析处理前必须先进行预处理。水的利用率较低(一般 50% 左右),在处理过程中要排放大量的浓盐水和极水,会对环境造成一定的污染。此外,电渗析不可能制备高纯水,因为水越纯,电阻越大,要继续提高水质不仅电耗剧增,而且极化现象随之加重,要制备高纯水一般需与离子交换法结合使用。

(4)电渗析器使用的注意事项　①使用前的预处理。新膜使用前应在纯水中浸泡 24 h,再用 1% 的 NaOH 溶液浸泡 24 h,用水冲净后再裁膜。电渗析器启动时应先通水后通电,停止使用时应先断电后停水。②倒换电极。在电极运行一段时间后,定期地倒换电极的极性,将阳极改为阴极,阴极改为阳极。③定期酸碱清洗。定期用 1% ~2% 的盐酸溶液清洗,清洗操作时间一般为 2 ~3 h,使极水的 pH 值达 3 ~4 为止。④停运保护。电渗析器停止运行时间较短时,应充满水,使膜保持湿润,以免膜干燥收缩,并要经常更换新鲜水,防止膜发霉或冻结。停止运行时间较长时,应将电渗析器拆散,各种部件分类保存,特别应保管好膜。

2.2.4 水的消毒

原水经过混凝、沉淀、过滤、软化处理后,水中仍会有部分微生物存在,为了保证产品品质和消费者健康,达到饮料用水微生物指标要求,需要采用化学和物理方法杀灭水中的病原体,称为水的消毒。物理消毒法有加热法、γ辐射法和紫外线照射法等;化学消毒法有加氧化剂(臭氧、氯及其化合物、溴、碘)、加重金属离子(如银和铜)、加碱或酸、加表面活性剂等。在饮料用水处理中,以臭氧和紫外消毒法最为常用;在自来水、饮料用水前处理及一些特殊设施(如游泳池)用水中以氯及其化合物消毒最为常用。

2.2.4.1 氯消毒

水的加氯消毒(chlorination)是传统的水消毒工艺。由于此法操作简单,费用低,杀菌能力强,处理水量大,因此广泛用于日常生活水处理及没有采用自来水为水源的饮料厂的水处理。

(1)氯消毒工作原理　氯投加到水中后,生成次氯酸和次氯酸根,反应式如下:

$$Cl_2 + H_2O \longrightarrow HOCl + H^+ + Cl^-$$

$$HOCl \rightleftharpoons H^+ + OCl^-$$

由于次氯酸为中性分子,能够扩散到带负电的细菌表面,从而破坏菌体中的酶系统及其相关功能使细菌死亡。次氯酸根(OCl^-)虽然也包括一个氯原子,但它带负电,不能靠近带负电的细菌,所以不能穿过细菌的细胞膜进入细菌内部,因此其杀菌作用远远比不上次氯酸。HOCl 和 OCl^-在水中的比例取决于 pH 值。当 pH 值呈酸性时,水中 HOCl 大部分保持分子状态。当 pH 值大于 7.0 时,OCl^-的比例随 pH 值的增大而增加,消毒效果也相应减少。因此,pH 值愈低,水中 HClO 含量比例愈高,产生的消毒效果愈好。利用氯消毒,水的 pH 值应控制在 7.0 以下才能获得较好的消毒效果。

(2)加氯方法和加氯量

1)加氯方法　主要有过滤前加氯和过滤后加氯两种。

过滤前加氯:如果原水水质差,有机物含量高,可在原水过滤前加氯,且加氯量要大一些,以防止沉淀池中微生物繁殖。

过滤后加氯:当原水水质较好,有机物含量较低时,可在原水经沉淀和过滤后再加氯进行消毒,加氯量比过滤前添加的少,且消毒效果好。

2)加氯量　要考虑两个方面:作用氯和余氯。作用氯是和水中微生物、有机物及有还原作用的盐类(如亚铁盐、亚硝酸盐等)起作用的部分。余氯是为了保持水在加氯后有持久的杀菌能力,防止水中残存和外界侵入的微生物生长繁殖的部分。

对使用氯气及游离氯制剂消毒的生活饮用水,国家标准规定:与水接触时间至少 30 min,出厂水中余氯应≥0.3 mg/L 且不超过 4 mg/L,管网末梢水中游离余氯应≥0.05 mg/L。为了使管网末梢保持 0.05 mg/L 的余氯量,一般总投氯量为 0.5～2.0 mg/L。

(3)其他几种常用的氯消毒剂

1)氯胺　有一氯胺(NH_2Cl)、二氯胺($NHCl_2$)、三氯胺(NCl_3)三种,氯胺在水中分解缓慢,能逐步释放出次氯酸,容易保证管网末端的余氯量,并且避免自由余氯产生较重的氯臭味。水处理中常用一氯胺,国标要求其与水接触的时间至少为 120 min,出厂水中余氯应≥0.5 mg/L且不超过3 mg/L。

2)次氯酸钠　在水中解离成次氯酸,杀菌能力较强,用于消毒后水质的净化,水溶液很纯净,不增加水的硬度,比漂白粉效果好。

3)二氧化氯　ClO_2是一种黄绿色到橙黄色的气体,是国际上公认为安全、无毒的绿色消毒剂。ClO_2极易溶于水而不与水反应,几乎不发生水解(水溶液中的亚氯酸和氯酸只占溶质的2%);在水中的溶解度是氯气的5~8倍,20 ℃时溶解度为8.3 g/L。ClO_2在11 ℃时即可液化为红棕色液体,对病毒、细菌、原生生物、藻类、真菌、各种孢子及孢子形成的菌体有极强的杀灭效果。国家标准规定,用ClO_2消毒时,与水接触时间至少为30 min,出厂水中余氯应≥0.1 mg/L且不超过0.8 mg/L,管网末梢水中游离余氯应≥0.02 mg/L。

近年发现,氯消毒可能会使水中产生致癌物质如氯仿等,此外,氯对病毒、孢囊的杀灭能力远不及臭氧,故在水消毒工艺中臭氧有代替氯的趋势。

2.2.4.2 臭氧消毒

(1)臭氧杀菌的原理　臭氧(O_3)是氧的一种变体,气体在常温下略带蓝色,通常看上去无色;液态臭氧是暗蓝色。O_3是由3个氧原子组成的分子,性质很不稳定,在水中的溶解度较小,易分解成氧气(O_2)和氧原子(O)。氧原子具有很强的氧化能力,能使水中细菌及其他微生物的酶、有机物等发生氧化反应,是很强的杀菌剂。

(2)臭氧消毒的特点　臭氧属于广谱杀菌剂,除耐热性芽孢菌外,几乎所有微生物在与浓度为0.3~1.0 mg/L的臭氧水接触20~30 s时,即可达到杀菌目的,杀菌作用比氯快15~30倍。臭氧稳定性差,很快会自行分解为氧气或单个氧原子,而单个氧原子能自行结合成氧分子,不存在任何残留物,所以,臭氧是一种无污染的消毒剂。臭氧为气体,能迅速弥漫到整个灭菌空间,灭菌无死角。国家标准规定,臭氧与水接触时间至少为12 min,出厂水中臭氧含量应≤0.3 mg/L,管网末梢水中臭氧应≥0.02 mg/L。

正常情况下,臭氧在水中的半衰期为20 min,pH值7.6时为1 min,pH值10.4时为0.5 min。臭氧消毒后,经过一段时间,水中臭氧全部衰变为氧气,使水中含氧量升高变为富氧水,含氧量最高可达10~20 mg/L,更易导致微生物的再生长。另外,臭氧消毒投资大,费用比氯消毒高;水中臭氧不稳定,控制和检测需一定的技术;与铁、锰、有机物等反应,可产生微絮凝,使水的浊度提高;可与水中的不饱和化合物形成臭氧消毒副产物。

(3)臭氧消毒副产物的产生及控制　在臭氧消毒过程中,水的臭氧化会产生环氧衍生物、过氧化物、醛类和溴酸盐等无机和有机副产物,分别以甲醛和溴酸盐为代表。甲醛是世界卫生组织认定的致癌物质,我国生活饮用水标准规定甲醛含量小于0.9 mg/L。溴酸盐被国际癌症研究机构定为2b级的潜在致癌物,WHO建议饮用水的最大溴酸根含量为25 μg/L,美国环保局(USEPA)饮水标准中规定溴酸根的最高允许浓度为10 μg/L,我国现行的《生活饮用水卫生标准》规定溴酸盐限值为0.01 mg/L。

控制消毒副产物的方法包括除去与消毒剂发生反应的前驱物;优化水处理工艺,降低消毒副产物化学反应速率;采取除去已生成消毒副产物的技术。也可将这3种控制方法结合起来,分别发挥各自优势而最大限度降低自来水中DBPs的含量。

比如,控制臭氧化导致的甲醛产生量,可以进行预处理降低原水中的有机物浓度。

同时，优化臭氧的投加量，使之在达到消毒效果的同时，甲醛的产生量降到最低。控制溴酸盐可以从控制其形成和生成后去除两个方面进行。加氨、降低pH值、去除氢氧自由基、加过氧化氢、改善反应器和优化投加方式、臭氧催化氧化等是控制溴酸盐生成的方法。溴酸盐生成后则可以采用活性炭吸附法、离子交换法、亚铁离子还原法、零价铁还原法、紫外线照射法、陶粒生物滤池等物理、化学和生物方法进行去除。

（4）紫外线消毒（ultraviolet sterilization）　紫外线指波长为140～490 nm的不可见光线，以250～260 nm波长的杀菌效果最好。微生物经紫外线照射后，造成微生物细胞膜受损，微生物的蛋白质和核酸吸收紫外线光谱能量，发生蛋白质变性，微生物细胞内核酸的结构发生裂变，破坏蛋白质和核酸的正常生理功能并最终导致微生物死亡。紫外线消毒具有较高的杀菌效率，消毒速度快，消毒效果受水温、pH影响小，不产生有毒有害副产物，不改变水的理化性质、能降低水臭和降解微量有机物等特点，占地面积小，操作简单，管理方便，运行安全可靠，维护费用低。目前，紫外杀菌在饮料用水、饮用水、生活污水及工业废水等的消毒处理中得到了广泛应用。

1）紫外线杀菌装置　由发射波长为250～260 nm的紫外线高压汞灯和对紫外线透过率90%以上、污染系数小、耐高温的石英套管以及外筒、电气设施等组成紫外线杀菌装置。杀菌器的外筒由铝镁合金和不锈钢材料制成。筒内壁有很高的光洁度，对紫外线反射率达85%左右。

2）影响紫外线杀菌效果的因素　①原水水质。因紫外线的穿透能力较弱，杀菌效果受水的色度、浊度、深度等因素影响，故要求原水的色度<15度、浊度<5度、铁含量<0.3 mg/L，细菌总数<900个/L。②水流量。在同一杀菌器中，相同的水质，流量越大，流速越快，则受紫外线照射的时间越短，杀菌的效果就越差。③灯管周围介质的温度。紫外灯周围介质温度越低，会使辐射的能量降低，影响杀菌效果。一般灯管周围的温度保持在25～35 ℃。④紫外灯的运行管理。紫外灯在杀菌前应预热10～30 min；应尽量减少开闭次数；保持电压稳定，波动范围不得超过额定电压的5%。紫外灯管使用一段时间后，石英套管上会沉积污垢，影响透光性，从而影响杀菌效果。应定时抽样检查水的消毒情况，及时更换。

2.2.5　水处理典型案例

对目标水源的水样进行检验分析后，应根据原水的水质和产品对水质的要求确定水处理方案。水中悬浮物质和胶体杂质一般采用混凝沉淀或多介质过滤工艺进行去除；色度、气味等感官品质改善常采用活性炭吸附过滤处理；当水的硬度及无机盐含量较高时一般采用离子交换结合反渗透进行脱除；灭菌常采用臭氧灭菌或紫外灭菌处理。

2.2.5.1　地表水水源的水处理方案

地表水中含有较多的悬浮物质和胶体物质，微生物污染相对较严重，水的浊度、色度高，有的还可能有异味。针对地表水的水质特点，处理方案设计可先预消毒，再通过混凝澄清处理与多介质过滤，可除去大部分微生物、悬浮物质和胶体物质；用活性炭吸附过滤可除掉水的异味、降低水的色度；用离子交换先脱除大量的Ca^{2+}、Mg^{2+}，再经保安过滤后二级反渗透处理，可显著降低水的硬度、脱除绝大部分盐，使电导率降至10 μs/cm以下；最后经杀菌处理，可得到符合饮料生产水质要求的处理水。若处理水用于生产果蔬汁饮

料、蛋白饮料、茶饮料等,则应经过脱气处理。以地表水为水源的饮料用水处理基本工艺流程如下:

地表水→预消毒→混凝沉淀→多介质过滤→活性炭过滤→离子交换→保安过滤→一级反渗透→二级反渗透→脱气→紫外杀菌→无菌纯水

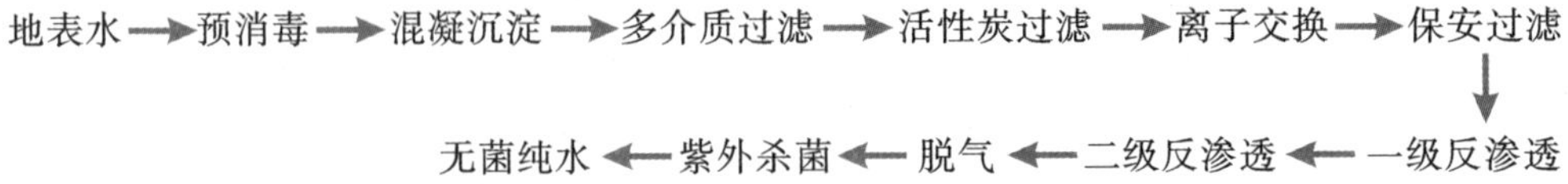

2.2.5.2 地下水水源的水处理方案

地下水含有较多的矿物质,如钙、镁、铁等,硬度和碱度都比较高,但泥沙、悬浮物和细菌含量较少,相对来说比较澄清。地下水处理成饮料用水主要就是利用物理或化学方法,将水中的各种悬浮物质、胶体物质、可溶性杂质以及微生物除去,以降低水的硬度、浊度、碱度和色度等理化指标,达到饮料生产用水的水质标准。地下水中除铁、锰的工艺流程及设计方案因铁、锰含量及 pH 值高低、处理水量的大小而不同。地下水源的水处理基本工艺流程如下:

地下水→砂滤棒过滤→多介质过滤→活性炭过滤→离子交换→微滤(超滤)→一级反渗透→二级反渗透→臭氧(紫外)杀菌→脱气→无菌纯水

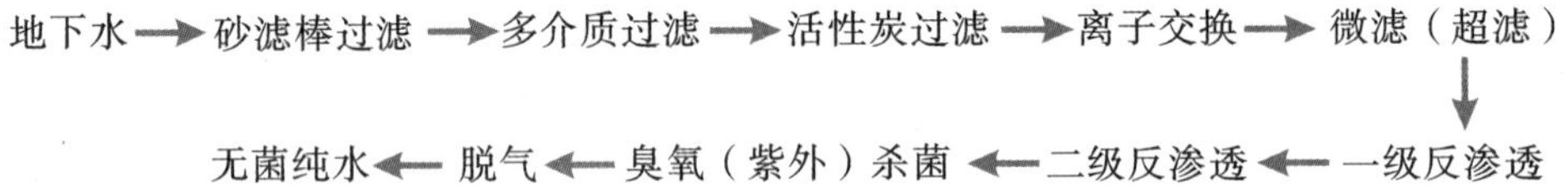

2.2.5.3 自来水水源的水处理方案

城市自来水已去除原水中给饮料生产带来危害的悬浮物质、胶体物质、细菌及其他有害成分,硬度不高,满足生活饮用水标准。以自来水为水源的饮料用水处理工艺简单,一般通过多层过滤、活性炭吸附、离子交换、杀菌等处理脱除余氯、降低硬度、去除微生物等有害物质即可,其基本水处理工艺流程如下:

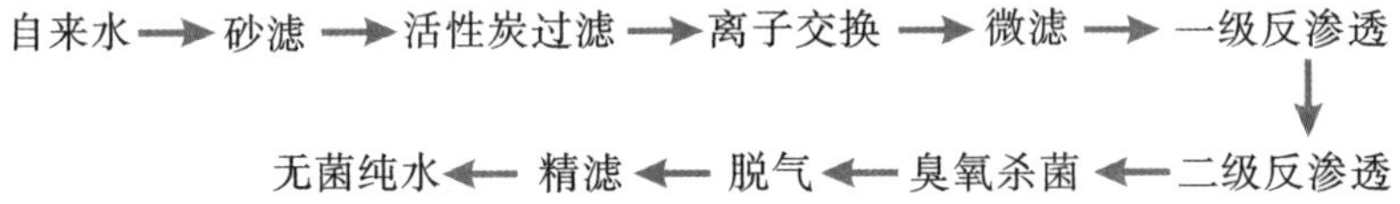

自来水→砂滤→活性炭过滤→离子交换→微滤→一级反渗透→二级反渗透→臭氧杀菌→脱气→精滤→无菌纯水

思考题

1. 天然水含有哪些杂质?它们对饮料生产有什么影响?
2. 水的硬度、碱度对饮料生产有什么影响?
3. 离子交换树脂的选择原则是什么?离子交换法的脱盐机理是什么?
4. 简述电渗析法、反渗透法的脱盐机理及应用。
5. 简要比较氯消毒、臭氧消毒、紫外消毒的基本原理、优缺点及应用。
6. 某饮料厂以河流中的水为水源生产饮料,试分析该水源的水质特点并设计适宜的水处理工艺。

第3章　饮料生产常用的食品添加剂

【内容提要】

本章主要介绍了饮料加工中常用的辅料，如甜味剂、酸味剂、香精与香料、色素、防腐剂、抗氧化剂、增稠剂、乳化剂、酶制剂以及二氧化碳，介绍了这些辅料的特性、用途及应用时的注意事项。

【学习目标】

了解饮料常用辅料的特性；了解饮料常用辅料的用途及应用；了解饮料常用辅料的科学使用方法及注意事项。

【名词及概念】

甜味剂；酸味剂；乳化剂；增稠剂；酶制剂；香精与香料；食用色素；防腐剂；抗氧化剂

3.1　甜味剂

甜味剂(sweeteners)是指能赋予软饮料甜味的食品添加剂。甜味剂按其营养价值可分为营养性甜味剂和非营养性甜味剂两类；按其甜度可分为低甜度甜味剂和高甜度甜味剂；按其来源分为天然甜味剂和合成甜味剂。

3.1.1　糖类甜配料

(1)蔗糖(sucrose)　蔗糖是白色或无色透明的单斜晶系的结晶。它是食品中有营养的甜味剂，由于其具有独特的功能，有利于食品的加工和品质的提高，因而成为食品加工中重要的添加剂。蔗糖的甜味纯正稳定，易于溶解。蔗糖具有很好的水溶性，不同浓度的蔗糖溶液产生不同的黏度，可以为饮料、罐头等食品提供令人满意的风味，并能保持其风味的稳定性。蔗糖在饮料中的使用无限量要求，根据风味及甜度需要添加。

(2)葡萄糖(glucose)　葡萄糖作为甜味剂其特点是甜度不大，一般使用条件下，葡萄糖的甜度为蔗糖的75%，香味更为精细，即使达到20%的浓度，也不会产生像蔗糖那样令人不适的甜腻感。此外，葡萄糖具有较高的渗透压，约为蔗糖的2倍，水分活度低，可以抑制微生物生长，提高防腐效果。应用时注意以下几点：①葡萄糖具有清凉感和温和的甜味，但甜度和性状会因温度而变化，使用时应注意这一特性。在相同浓度下，一般低温时感觉甜度大。②葡萄糖浓度高时甜度大。在蔗糖中混入10%左右的结晶葡萄糖，由于增效作用,其甜度高于计算值。③葡萄糖与氨基酸和蛋白质类物质同时加热时发生美拉德反应,引起褐变。

(3)果葡糖浆(high fructose syrup) 果葡糖浆是用酶法糖化淀粉所得的糖化液,再经葡萄糖异构酶作用,将42%的葡萄糖转化成果糖。目前的果葡糖浆有3种,果糖含量分别为42%、55%和90%。果葡糖浆是澄清透明、黏稠、无色、无臭的液体,其甜度随果糖含量而异,一般为蔗糖的1.0~1.4倍。果葡糖浆与蔗糖结合使用,有增效作用,可使其甜度增加20%~30%,而且甜味丰满、风味更好。使用时应注意:果葡糖浆色泽的热稳定性较差,可与羰基化合物发生美拉德反应。果葡糖浆的味质接近蔗糖,但比蔗糖更具清凉感;果糖含量越高,此倾向越强。果葡糖浆用于清凉饮料效果较好,还可用于蜜饯、果脯生产,缩短糖渍时间,还可以抑制微生物生长,具有一定的防腐作用。

(4)蜂蜜(honey) 蜂蜜大部分为蔗糖。蜂蜜因蜂种、蜜源(花种)等的不同,其风味特征和化学成分也不同。蜂蜜具有结晶的特性。蜂蜜作为甜味剂,在茶饮料中使用较多。在现代果蔬汁加工中,蜂蜜既可作为果蔬汁的澄清剂,又是抗氧化剂,可以防止果汁发生褐变。由于蜂蜜成分复杂,易于造成饮料混浊、沉淀、变色等,使用前需经过必要的预处理。

(5)淀粉糖浆(starch syrup) 淀粉糖浆是淀粉经不完全水解的产品,为无色、透明、黏稠的液体,性质稳定,无结晶析出。糖浆的糖分组成主要是葡萄糖、低聚糖、糊精等。各种糖分组成比例因水解程度和采用糖化工艺而不同,产品种类多,具有不同的物理和化学性质,符合不同应用的需要。

3.1.2 天然甜味剂

(1)糖醇类 糖醇是世界上广泛采用的甜味剂之一,它可由相应的糖加氢还原制成。

1)麦芽糖醇(maltitol) 麦芽糖醇为无色透明的晶体,易溶于水,甜度为蔗糖的75%~95%,热值仅为蔗糖的5%,具有保香和保湿作用。对热和酸都很稳定。与蛋白质和氨基酸共存加热时不会发生美拉德反应。麦芽糖醇水溶液的黏度比蔗糖水溶液低,会影响食品物料在加工过程中的流变学特性。在体内不被消化吸收,不产生热量,不使血糖升高,不增加胆固醇,不被微生物利用。

麦芽糖醇作为低热值非腐蚀性甜味剂,除作为糖尿病人、肥胖病人的保健甜味剂外,还可用作乳饮料、果汁饮料、碳酸饮料等的甜味剂,并具有保香、增稠等作用。

2)木糖醇(xylitol) 木糖醇为白色结晶或结晶性粉末,有甜味,热量与葡萄糖相同,在水中溶解性很大,吸湿性强,有清凉感,不与可溶性氨基化合物发生美拉德反应,对热稳定,对金属离子有螯合作用。在人体中代谢不需要胰岛素,而且还能促进胰脏分泌胰岛素。

木糖醇主要用于防止龋齿性糖果和糖尿病人的专用食品。木糖醇会抑制酵母的生长繁殖及其发酵活性,因此不适宜用于以酵母制作的食品。

3)山梨醇(sorbierite) 山梨糖醇为无色、无味、针状结晶体,具有很大吸湿性,化学性质稳定,有清凉感,不为微生物发酵。其甜度为蔗糖的50%~60%。此外,山梨糖醇液是无色、透明、糖浆状液体,不产生美拉德反应,有持水性。多用于清凉饮料。山梨糖醇无毒性,但摄入过量可致腹泻和消化紊乱。

(2)甜菊苷(stevioside) 甜菊苷是从菊科多年生草本植物甜叶菊的叶中提取的一种苷类。其甜味的主要成分有甜菊苷、甜菊双糖苷A等数种双萜糖苷。甜菊苷一般为白色至微黄色结晶性粉末。甜菊苷味质接近蔗糖,有清凉感,同时有高甜度甜味剂特有的微苦,并有稍许后味,甜菊苷甜度为蔗糖的270~280倍。甜菊双糖苷A的甜度为蔗糖的220~330倍,微溶于水和乙醇,渗透压较低,pH值3时稳定,热稳定性强,不发酵,粉末状或水溶液状态下对光均稳定,着色性好,不会引起氨基与羰基的反应,吸湿性强。甜菊苷广泛用于碳酸饮料、果蔬汁饮料和乳饮料。甜菊苷与蔗糖、异构糖浆等糖类甜味剂合用,不仅能改善味感,还可提高甜度。与有机酸或氨基酸合用可矫正其苦味。在饮料中可按生产需要适量使用,但应注意其在碱性条件下不稳定。

(3)其他天然甜味剂

1)甘草素(liquiritigenin) 甘草素是从甘草中提炼制成的甜味剂,为白色结晶粉末,其甜味持续时间较长。甘草素与蔗糖共用有增效作用,从而可减少蔗糖用量而保持甜度不变。甘草素自身无香味,但有增香作用。其甜度是蔗糖的200~500倍,有特殊风味,与蔗糖配合使用效果较好,添加适量的柠檬酸则甜味更佳。甘草素不易被微生物利用,使用量根据生产需要添加。

2)罗汉果甜苷(mogroside) 罗汉果甜苷是一种三萜烯葡萄糖苷,其苷元是三萜烯醇。罗汉果甜苷为浅黄色粉末,易溶于水和稀乙醇,热稳定性强,长时间在120 ℃空气中加热仍不被破坏,属于非发酵物质,不易霉变,使用时不受pH值影响(pH值介于2~10)。罗汉果甜苷甜度高、热值低、水溶性与热稳定性好,无毒,食用安全,没有异味,因此广泛应用于食品及保健食品工业中。罗汉果甜苷作为甜味剂添加于各类食品中可部分或全部替代蔗糖。《食品添加剂使用标准》(GB 2760—2014)规定,罗汉果甜苷可在各类食品中按生产需要适量使用。

3)天门冬酰苯丙氨酸甲酯(aspartame) 天门冬酰苯丙氨酸甲酯为氨基酸系甜味剂,又名阿斯巴甜,是美国于1965年发现的以二肽为主的天然化合物的衍生体。为白色结晶性粉末,无臭,有清爽的甜味,甜度约为蔗糖的200倍,味质极似蔗糖,有清凉感,无苦涩味和金属后味,有增强风味的效果。微溶于水,在水溶液中不稳定,易分解而失去甜味。热稳定性差,高温加热会使其甜味下降或消失。天门冬酰苯丙氨酸甲酯在食品或饮料中的主要作用表现在以下几方面:提供甜味,口感类似蔗糖;能量可降低95%左右;增强食品风味,延长味觉停留时间,对水果香型风味效果更佳;可保持食品的营养价值;可与蔗糖或合成甜味剂配合使用。《食品添加剂使用标准》(GB 2760—2014)规定,天门冬酰苯丙氨酸甲酯在饮料中最大使用量为0.6 g/kg。

3.1.3 人工甜味剂

人工甜味剂又称合成甜味剂,是人工合成的具有甜味的复杂有机化合物。

(1)安赛蜜(AK糖、乙酰磺胺酸钾)(acesulfame-K) 安赛蜜是非营养性甜味剂,为无色、无味的结晶性物质。易溶于水,温度升高,溶解度增加很快,热稳定性好。甜度约为蔗糖的200倍,味质类似蔗糖,甜味感觉快,没有任何不愉快的后味。高浓度时会有微苦味。其水溶液甜度不随温度的上升而下降。不与食品中成分特别是香精和香料发生反应,可使食品的香味保持稳定。安赛蜜为无热值高强度甜味剂,可在pH值2~10范围内使用,用于饮料、冰激凌、糕点等。安赛蜜在高温下能保持甜味。与阿斯巴甜、甜菊苷、二氢查耳酮混合使用时有增甜效果。不参与人体代谢,适合作糖尿病、肥胖病以及心血管病患者食品的甜味剂。GB 2760—2014 规定,安赛蜜在饮料中最大使用量为 0.3 g/kg。

(2)环己基氨基磺酸钠(甜蜜素)(sodium cyclamate) 甜蜜素学名环己基氨基磺酸钠,为白色结晶或结晶性粉末,无臭,味甜,溶于水,加热后略有苦味,无吸湿性,不易受微生物感染,不发生焦糖化反应,对热、光、空气稳定。在碱性条件下稳定,酸性时稍有分解。甜度为蔗糖的 30~50 倍,是高强度甜味剂中甜度最低的一种甜味剂,与蔗糖相比,甜蜜素的甜味刺激来得较慢,但持续时间较长。甜蜜素风味良好,不带异味,还能掩盖诸如糖精带来的苦味。但水中亚硝酸盐、亚硫酸盐含量过高时,可产生石油或橡胶样气味。甜蜜素是非营养性甜味剂,大量用于低热量饮料,还用于糖尿病人的食品。与蔗糖配合使用,甜度可提高 80 倍,与蔗糖和 0.3% 有机酸(柠檬酸)合用,甜度提高 100 倍以上。GB 2760—2014 规定,甜蜜素在饮料中最大使用量为 0.65 g/kg。

(3)三氯蔗糖(sucralose) 又名蔗糖素,是一种新型蔗糖氯化衍生物产品,呈白色粉末状,无臭,无吸湿性,低热值,热稳定性好,极易溶于水、乙醇和甲醇,微溶于乙酸乙酯;对光、热和 pH 值的变化均很稳定。三氯蔗糖甜度为蔗糖的 600~800 倍,甜味特性较接近蔗糖,无后苦味,是一种不致龋齿的强力甜味剂。在食品行业中,三氯蔗糖在饮料中的应用最为广泛,如碳酸饮料、植物蛋白饮料、功能性饮料和酒精饮料等产品。三氯蔗糖在咖啡中可以代替方糖、咖啡糖等,降低咖啡饮料的热量,增强风味。GB 2760—2014 规定,三氯蔗糖在饮料中最大使用量为 0.25 g/kg。

(4)天冬氨酰丙氨酰胺(阿力甜)(alitame) 天冬氨酰丙氨酰胺又称阿力甜,是结晶性粉末,无异味,无吸湿性,甜度是蔗糖的 2 000 倍。阿力甜甜味品质好,类似于蔗糖,没有强力甜味剂通常所带有的苦味或金属后味。阿力甜的甜味刺激来得快,其甜味略有绵延,与安赛蜜或甜蜜素混用时有协同增效作用。性质稳定,耐酸、耐热、耐碱性好。GB 2760—2014 规定,可在饮料、冰激凌、雪糕中使用,其最大使用量为 0.1 g/kg。

3.2 酸度调节剂

赋予食品酸味为主要目的的食品添加剂统称酸度调节剂(亦称酸味剂,acid condiment)。酸味剂按其组成可分为有机酸和无机酸。酸味剂主要是有机酸。天然食品中含有的有机酸主要有柠檬酸、酒石酸、苹果酸等;食品发酵产生的酸有醋酸和乳酸。使用较多的无机酸是磷酸。人工合成的有富马酸和葡萄糖酸。

(1)柠檬酸(citric acid) 又称枸橼酸,易溶于水,具有柔和、爽快的酸味。2% 水溶液 pH=2.1。柠檬酸酸味纯正、温和、芳香可口,是食品加工中应用最广泛的一种酸味剂,用于各类饮料。在饮料中,可单独使用也可与其他有机酸同时使用,清凉饮料用量为 0.13%~0.3%;果汁粉、果汁、罐头水果、冷饮等用量为 1% 左右。实际使用时通常先配制成 50% 的水溶液,可在各类食品中按正常生产需要添加。GB 2760—2014 规定,柠檬酸可在各类食品中按生产需要适量使用。

(2)磷酸(phosphoric acid) 磷酸是无机酸,为无色透明的黏稠状液体,酸味辛辣,有收敛味与涩口的酸味。酸度为柠檬酸的 2.3~2.5 倍。在空气中易吸湿,与有机物接触着色。主要用于碳酸饮料,特别是可乐饮料,是构成可乐风味不可缺少的风味促进剂。在可乐型碳酸饮料中,磷酸能产生独特的酸味,用量为0.6 g/kg左右。GB 2760—2014规定,磷酸在饮料中最大使用量为5.0 g/kg。

(3)酒石酸(tartaric acid)　酒石酸在自然界中以钙盐或钾盐的形式广泛存在于植物中,特别是葡萄中含量多。酒石酸有4种光学异构体,常用的是D-酒石酸和DL-酒石酸。D-酒石酸为无色透明棱柱状结晶或白色微细结晶性粉末。无臭、味酸,与柠檬酸相比,其酸味具有稍带涩味的收敛味,但爽口,易溶于水,酸度为柠檬酸的1.2~1.3倍。用于饮料时,多与柠檬酸、苹果酸同时使用,用量为0.1~0.2 g/kg,最适合用于葡萄汁。GB 2760—2014规定,酒石酸在饮料中最大使用量为5.0 g/kg。

(4)苹果酸(malic acid)　苹果酸为无色至白色结晶或结晶性粉末,无臭或稍有异味,与柠檬酸相比,其酸味具有略带刺激性的收敛味,酸度约为柠檬酸的1.25倍,极易溶于水,保存时易受潮。其酸味比柠檬酸强,但酸味刺激缓慢,保留时间长,特别适用于水果为基料的食品。广泛用于清凉饮料、果汁饮料和乳酸菌饮料,参考用量为2.5~5.5 g/kg。由于苹果酸比柠檬酸有刺激性的收敛味,对于使用人工甜味剂的饮料,具有掩盖其后味的效果。GB 2760—2014规定,苹果酸可在各类食品中按生产需要适量使用。

(5)乳酸(lactic acid)　乳酸有DL-型、D-型和L-型三种异构体。乳酸为无色至淡黄色的透明黏稠状液体,无臭或稍有不臭气,能与水、醇和酮自由混合,吸湿性强。乳酸有较强的酸味,酸度约为柠檬酸的1.2倍,有柔和的收敛味。由于乳酸的酸性稳定,有防止腐败发酵和较强的杀菌作用,有助于改进食品风味,延长保藏期,食品中用量为0.5~2 g/kg。GB 2760—2014规定,乳酸可在各类食品中按生产需要适量使用。

3.3　着色剂

食品着色剂(colorant)又称为食用色素,是以食品着色为目的的一类食品添加剂。很多天然食品都具有很好的色泽,但在加工过程中由于加热、氧化等各种原因,食品容易发生褪色甚至变色,严重影响食品的感官质量。在食品加工中为了更好地保持或改善食品的色泽,需要向食品中添加色素。食用色素按其来源和性质可分为合成色素和天然色素两大类。

3.3.1　天然色素

天然色素(natural dyestuff)主要是指由动、植物组织中提取的色素,基本上是植物色素,也有一些动物色素,包括微生物色素。植物色素主要有胡萝卜素、叶绿素、姜黄等。动物色素有虫胶色素等。微生物色素有核黄素及红曲色素。使用的天然色素从化学结构上可分为类胡萝卜素、卟啉色素、酮类色素、醌类色素以及花青素、叶黄素等。天然色素较为安全,且色泽自然,有些还具有一定的营养价值和药理功能,但天然色素一般稳定性较差,对光、热、酸、碱和某些酶等条件敏感,从而导致在加工、储存中发生变色或褪色的现象,影响食品的色泽。

(1)红曲色素(monascus pigment)　红曲色素是红曲霉代谢产生的一系列的聚酮化物,是一种混合色素,主要成分包括红色色素、黄色色素以及橙色色素。红曲色素有着较好的脂溶性和水溶性、耐热性，对金属离子、还原剂以及氧化剂也有着很好的耐受性。红曲色素在阳光照射下会分解，避光保存性质稳定，数月不变质，对蛋白质着色效果极佳，并有着较好的抗菌抑菌作用。

1）红曲红色素（monascorubrin） 为粉末状，色暗红，带油脂状，无味、无臭。熔点165～192 ℃。溶于热水及酸、碱溶液，极易溶于乙醇、丙二醇、丙三醇及它们的水溶液，不溶于油脂及非极性溶剂。对pH稳定，耐热性强，其醇溶液对紫外线相当稳定，但日光直射可褪色。几乎不受金属离子和氧化还原剂的影响。对含蛋白质高的食品染着性好，一旦染色后，经水洗也不褪色。结晶品不溶于水，可溶于酒精、氯仿，呈橙红色。GB 2760—2014中规定，红曲红在饮料中用量可按生产需要适量使用。

2）红曲黄色素（monascus yellow） 为黄至黄褐色粉状、块状或液体，略有特征性气味。其呈色在pH值3～8范围内稳定。酸性时会发生沉淀。水溶液有荧光发生。故显得比其他黄色素更为鲜黄。耐光性差，略有苦味。溶于水、乙醇、丙二醇，不溶于油脂。主要成分为安卡黄素及梦那红等。GB 2760—2014中规定，红曲黄色素作为黄色色素，在饮料中用量可按生产需要适量使用。

（2）β-胡萝卜素（β-carotene） 为深红色至暗红色、有光泽、斜方六面体或结晶性粉末。不溶于水、酸、碱，溶于二氧化碳、植物油。稀溶液呈橙黄色至黄色，浓度增大时呈橙色。本品在弱碱性条件下稳定，但对光、热、氧均不稳定，遇金属离子会褪色。GB 2760—2014规定，在风味酸奶中最大使用量为1.0 g/kg。

（3）姜黄（curcumin） 姜黄是由多年生植物姜黄的地下根茎干燥、粉碎所得，为黄褐色至暗黄褐色粉末，有特殊的辛辣味。内含姜黄素1%～5%。耐光性、耐热性较差。不溶于冷水，易溶于酒精、丙二醇、冰醋酸和碱溶液。在中性和酸性溶液中呈黄色，在碱溶液中呈红褐色。不易被还原。易与铁离子结合而变色。遇钼、钛、钽等金属离子，由黄色变为红褐色。GB 2760—2014规定，姜黄可在各类食品中按生产需要适量使用。

（4）焦糖（caramel） 亦称为酱色，为暗褐色的液体或固体粉末，有特殊的甜香气和愉快的焦苦味。易溶于水，1%的水溶液呈清亮的黄褐色。可溶于烯醇溶液，不溶于一般的有机溶剂和油脂。对光和热稳定性好，在阳光下照射6 h无明显变化。焦糖色具有胶体特性，有等电点，其pH值通常在3～4.5，根据生产方法和产品的不同而异。

焦糖色用量很大，占食品着色剂总量的80%以上。在饮料行业用途广泛，特别是在可乐中使用较多。焦糖按其生产制造方法可分为非铵法和铵法两类。焦糖溶于水，其水溶液晶莹透明、有焦味。饮料生产使用的焦糖要求等电点低于饮料pH值，避免和其他粒子相互吸引而产生混浊或絮凝。

GB 2760—2014中规定，普通焦糖可用于果汁（味）饮料，亚硫酸铵焦糖可用于碳酸饮料，其用量可按生产需要适量使用。

（5）甜菜红（beet red） 甜菜红为红紫色至深紫色液体、块状、粉状或糊状物，易溶于水、牛奶，染着性好，不因氧化而变色，受金属离子影响小，在中性及酸性条件下为稳定的红紫色，但在碱性条件下变为黄色。耐热性差，在60 ℃下加热30 min严重褪色，遇光略褪色。GB 2760—2014规定，甜菜红可用于各类食品，其用量可按生产需要适量使用。

3.3.2 合成色素

3.3.2.1 合成色素的种类和性质

合成色素(synthetic dyestuff)也称为食品合成染料,是用人工合成的方法所制得的有机着色剂。合成色素的着色力强、色彩鲜艳、不易褪色、稳定性好、易溶解、易调色、使用方便、成本低。

选用合成色素,首先应考虑的是其安全性。其次是在水溶液、乙醇溶液或其他溶剂中的溶解度高,稳定性好,而且不易受到食品中的各种成分及加工条件的影响,不被细菌侵害,对光和热稳定,具有令人满意的色彩。我国允许使用的几种食品合成色素有靛蓝、亮蓝、柠檬黄、日落黄、苋菜红、胭脂红等。

3.3.2.2 合成色素的使用

合成色素使用时需要注意以下几点:

(1)食用色素的安全性　食品中添加色素,无论是合成色素还是天然色素,在使用过程中都必须严格按照国家标准规定的使用范围以及最大使用量进行添加。对于新开发的色素,则必须进行安全性评价。

(2)正确选用色素　充分了解各种色素的性质和饮料状态,应根据色素的特性和使用条件选用合适的色素。使色素着色处于最佳状态,同时色泽与食品原有色泽应相似。

(3)调色方法　色素除红、黄、蓝3种基本色外,还可由基本色按不同比例混合,拼配二次色,由二次色拼配三次色。如由红色和黄色可调配出橙色,黄色和蓝色可调配出绿色。

(4)正确选用混合使用的色素　拼色时,混合使用的色素其溶解度、渗透性、着色性等性质应相似或相近,否则会引起色层分离,使着色食品的内部与表面色调出现差异,或使色素溶液色调与产品色调不一致。

(5)配制色素溶液　粉末色素不能直接加到食品中,直接使用粉末色素容易造成着色不匀,产生色素斑点,因此,调色时应先配制溶液,将色素溶解于水、乙醇、丙二醇等适当溶剂中,配成1%～10%的溶液,过滤后再使用。

(6)原料水的水质　水质较硬的水对某些色素有影响,例如赤鲜红、玫瑰红等;色素易受金属离子的影响,例如柠檬黄会因金属离子发生褐变,铁盐会使色调暗淡等。因此,制备色素和饮料用水应注意水质。另外,水处理使用的氯也会引起色素褪色或沉淀。为避免生产环节的影响,色素添加顺序应在调配的最后环节。

(7)称量准确　色素要准确称量,以免形成色差。每次应根据用量配制色素溶液,用剩的色素溶液要避光并置于暗处保存。一般食用色素吸湿性强,称量要快,使用后容器要及时密闭。粉末色素易飞散,容易造成污染,使用时应小心取用。

(8)防止褪色　果蔬汁饮料均含有机酸,而且一般用透明容器包装,需要选用耐酸性、耐光性和耐热性好的色素。饮料中的防腐剂、糖类等都会加速褪色,需引起注意。

(9)出口产品的着色　食用色素的使用量必须符合国家有关规定。出口食品使用的色素,其使用范围和最大使用量必须符合出口国家和地区的有关法规的规定。

3.3.2.3 常用的合成色素

(1)靛蓝(indigo blue)　又称为酸性靛蓝、磺化靛蓝,为蓝色均匀粉末,无臭,0.05%

水溶液呈蓝色,在水中溶解度较其他食用合成色素低。对光、热、酸、碱、氧化物都很敏感,耐盐性及耐菌性较弱,还原时褪色,但染着力较好,在饮料生产时很少单独使用,多与黄色配合调为绿色等。GB 2760—2014 规定,靛蓝在饮料中的最大允许使用量为 0.1 g/kg。

(2)亮蓝(brilliant blue) 又名食用色素蓝 1 号,属水溶性非偶氮类着色剂,为有金属光泽的深紫色至青铜色颗粒或粉末,无臭。易溶于水,水溶液呈亮蓝色,也可溶于乙醇、丙二醇和甘油。耐光性、耐热性、耐酸性、耐盐性和耐微生物性很好,耐碱性和耐氧化还原特性也较好。弱酸时呈青色,强酸时呈黄色,在沸腾碱液中呈紫色。用量低,通常与其他着色剂并用。GB 2760—2014 规定,亮蓝在饮料中的最大允许使用量为 0.02 g/kg。

(3)柠檬黄(lemon chrome yellow) 又称酒石黄或肼黄,也叫食用黄色 5 号,通常呈橙黄色均匀粉末状,无臭,0.1% 水溶液呈黄色,溶于甘油、丙二醇,不溶于油脂。柠檬黄耐热、耐酸、耐光、耐盐性较好,耐氧化性较差,遇碱稍微变红,还原时褪色。GB 2760—2014 规定,柠檬黄在饮料中的最大允许使用量为 0.1 g/kg。

(4)日落黄(sun set yellow) 又称橘黄,通常为橙色的颗粒或粉末,无臭,易溶于水,0.3% 水溶液呈橙黄色,溶于甘油、丙二醇,难溶于乙醇,不溶于油脂。日落黄耐光、耐热、耐酸性较强、耐碱性尚好,但遇碱呈红褐色,还原时褪色。GB 2760—2014 中规定,日落黄在饮料中的最大允许使用量为 0.1 g/kg。

(5)苋菜红(amaranth) 又称蓝光酸性红或食用红色 2 号,呈紫红色粉末状,无臭,0.01% 水溶液呈玫瑰红色。苋菜红具有耐光性较弱,耐酸、耐盐性较好,在柠檬酸、酒石酸中稳定,但在碱性溶液中则变成暗红色,且对氧化还原反应敏感,不耐菌。GB 2760—2014 中规定,苋菜红在饮料中的最大允许使用量为 0.05 g/kg。

(6)胭脂红(coccinellin) 又称食用红色 1 号,呈红色至深红色粉末状,无臭,溶于水呈红色,溶于甘油,不溶于油脂。20 ℃时,100 mL 水中可溶解 23 g。胭脂红耐光、耐酸、耐盐性较好,但不耐热、不耐菌、不耐氧化还原反应,遇碱变褐色。GB 2760—2014 中规定,胭脂红在豆奶饮料中的最大允许使用量为 0.6 g/kg。

3.4 食品用香料香精

3.4.1 食用香料

食用香料(food flavoring agents)是能赋予食品以香气,同时赋予食品特殊滋味的食品添加剂。食用香料一般是各种天然或合成的香料原料或其相互调和而成的调和香料。而以这些天然、人造香料为原料,经过调和并加入适当的稀释剂配制而成的多成分混合体称为香精。

(1)天然香料 天然香料包括动物性香料和植物性香料。

1)动物性香料 动物性香料品种不多,到目前为止被人们利用的仅有麝鹿、灵猫、海狸 3 种动物的香囊。此类香料在较高浓度时都有不适的臭气,但经稀释后则能发出优美的香气,而且留香力很强。在高级香精中常作定香剂。

2)植物性香料 植物性香料品种繁多,目前在科学研究或工业生产中被利用的有

200余种。这些植物性香料来自植物的不同组织,如花、果、叶等。

(2)人造香料(artificial perfume) 人造香料包括单离香料、合成香料和调和香料。单离香料是以天然香料作为原料,以物理或化学方法分离而得的较单一的成分,如丁香酚、檀香醇、黄樟素等。合成香料是以单离香料及煤焦油系成分为原料,经过复杂的化学变化而制得的,如香豆素、香兰素、杨梅醛等。调和香料是以天然香料和人造香料为原料,经过调香配制而成的产品。

3.4.2 食用香精

食用香精的种类繁多,并且在不断发展变化。食用香精的分类主要有以下几种。

(1)按来源分类 食用香精按香味物质来源可分为:调和型食用香精、反应型食用香精、发酵型食用香精、酶解型食用香精和脂肪氧化型食用香精五种类型。

(2)按形态分类 可分为液体香精、膏状香精和粉末香精三种类型,其中液体香精又可分为水溶性香精、油溶性香精和乳化香精三种类型。

1)水溶性香精 是由香精基剂、乙醇和蒸馏水调和而成,有时加入少量甘油和食用色素。溶液呈透明澄清状态,香味浓度较低,易挥发,不耐热,在饮料中使用较多。

2)油溶性香精 是由香精基剂和精炼植物油(或甘油、丙二醇)作稀释剂调配而成。其特点是香气比较浓郁、沉着、持久、香味强度高,适于较高温度操作工艺的食品加香。

3)乳化香精 是由香精基剂、乳化剂、稳定剂和蒸馏水等组成。为白色乳浊状液体,带有黏稠性,加入水中能迅速分散,但液体呈乳浊状态,应用于需要乳浊度的饮料中,不适宜要求透明的产品。调制、操作较复杂,如果配方不正确,操作错误,会发生分离现象,保藏期过长或过热都会导致分离现象。

4)粉末香精 粉末香精也称喷雾干燥香精,有包埋型和吸附型,它是通过使用赋形剂(或包埋剂),液体条件下先经过乳化再通过喷雾干燥等工序而制成,能够很好地保护香味物质。这类香精广泛应用于固体饮料、固体汤料中。

5)微胶囊香精 一种以香精为芯材,包裹于壁材之内所形成的微细颗粒型粉末状香精。常用的壁材有阿拉伯胶、改性淀粉等。先用普通香精与乳化剂、壁材等混合成乳浊液,再经喷雾干燥等工艺制得。由于香精被包于壁材之中,故稳定性好,保质期长。微胶囊香精分为缓释型微胶囊香精和全封闭型微胶囊香精。一般情况下,环境温度越高,缓释型微胶囊香精挥发的越快,留香时间也就越短。全封闭型微胶囊香精具有"定时定性"释放的特点,一般不受环境温度影响。微胶囊香精主要用于固体饮料中。

(3)按香型分类 食用香精的香型丰富多样,每一种食品都有自己独特的香型,概括起来主要有:水果香型香精、坚果香型香精、乳香型香精、花香型香精、蔬菜香型香精等,而每一类又可细分为很多具体香型,同一种水果香型还可以分为若干种类型。

(4)按用途分类 按用途可分为:食用香精、香烟用香精、化妆品用香精等。

3.4.3 香料香精在饮料中的作用与注意事项

3.4.3.1 香料和香精在饮料中的作用

(1)辅助作用 某些原来具有香气的产品,如高级酒类、茶叶等香气浓度不足,需要选用与其香气相适应的香精来辅助其香气。

(2)稳定作用　天然产品的香气,往往会受地区、季节、气候、土壤、栽培技术和加工条件等因素的影响而不稳定,而香精是按照同一配方进行调和,其香气基本上可达到每批都稳定。加香之后,可以对天然产品的香气起到一定的稳定作用。

(3)补充作用　某些产品在加工过程中损失了原有的大部分香气,这就需要选用与其香气特征相适应的香精进行加香,使产品香气得到补充。

(4)矫味作用　某些食品具有令人不易接受的气味,通过选用适当的香精可以矫正其香味,使人乐于接受。

(5)赋香作用　某些产品本身没有香味,可以通过选用具有一定香型的香精,使产品具有一定类型的香味。

(6)替代作用　直接用天然品作为香味来源有困难时(如原料供应不足、价格成本过高、造成生产工艺困难等),可以采用相应的香精来代替或部分替代。

3.4.3.2　使用香料和香精时应注意的事项

(1)用量　用量过多或不足,都不能取得良好的调香效果。确定适宜的用量,只能通过反复的加香试验来调节,确定最适合于当地消费者口味的用量。

(2)均匀性　香精在食品中必须分散均匀,才能使香味一致,如加香不均,必然会造成产品部分香气过强或过弱的严重质量问题。

(3)其他原料质量　除香精外其他原料如果质量差,对香味效果亦有一定的影响。例如,饮料用水处理不好、使用粗制糖等,由于它们本身具有较强的气味,使香精的香味受到干扰而影响调香效果。

(4)甜酸度配合　如果甜酸度配合恰当,对香味效果可以起到协同增效作用。

(5)温度　饮料用香精大多为水溶性香精,这类香精的溶剂和香精的沸点较低,易挥发,故加香一般控制在常温下进行。

3.5　抗氧化剂

抗氧化剂(antioxidant)是为了阻止或推迟食品的氧化变质、提高食品稳定性和延长食品储藏期而使用的食品添加剂。抗氧化剂的种类繁多,软饮料生产中使用的是水溶性的抗氧化剂,如抗坏血酸、异抗坏血酸盐类、亚硫酸盐类、葡萄糖氧化酶、过氧化氢酶等。

(1)茶多酚(tea polyphenols)　茶多酚是30余种酚类化合物的总称,主体为儿茶素类,其中儿茶素占60%~80%。为白褐色粉末,易溶于水、甲醇、乙醇、醋酸乙酯、冰醋酸等。难溶于苯、氯仿和石油醚。对酸、热较稳定。pH=2~8稳定,pH>8时及在光照下氧化聚合,遇铁变绿黑色络合物。

茶多酚的抗氧化性能优于生育酚混合浓缩物,为BHA的数倍。其中4种儿茶素抗氧化能力很强,它们是表儿茶素(EC)、表没食子儿茶素(EGC)、表儿茶没食子酸酯(ECG)和表没食子儿茶素没食子酸酯(EGCG)。它们的等摩尔浓度抗氧化能力的顺序为:EGCG>EGC>ECG>EC。茶多酚与苹果酸、柠檬酸和酒石酸有良好的协同效应,与柠檬酸的协同效应最好。此外,与生育酚、抗坏血酸也有很好的协同效应。

使用方法是先将茶多酚溶于乙醇,加入一定量的柠檬酸配制成溶液,然后以喷涂或添加的形式用于食品。GB 2760—2014规定,茶多酚在植物蛋白饮料中应用,其最大使用量为0.1 g/kg;在蛋白固体饮料中应用,其最大使用量为0.8 g/kg。

(2)抗坏血酸、异抗坏血酸及其钠盐(ascorbic acid、isoascorbic acid)　抗坏血酸主要作为氧清除剂,抑制食物成分的氧化,其次还能对螯合剂起增效作用,还原某些氧化物。抗坏血酸是通过逐级供给电子,转变成半脱氢抗坏血酸而起到清除 O_2^-、OH^-、R・和ROO・等自由基作用的。抗坏血酸及其钠盐在结晶干燥的状态下相当稳定,但在吸湿状态下慢慢氧化而变色,此变化受温度、光照、空气、重金属等因素影响。一般果汁饮料的使用量为0.1～0.5 g/kg,使用钠盐时,其用量要增加1倍。

异抗坏血酸是L-型抗坏血酸的光学异构体,在干燥空气中稳定,但在溶液中有空气存在时会迅速变质,其抗氧化性能优于抗坏血酸,还原性强,但耐热性差。异抗坏血酸钠是饮料中常用的抗氧化剂,GB 2760—2014 规定,在浓缩果蔬汁(浆)中可按生产需要适量添加,在固体饮料中可按稀释倍数增加使用量。

(3)二氧化硫和亚硫酸盐类(sulfur dioxide sulfite)　亚硫酸盐兼有漂白、防腐和抗氧化作用。作为抗氧化剂的用量远低于其防腐用量。亚硫酸盐在防腐的同时还可以防止果汁褐变,防止抗坏血酸分解。以二氧化硫计,在果蔬汁(浆)、果蔬汁(浆)类饮料中的最大使用量为0.05 g/kg,在干型葡糖酒、果酒中的最大限量为0.25 g/kg,而甜型葡糖酒、果酒中的最大限量为0.4 g/kg,在啤酒和麦芽饮料中的最大限量为0.01 g/kg。

(4)植酸(phytic acid)　植酸又称肌醇六磷酸,是从植物种子中提取的一种有机磷酸类化合物。本品是淡黄色浆状液体,易溶于水,广泛应用于食品、医药等行业领域。植酸具有抑制多酚氧化酶活性的作用,可以明显减缓或阻止果蔬的酶促褐变反应的发生。当与β-环糊精合用时,使用量为2.5～5.0 g/kg时效果更佳。在饮料中添加0.1～0.5 g/kg植酸,可除去过多的金属离子,对人体有良好保护作用。GB 2760—2014 规定,在果蔬汁饮料中应用,其最大使用量为0.2 g/kg。

(5)抗氧化剂的增效剂　抗氧化剂的增效剂本身没有抗氧化效果或效果极小,但与抗氧化剂混合使用时,其抗氧化效果要比单独使用一种抗氧化剂好,有增效甚至相乘的功效。如在酚类抗氧化剂中加入酸性抗氧化剂增效剂能明显增加抗氧化效果;柠檬酸、酒石酸、磷酸、氨基酸等都能起到抗氧化剂的增效作用。

3.6　防腐剂

防腐剂(preservatives)是指能防止由微生物引起的腐败变质,以延长食品保质期的食品添加剂。防腐剂对微生物有杀灭或抑制其生长的作用,可防止食品的腐败和变质,因而可以提高食品的保藏性。

防腐剂按其来源和性质可以分为有机防腐剂与无机防腐剂两类。有机防腐剂主要是苯甲酸及其盐类、山梨酸及其盐类、对羟基苯甲酸酯类和丙酸盐等。无机防腐剂有二氧化硫、亚硫酸盐等。此外,还有乳酸链球菌素等肽类抗菌素。

(1)苯甲酸和苯甲酸钠(benzoicacid,sodiumbenzoat)　苯甲酸又名安息香酸,为白色鳞片状或针状结晶,性质稳定,有吸湿性,在酸性条件下易随水蒸气挥发。苯甲酸属于广谱防腐剂,苯甲酸及其钠盐需要在酸性条件下通过未解离的分子起抗菌作用,因此,苯甲酸在酸性环境中对大范围的微生物均有效,pH 值为2.5～4.0时苯甲酸杀菌效果最好,在此范围内完全抑菌的最小浓度为0.5～1.0 g/kg。

苯甲酸钠为白色颗粒或结晶性粉末，易溶于水，1 g苯甲酸钠相当于0.847 g苯甲酸。GB 2760—2014规定，苯甲酸和苯甲酸钠可在碳酸饮料、果汁（味）饮料、桶装浓缩果蔬汁中使用，最大使用量分别为0.2 g/kg、1.0 g/kg和2.0 g/kg（以苯甲酸计），苯甲酸和苯甲酸钠同时使用时，以苯甲酸计，不得超过最大使用量。

（2）对羟基苯甲酸酯类（乙酯、丙酯、丁酯）（p-hydroxybenzoic esters） 又名尼泊金酯，是苯甲酸的衍生物。对羟基苯甲酸酯类为无色小结晶或白色结晶性粉末，无臭，开始无味，后来稍有涩味，难溶于水。其抑菌效果随碳原子数的增多而增强，其毒性则随碳原子数的增多而减弱，其溶解度随碳原子数增多而减小。可破坏细胞膜，使细胞内蛋白质变性，对霉菌、酵母、细菌有广谱抗菌作用。

GB 2760—2014规定，碳酸饮料中其最大使用量（以对羟基苯甲酸计）为0.2 g/kg，果蔬汁（浆）类饮料及果味饮料中其最大使用量为0.25 g/kg。

（3）山梨酸和山梨酸钾（sorbicacid，potassiumsorbate） 山梨酸为无色单斜晶体或白结晶性粉末，无臭或稍带刺激性臭味，耐光、耐热；但在空气中长期放置时易被氧化着色，从而降低防腐效果。难溶于水。山梨酸能与微生物酶系统中的巯基结合，从而破坏许多重要酶系统的作用，达到抑制微生物生长繁殖和防腐的目的。山梨酸的抑菌活性受pH值影响，pH值越低，抗菌作用越强。

山梨酸钾为无色鳞片状结晶或结晶性粉末，易溶于水，因此被广泛应用。GB 2760—2014规定，山梨酸和山梨酸钾可用于饮料类（包装饮用水除外）、浓缩果蔬汁果汁（浆）、乳酸菌饮料中，其最大使用量分别为0.5 g/kg、2.0 g/kg、1.0 g/kg。山梨酸与山梨酸钾同时使用时，以山梨酸计，不得超过其最大使用量。

（4）乳酸链球菌素（nisin） 乳酸链球菌素又称乳链菌素、乳链菌肽，是N型血清的某些乳酸链球菌代谢过程中合成和分泌的具有很强杀菌作用的小肽，为白色或略带黄色的结晶性粉末或颗粒，略带咸味，是一种高效、安全、无毒副作用的天然食品防腐剂。乳酸链球菌素本身是一种酸，其稳定性随pH值下降而提高。其抑菌活性与受热温度、受热时间有直接关系。乳酸链球菌素的抗菌谱比较窄，只能杀死或抑制革兰氏阳性细菌，如乳杆菌、明串珠菌等。GB 2760—2014规定，除包装饮用水外，其他饮料中均可使用，最大使用量为0.2 g/kg。

3.7 增稠剂

食品增稠剂（thickening agent）指能溶解于水中，并在一定条件下充分水化形成黏稠溶液或胶冻的大分子物质。食品增稠剂在食品加工中起到提供稠性、黏度、黏附力、凝胶形成能力、硬度、脆性、紧密度、稳定乳化悬浊液等作用。因此，在保持食品品质和食品的相对稳定等方面具有相当重要的作用，是食品工业中有广泛用途的一类重要的食品添加剂。

（1）阿拉伯胶（arabicgum） 为黄色至淡黄褐色半透明块状体，或者为白色至淡黄色颗粒状或粉末，无臭，无味。其相对密度为1.35～1.49，极易溶于水，形成清晰的黏稠液体，不溶于乙醇及大多数有机溶剂。阿拉伯胶水溶液呈酸性，在pH值6～7溶液黏度最大。阿拉伯胶可以和大多数其他的水溶性胶、蛋白质、糖、淀粉配伍。阿拉伯胶的凝胶性差,高浓度下不形成凝胶,加入三价金属离子盐可使阿拉伯胶沉淀。GB 2760—2014 规定,阿拉伯胶可用于各类食品,按生产需要适量使用。

(2)果胶(pectine) 为白色或淡黄褐色的粉末,溶于20倍水中呈黏稠状液体。对酸性溶液较对碱性溶液稳定。果胶可用于制造果冻、果汁、果汁粉等食品,起到悬浮剂和稳定剂的作用,能延长果肉的悬浮效果,同时改善饮料的口感、质感和风味,从而提高产品的质量。GB 2760—2014 规定,果胶在果蔬汁(浆)中的最大使用量为3 g/kg,在固体饮料中按稀释倍数增大使用量。

(3)黄原胶(xanthan gum) 又名汉生胶,是由黄单胞杆菌发酵产生的细胞外酸性杂多糖,为黄色至白色可流动粉末,稍带臭味,易溶于冷水和热水,在很低的浓度下具有较高的黏度,有优良的温度稳定性,而且能与许多盐类混溶,其黏度不受影响。可用于各种果蔬汁饮料、蛋白饮料等,用量根据生产需要适量添加。

(4)海藻酸丙二醇酯(propylene glycol alginate) 又称藻酸丙二醇酯,简称PGA,是海藻酸钠与环氧丙烷反应生成的酯类化合物。呈白色或淡黄色略带香气味的粉末,易吸湿,溶于冷水、温水及稀有机酸溶液,形成黏稠状胶体溶液。黏度随温度和pH值变化而变化。GB 2760—2014 规定,在果蔬汁(浆)类饮料、咖啡(类)饮料中最大使用量为0.3 g/kg;含乳饮料中最大限量为4.0 g/kg,植物蛋白饮料中最大限量为5.0 g/kg。

(5)海藻酸钠(sodium alginate) 又名褐藻酸钠,为白色或淡黄色粉末,几乎无臭、无味;1%的水溶液pH值为6~8,黏性在pH值6~9时稳定,80 ℃以上黏性降低;水溶液久置,缓慢分解,黏度降低,有吸湿性,水溶液的黏度随聚合度、浓度而异。GB 2760—2014 规定,在果蔬汁(浆)中可按生产需要适量使用,在固体饮料中按稀释倍数增加使用量。

(6)卡拉胶(carrageenan) 外观为无臭、无味的白色至黄褐色的粉末,溶于水而不溶于有机溶剂,对高价金属离子、接近等电点的蛋白质、季铵盐等会发生作用而产生沉淀。干燥的卡拉胶稳定,但在酸性溶液中,则比较容易产生酸水解。在钾离子或钙离子存在时,或溶解于热牛奶冷却后均能成为凝胶,凝胶具有热可塑性。在果汁中加入,能使果肉颗粒均匀地悬浮在果汁中,减缓下沉速度,改善饮用时的口感。在可可牛奶中加入,可与蛋白质起反应,使可可粉悬浮而不下沉。GB 2760—2014 规定,在果蔬汁(浆)中可按生产需要适量使用,在固体饮料中按稀释倍数增加使用量。

(7)罗望子多糖胶(tamarind gum) 是由葡萄糖、木糖和半乳糖构成的支链极多的多糖类,分子量11 500。罗望子胶为带棕色的灰白色粉末,微臭,易分散于冷水中,加热即成黏稠状液体。具有耐热、耐盐、耐酸的增稠作用。加糖则形成凝胶,凝胶的形成能力是果胶的两倍,而且不用加酸。兼有角豆荚胶的特性,在中性和酸性溶液中形成的凝胶较坚实,水溶液黏稠性强,其黏度受酸和盐的影响较小。罗望子多糖胶具有增稠、稳定、分散、保水、成膜等作用,可用作食品凝胶化剂、淀粉品质改良剂、冷冻食品稳定剂、饮料的增稠剂等。

(8)明胶(gelatin) 明胶为白色至淡黄色,半透明的薄片或细粒,不溶于冷水,但遇水后会缓慢吸水膨胀软化,溶解在热水中,溶液冷却后即凝结成胶状。明胶溶液的黏度主要依据相对分子量分布不同而异,其黏度与凝胶强度主要受pH值、温度、电解质等的影响。明胶对热、酸、碱不稳定。明胶可作为果汁、啤酒的澄清剂,用量为0.02%左右。

GB 2760—2014 规定,明胶可用于各种食品饮料,按生产需要适量使用。

(9)琼脂(agar) 琼脂又名琼胶、洋菜,为一种多糖类物质。琼脂无臭,口感黏滑,不溶于冷水,易分散于热水。琼脂的吸水性和持水性高,在饮料工业中使用可以增加果汁的黏度、稠度。GB 2760—2014 规定,可用于各种食品,按生产需要适量使用。

(10)羧甲基纤维素钠(sodium carboxymethyl cellulose) 简称 CMC-Na,为白色或淡黄色纤维状或颗粒状粉末,无臭、无味,有吸湿性,易分散于水中成胶体,其吸湿性随羧基的酯化度而异。CMC-Na 具有黏性、增稠、分散、稳定等作用,在果汁饮料中可起到增稠作用,黏度随温度升高而降低。在酸性饮料如酸性牛奶、果汁牛奶、乳酸菌饮料中,还可与某些蛋白质发生胶溶作用,防止蛋白质沉淀,使产品均匀稳定。GB 2760—2014 规定,可用于各类食品,按生产需要适量使用。

3.8 乳化剂

乳化剂(emulsifier)是能使互不相溶的两种液体中的一种呈微滴状分散在另一种液体中,提高其稳定性的一类食品添加剂。乳化剂能改善体系中各种构成相之间的表面张力,使食品的多相体系的各组分相互融合,改善内部结构,形成稳定、均匀的形态,提高食品质量。

(1)大豆磷脂(granulesten) 别名磷脂、卵磷脂,是生产大豆油时的副产品,为淡黄色至褐色的透明或半透明的黏稠物质,或白色至淡褐色的粉末或颗粒,稍有特异臭和味。不溶于水,有吸湿性。酸式盐类可破坏乳化而沉淀,易氧化。最常用的是酶解大豆磷脂和改性大豆磷脂,可根据生产需要适量添加。

(2)单硬脂酸甘油酯(glycerin monostearate) 简称单甘酯,为白色蜡状薄片或珠粒固体,无臭、无味,不溶于冷水,可分散在热水中。单甘酯具有良好的乳化、分散作用,其水解物可参与体内代谢,是世界各国公认的无毒食品添加剂,也是我国使用量最大的乳化剂。单甘酯在含油脂和蛋白质的饮料,如豆乳、杏仁露、核桃露、花生乳等饮料中,可提高溶解度和稳定性,具有乳化和稳定的作用。

(3)吐温类乳化剂(polysorbate/tween) 吐温类乳化剂是由司盘在碱性催化剂存在下和环氧乙烷加成反应而成,学名为聚氧乙烯山梨醇酐脂肪酸酯。由于其脂肪酸种类的不同而有一系列产品。GB 2760—2014 允许使用的有聚氧乙烯山梨醇酐单月桂酸酯(吐温 20)、聚氧乙烯山梨醇酐单软脂酸酯(吐温 40)、聚氧乙烯山梨醇酐单硬脂酸酯(吐温 60)、聚氧乙烯山梨醇酐单油酸酯(吐温 80)。食品加工中主要使用吐温 60 和吐温 80,且常与司盘类乳化剂复配使用乳化效果更好。

吐温类乳化剂为浅黄色至橙色油状液体或凝胶体,有轻微特殊气味,味微苦。易溶于水、乙醇、异丙醇、苯胺、乙酸乙酯和甲苯。不溶于矿物油和植物油。常温下耐酸、碱及盐,为亲水性乳化剂,形成 O/W 型乳状液。

GB 2760—2014 规定,吐温类乳化剂在冷冻饮品中最大使用量为 1.5 g/kg,在果蔬汁(浆)类饮料中最大使用量为 0.75 g/kg,在含乳饮料和植物蛋白饮料中最大使用量为 2.0 g/kg,在其他饮料中最大使用量为 0.5 g/kg。

(4)酪蛋白酸钠(sodium caseinate) 又称酪蛋白钠盐、干酪素钠,为白色至浅黄色粉末,具有良好的乳化性能和水溶性。是FAO和WHO食品添加剂委员会认定的可无限量使用的食品添加剂。广泛用于奶精/植脂末、冷饮/冰淇淋、饮料、甜点、医药、烟草等行业。GB 2760—2014规定,酪蛋白酸钠作为乳化剂在食品中可按生产需要适量使用。

(5)司盘类乳化剂(span,arlacel,sorbitan fatty acidester) 司盘类乳化剂是山梨醇酐脂肪酸酯的商品名。制备时由于所用的脂肪酸不同,可制得一系列不同的脂肪酸酯,主要包括山梨醇酐单月桂酸酯(司盘20)、山梨醇酐单棕榈酸酯(司盘40)、山梨醇酐单硬脂酸酯(司盘60)、山梨醇酐三硬脂酸酯(司盘65)和山梨醇酐单油酸酯(司盘80)。山梨醇酐脂肪酸酯为淡黄色至黄褐色的油状或蜡状,有特异的臭气,其HLB值为1.8~8.6,可溶于水或油,适于制成O/W型或W/O型两种乳浊液。

GB 2760—2014规定,司盘类乳化剂在果蔬汁(浆)类饮料、固体饮料(速溶咖啡除外)、调制乳、冰淇淋、雪糕中最大使用量为3.0 g/kg,在植物蛋白饮料中最大使用量为6.0 g/kg,在速溶咖啡中最大使用量为10.0 g/kg,在风味饮料(仅限果味饮料)中最大使用量为0.5 g/kg,在饮料混浊剂中最大使用量为0.05 g/kg。

(6)蔗糖脂肪酸酯(sucrose fatty ester) 简称蔗糖酯(SE),是由蔗糖和脂肪酸酯化而成。白色至黄色的粉末、块或无色至微黄色的黏稠树脂状物质。无臭,单酯可溶于热水。有旋光性,耐热性较差。GB 2760—2014规定,蔗糖酯在各类饮料中的最大使用量为1.5 g/kg。

3.9 酶制剂

食品酶制剂(enzyme preparation)是具有生物催化功能的物质,用于加速食品加工过程和提高食品质量的制品。酶按其催化反应的类型可分为氧化还原酶、转移酶、水解酶、裂合酶、异构酶、合成酶6大类,其中食品加工中常用的是水解酶、氧化还原酶和异构酶等。

(1)单宁酶(tannase) 别名鞣酸酶,一般由黑曲霉或者灰绿青霉制得,呈淡黑色粉末。最适pH值为5.5~6.0,热稳定范围在70~80 ℃以下,最适温度为33 ℃。主要作用是使鞣质加水分解成鞣酸、葡萄糖和没食子酸。单宁酶主要用于生产速溶茶、调味茶饮料时分解其中的鞣质,以提高成品的冷溶性和避免产生冷后浑现象。

(2)淀粉酶(amylase) 按照酶的水解方式,应用于食品工业的淀粉酶常见的有α-淀粉酶、β-淀粉酶、葡萄糖淀粉酶、支链淀粉酶以及其他淀粉酶。其中α-淀粉酶又称为液化酶,可在果汁工业、酒精酿造、淀粉工业和焙烤中按生产需要使用。如生产浓缩苹果汁时,常用淀粉酶和果胶酶复合酶解,已获得苹果清汁。

(3)果胶酶(pectase) 是果胶甲酯酶、果胶裂解酶、果胶解聚酶的复合物,主要由黑曲霉发酵制成。为浅黄色粉末,易溶于水,可水解果胶产生半乳糖醛酸和寡聚半乳糖醛酸。果胶酶最适温度为40~50 ℃。热稳定性较差,亚铁离子、铜离子、锌离子等金属离子能明显抑制其活性,多酚物质对其也有抑制作用。果胶酶主要用于果汁的澄清,提高果汁得率。

(4)纤维素酶(cellulase) 纤维素酶是降解纤维素生成葡萄糖的一组酶的总称,为灰白色粉末或液体物质。可用于果汁、酿造和其他食品行业,最大使用量为5~6 g/kg干物质,还可用于消除果汁、葡萄酒、啤酒等饮料中由纤维素类引起的混浊,提高和改善绿茶、红茶等的速溶性等。

(5)柚苷酶(naringinase) 柚苷酶一般是由黑曲霉在柠檬培养基上繁殖后,其抽提物沉淀制成的,主要含有两种酶,一种是β-鼠李糖苷酶,另一种是β-葡萄糖甙酶。柚苷酶作用的最适 pH 值为3.5~5.0,最适温度为50~60 ℃。主要用于柚子和苦味橘子的果汁、果肉和果皮的脱苦,用量为0.1~0.5 g/kg。

(6)柠檬苦素脱氢酶(limonin dehydrogenase) 柠檬苦素脱氢酶有两种,一种为LD-Ag,另一种为LD-Ps。新鲜的柑橘制品在榨汁、加热和长期储藏时会形成柠檬苦素,它是柑橘类果汁苦味形成的主要物质。柠檬苦素脱氢酶可将柠檬苦素的前体物质柠檬苦酸A环内酯脱氢,避免生成柠檬苦素,从而防止苦味产生。

(7)葡萄糖氧化酶(glucose oxidase) 为白色至浅黄色粉末,或为浅褐色至淡黄色液体,溶于水,呈淡色,最适 pH 值为5.6,在 pH 值3.5~6.5的条件下具有较好的稳定性。葡萄糖氧化酶能够减缓果汁在储藏过程中的氧化褐变,可作为饮料生产的抗氧化剂。

3.10 二氧化碳

二氧化碳(carbon dioxide)是碳酸饮料和汽酒的主要原料之一,主要用于饮料的碳酸化,在碳酸饮料中起着其他物质无法替代的作用。二氧化碳在饮料中的主要作用有:①清凉解暑:饮用碳酸饮料后,饮料中的碳酸吸收人体热量分解汽化,释放出二氧化碳排出体外,给人以清凉感。②抑制微生物生长,延长产品保质期:由于碳酸气的浓度增高,造成缺氧环境,抑制了好氧微生物的生长;同时,二氧化碳使碳酸饮料中的压力增加,对微生物也有抑制作用,从而延长产品的保质期。③增强饮料的风味:二氧化碳与饮料中其他成分配合可产生特殊的风味,当二氧化碳从饮料中逸出时,能带出香味,增强饮料的风味特征。④增加爽口感:碳酸饮料中逸出的碳酸气,具有特殊的刹口感,能增强对口腔的刺激,给人以爽口的感觉,能够增进人的食欲。

(1)二氧化碳的物理性质与质量要求 二氧化碳在常温下是一种无色稍有刺激性气味的气体。当温度低于临界温度并且在高压的条件下,可变成易流动的无色液体。而将液体二氧化碳加压并同时冷却,又变成固体,称为"干冰"。在常压下干冰可直接升华为气体二氧化碳,与水可生成碳酸,这种弱酸对人的舌头有轻微刺激作用,并且易挥发吸热,给人以清凉感。

根据 GB 1886.228—2016 规定,用于碳酸饮料或啤酒等饮料中的二氧化碳质量标准要求为:二氧化碳(CO_2)含量≥99.9%;水分≤20 μL/L;氧气(O_2)≤30 μL/L;一氧化碳(CO)≤10 μL/L;一氧化氮(NO)≤2.5 μL/L;二氧化氮(NO_2)≤2.5 μL/L;二氧化硫(SO_2)≤1.0 μL/L;总硫(除SO_2外,以S计)≤0.1 μL/L;总挥发烃≤50 μL/L(其中非甲烷烃≤20);苯(C_6H_6)≤0.02 μL/L;甲醇(CH_3OH)≤10 μL/L;乙醛(CH_3CHO)≤0.2 μL/L;环氧乙烷(CH_2CH_2O)≤1.0 μL/L;氯乙烯(CH_2CHCl)≤0.3 μL/L;氨(NH_3)≤2.5 μL/L;一氧化氮(NO)≤2.5 μL/L;氰化氢(HCN)≤0.5 μL/L。

(2)二氧化碳的来源 饮料中使用的二氧化碳主要来源有:酿造工业的副产品、煅烧石灰的副产品、天然二氧化碳气、化工厂的废二氧化碳气、用硫酸和小苏打产生二氧化碳以及烟道气回收等。

(3)二氧化碳的净化 采用什么方法净化二氧化碳,应当根据二氧化碳的来源和杂质的情况而定。净化后的二氧化碳气若需液化,将净化后的气体首先经过分子筛干燥,再加压、冷却液化。常规的净化方法包括水洗、碱洗、高锰酸钾溶液清洗、干燥等。

(4)二氧化碳使用中应注意的问题 主要包括:①防止使用时因减压而造成的减压阀冻结、堵塞,在减压阀处要加装气体加热器;②防止二氧化碳钢瓶及系统漏气,避免造成缺氧或无氧状态而影响工人安全;③控制二氧化碳的适宜加量,避免对饮料风味的不良影响;④防止二氧化碳钢瓶爆炸,所有操作应严格遵守国家质监总局2015年修订的《气瓶安全监察规定》中的有关要求进行。

3.11 其他食品添加剂

3.11.1 抗结剂

(1)二氧化硅(silicon dioxide) 又称硅胶,分子式 SiO_2,分子量60.08。二氧化硅为无定形物质,分胶体硅和湿法硅两种。胶体硅为白色、蓬松、易吸湿的微细粉末。湿法硅为白色、蓬松的微孔泡状颗粒,无臭无味,相对密度2.2~2.6,熔点1 710 ℃。不溶于水、酸或有机溶剂,溶于氢氟酸和热的浓碱液。能从环境中吸收水分,使食品表面保持干爽而起到抗结作用。由于二氧化硅具有优良的化学和物理稳定性,在一般条件下不与其他物质发生反应,又无副作用,故能被广泛应用于蛋粉、奶粉、糖粉、速溶咖啡、粉状果汁和粉状调料中。《食品添加剂使用标准》(GB 2760—2014)规定,二氧化硅应用于冷冻饮品,最大使用量为0.5 g/kg;应用于固体饮料,最大使用量15 g/kg。

(2)磷酸三钙(tricalcium phosphate) 磷酸三钙是由不同磷酸钙组成的混合物,分子量1 004.64。白色无定形粉末,无臭无味,相对密度3.18,难溶于水,易溶于稀盐酸和硝酸,在空气中稳定。磷酸三钙在食品工业中作膨松剂、组织改良剂、营养增补剂、螯合剂等。GB 2760—2014 规定,磷酸三钙在饮料类中最大使用量为5.0 g/kg。

(3)碳酸镁(magnesium carbonate) 碳酸镁因结晶条件不同可有轻质和重质之分,一般为轻质。轻质碳酸镁为白色松散粉末或易碎块状。无臭,相对密度2.2,熔点350 ℃。在空气中稳定,加热至700 ℃产生二氧化碳,生成氧化镁。几乎不溶于水,但在水中引起轻微碱性反应,不溶于乙醇。《食品添加剂使用标准》(GB 2760—2014)规定,碳酸镁作为抗结剂可用于固体饮料,最大用量为10 g/kg。

(4)微晶纤维素(microcrystalline cellulose) 又名纤维素胶、结晶纤维素,是以β-1,4-葡萄苷键相结合而成的直链式多糖类,聚合度为3 000~10 000个葡萄糖分子。为白色细微的结晶粉末,流动性好,无臭无味。不溶于水、稀酸、稀碱和多种有机溶剂,压制成小片状的微晶纤维素在水中能迅速分散,吸水膨胀。微晶纤维素能防止食品结块,使其松散、分布均匀。GB 2760—2014 规定,微晶纤维素作为抗结剂可在各类食品中按生产需要适量使用。

3.11.2 电解质

(1)硫酸镁(magnesium sulfate) 硫酸镁为无色柱状或针状细晶体,通常为针状,呈清凉咸苦味,无臭,密度2.65 g/cm^3。七水盐在48 ℃以下的潮湿空气中稳定。在温热干燥空气中易风化。极易溶于水及甘油,水溶液呈中性,微溶于乙醇。GB 2760—2014 规定,硫酸镁在其他类饮用水(自然来源饮用水除外)中最大使用量为0.05 g/L。

(2)硫酸锌(zinc sulfate) 为无色透明的棱柱状或细针状结晶或结晶性粉末,无臭。其7分子水合物在室温、干燥空气中易失水及风化,1分子水合物加热至283 ℃时失水。溶于水与甘油,水溶液呈酸性,不溶于乙醇。GB 2760—2014 规定,硫酸锌在其他类饮用水(自然来源饮用水除外)中最大使用量为0.006 g/L。

(3)氯化钾(potassium choloride) 为无色长棱形或立方形晶体或白色结晶粉末,无臭,味咸涩,易溶于水、甘油。微溶于乙醇和丙酮。对光热和空气都稳定,有吸湿性,易结块。氯化钾的咸度与食盐相同,可使用于各种食品或配制运动饮料,钾离子可与体内的钠离子共同维持细胞内的张力,钾离子还维持肌肉神经的活动,主要用于代盐剂、营养增补剂。GB 2760—2014 规定,氯化钾在其他类饮用水(自然来源饮用水除外)中可按生产需要适量使用。

思考题

1. 食品甜味剂、酸味剂的功效是什么?
2. 举例说明一种甜味剂和酸味剂在饮料中的应用。
3. 什么是香精与香料?在什么情况下需要使用香精与香料?
4. 乳化剂可分为哪几类?在饮料中有何作用?
5. 什么是食品增稠剂?按来源如何分类?
6. 何为食品酶制剂?它在软饮料中有哪些应用?
7. 二氧化碳有何特性?在饮料中有何作用?

第4章　包装饮用水

【内容提要】

本章介绍了包装饮用水的定义与分类、技术要求与生产卫生规范；饮用天然矿泉水的定义、分类及技术要求；矿泉水的分布规律、理化特征、评价；饮用天然矿泉水的生产工艺、设备与产品质量问题；饮用纯净水的定义及产品标准；饮用纯净水的生产工艺；膜分离技术。

【学习目标】

了解包装饮用水的分类与生产卫生规范；掌握包装饮用水、饮用天然矿泉水、饮用纯净水的定义及技术要求；掌握饮用天然矿泉水、饮用纯净水生产工艺及操作要点；熟悉膜分离技术及其原理。

【名词及概念】

包装饮用水；饮用天然矿泉水；饮用纯净水；饮用天然泉水；饮用天然水；微滤；超滤；纳滤；反渗透

4.1　包装饮用水的定义与分类

4.1.1　包装饮用水的定义

根据国家标准《饮料通则》(GB/T 10789—2015)和食品安全国家标准《包装饮用水》(GB 19298—2014)的定义，包装饮用水是指以直接来源于地表、地下或公共供水系统的水为水源，经加工制成的密封于容器中可直接饮用的水。分为饮用天然矿泉水、饮用纯净水、其他类饮用水(饮用天然泉水、饮用天然水、其他饮用水)。

4.1.2　包装饮用水的分类

4.1.2.1　饮用天然矿泉水

根据食品安全国家标准《饮用天然矿泉水》(GB 8537—2018)的定义，饮用天然矿泉水(natural mineral water)是指从地下深处自然涌出或经钻井采集的，含有一定量的矿物质、微量元素或其他成分，在一定区域内未受污染并采取预防措施避免污染的水；在通常情况下，其化学成分、流量、水温等动态指标在天然周期波动范围内相对稳定，分为含气、充气、无气及脱气天然矿泉水 4 种类型。

(1)含气天然矿泉水 在不改变饮用天然矿泉水水源水基本特性和主要成分含量的前提下,在加工工艺上,允许通过曝气、倾析、过滤等方法去除不稳定组分,允许回收和填充同源二氧化碳,包装后,在正常温度和压力下有可见同源二氧化碳自然释放起泡的天然矿泉水。

(2)充气天然矿泉水 在不改变饮用天然矿泉水水源水基本特性和主要成分含量的前提下,在加工工艺上,允许通过曝气、倾析、过滤等方法去除不稳定组分,充入食品添加剂二氧化碳而起泡的天然矿泉水。

(3)无气天然矿泉水 在不改变饮用天然矿泉水水源水基本特性和主要成分含量的前提下,在加工工艺上,允许通过曝气、倾析、过滤等方法去除不稳定组分,包装后,其游离二氧化碳含量不超过为保持溶解在水中的碳酸氢盐所必需的二氧化碳含量的天然矿泉水。

(4)脱气天然矿泉水 在不改变饮用天然矿泉水水源水基本特性和主要成分含量的前提下,在加工工艺上,允许通过曝气、倾析、过滤等方法去除不稳定组分,除去水中的二氧化碳,包装后,在正常的温度和压力下无可见的二氧化碳自然释放的天然矿泉水。

4.1.2.2 饮用纯净水

以直接来源于地表、地下或公共供水系统的水为水源,经适当的水净化方法,制成的制品。

4.1.2.3 其他饮用水

(1)饮用天然泉水 以地下自然涌出的泉水或经钻井采集的地下泉水,且未经过公共供水系统的自然来源的水为水源,制成的制品。

(2)饮用天然水 以水井、山泉、水库、湖泊或高山冰川等,且未经过公共供水系统的自然来源的水为水源,制成的制品。

(3)其他饮用水 除(1)(2)之外的饮用水。如以直接来源于地表、地下或公共供水系统的水为水源,经适当的加工方法,为调整口感加入一定量的矿物质,但不得添加糖类或其他食品配料制成的制品。

4.1.3 包装饮用水的技术要求

4.1.3.1 原料要求

(1)饮用天然矿泉水的水源水从地下深处自然涌出或经钻井采集。水源的卫生防护和水源水水质监测按照 GB 19304 执行,水质监测项目应符合理化指标(锰、耗氧量除外)、污染物限量和微生物限量要求。

(2)饮用纯净水和其他饮用水的原料以来自公共供水系统的水为生产用源水,其水质应符合 GB 5749 的规定。以来自非公共供水系统的地表水或地下水为生产用源水,其水质应符合 GB 5749 对生活饮用水水源的卫生要求;源水经处理后,食品加工用水水质应符合 GB 5749 的规定。

(3)水源卫生防护:在易污染的范围内应采取防护措施,以避免对水源的化学、微生物和物理品质造成任何污染或外部影响。

4.1.3.2 感官要求

感官要求应符合表4.1的规定。

表4.1 感官要求

项目	要求			检验方法
	饮用天然矿泉水	饮用纯净水	其他饮用水	
色度/度	≤10(不得呈现其他异色)	≤5	≤10	饮用天然矿泉水按GB 8538执行,饮用纯净水和其他饮用水按GB/T 5750执行
混浊度/NTU	≤1	≤1	≤1	
状态	允许有极少量的天然矿物盐沉淀,无正常视力可见外来异物	无正常视力可见外来异物	允许有极少量矿物质沉淀,无正常视力可见外来异物	
滋味、气味	具有矿泉水特征性口味,无异味、无异臭	无异味、无异臭	无异味、无异臭	

4.1.3.3 理化指标

(1)饮用天然矿泉水的界限指标应有一项(或一项以上)指标符合表4.2的规定,限量指标应符合表4.3的规定,微生物指标应符合表4.4的规定,污染物限量应符合GB 2762的规定,食品添加剂应符合GB 2760的规定。此外,矿泉水应在水源点附近进行包装,不应用容器将水源水运至异地灌装;预包装产品标签除应符合GB 7718的规定外,还应标示天然矿泉水水源点,标示产品达标的界限指标、溶解性总固体以及主要阳离子(K^+、Na^+、Ca^{2+}、Mg^{2+})的含量范围,当氟含量大于1.0 mg/L时,应标注"含氟"字样。

表4.2 界限指标

项目	要求	检验方法
锂/(mg/L)	≥0.20	GB 8538
锶/(mg/L)	≥0.20(含量在0.20~0.40 mg/L时,水源水水温应在25 ℃以上)	
锌/(mg/L)	≥0.20	
硒/(mg/L)	≥0.010	
偏硅酸/(mg/L)	≥25.0(含量在25.0~30.0 mg/L时,水源水水温应在25 ℃以上)	
游离二氧化碳/(mg/L)	≥250	
溶解性总固体/(mg/L)	≥1 000	

表 4.3 限量指标

项 目	指 标	检验方法
硒/(mg/L)	0.05	GB 8538
锑/(mg/L)	0.005	
铜/(mg/L)	1.00	
钡/(mg/L)	0.70	
总铬/(mg/L)	0.05	
锰/(mg/L)	0.40	
镍/(mg/L)	0.02	
银/(mg/L)	0.05	
溴酸盐/(mg/L)	0.01	
硼酸盐(以 B 计)/(mg/L)	5.0	
氟化物(以 F^- 计)/(mg/L)	1.5	
耗氧量(以 O_2 计)/(mg/L)	2.0	
挥发酚(以苯酚计)/(mg/L)	0.002	
氰化物(以 CN^- 计)/(mg/L)	0.010	
矿物油/(mg/L)	0.05	
阴离子合成洗涤剂/(mg/L)	0.3	
Ra 放射性/(Bq/L)	1.1	
总β放射性/(Bq/L)	1.50	

表 4.4 微生物限量

项目	采样方案[a]及限量			检验方法
	n	c	m	
大肠菌群/(MPN/100 mL)[b]	5	0	0	GB 8538
粪链球菌/(CFU/250 mL)	5	0	0	
铜绿假单胞菌/(CFU/250 mL)	5	0	0	
产气荚膜梭菌/(CFU/50 mL)	5	0	0	

[a]样品的采样及处理按 GB 4789.1 执行。

[b]采用滤膜法时,则大肠菌群项目的单位为 CFU/100 mL。

(2)饮用纯净水和其他饮用水的理化指标应符合表 4.5 的规定,污染物限量应符合 GB 2762 的规定,微生物限量应符合表 4.6 的规定,食品添加剂应符合 GB 2760 的规定。

表4.5 理化指标

项 目	指 标	检验方法
余氯(游离氯)/(mg/L)	≤0.05	GB/T 5750
四氯化碳/(mg/L)	≤0.002	
三氯甲烷/(mg/L)	≤0.02	
耗氧量(以 O_2 计)/mg/L	≤2.0	
溴酸盐/(mg/L)	≤0.01	
挥发性酚[a](以苯酚计)/(mg/L)	≤0.002	
氰化物(以 CN^- 计)[b]/(mg/L)	≤0.05	
阴离子合成洗涤剂[c]/(mg/L)	≤0.3	
总α放射性[c]/(Bq/L)	≤0.5	
总β放射性[c]/(Bq/L)	≤1	

[a]仅限于蒸馏法加工的饮用纯净水、其他饮用水。

[b]仅限于蒸馏法加工的饮用纯净水。

[c]仅限于以地表水或地下水为生产用水源水加工的包装饮用水。

表4.6 微生物限量

项目	采样方案[a]及限量			检验方法
	n	c	m	
大肠菌群/(CFU/100 mL)	5	0	0	GB 4789.3 平板计数法
铜绿假单胞菌/(CFU/250 mL)	5	0	0	GB/T 8538

[a]样品的采样及处理按 GB 4789.1 执行。

4.2 饮用天然矿泉水

饮用天然矿泉水因含有一定量的矿物质而具有有利于健康的特性,在包装饮用水中占有较大的比重,特别是近几年发展很快。

4.2.1 天然矿泉水的发展概况

天然矿泉水是在特定的地质条件下形成的一种宝贵的地下液态矿产资源,以水中所含有的适宜于饮用或医疗的气体成分、微量元素和其他盐类而区别于普通地下水资源,主要有饮用矿泉水和医疗矿泉水,前者是自然界天然、营养、卫生、安全的理想饮品。

远在古罗马时期,对矿泉水和温泉的利用就已经盛行开来。到了19世纪后半期,由于生产的发展,饮用矿泉水成为一个新兴的行业,也正是由于矿泉水的发展,才促使了饮用水工业的兴起。欧洲是开发利用矿泉水最早、最发达的地区,按照国际天然矿泉水资源集团和欧洲天然矿泉水资源联盟公布的统计报告显示,2002年法国共生产了96 860

亿 L 瓶装矿泉水，是世界第一大矿泉水生产国；德国名列第 2，瓶装矿泉水产量为 88 400 亿 L；名列第 3 的是意大利，产量达到 83 740 亿 L；西班牙为 43 750 亿 L，列第 4。按人均饮用量计算，意大利是 2002 年消费矿泉水最多的国家，人均消费 190 L；法国第 2，人均消费 141 L；比利时第 3，人均消费 135 L；之后是德国(113.7 L)和瑞士(104 L)。

我国矿泉水的发展已有 80 年的历史，1930 年在青岛建立的崂山矿泉水厂，是 20 世纪 80 年代以前我国唯一的一家瓶装矿泉水生产企业。至 20 世纪 80 年代后期，随着中华人民共和国国家标准《饮用天然矿泉水》(GB 8537—1987)和《饮料的分类》(GB 10789—1989)的颁布，全国各地的矿泉水开发、生产得到了蓬勃发展。进入 21 世纪后，矿泉水的发展曾一度受到纯净水的冲击，但经过近十年的竞争，矿泉水的生产和销售已有了明显回升。据近 3 年的统计，我国矿泉水产量每年都以近 20% 的速度递增，2015 年我国矿泉水产量 1 567 万 t，2016 年为 1 899 万 t，2017 年达到 2 330 万 t，2018 年产量为 2 616 万 t，预计到 2022 年，我国矿泉水产量将达到 3 958 万 t。

我国幅员辽阔，矿泉水资源十分丰富，北起黑龙江、辽宁，南至广东，东起山东，西至西藏，都有水质优良的矿泉。目前，我国经专家评审鉴定合格的矿泉水水源就多达 4 000 多处，允许开采资源量约 18 亿 m^3/年，开发利用的矿泉水资源量约 5 000 万 m^3/年，仅占允许开采量的 3% 左右，我国矿泉水资源开发潜力十分巨大。目前我国矿泉水生产企业已经达到了 1 200 多家，但是年产能在万吨以上的企业只占 10% 左右，总体呈现出企业数量多，规模小的局面。

4.2.2 天然矿泉水的定义与分类

4.2.2.1 天然矿泉水的定义

矿泉水是含有一定量的矿物质和体现特征化的微量元素或其他组分，符合饮用水标准的一种安全、卫生的水，对质量要求严格，尤其细菌学指标和有害化学成分应符合世界卫生组织饮用水的国际标准和我国饮用水卫生标准，作为饮料，不需经医嘱，不以治疗疾病为目的。不同国家对天然矿泉水有不同的定义。

(1)我国饮用天然矿泉水的定义　指从地下深处自然涌出或经钻井采集的，含有一定量的矿物质、微量元素或其他成分，在一定区域内未受污染并采取预防措施避免污染的水；在通常情况下，其化学成分、流量、水温等动态指标在天然周期波动范围内相对稳定。

(2)德国饮用天然矿泉水的定义　是指天然的或人工开采出的地下水，1 kg 这种水含有不少于 1 000 mg 溶解的盐类或 250 mg 游离二氧化碳。它是在矿泉所在地，用消费者使用的限定容器装瓶的饮用水。

(3)法国饮用天然矿泉水的定义　是指由有关管理部门批准具备有效管理条件的开发单位开发的具有医疗特性的水。法国对矿泉水的矿物质含量不做规定。但矿泉水必须由医疗机构通过临床证实确有疗效，然后经过法定手续，报政府批准才能称为矿泉水，否则，只能称为泉水。

(4)欧洲供水协会的定义　是指从地下水源矿脉的若干露头开发出来的，具有独特的质量和有利于健康的性质；每 1 kg 水在装瓶前后，都含有不少于 1 000 mg 溶解盐类或 250 mg 二氧化碳气体。

(5)FAO/WHO 的定义　是指直接取自天然的或钻孔而获得的地下含水层的水。天然矿泉水的成分组成、流量和温度在一定范围内相对稳定;在保证原水细菌学纯度的条件下采集,并在具备特定的卫生措施下装瓶;以含有一定比例的某些矿物盐和微量元素或其他组分为特征;除许可的规定外,不得进行任何处理,并与相应的标准规定的所有条款相符合。

(6)欧洲经济共同体理事会的定义　是指蕴藏和露出于地表的,从一个或多个自然的或钻孔出口的泉眼开采的、在微生物学方面适合卫生标准的水。以它的自然性质、矿物质含量或其他组分或适当的比例为特征;天然矿泉水的温度和其他特征必须稳定地停留在天然波动界限内;天然矿泉水的性质有利于健康。

(7)美国食品法令的定义　美国食品和药品官方协会对矿泉水的定义为:"淡矿泉水"是指从认可的水源中取得的含有矿物质的水,其可溶性固体必须在 250 ~ 500 mg/kg。"矿泉水"是指全部从许可的水源取得的含有矿物质的水,其可溶性矿物质固体含量不得少于 500 mg/kg。"矿物质化的水"是指其水质符合矿泉水标准,但其中包含有人工加入的矿物质。

(8)加拿大食品和药品条例　是指从地下水源得到的可饮用的水(但不是公共供水源),用官方的矿泉水微生物检验法检验时,不得含有任何大肠菌群;不得用任何化学品改变其组分;可以加入二氧化碳;如总氟化物含量不超过 1 mg/kg,可以加入氟化物和臭氧。

(9)英国天然矿泉水的定义　天然矿泉水是指来源于地下水并通过泉眼、井、钻孔或其他出口抽取出来供人饮用的水。其中应附有下列细目:水文地质学描述;水的物理和化学特性(流量、温度、pH 值等);微生物分析(证明无寄生虫和病原微生物;粪便污染指标的定量测定;活菌菌落总数的测定);毒性物质有充分的证据证明有毒物质含量不超过规定的最大限制浓度;无污染有充足的证据表明该水未遭到污染并满足有关要求;稳定性有充足的证据表明该水的成分、温度和其他基本特性稳定在自然波动的范围内。

4.2.2.2　天然矿泉水的分类

天然矿泉水的分类方法很多,可以按照产品中二氧化碳含量、矿泉水的温度、渗透压、矿泉水涌出方式以及水文地质学等来分类。目前,生产中对天然矿泉水的分类主要按照矿泉水中的化学成分进行。以下分别介绍矿泉水的不同分类法。

(1)按产品中二氧化碳含量分类　这是我国国家标准对天然矿泉水的分类方法,按照《饮用天然矿泉水》(GB 8537—2018)的规定,将其分为含气天然矿泉水、充气天然矿泉水、无气天然矿泉水和脱气天然矿泉水 4 类。

(2)按温度分类　根据温度可分为:冷泉 20 ℃以下、微温泉 20 ~ 37 ℃、温泉 37 ~ 42 ℃、高温泉 42 ℃以上。

(3)按渗透压分类　由于矿泉水中含有的离子浓度不同,渗透压也不同,按矿泉水渗透压高低可分为低张泉、中等张泉、高张泉 3 类。

(4)按 pH 值分类　强酸性泉:pH 值<2.0;酸性泉:2.0<pH 值<4.0;弱酸性泉:4.0<pH 值<6.0;中性泉:6.0<pH 值<7.5;弱碱性泉:7.5<pH 值<8.5;碱性泉:8.5<pH 值<10.0;强碱性泉:pH 值>10。

(5)按紧张度(或刺激度)分类　可分为缓和性矿泉和紧张性矿泉 2 类。

(6)按用途分类　分为饮用矿泉水、医疗矿泉水和工业矿泉水。

(7)按矿泉涌出形式不同分类　以矿泉涌出形式以及涌出地方的地质条件分为自喷泉、脉搏泉、火山泉。

(8)按特征成分分类　日本、德国等国家依据其中的碳酸、可溶性固体等特征性成分,将其分为单纯温泉、碳酸泉、硫磺泉、食盐泉、硫化氢泉等共14类。

4.2.3 矿泉水的理化特征与表示方法

4.2.3.1 矿泉水的理化特征

矿泉水与一般淡水相比,具有如下3个主要的显著特征。

(1)温度比较高　多数矿泉水的温度都比较高,因此也叫温泉、汤泉、暖泉等。矿泉水中也有少数温度不高的,称为冷泉,如含有较多碳酸的碳酸泉或含有放射性的氡泉。如果知道矿泉水的地下形成深度,可以根据如下公式计算矿泉水的温度:

$$T=t+(H-h)r$$

式中:T——矿泉水的温度,℃;

t——年平均温度,℃;

H——矿泉水形成深度,m;

h——年常温带深度,m;

r——地温梯度,通常在1.5~4.0,℃/100 m。

(2)含有较高浓度的离子成分　如重碳酸根离子、硫酸根离子、氯离子、硫酸氢根离子、钾离子、钠离子、钙离子、镁离子以及有效离子如锶、锌、锂、偏硅酸、硫、碘、氟、铁、硼等。

(3)含有较多的气体成分　主要含有氧气、氮气、二氧化碳、甲烷、硫化氢等气体成分。

4.2.3.2 矿泉水理化特征的表示方法

矿泉水的主要理化特征可以采用库尔洛夫数学分式表示,按含量递减的顺序将主要的阴离子排列于横线上,以毫摩尔的百分比表示离子含量,列于该离子符号的右下角,如Cl^-含量为84.76%,写为$Cl_{84.76}$,SO_4^{2-}含量为14.34%,写为$SO^4_{14.34}$,主要的阳离子排于横线下。凡是含量小于10%的离子都不在式中表示,其形式如下:

$$SP \cdot M \frac{\text{阴离子(按含量多少从左向右排)}}{\text{阳离子(按含量多少从左向右排)}} \cdot pH \cdot T \cdot Q$$

式中:SP——所含气体或微量元素,g/L;

M——溶解性总固体,即总矿化度,g/L;

pH——酸碱度;

T——矿泉水温度,℃;

Q——泉水涌出量,L/s或t/24 h。

经对某矿泉水进行成分分析,测得该矿泉水成分为:溶解性固体含量为3.27 g/L,偏硅酸含量为0.7 g/L,硫化氢含量为0.021 g/L,二氧化碳含量为0.031 g/L;各主要阴离子成分的毫摩尔百分数为Cl^-占84.76%,SO_4^{2-}占14.34%,HCO_3^-占0.78%,Na^+占

71.63%，Ca^{2+}占27.38%，Mg^{2+}占0.59%；pH值为6.2，泉水温度52 ℃，涌出量每昼夜为100 t。其库尔洛夫式为：

$$H^2Si^3_{0.7}\cdot H^2S_{0.021}\cdot CO^2_{0.031}\cdot M_{3.27}\frac{Cl_{84.76}SO^4_{14.34}}{Na_{71.63}Ca_{27.78}}\cdot pH(6.2)\cdot T(52\ ℃)\cdot Q(100\ t/24\ h)$$

注：某阴离子的毫摩尔百分数$=\frac{\text{该离子毫摩尔数}}{\text{阴离子毫摩尔总数}}\times100\%$

4.2.4 饮用天然矿泉水评价

矿泉水的化学评价，首先是测定矿泉水的电导率、pH值、气体（主要是二氧化碳）成分及蒸发残渣的量，以确定水样是否有进一步评价的价值。如果这些指标与矿泉水要求相距甚远，则无必要进行下一步的详细分析。如果指标与要求相符，则进一步测定水中的钾、钠、钙、镁、碳酸氢根、硫酸根和氯离子等主要成分的含量。按照上述成分测定或根据水温已能初步确定水样是否属于矿泉水。

在初测的基础上，再进行详细的分析评价。必须指出，天然矿泉水与可饮用水是有明显区别的，作为饮用矿泉水，应具有口味良好，风格典型；含有对人体有益的成分；有害成分含量（包括放射性）不得超过相关标准；在装瓶后的保质期内（一般为1年），水的外观与口味无变化；微生物学指标符合饮用水卫生要求等基本特征。

因此，应从化学分析、微生物学检查和感官评价等方面综合了解矿泉水的品质，并且还要观察矿泉水的保藏稳定性。矿泉水的有害成分可分为毒理指标和非毒理指标，毒理指标如铅、汞、镉等必须符合卫生指标，而非毒理指标如铁、锰等也应符合技术要求。由于矿泉水饮用量少于日常生活饮水，某些成分（如氟）的指标可略放宽。饮料天然矿泉水的水质，必须符合国家标准《饮用天然矿泉水》的规定，其中的界限指标和某些元素及组分的限量指标、污染物指标和微生物指标也必须符合国标的规定。

4.2.4.1 元素普查

对矿泉水中元素进行普查的常用方法是对石英皿或铂皿中蒸发干燥的矿泉水残渣进行发射光谱分析。由于矿泉水蒸发浓缩了数百倍至上千倍，可以检出含量在10^{-9}～10^{-10}的元素。光谱分析对砷、汞、硒的灵敏度很低，但对一般元素灵敏度都很高。通过元素普查，可详细了解矿泉水中含有的各种元素的种类及相应含量。

4.2.4.2 水中成分的分析

矿泉水中成分的分析一般采用国内权威单位颁布的相关分析方法或国际标准方法，如我国国家标准《饮用天然矿泉水检验方法》（GB 8538—2016）、世界卫生组织颁布的《饮水分析法》、美国水工协会发布的《水和废水标准分析法》等。

食品安全国家标准《饮用天然矿泉水检验方法》（GB 8538—2016）对矿泉水中的色度、浊度、臭和味、矿物质元素、重金属、微量元素、溶解盐、有害物、放射性、微生物等共57项指标提供了法定检测方法，在矿泉水生产中必须根据该国家标准进行检测分析，以生产符合要求的矿泉水。

4.2.4.3 放射性分析

在天然饮用矿泉水的评价工作中，必要时还需测定放射性元素如镭（Ra）、氚（T）的

含量及总 β 放射性。取样方法、测定时间均应严格按照放射性元素测定方法规定进行。根据我国矿泉水的分布及地质情况，我国《饮用天然矿泉水》国家标准中限定了镭放射性<1.1 Bq/L，同时要求总 β 放射性<1.5 Bq/L。

4.2.4.4 微生物学检查

天然矿泉水微生物学检查时，应用专门的无菌采样瓶取样，用经典方法检查细菌总数、大肠杆菌数、粪链球菌、铜绿假单胞菌及产气荚膜梭菌。只有当地卫生防疫部门进行的微生物检查结果才具有法律效力。

对于有害物质含量超过卫生标准或已被污染的矿泉（若检测出氰化物、六价铬，则证明矿泉水已被工业污染；同时若检测出铵离子、磷酸根、亚硝酸根则证明水被粪便污染），则无必要进行评价了。根据水文地质资料、化学分析、放射性检测、微生物学检测和感官评价结果，可以将水进行恰当的分类，对那些符合矿泉水要求的水样进一步评价。最后选出口味良好、风格典型、无有毒有害成分、符合卫生标准、性质稳定的矿泉水。

对于医疗矿泉水的评价，还需要对矿泉水的疗效进行长期的跟踪观察。

4.2.5 饮用天然矿泉水的生产工艺

饮用天然矿泉水的基本工艺包括引水、曝气、过滤、杀菌、充气、灌装等主要工序。不同类型的矿泉水其生产工艺不同，含气天然矿泉水、充气天然矿泉水由于含有一定量的二氧化碳，生产工艺一般有充气工序；相反，无气天然矿泉水和脱气天然矿泉水的生产工艺一般有曝气工序，没有充气工序。在引水时，采水量应低于最大可采取量，过度采取会对矿泉的流量和组成产生不可逆的影响。

4.2.5.1 工艺流程

根据国家标准《天然饮用矿泉水》的规定，将天然饮用矿泉水分为 4 类，其中含气天然矿泉水、充气天然矿泉水含有二氧化碳，无气天然矿泉水和脱气天然矿泉水不含二氧化碳，故矿泉水的生产工艺也分为含碳酸气和不含碳酸气 2 种。

(1) 不含碳酸气的天然矿泉水的工艺流程　不含碳酸气的天然矿泉水是最稳定的矿泉水，在生产过程中所含的各种化学成分不会变化，装瓶后也不会氧化，生产工艺相对较为简单。其工艺流程如下：

矿泉水源→引水→曝气→过滤→杀菌→灌装→封盖→检验→成品

(2) 含碳酸气的天然矿泉水的工艺流程　对含碳酸气的天然矿泉水，需要充气工序，如果原水中二氧化碳含量较高，也可以在曝气时收集二氧化碳，经纯化后充入矿泉水中，其工艺流程如下：

矿泉水源→引水→曝气→过滤→杀菌→充气→灌装→封盖→检验→成品

引水↓ 二氧化碳→压缩→净化→净化二氧化碳 ↑充气

4.2.5.2 主要设备

(1) 曝气装置　曝气是指水和净化空气充分接触以交换气态物质和去除水中挥发性

物质的水处理方法，或使气体从水中逸出，如去除水的臭味或二氧化碳和硫化氢等有害气体；或使氧气溶入水中，以提高溶解氧浓度，达到除铁、除锰或促进需氧微生物降解有机物的目的。

在矿泉水生产中，可用真空喷雾、多阶跌水、多层穿孔板落水和多层焦炭盘落水等曝气装置，使水流分散成薄膜状或液滴状而将其中的二氧化碳、硫化氢等气体去除。

真空喷雾曝气装置就是真空脱气机，利用水流在真空脱气机内从喷头处以雾状形式喷出，在真空的作用下迅速脱除其中的二氧化碳、硫化氢、氧气等气体成分，达到曝气的目的。

多阶跌水、多层穿孔板落水和多层焦炭盘落水等曝气装置，也称曝气器或曝气机，其原理均是利用水流从上至下流经多层直径逐渐增大的孔板或圆盘，从而将其变成面积较大的水膜或水滴，增大与空气接触的表面积，从而使其中的气体成分逸出而达到曝气目的。

（2）过滤设备　矿泉水的过滤包括粗滤和精滤，过滤设备和水处理设备一样，粗滤设备主要有砂滤器、活性炭过滤器、多介质过滤器等；精滤设备主要是膜分离设备，包括微滤和超滤装置等，此处不再赘述。

（3）灭菌设备　天然矿泉水生产中的杀菌主要采用紫外线灭菌或臭氧灭菌方法，相应的设备为紫外灭菌器和臭氧杀菌机。紫外灭菌器可以直接与生产管道相连，利用装在内层的紫外灯发出的紫外线，对在套管中流动的矿泉水进行灭菌处理。臭氧灭菌机是将臭氧发生器产生的臭氧通入矿泉水贮罐，进行一段时间（根据处理水量不同，需 5 ~ 15 min不等）的处理，利用臭氧分解的原子态氧杀灭有害微生物，多余的臭氧最终还原成氧气，在矿泉水中没有任何残留。臭氧灭菌目前广泛应用于矿泉水、纯净水的消毒灭菌。

（4）灌装设备　根据天然矿泉水的类型不同而有常压灌装和等压灌装 2 种设备。含碳酸气的天然矿泉水需要使用等压灌装设备进行灌装，不含碳酸气的天然矿泉水使用常压灌装设备进行灌装。具体设备组成及操作要求详见碳酸饮料章节。

4.2.5.3　工艺要点

（1）引水　天然矿泉水的生产首先要将水源点的矿泉水引入到生产车间，这就是引水。引水时必须防止矿泉水源点的环境污染，避免雨、雪、地表流水、污物、尘埃和泥沙等混入，要设置良好的防护措施，保证水源不因引水而受到污染。一般而言，平地水源的水量比山地丘陵水源的水量多，且越是新地质，水量越多。由于长时间连续取水，随着时间的变化，水量、水质和水温也可能会发生变化。

根据露头的差异，即天然露出的矿泉水和人工揭露的矿泉水，引水工程一般分为地上引水和地下引水 2 种，其工程设施和设备条件等均有所不同。

总之，引水工程的主要目的就是在自然条件允许的情况下，取水方便并得到最大可能的流量，防止水与气体成分的损失；防止地表水和浅层水的混入或渗入，完全排除有害物质污染和生物污染的可能性，防止从露头到车间矿泉水的性质发生变化。

（2）曝气　曝气就是矿泉水原水与经过净化了的空气充分接触，使其脱去其中的二氧化碳和硫化氢等气体，并同时发生氧化作用，通常包括脱气和氧化 2 个同时进行的过程。曝气主要是针对二氧化碳、硫化氢及二价铁、锰离子含量较高的原水进行的，可用于生产不含碳酸气的矿泉水，或者曝气后再充入碳酸气的矿泉水。对于铁、锰离子含量很少,气体含量极低且对风味、感官无影响的矿泉水,可以不经曝气处理。

曝气方法有自然曝气法、喷雾法、梯栅法、焦炭盘法、强制通风法等。自然曝气法是原水在水池中自然曝气,由于曝气不够彻底,且难于满足卫生要求而很少使用。喷雾法是在真空喷雾脱气机中进行的,脱气很彻底,但氧化程度不够,曝气后的矿泉水中仍然含有较多的铁、锰离子。梯栅法是使原水从梯栅上流下,水通过梯状栅栏被分成许多片状水膜,增大了与空气的接触面积,从而提高了曝气效率。焦炭盘法曝气器中装有深度30 cm、底部能漏水的盘子,内盛焦炭块,这种盘上下相间交互堆叠,使原水从上向下流,被分成许多水膜和细小的水滴,曝气效果很好,特别适合去除氧化亚铁和亚锰离子。强制通风法是通风槽内装有多层多孔板,原水从上往下流,净化空气从下往上吹,借助强力空气与原水之间的接触而脱除其中的气体并完成氧化反应。

(3)过滤　过滤可以除去水中的不溶性固体物质、悬浮杂质和微生物,主要是泥沙、藻类、细菌、霉菌和曝气时产生的铁、锰等氢氧化物沉淀,防止矿泉水装瓶后在销售和储藏过程中出现混浊、沉淀或变质,得到澄清透明、洁净卫生、水质符合要求的矿泉水。在实际生产中,矿泉水的过滤一般包括粗滤和精滤。

粗滤的原理主要是吸附作用和机械截流,一般采用砂滤、活性炭过滤或多介质过滤以及树脂过滤。经石英砂和锰矿砂过滤能显著降低水中的铁、锰离子含量,提高矿泉水的稳定性;活性炭过滤能有效吸附去除由硫化氢、氯气引起的各种异味;树脂过滤能除去过量的钙、镁离子,降低水的硬度。

精滤的机理主要是筛分作用,利用不同孔径的过滤膜将水中的残留悬浮物、胶体物质及细菌、病毒等微生物去除,常用微滤和超滤。实际生产中最常用的是经三级微滤和一级超滤,三级微滤孔经分别为5 μm、1 μm、0.2 μm,超滤为0.1 μm。微滤可以有效除去水中的各种杂质和细菌、霉菌等微生物,但去除病毒的效果并不理想,因为多数病毒的粒径在0.1~0.3 μm,所以,再加一级0.1 μm的超滤,可以满足截留微生物的要求。经精滤后的矿泉水,其产品质量及化学、生物稳定性均得到了极大提高。

(4)灭菌　矿泉水的灭菌常采用臭氧杀菌或紫外线杀菌;而饮料瓶和瓶盖一般用双氧水或过氧乙酸消毒,再用无菌矿泉水冲洗后使用,也可用紫外线灭菌。

当矿泉水中臭氧的浓度达到30~40 mg/L时,在10~15 min内,即可有效杀灭大肠杆菌、金黄色葡萄球菌、细菌芽孢、黑曲霉菌、酵母及病毒等微生物。臭氧灭菌要达到理想效果,需要注意以下几点:控制矿泉水的流量,保证水中的臭氧浓度;控制矿泉水的流速,保持流速平稳;增大矿泉水与臭氧的接触面积;控制矿泉水与臭氧接触的时间,达到有效灭菌时间;合理控制臭氧杀菌的有效浓度。

紫外线灭菌的原理和具体操作详见水处理章节的相关内容。利用紫外线灭菌时,必须考虑水质、水量、流速及吸收率等来决定杀菌必需的照射量。

(5)充气　充气是指向矿泉水中充入二氧化碳气体的操作,主要是针对含气天然矿泉水和充气天然矿泉水的生产。充气所用的二氧化碳气体可以是原水中分离得到的二氧化碳,也可以是市售的饮料用二氧化碳气体产品,无论哪种二氧化碳气体都必须对其进行净化处理才能使用。

充气过程是在汽水混合机内进行的,其具体操作和技术要求同碳酸饮料一致,为提高产品中二氧化碳的溶解量,充气过程中应保持在4 ℃左右恒定的低温,增加二氧化碳的压力，使气水充分混合，保证含气（充气）天然矿泉水中二氧化碳含量≥1.5倍（20 ℃容积倍数）。

（6）灌装 灌装是指将杀菌后的矿泉水装入已灭菌的包装容器内的过程。矿泉水的灌装工艺和设备都比较简单，但卫生方面的要求却非常严格，对饮料瓶要进行彻底的杀菌，装瓶的各环节均要防止污染。目前生产中均采用自动灌装机在无菌车间进行灌装，灌装方式取决于产品的类型，含气与不含气天然矿泉水的灌装方式略有不同。

含气天然矿泉水的灌装一般采用等压灌装方式，和碳酸饮料的灌装一致，设备系统及操作要求详见碳酸饮料灌装部分内容。

不含气天然矿泉水的灌装一般采用负压灌装方式，灌装前先将矿泉水瓶抽成真空，形成负压，矿泉水在贮水槽中以常压进入瓶中，瓶中的液面达到预期高度后，水管中剩余的矿泉水流回缓冲室，再回到贮水槽，装好矿泉水的瓶子封盖后，灌装即结束了。

4.2.5.4 常见的产品质量问题

在矿泉水生产过程中，要严格按照各工序的技术要求进行操作，如果处理不当，就可能使产品在储藏或销售过程中出现质量问题，损害产品和企业信誉度，危害消费者身体健康。

（1）微生物超标 在实际生产中，矿泉水经常出现的质量问题是微生物指标难以控制，经常出现产品微生物超标的现象。如2007年2月我国上海海关查出原产地为法国的依云矿泉水共有11个批次110多吨产品菌落总数超标；2007年8月查出21吨从上海口岸进口的依云矿泉水菌落总数超标339倍。

为了防止产品中微生物超标，需要对整个生产过程加以严格控制。首先要防止矿泉水源水的污染；其次要保证生产设备的消毒、灌装车间的净化、饮料瓶和瓶盖的消毒以及生产人员的个人卫生；最后要在灌装前对矿泉水进行彻底灭菌处理。总之，必须严格按照矿泉水厂的卫生规范进行生产，确保产品微生物指标达到标准要求。

（2）沉淀 矿泉水在储藏和销售等流通过程中有时会出现红、黄、褐、白等各色沉淀，引起沉淀的原因很多，主要是流通过程中环境温度的变化、密封不严、铁锰离子含量过高引起的。

红、黄和褐色沉淀，主要是铁、锰离子含量过高引起的。如矿泉水中的二价铁离子被氧化成三价铁离子，呈黄褐色；若是碱性矿泉水，可生成红褐色的氢氧化铁沉淀；锰离子在碱性矿泉水中会生成白色沉淀，氧化后会形成棕褐色沉淀。因此应对水源做好预防工作，每年定期三次（枯水期、平水期、丰水期）对水源进行水质分析检验并记录，及时掌握水中矿化度及铁、锰离子含量的变化，并及时改善工艺；管道清洗不净或锈蚀极易造成铁沉淀，故应对管道每天开机之前清洗20～30 min。

环境温度降低，特别是矿泉水在低温下长时间储藏，有时会出现轻微白色絮状沉淀，这是由矿物盐在低温下溶解度降低引起的，温度回升时沉淀又会消失，这种沉淀属于正常现象。而对于高矿化度和重碳酸盐型矿泉水，由于生产或储藏过程中密封不严，导致瓶中二氧化碳逸失，pH值升高，酸性水变为碱性水，形成较多的钙、镁的碳酸盐白色沉淀。防止措施可以通过充分曝气后过滤去除部分钙、镁的碳酸盐，或充入二氧化碳降低矿泉水pH值，同时有效密封，减少二氧化碳损失，使矿泉水中的钙、镁离子以重碳酸盐的形式存在。另外，矿泉水若受到霉菌污染，也可生成白色絮状物；生产中滤芯被氧化，或更换新滤芯时清洗不净,也会造成白色絮状沉淀。

(3)变色　变色是指瓶装矿泉水经过一段时间的储藏后,水体出现发绿和变黄的现象,这在大型企业生产的产品中相对少见,在生产条件较差的企业出现这类产品的概率更大。

水体发绿主要是矿泉水中一些藻类植物(如绿藻)和一些光合细菌(如绿硫细菌)引起的,由于这些生物中含有叶绿素,矿泉水在较高的温度和有光照的条件下,这些生物利用光合作用进行生长繁殖,从而使水体呈现绿色。要防止这一现象的出现,必须通过有效的过滤和严格的杀菌处理,彻底除去藻类和杀灭细菌。

水体变黄主要是因为在生产过程中使用的设备材质不好,由于天然矿泉水具有一定的腐蚀性,从而在生产过程中产生铁锈而引起这一现象。因此,天然矿泉水生产中各种罐体和灌装机等设备以及管道必须使用优质的不锈钢材料或高压聚乙烯,避免产生铁锈而引起产品变色。

4.3 饮用纯净水

饮用纯净水是包装饮用水中产量最大、发展最快的品种。2017 年我国包装饮用水达到 9 458 万 t,其中纯净水产量约 4 530 万 t;2018 年我国包装饮用水略有下降,产量约 8 282万 t,纯净水产量约 4 700 万 t,纯净水占比超过 56%,人均消费 34 kg,在所有饮料品类中排名第一。结合我国饮用纯净水的发展情况,本节具体介绍纯净水的定义、分类、生产工艺及膜分离技术。

4.3.1 饮用纯净水的定义

饮用纯净水是以符合生活饮用水卫生标准的水为原料,通过电渗析法、离子交换法、反渗透法、蒸馏法及其他适当的加工方法制得的,密封于容器中且不含任何添加物可直接饮用的水。

从以上定义可以看出,纯净水在加工过程中去除了水中的矿物质、有机物及微生物等物质,除水外,几乎不含任何营养元素。根据现行的食品安全国家标准《包装饮用水》(GB 19298—2014)的规定,饮用纯净水的原料用水必须符合《生活饮用水卫生标准》(GB 5749—2006)的要求;饮用纯净水的产品感官指标、理化指标及微生物指标必须符合本章 4.1.3 中的相关技术要求。

饮用纯净水起源于美国,经香港传入深圳、广州,然后才在各地兴起。我国 1991 年才在深圳建立起第一条饮用纯净水生产线,尔后,一些大型的饮料企业相继开始生产纯净水。目前,我国的饮用纯净水产量已远远超过了矿泉水,在饮料行业中稳居第一,这主要是因为纯净水的生产工艺简单、产品成本低廉,而且纯净水厂的建设与矿泉水不同,不需要经过国家有关部门对水源进行考核、评价、鉴定等程序。

4.3.2 纯净水生产工艺

目前,纯净水的生产主要有高温蒸馏法和反渗透(膜过滤)法,而以反渗透法最为典型、常用。饮用纯净水的生产过程通常由预处理、软化脱盐和后处理 3 部分组成。

预处理主要是去除水中的悬浮物质、胶体物质、颜色和异味等。主要包括物理方法、化学方法和电化学方法等。物理方法有澄清、砂滤、脱气、膜过滤、活性炭吸附等;化学方法有混凝、加药杀菌、消毒、氧化还原、络合、离子交换等;电化学方法有电凝聚等。

软化脱盐主要是去除水中的钙、镁、铁、锰等阳离子和碳酸根离子、硫酸根离子、氯离子等阴离子,脱除无机盐,降低水的硬度。主要包括电渗析、反渗透、离子交换等方法。

后处理主要是杀菌和包装等,包括紫外杀菌、臭氧杀菌、终端过滤(微滤、超滤等)。

纯净水的生产工艺应根据水源的具体情况来确定,我国各地的水质差异较大,因此在考虑饮用纯净水的生产工艺和生产设备时,必须对其水质进行全面分析,才能匹配较为理想的生产工艺和设备。

尽管纯净水可以通过蒸馏、离子交换、电渗析、反渗透等多种工艺来进行,但不同的生产方法生产的纯净水在质量上有较大的差距,且不同方法的生产成本也有较大差异。因此,在实际生产中,应根据水质情况和生产企业的自身条件来选择适宜的工艺和设备,以生产出合格的产品。不同处理方式对水的净化效果比较如表4.7所示。

从以上不同处理方法的效果比较可以看出,以反渗透和电渗析的处理效果最好,其次是蒸馏法,但由于电渗析法的成本较高,蒸馏法不能有效去除农残、放射性粒子及三氯甲烷等有机物,所以纯净水生产中反渗透法是最常用的生产方法。

表4.7 不同处理方法对水的净化效果比较

	铁	锰	钠	硫	钾	磷	镁	钙	氯	碱	三氯甲烷	细菌	病毒	农药	除草剂	放射粒子	异臭味	沉淀物	有机物	氯化物	操作成本
沉淀过滤法	●	●	●	●	●	●	●	●	●	●	●	●	●	●	●	●	●	○	●	●	低
活性炭过滤法	●	●	●	●	●	●	●	●	●	●	○	▲	●	○	●	●	●	●	▲	●	低
煮沸法	●	●	●	●	●	●	●	●	●	●	▲	▲	●	●	●	●	●	●	●	●	中
蒸馏法	○	○	○	○	○	○	○	○	▲	○	▲	○	○	▲	○	▲	●	○	▲	○	中
电渗析法	△	△	△	△	△	△	△	△	○	△	○	○	○	○	○	△	○	○	○	○	高
反渗透法	△	△	△	△	△	△	△	△	○	△	○	○	○	○	○	△	○	○	○	○	低
离子交换法	△	△	△	△	△	△	△	△	△	△	●	●	●	●	○	△	●	●	●	○	低
紫外线杀菌法	●	●	●	●	●	●	●	●	●	●	●	▽	▽	●	●	●	●	●	●	●	低
臭氧杀菌法	●	●	●	●	●	●	●	●	●	●	●	▽	▽	●	●	●	●	●	●	●	低

注:○ 全部去除;△ 90% ~99% 去除;▲ 部分去除;● 不能去除;▽ 杀灭。

4.3.2.1 蒸馏法生产工艺

蒸馏法生产的纯净水又叫蒸馏水,一般是原水经过过滤、软化、消毒等预处理后,然后通过高温加热成蒸汽,再冷凝成蒸馏水,最后灌装成纯净水产品。

【工艺流程】

原水→絮凝→过滤→软化→蒸馏→灭菌→微滤→灌装→封盖→成品

蒸馏法工艺制得的纯净水电导率比反渗透法制得的纯净水要低，且在蒸馏时具有杀菌作用，故有的企业在蒸馏工序后没有使用灭菌工序；但为安全起见，一般在蒸馏后仍需杀菌操作，这是因为蒸馏器到杀菌机之间的蒸馏水贮罐和管道有可能受到微生物污染。蒸馏法工艺需要高温加热和低温冷凝，故能耗特别高，且水的口感没有反渗透的好，也不能有效去除水中的低分子物质和异味，因而在饮用纯净水的生产中不如反渗透法使用广泛。目前市场上以蒸馏法生产的纯净水代表产品是今麦郎的凉白开。

4.3.2.2 反渗透生产工艺

近几年来，纯净水工业得到了迅速发展，这是与膜分离技术的应用密不可分的，特别是反渗透技术的应用推动了纯净水生产工艺的变革。现在的纯净水一般都是用反渗透法生产的，原水在经过多层过滤如多介质过滤、活性炭过滤后，最后再经过二级反渗透过滤；在反渗透法中有时也结合使用离子交换法或电渗析法，而单独使用离子交换或电渗析法的比较少。

【工艺流程】

原水→絮凝→多介质过滤→活性炭过滤→离子交换→微滤→超滤→一级反渗透
↓
成品←检验←贴标←封盖←灌装←终端过滤←臭氧杀菌←二级反渗透

在该工艺中膜分离技术得到了充分的应用，工艺中微滤一般采用 5 μm 的精密过滤和 1 μm 的保安过滤；在超滤时，一般选用 0.2 μm 左右的超滤膜；最后再经过二级反渗透膜过滤，一级反渗透后所得水的电导率 < 20 μS/cm，二级反渗透后水的电导率 <10 μS/cm；臭氧杀菌后再经过 0.1 μm 的终端过滤，可将杀灭后的细菌、病毒等微生物有效滤除，得到高品质的纯净水。

反渗透法工艺具有脱盐率高、产量大、水质稳定、产品口感好、终端过滤器寿命长、劳动强度小、能耗低等显著优点，因而在生产中得到广泛应用；缺点是需要高压泵，原水利用率只有 75% ~80%，各种滤膜需要定期清洗、更换。

4.3.3 纯净水生产常见质量问题与控制措施

4.3.3.1 杂质

饮用纯净水感官要求无正常视力可见外来异物。若纯净水中出现肉眼可见杂质，原因可能是饮料瓶或瓶盖清洗不彻底，瓶中或瓶盖上带有杂质而进入饮料中；也有可能是无菌储罐中进入了杂质或管道出现铁锈等；第三个原因则可能是过滤膜出现破裂渗漏现象，未能将水中杂质有效截留；还有可能是灌装机灌装头上机械碎屑掉入饮料瓶中造成的。针对以上原因，生产中应严格包装容器的清洗与检验；定期检查无菌储罐与管道清洁情况;生产中通过检测水质指标以监测滤膜是否完好;定期检修、维护灌装机等生产设备,确保性能良好。只要做到上述要求,即可有效防止纯净水中出现杂质。

4.3.3.2 混浊沉淀

饮用纯净水中出现混浊或沉淀,主要原因是过滤不彻底,使水中含有一定量的悬浮物质、胶体物质或金属离子,在流通或销售过程中悬浮物质或胶体物质絮凝而引起混浊甚至沉淀;若金属离子含量过高,也有可能与胶体物质等反应而产生沉淀;Fe^{2+}、Mn^{2+}也有可能发生氧化使水变色甚至产生沉淀。防止纯净水产生混浊或沉淀的有效措施是定期更换石英砂、锰矿砂、活性炭、树脂等过滤介质,同时要定期更换或清洗超滤、反渗透的膜滤芯,确保过滤严密有效。

4.3.3.3 微生物超标

纯净水出现微生物超标较为常见,主要是细菌总数超标,原因主要是杀菌不彻底或包装密封不严。生产中若采用紫外线杀菌,应严格控制进入杀菌器的水的水质,并控制适宜的流速,定期检查、清洗或更换石英套管,确保紫外线的透过率,还要保证外筒内壁有很高的光洁度,使其对紫外线的反射率达到85%左右。若采用臭氧杀菌,则要保证水中臭氧的浓度及臭氧处理时间,并使水中臭氧的残留达到相关标准。饮料瓶密封不严,也会导致瓶中细菌滋生而使细菌总数超标,控制措施就是瓶盖和饮料瓶要配套,其次要检查压盖头的距离,确保封盖严密。

4.4 其他类饮用水

除了饮用天然矿泉水和饮用纯净水外,饮用天然泉水、饮用天然水和其他饮用水(如矿物质水)在我国包装饮用水市场中也占有较大的比例。矿物质水是在纯净水的基础上根据人体需要,合理添加了镁、钾等矿物质元素。它比矿泉水更纯净,比纯净水更科学,可以在补充体内水分的同时满足身体对矿物质的需求。其生产工艺和纯净水一致,只是需要添加 KCl 和 $MgSO_4$等矿物质进行调配处理,一般以城市自来水为原水,再经过纯净化加工,添加矿物质,杀菌处理后灌装而成。矿物质水中的钾、镁离子对维持人体健康具有重要意义,是骨骼、牙齿、柔软组织、肌肉、血液及神经细胞里的重要组成物质,且这些矿物成分都是人体在运动中最容易流失的。矿物质水中的这些矿物质元素是以游离状态存在的,易于被人体所吸收,在补充人体水分的同时可及时补充流失的有益矿物质元素,是一种健康饮品。饮用矿物质水占我国包装饮用水市场份额的28%左右,以康师傅矿物质水为代表。为适应国家对包装饮用水名称的规范化管理,2016 年,康师傅矿物质水更名为"优悦"包装饮用水。

饮用天然泉水和其他天然饮用水是采用自然涌出的或经钻井采集的泉水、未受污染且未经过公共供水系统的地表水或地下水为水源制成的制品。其生产工艺相对简单,只是经过简单的水处理,除去水中的悬浮物质、胶体物质及气体等杂质,适度降低水的硬度,经灭菌处理后灌装而成。天然饮用水的水源没有受到污染,微生物种类及含量少,可以直接饮用。但为了保证产品的稳定性,一般需要进行适宜的水处理。饮用天然泉水以农夫山泉品牌为代表。

思考题

1. 我国对包装饮用水的定义及分类是什么?
2. 简述我国对天然饮用矿泉水的定义、分类及评价。
3. 简述饮用天然矿泉水的生产工艺及工艺要点。
4. 饮用天然矿泉水生产中经常出现哪些质量问题? 如何防止?
5. 反渗透法生产饮用纯净水的工艺与蒸馏法有什么区别?
6. 纯净水生产中常见的质量问题有哪些? 如何防止?

第5章　果蔬汁饮料

【内容提要】

本章主要介绍了果蔬汁饮料的定义、分类、发展概况及生产的主要原料；果蔬汁加工的主要设备；果蔬汁加工工艺及操作要点；果蔬汁饮料生产常见质量问题与控制措施。

【学习目标】

了解果蔬汁加工的主要原料、设备、发展趋势及加工新技术；掌握果蔬汁分类方法；掌握果蔬汁的加工工艺、操作要点及常见质量问题的解决方法。

【名词及概念】

果蔬汁；澄清；过滤；浓缩；均质；脱气；香气回收；高温短时杀菌；超高温瞬时杀菌；无菌灌装；农药残留

5.1　果蔬汁饮料的定义与分类

5.1.1　果蔬汁饮料的定义与发展概况

5.1.1.1　定义

根据《饮料通则》(GB/T 10789—2015)的定义，果蔬汁类及其饮料(fruit/vegetable juices and beverage)是以水果和(或)蔬菜(包括可食的根、茎、叶、花、果实)等为原料，经加工或发酵制成的液体饮料。

5.1.1.2　发展概况

近年来，随着人们生活水平的提高和健康意识的增强，我国饮料工业在市场的驱动下，正朝着多品种、高质量的方向发展，如何开发出新风味、添加新配料成为吸引消费者的关键。纯天然、高果蔬汁含量、不含或少含合成食品添加剂的果蔬汁饮料将成为必然的发展方向；复合型果汁及果蔬汁饮料在国内发展较快，目前中国市场上常见的有橙汁、苹果汁、水蜜桃汁、山楂汁等果汁与不同蔬菜汁如番茄汁、胡萝卜汁、芹菜汁和甜菜汁等的复合汁饮料；同时功能型果蔬汁饮料如花卉饮料、富碘果蔬汁饮料、高膳食纤维饮料、益生菌发酵果蔬汁饮料、其他保健新材料(如仙人掌、芦荟等)饮料作为新型营养概念饮料发展也较快；将果蔬汁与牛奶有机结合的果蔬汁乳饮料如香蕉牛奶、草莓牛奶、菠菜汁奶和仙人掌美容果蔬汁奶等,在国内饮料市场上也显示出了巨大的消费需求;具有丰富营养、对人体有明显抗氧化作用、原产自南美和非洲的雪莲果、巴西莓、猴面包果、枸杞、越橘、奇亚籽等超级食品为配料或风味的果蔬饮料近年来受到了饮料行业的追捧。

随着科技进步和消费升级,果蔬汁生产新技术和新品类不断涌现,果蔬汁饮料在行业中的占比逐年提高。超高压杀菌和脉冲电场杀菌等非热杀菌技术近几年在饮料中的研究与应用发展较快。目前国内超高压杀菌技术在果蔬汁、酸奶、果酱、乳制品、水产、蛋制品加工上都有一定的应用,其中果蔬汁生产约占 14%,应用超高压杀菌的果汁种类有桃汁、雪梨汁、苹果汁、草莓汁、橙汁等;经超高压处理过的果蔬汁,货架期可延长到 6 个月左右,果蔬汁原有的营养物质、色泽及风味等品质几乎没有变化。日本、美国在超高压杀菌技术方面处于领先地位,果汁、豆奶等饮料的超高压杀菌已经商业化。高压脉冲电场杀菌技术在美国、德国、加拿大和日本等国家已有 50 多年的研究历史,对牛奶、饮料等液态食品的脉冲电场杀菌机制、对微生物形态的影响、对微生物的敏感性因素分析、对食品质量的影响等方面做了系统的研究工作,在饮料杀菌上已实现商业化应用。在饮料新品类上,近几年发展较快、未来十年也是发展热点的是 NFC 果蔬汁和益生菌发酵果蔬汁。NFC 果蔬汁采用新鲜果蔬榨汁,经过滤、脱气、灭菌等加工环节后直接进行无菌罐装;NFC 果蔬汁在加工过程中的受热时间很短,营养成分损失少,能更好地保持果蔬固有的风味和营养品质;NFC 果蔬汁需要低温流通,保质期短,价格较高,使其发展受到一定限制。2017 年汇源推出了常温 NFC 果汁。美国是 NFC 果蔬汁的最大生产国和消费国,其 NFC 橙汁占世界产量的 80% 以上,消费量占橙汁总量的 40% 左右。益生菌发酵果蔬汁具有独特的发酵风味和口感,且具有调节人体肠道微环境、改善肠道健康、增强人体免疫力等功效,虽在我国处于刚起步阶段,但近几年发展很快。而日本、韩国、德国等国家的益生菌发酵果蔬汁市场则较为成熟。

5.1.2 果蔬汁饮料的分类与质量要求

根据《饮料通则》(GB/T 10789—2015),果蔬汁类及其饮料分为:果蔬汁(浆)、浓缩果蔬汁(浆)和果蔬汁(浆)类饮料;其中果蔬汁(浆)包括原榨果汁(非复原果汁)、果汁(复原果汁)、蔬菜汁、果浆/蔬菜浆和复合果蔬汁(浆);果蔬汁(浆)类饮料包括果蔬汁饮料、果肉(浆)饮料、复合果蔬汁饮料、果蔬汁饮料浓浆、发酵果蔬汁饮料及水果饮料。

5.1.2.1 果蔬汁(浆)

以水果或蔬菜为原料,采用物理方法(机械方法、水浸提等)制成的可发酵但未发酵的汁液、浆液制品;或在浓缩果蔬汁(浆)中加入其加工过程中除去的等量水分复原制成的汁液、浆液制品。

(1)原榨果汁(非复原果汁) 以水果为原料,采用机械方法直接制成的可发酵但未发酵的、未经浓缩的汁液制品。采用非热处理方式加工或巴氏杀菌制成的原榨果汁(非复原果汁)可称为鲜榨果汁。

(2)果汁(复原果汁) 在浓缩果汁中加入其加工过程中除去的等量水分复原而成的制品。

(3)蔬菜汁 以蔬菜为原料,采用物理方法制成的可发酵但未发酵的汁液制品,或在浓缩蔬菜汁中加入其加工过程中除去的等量水分复原而成的制品。

(4)果浆/蔬菜浆　以水果或蔬为原料,采用物理方法制成的可发酵但未发酵的浆液制品,或在浓缩果浆或浓缩蔬菜浆中加入其加工过程中除去的等量水分复原而成的制品。

(5)复合果蔬汁(浆)　含有不少于两种果汁(浆)或蔬菜汁(浆),或果汁(浆)和蔬菜汁(浆)的制品。

5.1.2.2 浓缩果蔬汁(浆)

以水果或蔬菜为原料,从采用物理方法制取的果汁(浆)或蔬菜汁(浆)中除去一定量的水分制成的、加入其加工过程中除去的等量水分复原后具有果汁(浆)或蔬菜汁(浆)应有特征的制品。可回添香气物质和挥发性风味成分,但这些物质或成分的获取方式必须采用物理方法,且只能来源于同一种水果或蔬菜。可添加通过物理方法从同一种水果和(或)蔬菜中获得的纤维、囊胞(来源于柑橘属水果)、果粒、蔬菜粒。含有不少于两种浓缩果汁(浆),或浓缩蔬菜汁(浆),或浓缩果汁(浆)和浓缩蔬菜汁(浆)的制品为浓缩复合果蔬汁(浆)。

5.1.2.3 果蔬汁(浆)类饮料

以果蔬汁(浆)、浓缩果蔬汁(浆)、水为原料,添加或不添加其他食品原辅料和(或)食品添加剂,经加工制成的制品。可添加通过物理方法从水果和(或)蔬菜中获得的纤维、囊胞(来源于柑橘属水果)、果粒、蔬菜粒。

(1)果蔬汁饮料以果汁(浆)、浓缩果汁(浆)或蔬菜汁(浆)、浓缩蔬菜汁(浆)、水为原料,添加或不添加其他食品原辅料和(或)食品添加剂,经加工制成的制品。

(2)果肉(浆)饮料　以果浆、浓缩果浆、水为原料,添加或不添加果汁、浓缩果汁、其他食品原辅料和(或)食品添加剂,经加工制成的制品。

(3)复合果蔬汁饮料　以不少于两种果汁(浆)、浓缩果汁(浆)、蔬菜汁(浆)、浓缩蔬菜汁(浆)、水为原料,添加或不添加其他食品原辅料和(或)食品添加剂,经加工制成的制品。

(4)果蔬汁饮料浓浆　以果汁(浆)、蔬菜汁(浆)、浓缩果汁(浆)或浓缩蔬菜汁(浆)中的一种或几种、水为原料,添加或不添加其他食品原辅料和(或)食品添加剂,经加工制成的,按一定比例用水稀释后方可饮用的制品。

(5)发酵果蔬汁饮料　以水果或蔬菜,或果蔬汁(浆),或浓缩果蔬汁(浆)经发酵后制成的汁液、水为原料,添加或不添加其他食品原辅料和(或)食品添加剂的制品。如苹果、橙、山楂、枣等经发酵后制成的饮料。

(6)水果饮料　以果汁(浆)、浓缩果汁(浆)、水为原料,添加或不添加其他食品原辅料和(或)食品添加剂,经加工制成的果汁含量较低的制品。

5.1.2.4 果蔬汁质量要求

衡量果蔬汁饮料质量的技术要求包括感官、理化和卫生三个方面。参照 GB/T 31121—2014、GB/T 7101—2015、GB 2762—2017、GB/T 4789.1—2016 、GB/T 7101—2015、GB/T 29921—2013、GB/T 7101—2015、GB 2762—2017,感官、理化和卫生要求应符合以下规定。

(1)感官要求见表5.1。

表 5.1 感官要求

项目	要求
色泽	具有所标示的该种(或几种)水果、蔬菜制成的汁液(浆)相符的色泽,或具有与添加成分相符的色泽
滋味和气味	具有所标示的该种(或几种)水果、蔬菜制成的汁液(浆)应有的滋味和气味,或具有与添加成分相符的滋味和气味;无异味
组织状态	无外来杂质

(2)理化要求见表 5.2。

表 5.2 理化要求

产品类别	项目	指标或要求	备注
果蔬汁(浆)	果汁(浆)或蔬菜汁(浆)含量(质量分数)/%	100	至少符合一项要求
	可溶性固形物含量/%	符合 GB/T 31121—2014 附录 B 中的要求	
浓缩果蔬汁(浆)	可溶性固形物的含量与原汁(浆)的可溶性固形物含量之比	≥2	—
果汁饮料 复合果蔬汁(浆)饮料	果汁(浆)或蔬菜汁(浆)含量(质量分数)/%	≥10	—
蔬菜汁饮料	蔬菜汁(浆)含量(质量分数)/%	≥5	—
果肉(浆)饮料	果浆含量(质量分数)/%	≥20	—
果蔬汁饮料浓浆	果汁(浆)或蔬菜汁(浆)含量(质量分数)/%	≥10(按标签标示的稀释倍数稀释后)	—
发酵果蔬汁饮料	经发酵后的液体的添加量折合成果蔬汁(浆)(质量分数)/%	≥5	—
水果饮料	果汁(浆)含量(质量分数)/%	≥5 且<10	—
果蔬汁饮料	二氧化硫残留量(SO_2)/(mg/kg)	≤10	—
苹果汁、山楂汁	展青霉素/(μg/L)	≤50	—

注 1:可溶性固形物含量不含添加糖(包括食糖、淀粉糖)、蜂蜜等带入的可溶性固形物含量。

注 2:果蔬汁(浆)含量没有检测方法的,按原始配料计算得出。

注 3:复合果蔬汁(浆)可溶性固形物含量可通过调兑时使用的单一品种果汁(浆)和蔬菜汁(浆)的指标要求计算得出。

(3)卫生指标 卫生指标主要是重金属含量和微生物指标,要求不得检出致病菌。

国标对铅、砷、锡及锌、铜、铁总和等进行了规范;微生物残留是果蔬汁饮料腐败变质的主要原因,全面的卫生指标检测对果蔬汁的质量安全起到关键作用。见表5.3。

表5.3 重金属指标和微生物要求

产品类别	项目	指标或要求
金属罐装果蔬汁饮料	锌、铜、铁总和/(mg/L)	≤20
金属罐装果蔬汁饮料	锡限量(以 Sn 计)/(mg/L)	≤150
果蔬汁饮料	总砷(以 As 计)/(mg/L)	≤0.2
果蔬汁类及其饮料(浓缩果蔬汁(浆)除外)	铅限量(以 Pb 计)/(mg/L)	≤0.05
浓缩果蔬汁(浆)	铅限量(以 Pb 计)/(mg/L)	≤0.5
果蔬汁饮料	菌落总数/(CFU/mL)	≤100
果蔬汁饮料	大肠菌群/(CFU/mL)	≤0.03
果蔬汁饮料	霉菌/(CFU/mL)	≤20
果蔬汁饮料	酵母/(CFU/mL)	≤20
果蔬汁饮料	沙门氏菌	—
果蔬汁饮料	金黄色葡萄球菌/(CFU/mL)	≤1 000

5.2 果蔬汁饮料生产的原料

5.2.1 果蔬汁饮料原料要求

优质的果蔬原料是生产优质果蔬汁的基本保障。根据果蔬汁饮料加工工艺的要求,选择适宜的果蔬原料,是果蔬汁生产的重要环节。

(1)新鲜度　果蔬原料的新鲜度是影响果蔬汁风味的重要因素。果蔬原料越完整、越新鲜,其果蔬汁的品质就越好。

(2)成熟度　果蔬汁加工对原料的果形大小和形状无严格要求,但对成熟强度要求较严,未成熟或过熟的果蔬均不适合进行果蔬汁加工。选用具有适当成熟度的果蔬原料不仅能提高果蔬汁的芳香程度、可溶性固形物含量,还能提高出汁率,得到糖酸比适宜的产品。一般要求果蔬的成熟度在九成熟左右,可保证适宜的糖酸比且容易榨汁。

(3)品种　加工果蔬汁的原料品种应具有出汁率高、糖酸比适宜、香气浓郁、色泽典型且稳定、营养丰富且保存率高、可溶性固形物含量较高、硬度适中、影响果汁品质的成分含量低等特性。如用橙皮苷和柠碱含量高的柑橘类品种制汁,产品苦味重,会严重影响果蔬汁品质。此外,用于榨汁的原料应清洁卫生,无腐烂、霉变、病虫害和机械伤害。

5.2.2 常见的水果汁原料

(1)柑橘类　柑橘类果汁主要以橙汁为主,橙汁也是全球产量最大的果汁。橙汁对原料的总体要求是果实大小均匀一致,以便于机械化榨汁;果皮厚度适当,有足够的韧度;果实出汁率高;糖、酸含量和比例适当;果肉色泽美观、维生素 C 含量高;苦味轻,要求自然成熟。世界范围内常用的品种有伏令夏橙、凤梨橙、化州橙、地中海甜橙、米切尔橙等。我国的先锋橙、锦橙和细皮广柑等也是适宜品种。我国柑橘类果实中甜橙只占 24%,宽皮橘达 72%。宽皮橘风味平淡,香气不足,单独制汁风味较差。但其色泽艳丽,可以与橙汁配合使用。

(2)苹果　苹果汁对原料的总体要求是含糖量高,酸味和涩味适当,香气浓郁,酶促褐变不明显的品种,大多数中、晚熟品种能制汁。有的品种单独制汁风味欠佳,可与其他品种混合制汁,互相取长补短。其中以元帅、金冠、醇露、红玉等品种为优,新疆地区的野生酸苹果因其良好的风味特征也可以用来加工果汁。

(3)葡萄　葡萄中糖、酸等风味物质含量丰富,而涩味较轻的品种不多,其中以美洲的康可最佳,具有丰富的酸分,风味独特,色泽深沉而美丽,加工适性好,果汁稳定,加热和储藏均不变色,也不会产生沉淀和煮熟味。我国可供制汁的主要品种有玫瑰香、黑虎香、康可、伊凡斯、托卡和蜜汁等。

(4)桃　桃大多用于制取带肉果汁,以肉厚、核小、汁液丰富、粗纤维少、味浓、酸分适度而富有香气的品种为好。白桃中水蜜桃风味浓、香味好,但产品易发生褐变。目前我国还没有制汁专用的桃品种,而美国等国家有大量的适宜品种,如加州的红六月、独立、大太阳、幻想、大黄金等。

(5)梨　梨果肉脆嫩多汁、酸甜可口,而且营养丰富,含有多种维生素和纤维素,非常适宜制汁。梨肉色泽洁白,加工榨汁过程中极易发生褐变,致使所榨梨汁呈褐色乃至深褐色,因此控制梨汁的褐变是生产中必须解决的问题。雪梨、黄金梨、鸭梨、莱阳茌梨、秋白、安梨等出汁率、可溶性固形物较高,酸甜适口、果香浓,是制汁优选品种。

(6)山楂　山楂果实富含果胶物质、有机酸和碳水化合物,汁液少而黏稠,果肉质地紧密,果核所占比例较大(质量比约 20%),故不适于压榨法取汁。目前国内生产的各种山楂汁饮料基本都是采用渗提法取汁。山楂主要品种有酸口山楂、甜口山楂、大金星、大棉球、白瓤绵等,大多数品种及东北地区的伏山楂和野生山里红等,都可以用来加工果汁。

(7)猕猴桃　猕猴桃肉质致密、多汁,富含多种维生素、氨基酸和人体所需的矿物质,有“维生素 C 之王”的美誉。酸甜适中、可溶性固形物含量高、适于榨汁的品种有徐香、翠香、贵长、米良 1 号、红阳、亚特等。

(8)杧果　杧果肉质细嫩、香气浓郁、味甜可口,且营养丰富,含有多种营养成分,其中 β-胡萝卜素和维生素 C 含量都很丰富,有“热带果王”之誉。杧果适合于制取果肉饮料,要求粗纤维少、出汁率高、香味浓郁的品种,主要有桂七杧、台农 1 号、青皮杧、金煌杧、凯帝杧等。

(9)其他热带水果　除杧果外,其他热带水果如西番莲(百香果)、菠萝也是理想的制汁原料。菠萝制汁品种要求果大、长筒形、果心小、果眼浅,香气浓郁、糖酸比适宜、成熟度适当，主要品种有巴厘、皇后、西班牙和无刺卡因等。

5.2.3 常见蔬菜汁原料

蔬菜种类繁多，但由于纯蔬菜汁的色泽和风味不及果汁，因此用于蔬菜汁生产的种类还非常有限。我国蔬菜汁市场占有份额不足果汁的5%，远低于国外35%的比例。目前用于加工单一蔬菜汁的蔬菜主要是番茄和胡萝卜，制成的蔬菜汁色泽艳丽、营养丰富、风味较好。南瓜也是较好的蔬菜汁加工原料。为了取得良好的风味，一般将蔬菜汁与某些果汁混合生产果蔬复合汁。菠菜、芹菜、香菜、莴苣、甜椒、黄瓜、卷心菜等都可作为复合蔬菜汁或复合果蔬汁的原料之一。

(1)番茄　番茄是蔬菜中制汁的主要原料之一，一般选用色泽鲜红，成熟适度，无青肩、黄晕，胎座红色或粉红色，香味浓，皮薄、籽少、肉厚、出浆率高，粗纤维少的品种，要求番茄红素在6 mg/100 g以上，糖酸比适宜(约6∶1)，可溶性固形物含量在5%以上，维生素C含量高，去皮容易。如渝红2号、奇果、红玛瑙、罗马、佳丽长红等。制汁的番茄成熟度要求严格，过熟的果实常会产生“沙味感”，未熟果风味更差。

(2)胡萝卜　胡萝卜富含β-胡萝卜素，有“小人参”的美誉。制汁的胡萝卜应选用块根鲜红或橙红色，新鲜肥大，无病虫害、冻伤及机械损伤，皮薄肉厚、心柱细小，粗纤维少，组织脆嫩，类胡萝卜素含量高的品种。如鲜红五寸、黑田五寸、烟台三寸、江津石门胡萝卜、常州胡萝卜等。

(3)芹菜　芹菜为伞形花科两年生蔬菜，其根、茎、叶均可作药用。芹菜汁富含蛋白质、氨基酸、维生素和多种人体必需的矿物质，具有降压安神、保护血管、增强免疫力等功效。用于榨汁的品种应组织脆嫩、粗纤维含量低、出汁率高、香气浓郁，如嫩脆、加州王、佛罗里达683等。

5.3 果蔬汁饮料生产的主要设备

在果蔬汁饮料生产中，需要对原料进行分级、清洗、破碎、热处理/酶处理、榨汁、打浆、过滤、均质、脱气、浓缩、杀菌、灌装等处理，所用到的主要生产设备包括清洗机、破碎机、榨汁机、过滤机、胶体磨、高压均质机、真空脱气机、浓缩设备、杀菌设备、灌装设备等。

(1)清洗机　清洗是减少杂质污染、降低微生物污染和农药残留的重要措施，特别是带皮榨汁的原料更要洗涤干净。清洗一般先浸泡再喷淋或流水冲洗。为了减少农药残留，清洗时可加一定浓度的盐酸、氢氧化钠溶液或脂肪酸系洗涤剂进行处理，微生物污染可添加一定浓度的漂白粉或高锰酸钾溶液浸泡，然后清水冲洗干净。此外，还应注意洗涤用水的清洁，不用重复的循环水洗涤。

果蔬清洗机有不同的清洗方式。典型的有浸洗式、拨动式、喷淋式和气压式，其中浸洗式是最基本的清洗方式，常作为污染比较重的果蔬的第一道清洗，浸洗式和气压式都适用于大多数果蔬；拨动式适合于质地较硬的果蔬，如苹果、柑橘等；喷淋式适合质地较软的果蔬如蓝莓、树莓等。近年来，超声波清洗机已广泛应用于果蔬清洗；在果蔬专用清洗剂方面研发了高碳醇硫酸酯盐、山梨糖醇聚氧乙烯脂肪酸酯类等更安全的表面活性洗涤剂。

(2)破碎机　许多果蔬榨汁前需破碎处理,特别是皮和果肉致密的果蔬,更需要借破碎来提高出汁率。破碎根据原理可分为机械破碎和冷冻破碎,目前果蔬汁生产绝大部分采用机械破碎,主要有对辊式、锥盘式、锤式、孔板式破碎机、打浆机等。不同的果蔬种类采用不同的破碎机,如番茄、梨、杏采用锥盘式破碎机,葡萄等浆果类采用对辊式破碎机,胡萝卜、桃可采用打浆机。冷冻破碎是将果蔬冷冻至-5 ℃以下,果蔬细胞的冰晶膨胀,刺破细胞壁,可提高出汁率5%～10%。此外,还有超声波破碎,用强度大于3 W/cm^{2}的超声波处理果蔬,引起果肉共振使细胞壁破坏,可提高出汁率。

(3)打浆机　打浆是广泛应用于加工带肉果蔬汁的一种破碎工序。打浆机是通过粉碎打浆作用把果蔬中的核、种子、皮和其他不可食部分去除的设备,常见的有卧式和立式两种。其工作原理是:打浆时,果蔬从料斗进入后经螺旋推进器推进,在刮板的作用下破碎,在圆筒中作螺旋移动,使果蔬既受到离心力的作用,又受到轴向推力的作用,沿筛筒从右向左朝出渣口移动,这个复合运动的结果,使物料移动轨迹是一条螺旋线。刮板旋转时使物料获得离心力而抛向筛筒内壁,果蔬在刮板与筛筒产生相对运动的过程中因受到离心力以及揉搓作用而被擦碎。果浆经圆筒筛孔由出浆口排出,果渣由出渣口排出。打浆机的结构如图5.1所示。

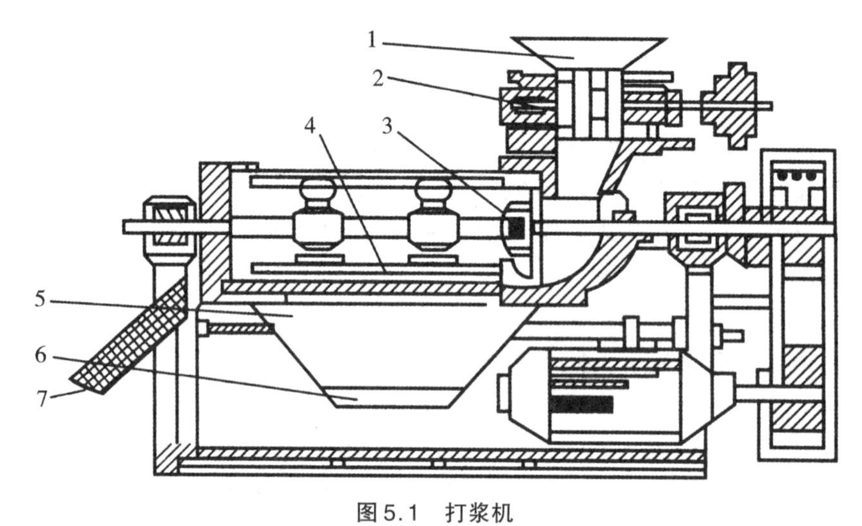

图5.1　打浆机

1—进料斗;2—切碎刀;3—螺旋推进器;4—破碎桨叶;5—圆筒筛;6—出料斗;7—出渣斗

(4)榨汁机　是利用压力把固态物料中所含的液体压榨出来的固液分离机械。榨汁是果蔬饮料生产的重要环节,其方法随果蔬结构、汁液存在部位及其组织性质不同而变化。国内外果蔬汁加工行业广泛采用的榨汁机种类繁多,主要有用于原料破碎后压榨的榨汁机和对水果整体或部分压榨的榨汁机两种,前者包括带式榨汁机、筒式榨汁机、螺旋式榨汁机、裹包式榨汁机、气囊式榨汁机和锥盘式榨汁机,主要用于果蔬汁清汁的生产;后者包括杯式柑橘整果榨汁机和分切旋压式柑橘榨汁机,主要用于果蔬汁浊汁的生产。

螺旋式榨汁机是一种使用较为广泛的连续式榨汁机,具有结构简单、体积小、出汁率高、操作方便等特点,常用于水果榨汁和油料榨汁。其结构如图5.2所示。螺旋式榨汁机获得的汁液较混浊,适用于混浊果蔬汁生产。

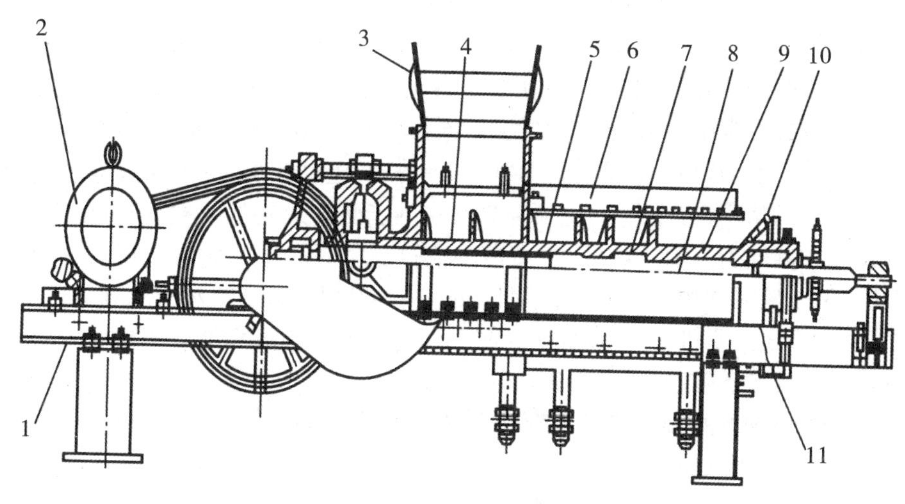

图5.2 螺旋榨汁机

1—机架;2—电动机;3—进料斗;4—外空心轴;5—第一棍棒;6—冲孔滚筒;7—第二棍棒;8—内空心轴;9—冲孔套筒;10—锥形阀;11—排出管

液力筒式榨汁机(也称活塞式或滚筒式榨汁机)可用于苹果、葡萄、梨、草莓、胡萝卜、芹菜等果蔬破碎后的汁液分离作业,具有压榨过程密闭性好,卫生条件高,生产自动化程度与出汁率高(苹果出汁率一般达82%~85%),适应性广等优点,如瑞士布赫公司的HPX5005i及中国的6TZ系列液力通用榨汁机,但存在作业方式不连续,程控系统和液压驱动系统复杂,压榨后期果汁氧化褐变现象严重,造价及生产成本昂贵等不足。

带式榨汁机是一种连续式压滤设备,既能连续操作又具有较高的出汁率,生产效率高,适合大规模生产。其工作原理是利用两条张紧的环状网带夹持果浆后绕过多级直径不等的榨辊,使得绕于榨辊上的外层网带对果浆产生压榨力,使果蔬汁穿过网带而排出。国内使用较多的带式榨汁机是德国福乐伟(Flottweg)与贝尔玛(Bellmer)公司的机型。

柑橘榨汁采用特定的榨汁机进行,常见的有FMC榨汁机和安迪森榨汁机。FMC榨汁机能实现果汁、果皮、籽核囊衣和油水混合物的同步分离,柑橘汁后苦味轻。安迪森榨汁机适合于宽皮柑橘类,果实进入后,经旋转锯切一半,然后经压榨盘压榨,压力由压榨盘狭口到挡板的距离调节,果汁由挡板上的孔眼流出,果渣则从另一端排出。

(5)过滤机 常用的过滤设备是自动板框式过滤机和真空过滤机。板框式过滤机是间歇式过滤机中最广泛的一种,自动板框式过滤机是一种较新型的压滤设备,板框的拆装、滤饼的脱落卸出及滤布的清洗等操作都是自动进行,缩短了间歇时间,并减轻了劳动强度。真空过滤机是在设备运转时使过滤机内产生真空,利用压力差使果汁渗透进助滤剂,得到澄清果汁。目前使用最多的是转鼓真空过滤机,它是一种连续操作的过滤设备。

(6)均质设备 包括胶体磨和均质机。胶体磨是一种磨制胶体或近似胶体物料的超微粉碎、均质机械。按结构和安装方式不同可分为立式和卧式两种。立式胶体磨(图5.3)由电动机通过皮带传动带动转齿(或称为转子)与相配的定齿(或称为定子)作相对的高速旋转,被加工物料通过本身的重力或外部压力(可由泵产生)加压产生向下的螺旋冲击力,透过定、转齿之间的间隙(间隙大小可调)时受到强大的剪切力、摩擦力、高频振动等物理作用,使物料被有效地乳化、分散和粉碎,达到物料超细粉碎及乳化的效果。

高压均质机是一种特殊的高压泵,从结构上可分成使料液产生高压能量的高压泵及产生均质效应的均质阀两大部分。高压泵是高压均质机的重要组成部分,是使料液具有足够静压能的关键,常用的料液均质压力为25~40 MPa,其工作原理为:利用高压泵产生的高压作用,使料液通过均质阀狭窄的缝隙(一般不超过0.1 mm),因流速高达200~300 m/s,料液受到缝隙的强大剪切作用;料液中的脂肪球或其他大粒子与机件发生高速撞击,受到巨大的撞击作用;以及高速料液在通过缝隙时产生的空穴作用。三种力的协同作用使料液中较大的颗粒迅速破裂为1 μm左右的微粒,从而使料液达到均质的目的。近年发展的超声波均质机,其工作原理也是利用超声波在液体中的空化作用,产生絮流、摩擦、冲击等而使粒子破碎,达到物料均匀分散的效果。

(7)真空脱气机　果蔬细胞间隙存在大量空气,在原料的破碎、榨汁、均质、搅拌和输送等工序中又混入了大量空气,必须去除。脱气机的作用是:去除果蔬汁中的空气(氧气),抑制褐变,减少色素、维生素、芳香成分和其他营养物质的氧化损失,防止品质降低;去除料液中悬浮微粒上附着的气体,抑制微粒上浮,保持良好外观;防止灌装和高温杀菌时的起泡;减少对容器内壁的腐蚀。真空脱气机的工作原理是:利用气体在液体内的溶解度与该气体在液面的分压成正比的原理,当液面上方的压力逐渐降低时,溶解在果蔬汁中的气体不断逸出,直至降低至果蔬汁的蒸汽压时,达到平衡状态,这时所有的气体被脱除。真空脱气机的结构如图5.4所示。

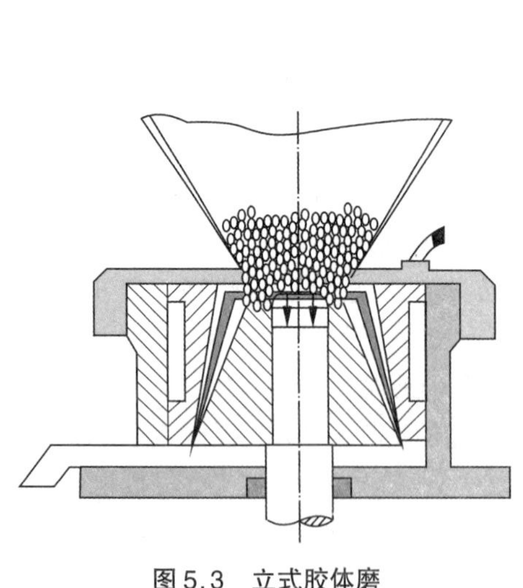

图5.3　立式胶体磨

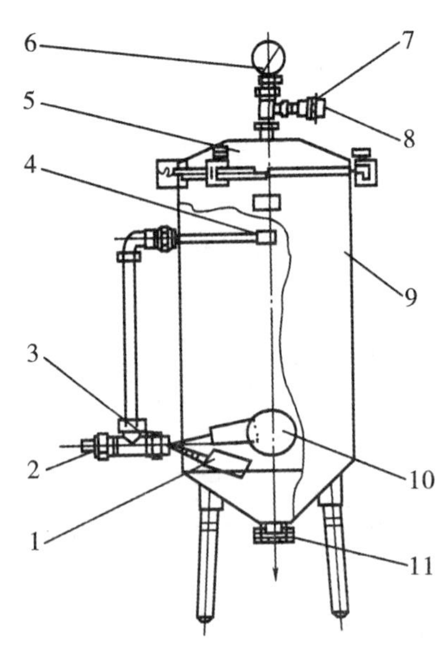

图5.4　脱气机示意图

1—浮子;2—进料管;3—三通阀;4—喷头;5—顶盖;6—真空表;7—单向阀;8—真空阀;9—脱气室;10—视孔;11—放液口

(8)浓缩设备　由于果蔬汁本身所含热敏性物质很多,所以常用能最大程度保存营养成分、芳香物质以及不使产品变色的真空浓缩设备、冷冻浓缩设备和反渗透浓缩设备进行浓缩操作。真空浓缩设备是果蔬汁浓缩最重要和使用最广泛的设备,其型式很多,按照加热蒸汽被利用的次数可分为单效和多效浓缩装置；按照加热器结构型式可分为中央循环管式蒸发器、盘管式蒸发器、升膜式蒸发器、降膜式蒸发器、片式（板式）蒸发器、刮板式蒸发器和离心式薄膜蒸发器等。

薄膜式浓缩是果蔬汁在浓缩设备的加热管内壁成膜状流动。升膜式浓缩时，果蔬汁从加热器底部进入管内，经加热沸腾迅速汽化，所产生的二次蒸汽高速上升带动果蔬汁沿管内壁成膜状上升不断被加热蒸发。降膜式浓缩时，果蔬汁由加热器顶部进入，经料液分步器均匀地分布于管道中，在重力作用下，以薄膜形式沿管壁自上而下流动得到蒸发浓缩。薄膜式浓缩传热效率高，果蔬受热时间短，浓缩度高，尤其适用于浓缩黏稠度高的果蔬汁。图5.5是降膜式单效浓缩装置的示意图。

离心式薄膜蒸发浓缩也是一种薄膜式浓缩。它是利用离心力代替传统的二次蒸气的拖曳力，有效地提高了传热系数和生产能力，可获得高浓度制品。果蔬汁进入旋转的锥体加热表面，在离心力作用下迅速展开成0.1 mm厚的液膜，瞬间蒸发浓缩。这种膜浓缩方式比一般升膜式和降膜式加热时间短，产品浓缩度更高。图5.6是离心式薄膜蒸发器的示意图。

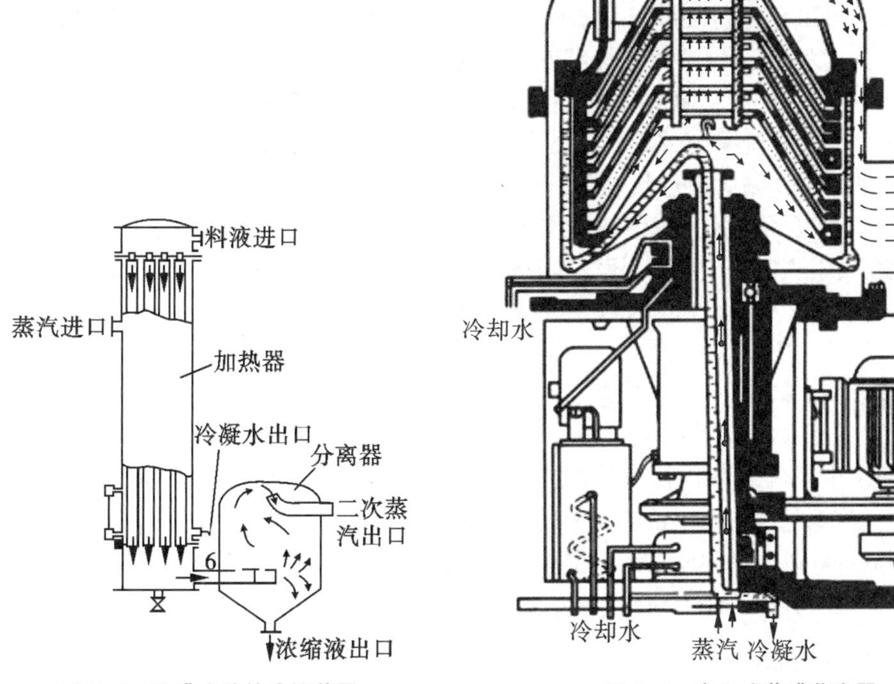

图5.5　降膜式单效浓缩装置

图5.6　离心式薄膜蒸发器

（9）杀菌设备　饮料类的杀菌常采用传统的热杀菌，杀菌设备有直接式和间接式之分。直接式是以蒸汽直接喷入物料进行杀菌，如真空瞬时加热灭菌装置和注入式瞬时加热灭菌装置。典型的有 APV 公司直接蒸汽喷射闪蒸式;间接式是用板、管换热器对饮料进行热交换杀菌,如各种形式的列管式热交换器、片式热交换杀菌器、套管式超高温杀菌设备和智能型超高温灭菌机。典型的有 APV 公司的板式和斯托克公司的螺旋套管式。对于罐装饮料及瓶装饮料等有包装容器的饮料,根据杀菌温度不同其杀菌设备常分为常压杀菌设备和加压杀菌设备。也有采用电磁波进行杀菌的物理杀菌设备,如微波杀菌装置等。

(10)灌装设备　果蔬汁饮料常采用常压热灌装或无菌冷灌装,近年来无菌灌装发展很快。各种无菌包装系统通常都是由超高温瞬时杀菌设备、无菌包装设备和 CIP(就地清洗)设备三部分组成。根据包装材料的不同,无菌包装设备主要包括以下类型:①纸盒无菌包装设备,广泛应用于果汁、奶品及鲜冷液体食品上。无菌纸盒装形式多种多样,常用的有砖型包、枕型包、屋型盒和易开柱型,食品中应用最多的是砖型包和屋型盒。典型的有瑞典 TetraPark 公司的利乐包纸盒无菌包装系统、德国 PKL 公司的康美盒无菌包装系统、国际液装(Liquid Pak Internation)公司预制盒无菌包装系统及国际纸业生产的屋顶盒等。利乐包是我国饮料最早采用无菌灌装的包装产品,目前在中国饮料包装市场占有率达 95%。②塑料无菌包装设备,主要有塑料瓶、塑料袋和塑料杯无菌包装设备。Rommlay 公司采用吹制-充填-封盖包装技术,即在塑料瓶成型的同时将食品充入瓶内并封盖,这种塑料瓶可广泛用于牛奶和饮料的包装,且成本较低;塑料袋无菌包装以百利包和芬包为代表,两者都是立式制袋充填包装机;塑料杯无菌包装设备有塑料片卷材热成型杯(如法国的 Erca、美国的 Therform 和 Bosh 等公司生产的无菌包装系统)和预制杯(如 Metal Box 公司的 Fresh Fill 无菌包装系统)两种。③玻璃瓶无菌包装设备,玻璃瓶包装技术越来越趋向于高强度和轻量化,并需要提高玻璃瓶的耐热冲击力。典型的有美国 Dole 公司的玻璃瓶无菌包装系统,由空瓶消毒器、无菌环缝灌装机、瓶盖贮盖、消毒器和压盖式无菌封瓶机构成。整个系统采用 262 ℃过热蒸汽对瓶和瓶盖进行消毒,并保持灌装和封盖的无菌状态。④马口铁罐无菌包装设备,典型的为美国的多尔无菌灌装系统,由空罐消毒器、罐消毒器、无菌灌装室、封罐机和控制仪组成。⑤大袋无菌包装设备,包装材料主要采用铝膜复合膜,主要用于浓缩果蔬汁和番茄酱的大容量(5 ~ 200 L)包装。目前我国主要引进美国 Scholle 和意大利 Elpo 公司的大袋无菌包装设备。

5.4 果蔬汁饮料的生产工艺

目前世界上生产的果蔬汁饮料根据工艺大致分五大类,即清汁(clear juice)、浊汁(cloudy juice)、浓缩汁(concentrated juice)、果肉饮料(nectar)和果汁粉(juice powder),清汁需要澄清和过滤,以干果为原料还需要浸提;浊汁需要均质和脱气;果肉饮料的生产需要进行预煮和打浆,其他工序与浊汁一样;果汁粉属固体饮料范畴,在此不作介绍。

5.4.1 果蔬汁饮料生产工艺流程

各类果蔬汁饮料的生产工艺流程如下:

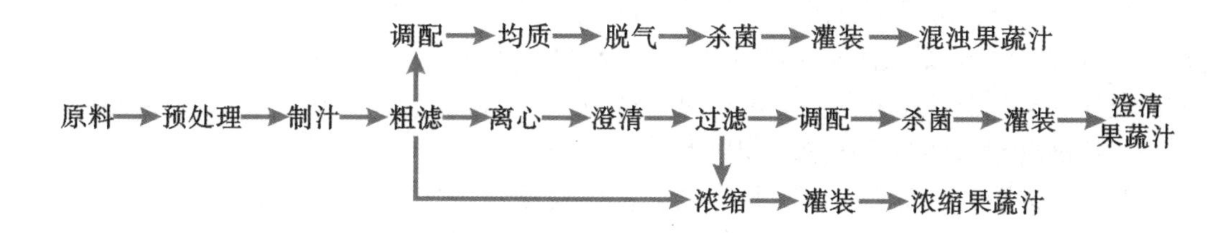

5.4.2 预处理

(1)挑选与清洗 原料必须进行挑选,剔除霉变果、腐烂果、未成熟和受伤变质的果蔬。清洗是减少杂质污染、降低微生物污染和农药残留的重要措施,特别是带皮榨汁的原料更应注意洗涤,根据原料的具体情况还可以添加清洗剂(如柠檬酸、盐酸)和消毒剂(如高锰酸钾、漂白粉)等。近年来,臭氧水清洗、超声波清洗等逐渐得以工业化应用。清洗一般包括流水输送、浸泡、刷洗(带喷淋)、高压喷淋等4道工序。

(2)破碎 破碎的主要目的是破坏果蔬的组织,使细胞壁发生破裂,以利于细胞中的汁液流出,获得理想的出汁率。果蔬组织的破碎必须适度,如果破碎后的果块太大,压榨时出汁率降低;过小则压榨时外层的果汁很快地被压榨出来,形成致密的滤饼而使得内层的果汁难以流出,同样也会降低出汁率。一般常用设备为辊式破碎机,苹果、梨、菠萝等的粒度以3~4 mm为宜,草莓和葡萄以2~3 mm为宜,樱桃以5 mm较为合适。破碎时由于果肉组织接触氧气会发生氧化反应而影响果蔬汁的色泽、风味和营养成分等,常采用如下措施防止氧化反应发生:①破碎时喷雾加入维生素C或异维生素C;②在密闭环境进行充氮破碎或加热钝化酶活性等。

(3)热处理/酶处理 为了提高果蔬的出汁率,必须抑制果胶酶活性和降低物料的黏度。

1)加热处理 红色葡萄、红色西洋樱桃、李、山楂等水果,在破碎之后,须进行加热处理。加热有利于色素和风味物质的渗出,并能抑制酶的活性;同时由于加热使细胞原生质中的蛋白质凝固,改变了细胞的通透性,同时使得果肉软化、果胶质溶出,降低了汁液的黏度,因而也提高了出汁率。一般的热处理条件为60~70 ℃、15~30 min。带皮橙类榨汁时,为了减少汁液中果皮精油的含量,可预煮1~2 min。对于宽皮橘类,为了便于去皮,也可在95~100 ℃热水中烫煮25~45 s。

2)加果胶酶制剂处理 果胶酶可以有效地分解果肉组织中的果胶物质,使果汁黏度降低而容易榨汁过滤,提高出汁率。添加果胶酶制剂时,要使之与果肉均匀混合,根据原料品种控制酶制剂的用量,通常为0.2%~0.3%,同时控制作用的温度(40~45 ℃)和时间(0.5~1 h)。若酶用量不足或作用时间短,则果胶物质的分解不完全,达不到提高出汁率的目的。

5.4.3 榨汁与粗滤

果蔬原料采用何种方式进行取汁或打浆取决于其自身的质地、组织结构和生产的果汁类型,常见的果蔬取汁方式有打浆、压榨和浸提三种方式。打浆主要用于番茄、桃、杏、杧果、香蕉、木瓜等组织柔软、胶体物质含量高的果蔬原料,主要用于生产带肉果蔬汁或混浊果蔬汁。压榨可用于柑橘、梨、苹果、葡萄等大多数汁液含量高、压榨易出汁的果蔬原料,压榨取汁的效果取决于果蔬的质地、品种和成熟度等。浸提法适用于通过榨汁法难以取汁的果蔬干果或果胶含量较高的原料,如酸枣、乌梅、红枣、山楂等,有时苹果、梨等为了提高出汁率,也采用浸提工艺提取。

粗滤也称筛滤。新鲜粗榨汁中含有悬浮物,其类型和数量依榨汁方法和植物组织结构而异。悬浮粒不仅影响果汁的外观形态和风味,也会使果汁很快变质。在生产上,粗滤可以在榨汁过程中进行,也可在榨汁后进行。在榨汁后进行的粗滤,所用的设备为各种类型的筛滤机或板框压滤机。

5.4.4 清汁的澄清与精滤

制取澄清果蔬汁时,需要进行澄清和精滤以去除鲜榨汁中的全部悬浮物及易致沉淀的胶粒。悬浮物包括发育不完全的种子、果心、果皮和维管束等颗粒以及色素颗粒,这些物质除色素颗粒外,主要成分是纤维素、半纤维素、多糖、苦味物质和酶,这些都将影响果汁的品质和稳定性。果蔬汁中的亲水胶体主要由胶态颗粒组成,含有果胶质、树胶质和蛋白质等,这些颗粒为带电体并能吸附水膜及其所带电荷,可防止颗粒结合形成较大聚集体而沉降,胶体的吸附作用、离子化作用及能与其他胶体相互反应的性质,都可影响其稳定性。电荷中和、脱水和加热,都可引起胶粒的聚集并沉淀,含有不同电荷的胶体溶液混合会发生共同沉淀。常用的澄清剂有明胶、单宁和皂土等。

5.4.4.1 澄清

(1)自然澄清法　自然澄清法是将果汁置于密闭容器中,经长时间静置,使悬浮物沉淀,与此同时果胶质也逐渐水解,果蔬汁黏度降低,蛋白质和单宁也会逐渐形成沉淀,从而使果汁澄清。但果蔬汁在长时间静置的过程中,容易发酵变质,必须加入适当的防腐剂。

(2)明胶-单宁法　基本原理是单宁和明胶或果胶、干酪素等蛋白质物质混合可形成明胶单宁酸盐的络合物而沉降。果蔬汁中的悬浮颗粒也会随着络合物的下沉而被缠绕沉淀。此外,果蔬汁中的果胶、纤维素、单宁及多缩戊糖等带有负电荷,酸介质中的明胶带正电荷,由于正负电荷微粒的相互作用而凝集沉淀,也可使果蔬汁澄清。明胶的用量因果蔬汁的种类和明胶的种类而不同,一般每 100 L 果汁需明胶 20 g 左右,单宁 10 g 左右。使用时将所需明胶和单宁配成 1% 溶液,在搅拌下缓慢加入果汁中,并在室温下静置 6 ~ 10 h,使胶体凝集、沉淀。此法用于梨汁、苹果汁等的澄清,效果较好。

(3)酶法　酶法澄清是利用果胶酶制剂来水解果蔬汁中的果胶物质,使果蔬汁中其他胶体失去果胶的保护作用而共同沉淀,以达到澄清的目的。酶制剂澄清所需要的时间,取决于温度、果蔬汁的种类、酶制剂的种类和数量,低温所需时间长,高温所需时间短,但高温易导致果汁发酵,故不宜采用。澄清果蔬汁时,酶制剂用量是根据果蔬汁的性质和果胶物质的含量及酶制剂的活力来决定的,一般用量是每吨果汁加干酶制剂 2 ~ 4 kg。酶制剂可在榨出的新鲜果蔬汁中直接加入,也可以在果蔬汁加热杀菌后加入。榨出的新鲜果蔬汁未经加热处理直接加入酶制剂,则可与天然果胶酶起协同作用,使澄清过程更快。酶制剂还可与明胶结合使用,如苹果汁的澄清,果蔬汁加酶制剂作用 20 ~ 30 min后加入明胶,在 20 ℃下进行澄清,效果良好。

(4)其他澄清剂澄清法

1)PVPP(聚乙烯聚吡咯烷酮)法　用1 g/L果汁浓度的PVPP或2 ~5 g/L果汁的聚酰胺处理2 h可以有明显的澄清效果。

2)膨润土(皂土)法　膨润土有Na-膨润土、Ca-膨润土和酸性膨润土三种,在果汁的pH范围内,呈负电荷,可以通过吸附作用和离子交换作用去除果汁中多余的蛋白质,防止由于使用过量明胶而引起混浊。它还可以去除酶类、鞣质、残留农药、生物胶、气味物质和滋味物质等,缺点为释放金属离子、吸附色素及有脱酸作用。果汁中的常用量为0.25 ~1 g/L,温度以40 ~50 ℃为宜。使用前应用水将膨润土充分吸胀几小时,形成悬浮液。

3)加热凝聚澄清法　果蔬汁中的胶体物质常因加热而凝聚,并容易沉淀。此法简便,效果好,应用较为普遍。操作方法:在80 ~90 s内,将果蔬汁加热到80 ~82 ℃,然后以同样短的时间冷却至室温。由于温度的剧变,使果蔬汁中的蛋白质和其他胶体物质变性,凝固析出,从而使果蔬汁澄清。

4)冷冻澄清法　冷冻使胶体浓缩和脱水,改变了胶体的性质,故而在解冻后聚沉,苹果汁用该法澄清效果特别好。葡萄汁、酸枣汁、沙棘汁和柑橘汁采用此法澄清也能取得较好效果。一般冷冻温度为-18 ~ -20 ℃。

5)超滤澄清法　超滤是利用超滤膜的选择性筛分,在压力驱动下把溶液中的胶体、大分子物质与溶剂和小分子分开,维持膜两侧的压力差,可以提高过滤效率。其优点是节省澄清剂、助滤剂和酶的用量,挥发性芳香成分损失较小,在密闭管道中进行不受氧气的影响,可实现自动化生产。目前已大量应用于苹果汁、梨汁、猕猴桃汁、菠萝汁、柑橘汁和芹菜、番茄等蔬菜汁的澄清,但应用最广泛的是苹果汁的澄清。在果蔬汁的生产中主要是采用酶澄清和超滤结合的复合澄清法,为了提高澄清效果可结合其他澄清方法使用。

5.4.4.2　精滤

澄清处理后必须经过精滤,将混浊或沉淀物除去得到澄清透明且稳定的果蔬汁。常用的精滤方法有压滤、离心分离、真空过滤和超滤。

(1)压滤法　压滤法是待过滤物料流经一定的过滤介质,形成滤饼,并通过机械压力使汁液从滤饼流出,与果肉微粒和絮凝物分离。常用的过滤设备有硅藻土过滤机和板框式压滤机。硅藻土过滤以硅藻土作为助滤剂,过滤时将硅藻土添加到混浊果汁中经过反复回流,使硅藻土沉积在滤板上的厚度达2 ~3 mm,形成滤饼层,一般40 cm×40 cm的板框须用1.5 kg硅藻土,苹果汁过滤需1 ~2 kg/1 000 L,葡萄过滤约需汁3 kg/1 000 L。一般硅藻土过滤可用于预过滤。板框式过滤机采用固定的石棉等纤维作过滤层,可根据果汁不同,选用不同的过滤材料。当过滤速度明显变慢时要更换过滤介质。

(2)真空过滤法　真空过滤法是过滤滚筒内产生一定的真空度,一般在84.6 kPa左右,利用压力差使果蔬汁渗过助滤剂,得到澄清果蔬汁。过滤前在真空过滤器的滤筛上涂一层厚6 ~7 cm的硅藻土,滤筛部分浸没在果蔬汁中。过滤器以一定的速度转动,均一地把果蔬汁带入整个过滤筛表面。过滤器内的真空使过滤器顶部和底部果蔬汁有效地渗过助滤剂,损失很少。

(3)离心分离法　需用离心机完成分离,当料液送入离心机的转鼓后,转鼓高速旋转，一般转速在3 000 r/min以上，在离心力的作用下实现固液分离。常用碟片式离心机。

(4)超滤膜过滤法　在榨汁后，用超滤可以一举取代酶化脱胶、澄清和过滤的工序，大大简化果蔬汁的澄清过程。但是鉴于现有的技术水平，超滤在果蔬汁加工方面的应用还有一定的限制。目前普遍采用酶法脱胶和超滤澄清相结合的方法来提高超滤膜的效率，同时提高汁液的透过率，增加其稳定性。果蔬汁超滤澄清的膜有管式膜、平面膜和空心纤维膜3种类型，管式膜可截留分子量1万～30万的粒子。超滤膜材料目前以聚砜膜等有机膜为主，陶瓷等无机膜在生产中应用较少。

5.4.5　浊汁的均质与脱气

5.4.5.1　均质

生产带肉果蔬汁或果蔬浊汁时，由于果汁中含有大量果肉微粒，为了防止果肉微粒与汁液分离影响产品外观，提高果肉微粒的均匀性、细腻度和口感，需要进行均质处理。常用的均质设备是高压均质机。物料在高压均质机的均质阀中发生细化和均匀混合过程，可以使物料微粒细化到0.1～0.2 μm。胶体磨也具有均质细化果肉微粒的作用，可使颗粒细化度达到2～10 μm。一般是将果蔬浊汁或果蔬浆先经过胶体磨处理后，再由高压均质机进一步均质、细化。

5.4.5.2　脱气

脱除果蔬汁中的氧气，可以减少或避免果蔬汁成分的氧化，减轻果蔬汁色泽和风味的变化，防止马口铁罐的腐蚀，避免悬浮粒吸附气体而漂浮于液面，以及防止装罐和杀菌时产生泡沫等。然而，脱氧也会导致果蔬汁中挥发性芳香物质的损失，必要时可回收后重新加回果蔬汁中，以保持原有风味。

果蔬汁脱气的方法主要有真空脱气法、氮气交换法、抗氧化法和酶法脱气法，工业生产中前三种方法均有应用，以真空脱气、抗氧化法最常用。

5.4.6　浓缩汁的浓缩与香气回收

浓缩汁是在澄清汁或混浊汁的基础上脱除大量水分，使果蔬汁体积缩小、固形物浓度提高到40%～75%。由于浓缩后的果蔬汁，提高了糖度和酸度，所以在不加任何防腐剂的情况下也能长期保藏、运输，因此发展较快。

5.4.6.1　浓缩

(1)真空浓缩　是目前果蔬汁生产中广泛使用的一种浓缩方式，通过负压降低果蔬汁的沸点，使果蔬汁中的水分在较低温度下快速蒸发，由此提高了浓缩的效率，减少了热敏性成分的损失，提高了产品的品质。生产高浓度的浓缩汁，由于果汁中含有果胶，在浓缩过程中会出现胶凝现象，使浓缩难以继续，因此浓缩前需进行脱胶处理。葡萄汁在浓缩时经常会出现酒石沉淀，使葡萄浓缩汁混浊，所以在浓缩前应对葡萄汁进行冷冻处理以去除酒石。此外，真空浓缩过程中，部分芳香成分会随着水分的蒸发而逸出，从而使浓缩汁失去原有的天然风味。因此有必要将这些逸出的芳香物质进行回收，加入到浓缩汁或稀释复原的果蔬汁中。芳香物质的回收是各种真空浓缩汁生产中不可缺少的环节。

(2)冷冻浓缩　是应用冰晶与水溶液的固–液相平衡原理，将果蔬汁中的水分以冰晶体形式排除。当水溶液中所含溶质浓度低于共溶浓度时,溶液被冷却至冰点后,其中的部分水形成冰晶析出,剩余溶液的溶质浓度则由于冰晶数量和冷冻次数的增加而大大提高。

冷冻浓缩避免了热力及真空的作用,没有热变性,挥发性芳香物质损失少,产品质量高于真空浓缩,特别适用于热敏性果蔬汁的浓缩。由于把水变成冰所消耗的热量远低于蒸发水所消耗的能量,因此能耗较低。但冷冻浓缩效率不高,浓度高、黏度大的果蔬汁不容易分离,果蔬汁很难浓缩到55 Brix以上,且去除冰晶时会带走部分果蔬汁而造成损失。此外,冷冻浓缩时不能抑制微生物和酶的活性,浓缩汁还必须再经杀菌处理或冷冻保藏。

(3)超滤与反渗透浓缩　超滤与反渗透技术已广泛用于果蔬汁的预浓缩,且二者经常结合使用,采用该法浓缩的果蔬汁热敏性、挥发性成分损失少,氧化褐变程度轻。该法与真空浓缩结合使用的效果更理想,其过程为:混浊汁→超滤→澄清汁→反渗透→低浓度浓缩汁→真空浓缩→高浓度浓缩汁。

5.4.6.2 香气回收

现代浓缩技术的最大进步是发展了香气物质回收技术,将回收的香气物质加入浓缩果蔬汁中,可保持最终产品固有的香气和风味,减少了浓缩过程中香气物质的损失。目前苹果、柑橘、菠萝、葡萄、梨、桃、番茄等果蔬汁的浓缩加工中基本都采用了香气回收装置,进行香气物质的回收利用。

香气回收的原理是蒸馏,设备多为板式结构,有二级提香和三级提香2种类型。果蔬汁浓缩或杀菌过程中,香气物质随水蒸气蒸发,将水蒸气冷凝得香液,香液再反复蒸发、冷凝2~3次,即可回收得高浓度的香精。

板式提香器的结构原理如图5.7所示,在密封的容器内安装两个板式换热器,中间有挡板。两热交换器上方开放,为二次蒸汽通道,下方的相当于蒸发器,上方的相当于冷凝器。果蔬汁通过加热器预热后,进入蒸发器,由加热蒸汽再次加热、闪蒸,产生有挥发性香气成分的二次蒸汽,二次蒸汽由挡板导向进入冷凝器,被热交换器中的冷却水冷凝成香液。香液再进入二级、三级提香器继续蒸发、冷凝,得到高浓度香精。提香过的果蔬汁和冷凝水从提香器下部排出,果蔬汁送往蒸发器进行浓缩。

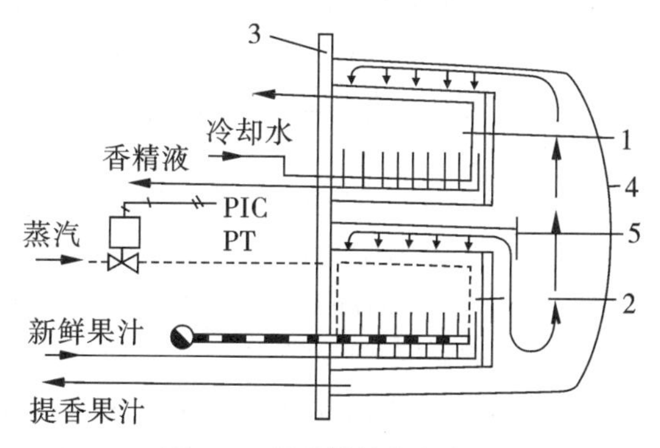

图5.7　提香器结构示意图

1—冷凝器;2—蒸发器;3—支架;4—密封容器;5—挡板

5.4.6.3 果蔬浓缩汁的储存

果蔬浓缩汁的可溶性固形物含量高，酸度高，一般微生物难以生长；浓缩汁主要的品质变化是褐变与风味劣化，故浓缩汁应在低温下储存，以保持其品质。

可溶性固形物（20 ℃折光计法）≥65 Brix 的高浓度浓缩果蔬汁，宜在 4 ℃以下低温储存，可在常温条件下运输，如浓缩苹果清汁、浓缩葡萄汁通常在 0～4 ℃储存。

可溶性固形物（20 ℃折光计法）≤65 Brix 的低浓度浓缩果蔬汁，宜在-18 ℃以下冷冻储存、运输，如浓缩苹果浊汁、浓缩橙汁、浓缩猕猴桃汁、浓缩桃汁（浆）等。

5.4.7 果蔬汁的调配与混合

果蔬汁调配的目的是实现产品的标准化，使不同批次产品保持一致性；提高果汁产品的风味、色泽、口感、营养和稳定性等。一般来说，100% 的果蔬汁不用添加其他物质，但有些由于太酸或风味太强或色泽太淡等需复合或调配。非 100% 的果蔬汁饮料，由于加工过程中添加了大量的水分，果蔬汁原有的香气变淡、色泽变浅、糖酸都降低，需添加香精、糖、酸，甚至色素弥补，使产品的色、香、味达到理想的效果。

5.4.8 果蔬汁的杀菌与灌装

（1）果蔬汁的杀菌　果蔬汁及饮料的杀菌工艺是否正确，不仅影响产品的保藏性，而且影响产品的质量。果蔬中存在着各种微生物，它们会使产品腐败变质；同时还存在着各种酶，会使制品的色泽、风味和形态发生变化，杀菌过程既要杀灭微生物又要钝化酶。食品工业中采用的杀菌方法主要有加热杀菌和冷杀菌两大类。目前常用的是热杀菌法。热杀菌必须选择合理的加热温度和时间，既保证杀菌效果，又尽可能地降低热处理对产品品质的影响，高温短时杀菌或超高温瞬时杀菌有利于保持果蔬汁的营养成分及色、香、味。

高温短时杀菌（high temperature short time，HTST）或超高温瞬时杀菌（ultra high temperature，UHT）主要是指在未灌装的状态下，直接对果蔬汁进行短时或瞬时加热，由于加热时间短，对产品品质影响较小。pH<4.5 的酸性产品，可采用高温（85～95 ℃）短时杀菌 15 s 左右，亦可采用超高温（120 ℃）以上瞬时杀菌 3～10 s。pH>4.5 的低酸性产品，则必须采用超高温杀菌。根据杀菌设备不同，超高温瞬时杀菌有板式灭菌系统和管式灭菌系统两类。这两种杀菌方式必须配合热灌装或无菌灌装设备，否则灌装过程还可能导致二次污染。

（2）果蔬汁的灌装　果蔬汁饮料有两种灌装方法：热灌装和冷灌装。热灌装是果蔬汁经高温短时或超高温瞬时杀菌后，趁热灌入已预先消毒的洁净瓶内或罐内，趁热密封，倒瓶处理后冷却。热灌装由于产品受热时间长，所以口感普通、设备操作简单、热敏性成分损失大、包材成本高、适应产品有局限性，较常用于高酸性果汁及果汁饮料，亦适合于茶饮料。橙汁、苹果汁以及浓缩果汁等可以在 88～93 ℃下杀菌 40 s，再降温至 80～85 ℃灌装；亦可在 107～116 ℃内杀菌 2～3 s 后灌装。目前较通用的果汁灌装条件为 135 ℃、3～5 s 杀菌，85 ℃以上热灌装，倒瓶 10～20 s，冷却到 38 ℃。

冷灌装工艺是把经过杀菌处理的产品快速冷却后灌装。无菌包装是冷灌装的一种特殊形式，产品在无菌状态下装入预先经过杀菌的容器内，密封后无须杀菌和冷却，可以在不加防腐剂、非冷藏条件下达到较长的保质期。无菌冷灌装由于产品是瞬时受热,所以产品口感新鲜、风味较好、包材成本低、热敏性成分损失少、不会产生加热臭,适应产品广泛,但设备操作复杂。冷灌装时存在微生物二次污染的可能性,而容器杀菌有时不能充分进行,需要从设备选型、灌装环境的净化和加工过程的管理等方面加以注意,将污染限制在最小范围内,最大限度地进行卫生控制。汇源集团在2010年引进德国尖端生产设备,将无菌冷灌装、无菌碳酸化、含汽杀菌、瓶坯干式灭菌等关键技术首先应用于工业化生产,推出果汁型碳酸饮料-汇源果汁果乐,其具体充气和灌装详见碳酸饮料章节。

5.4.9 果蔬汁的检验

5.4.9.1 感官要求

(1)样品准备 浓缩果蔬汁(浆)和果蔬汁饮料浓浆产品,应按标签标示的使用或食用方法或稀释倍数加以稀释后进行检验,其中浓缩果蔬汁(浆)的可溶性固形物测定无须稀释;其他直接饮用的产品可直接进行检验。

(2)感官检验 取约50 mL混合均匀的被测样品于无色透明、干燥、洁净的容器中,置于明亮处,迎光观察其组织状态及色泽,并在室温下嗅其气味,品尝其滋味。

5.4.9.2 理化指标

(1)可溶性固形物 按GB/T 12143规定的方法检验。

(2)总酸 按GB/T 12456规定的方法检验。

(3)果汁含量 按每批投料折算。

(4)二氧化硫 按GB/T 5009.34规定的方法检验。

(5)展青霉素 按GB/T 5009.185规定的方法检验。

5.4.9.3 卫生指标

(1)铅 按GB/T 5009.12规定的方法检验。

(2)锡 按GB/T 5009.11规定的方法检验。

(3)总砷 按GB/T 5009.11规定的方法检验。

(4)铜 按GB/T 5009.13规定的方法检验。

(5)锌 按GB/T 5009.14规定的方法检验。

(6)铁 按GB/T 5009.90规定的方法检验。

(7)菌落总数 按GB 4789.2规定的方法检验。

(8)大肠菌群 按GB 4789.3规定的方法检验。

(9)霉菌和酵母 按GB 4789.15规定的方法检验。

(10)沙门氏菌 按GB 4789.4规定的方法检验。

(11)金黄色葡萄球菌 按GB 4789.10规定的方法检验。

5.5 果蔬汁生产中常见的质量问题与控制措施

5.5.1 变色

果蔬汁出现的变色主要是酶促褐变和非酶褐变引起的,还有就是在存放过程中果蔬汁本身所含色素的变化引起变色。

(1)果蔬汁的酶促褐变　在果蔬组织内含有多种酚类物质和多酚氧化酶,在加工过程中,由于组织破坏与空气接触,使酚类物质被多酚氧化酶氧化,生成褐色的醌类物质,如苹果汁、梨汁、桃汁和芦笋汁等,色泽会由浅变深,甚至变为黑褐色。防止酶促褐变的方法是:①加热处理钝化酶的活性。采用70~80 ℃、3~5 min或95~98 ℃、30~60 s加热钝化多酚氧化酶活性。②添加有机酸抑制酶活性。各类有机酸均能有效抑制多酚氧化酶的活性,因其酶活性最适宜pH为6~7,而加入有机酸后,可降低果蔬汁pH,使酶在较低pH的环境中受到抑制。如用苹果酸调pH至2.5~2.7时,酶可全部失活,其后即使再升高pH到3.1~3.3,酶活性也不能恢复,不会再产生酶促褐变。对于蔬菜类原料,采用0.05%~0.1%柠檬酸处理,可延缓酶促褐变作用。③破碎时添加抗氧化剂如维生素C和异维生素C,用量0.03%~0.04%。④包装前充分脱气,充氮包装隔绝氧气,生产过程减少与空气的接触等。

(2)果蔬汁的非酶褐变　果蔬汁的非酶褐变是指果汁中的还原糖和氨基酸之间发生美拉德反应,在苹果浓缩汁中这种褐变尤其突出,褐变反应的速度随反应物的浓度增加而加快。常用的控制方法包括:①有效控制pH值在3.3或以下。②防止过度的热力杀菌。苹果汁浓缩设备的蒸发时间通常为几秒到几分钟,蒸发温度在55~60 ℃;如果浓缩设备蒸发时间过长或温度过高,浓缩汁会因为蔗糖的焦化和其他反应而出现变色和变味。③产品低温储存。苹果浓缩汁由于其高度浓缩,本身具有可贮性,一般装在有内涂料的大罐中,装罐后应迅速冷却到10 ℃以下,灌装密封后应在0~4 ℃下冷藏;冷冻浓缩果汁冷冻至-10 ℃的半冻结状态,装入较厚的聚乙烯袋中,再装入鼓形桶内,-25~-20 ℃下冻藏。

(3)果蔬汁本身所含色素的变化　果蔬汁中的色素类化合物很多,其中的叶绿素、黄酮类色素等对光、热、pH十分敏感,在加工和产品贮运过程中容易发生颜色变化。如叶绿素在酸性条件下生成脱镁叶绿素,绿色减退;黄酮类色素与金属离子生成深色色素,而且不受pH的影响;富含黄酮类色素的果汁在光照下很快会变成褐色或褪色;黄酮类色素在空气中易氧化成为褐色沉淀。防止色素变化的控制措施有:①加工过程中避免与重金属离子接触,同时除去水中的金属离子;②尽量减少饮料的受热时间和光照时间;③在饮料中加入抗氧化剂、护色剂、金属离子络合剂等;④避免过度的热处理,防止羟甲基糠醛的产生;⑤控制pH在3.2以下;⑥低温储藏或冷冻储藏。

5.5.2 变味

果蔬汁的变味主要是由于微生物生长繁殖引起,个别类型的果汁还可能与加工工艺有关,如柑橘汁的变味。

(1)微生物引起的变味　微生物的侵染、繁殖是果蔬汁引起变味的主要原因。如枯草杆菌繁殖引起的馊味;乳酸菌繁殖产生乳酸、乙醇、醋酸和丙酸等异味;醋酸菌和丁酸菌繁殖引起苹果汁、橘子汁和梨汁等低酸性果蔬汁的变味;酵母引起果蔬汁发酵产生乙醇和大量CO_2,产生酒味和胀瓶(罐);霉菌侵染果蔬原料,进入饮料中引起霉味等。

防止微生物引起的变味,主要应注意各个工艺环节的清洁卫生和杀菌的彻底性。如采用新鲜、无霉烂、无病虫害的原料取汁;注意原料取汁打浆前的洗涤消毒工作,尽量减少原料外表微生物数量；防止半成品积压，尽量缩短原料预处理时间；严格车间、设备、管道、容器和工具的清洁卫生，并严格加工工艺规程；在保证果蔬汁饮料质量的前提下，杀菌必须充分，且适当降低果蔬汁的 pH 值，有利于提高杀菌效果。

(2)柑橘汁的变味 除微生物的侵染能引起柑橘汁变味外，在加工过程中处理不当，也会产生变味，主要有如下几种情况：一是煮熟味，由于柑橘为热敏性很强的果汁，杀菌过度或采用 100 ℃以上温度杀菌，都易生成羟甲基糠醛形成煮熟味；二是苦味，柑橘果实的白皮层、种子、中心柱中含有的柠碱类物质是柠檬苦素的前体物质，受热可形成柠檬苦素而产生苦味；三是萜烯味，即在柑橘榨汁的过程中，外果皮中的芳香油过多的带入果汁中，尤其是 d-苧烯在酸性条件下氧化生成萜品醇而产生松节油味。防止柑橘汁的变味应采用适宜的杀菌方法，以瞬时杀菌方法为好；选择原料时应提高柑橘采收成熟度；选择含苦味物质少的品种；先取芳香油，再进行榨汁；榨汁时采用 FMC 压榨取汁，如果采用打浆取汁，必须先人工去皮，再榨汁。

5.5.3 沉淀和混浊

澄清果蔬汁要求产品澄清透明，出现后混浊主要是由于澄清处理不当和微生物因素造成的。澄清处理不当会引起果胶、淀粉、明胶、酚类物质、蛋白质、助滤剂等物质在澄清和过滤工艺中不能达标去除；如果杀菌不彻底微生物在后续存放的过程中大量繁殖也会导致混浊与沉淀。在生产中应针对这些因素进行一系列检验，如后混浊检验、果胶检验、淀粉检验、硅藻土检验等，然后采取相应的控制措施。

混浊果蔬汁和带肉饮料要求产品均匀混浊，不应该分层、澄清、沉淀。在生产过程中主要通过均质处理细化果蔬汁中悬浮粒子，或添加增稠剂提高产品的黏度等措施，以保证产品的稳定性。必须注意的是柑橘类混浊果汁在取汁后要及时加热钝化果胶酯酶，否则会造成混浊果汁的澄清和浓缩过程中的胶凝化。

5.5.4 农药残留

农药残留是果蔬汁国际贸易检验中必检的项目，是生产企业非常重视的问题，并日益引起消费者的关注。果蔬汁中的农药残留主要来源于果蔬原料本身，是在果蔬生产环节管理技术不善，滥用或违禁使用高毒、高残留农药引起的，包括农药原体、有毒代谢物、有毒降解物等，主要是各类杀虫剂。要解决果蔬汁中的农药残留问题，一是可以通过实施良好农业生产规范，加强果园或田间的管理，减少或不使用化学农药，生产绿色或有机原料；二是在加工环节加强清洗、降解、吸附等操作，有效去除或降低原料中的农药残留。

果蔬原料清洗时，用弱酸水或碱水清洗可去掉大部分残留农药，果蔬汁生产企业中多采用次氯酸钠溶液清洗。近年来，用臭氧水、双氧水清洗果蔬，能把残留的农药彻底分解成无机物，在实际生产中应用较广泛。此外，采用硅藻土、树脂吸附脱除农残的技术在果蔬浓缩汁生产中应用很广，特别是树脂吸附技术，在浓缩苹果汁生产中几乎普遍使用。

5.5.5 果蔬汁掺假

果蔬汁掺假是指果蔬汁含量没有达到规定的标准，或以其他果蔬汁假冒另一种果蔬汁。企业为了降低生产成本，通过添加一些相应的化学成分来代替果蔬汁中的成分，使其含量达到规定要求,此即为原汁含量不达标造假。有的企业甚至用苹果汁加橙汁香精生产橙汁饮料,此即为假冒造假。国外已经对果蔬汁的掺假问题进行了多年研究,并制定了一些果蔬汁的标准成分和特征性指标的含量,通过分析果蔬汁及饮料样品的相关指标的含量,并与标准参考值进行比较,来判断果蔬汁及饮料产品是否掺假。如利用脯氨酸和其他一些特征氨基酸的含量与比例作为柑橘汁掺假的检测指标。果蔬汁的掺假在我国还没有得到应有的重视,很多企业的产品中,果蔬原汁含量没有达到100%也标称为100%果蔬汁,甚至把果蔬原汁含量低于10%的产品也称为果蔬汁饮料。

思考题

1. 果蔬汁分为哪几类?果蔬汁对原料品质有哪些基本要求?
2. 为什么某些果蔬汁在取汁前要进行加热处理和酶处理?
3. 果蔬汁澄清的方法有哪些?果蔬汁为什么要进行脱气处理?
4. 怎样保持混浊果蔬汁的均匀稳定性?
5. 果蔬汁有哪些灌装方法?各有什么优缺点?
6. 试述澄清汁、混浊汁和浓缩汁的加工工艺流程及操作要点。
7. 以当地一两种主产水果、蔬菜为例,设计果蔬汁加工工艺流程,并说明操作要点。
8. 简述果蔬汁加工中的常见质量问题及解决方法。

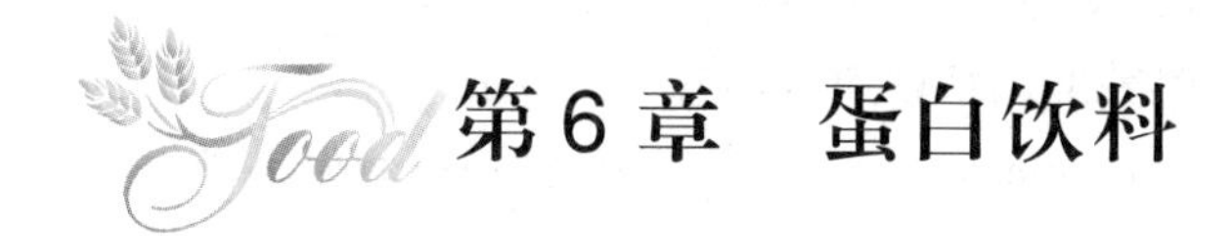

第6章　蛋白饮料

【内容提要】

本章主要介绍蛋白饮料的定义及分类，蛋白饮料生产中常用的主要设备以及几种乳饮料、植物蛋白饮料及复合蛋白饮料的工艺流程及操作要点。

【学习目标】

掌握蛋白饮料的定义及分类；了解蛋白饮料加工的原料要求；了解蛋白饮料加工的主要设备；掌握不同类型蛋白饮料的加工工艺流程及其关键工艺。

【名词及概念】

蛋白饮料；植物蛋白饮料；复合蛋白饮料；乳饮料；配制型含乳饮料；发酵型含乳饮料；乳酸菌饮料

6.1　蛋白饮料的定义与分类

根据《饮料通则》(GB/T 10789—2015)，蛋白饮料分为含乳饮料、植物蛋白饮料、复合蛋白饮料和其他蛋白饮料。

6.1.1　蛋白饮料的定义

蛋白饮料是以乳或乳制品，或其他动物来源的可食用蛋白，或含有一定蛋白质的植物果实、种子或种仁等为原料，添加或不添加其他食品原辅料和(或)食品添加剂，经加工或发酵制成的液体饮料。

6.1.2　蛋白饮料的分类

6.1.2.1　含乳饮料

含乳饮料是以乳或乳制品，添加或不添加其他食品原辅料和(或)食品添加剂，经加工或发酵而成的制品。如配制型含乳饮料、发酵型含乳饮料、乳酸菌饮料等。

(1)配制型含乳饮料(formulated milk beverages)　以乳或乳制品为原料，加入水，以及白砂糖和(或)甜味剂、酸味剂、果汁、茶、咖啡、植物提取液等的一种或几种调制而成的饮料。其乳蛋白质含量≥1 g/100 g。

(2)发酵型含乳饮料(fermented milk beverages)　以乳或乳制品为原料，经乳酸菌等有益菌培养发酵制得的乳液中加入水以及白砂糖和(或)甜味剂、酸味剂、果汁、茶、咖啡、植物提取液等的一种或几种调制而成的饮料,如乳酸菌乳饮料。其乳蛋白质含量≥1 g/100 g。根据其是否经过杀菌处理而区分为杀菌(非活菌)型和未杀菌(活菌)型,其中未杀菌(活菌)型含乳饮料,出厂检验乳酸菌活菌数≥1×10^6 CFU/mL。

(3)乳酸菌饮料(lactic acid bacteria beverages) 以乳或乳制品为原料,经乳酸菌发酵制得的乳液中加入水,以及白砂糖和(或)甜味剂、酸味剂、果汁、茶、咖啡、植物提取液等的一种或几种调制而成的饮料。其乳蛋白质含量≥0.7 g/100 g。根据是否经过杀菌处理而区分为杀菌(非活菌)型和未杀菌(活菌)型,其中未杀菌(活菌)型乳酸菌饮料,出厂检验乳酸菌活菌数≥1×10^6 CFU/mL。

6.1.2.2 植物蛋白饮料

植物蛋白饮料是以一种或多种含有一定蛋白质的植物果实、种子或种仁为原料,添加或不添加其他食品原辅料和(或)食品添加剂,经加工或发酵制成的制品,如豆奶(乳)、豆浆、豆奶(乳)饮料、椰子汁(乳)、杏仁露(乳)、核桃露(乳)、花生露(乳)等。

以两种或两种以上含有一定蛋白质的植物果实、种子、种仁等为原料,添加或不添加其他食品原辅料和(或)食品添加剂,经加工或发酵制成的制品也可称为复合植物蛋白饮料,如花生核桃、核桃杏仁、花生杏仁复合植物蛋白饮料。

6.1.2.3 复合蛋白饮料

复合蛋白饮料是以乳或乳制品,和一种或多种含有一定蛋白质的植物果实、种子、种仁等为原料,添加或不添加其他食品原辅料和(或)食品添加剂,经加工或发酵制成的制品。其成品蛋白质含量≥0.7 g/100 g。采用发酵工艺制成的产品,根据其发酵后是否经过杀菌处理而区分为杀菌(非活菌)型和未杀菌(活菌)型。

6.2 蛋白饮料生产的主要设备

在蛋白饮料的生产中,需要对原料进行清洗、分选、去杂、磨浆、离心、脱气、均质、浓缩等处理,所用到的主要生产设备包括磨浆机、分离设备、胶体磨、高压均质机、杀菌机、灌装机等。

6.2.1 磨浆机

目前,最常用的磨浆机是自动分离磨浆机,它是在立式磨浆机的基础上配备一台浆渣分离器。其工作原理是:原料进入两个高速转动的磨盘之间,由于两个磨盘相互摩擦产生了很高的机械力,使得部分原料受到磨纹的碾磨,其余部分由于自身的相互挤压、摩擦而破碎。浆料最后经精磨区流出,由于精磨区的间隙较小而被细化。自动分离磨浆机结构如图 6.1 所示。

6.2.2 离心分离机

离心分离机是利用惯性离心力进行固-液相或液-液相分离的机械设备。它的工作原理是:当料液送入转鼓后,利用高速旋转的转鼓,在惯性离心力的作用下实现分离。离心分离机按工作原理分为三类:过滤式离心机、沉降式离心机和分离式离心机。在果蔬汁和蛋白饮料生产中常用的是过滤式离心分离设备和沉降式离心分离设备。图6.2所示是管式离心机结构及工作原理。

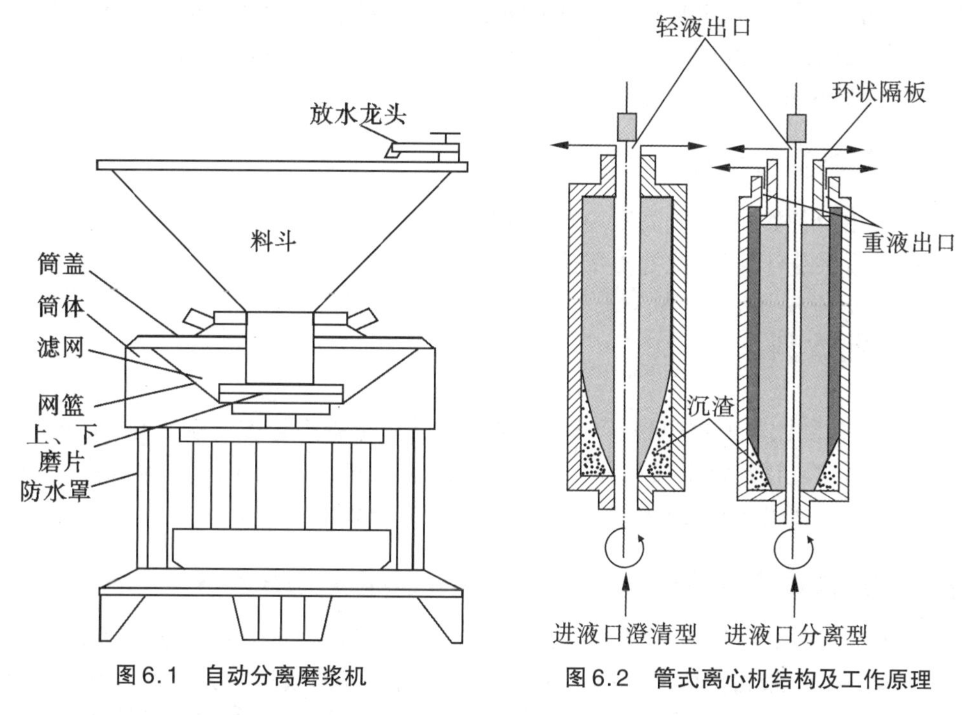

图6.1 自动分离磨浆机

图6.2 管式离心机结构及工作原理

6.2.3 真空分离机

真空分离机主要指的是真空过滤机,使用时在过滤滚筒内产生真空,利用压力差(大气和真空之间的压力差)使果汁渗透过助滤剂,得到澄清果汁。过滤前,先在真空过滤器的过滤筛外表面涂一层助滤剂,过滤筛的下半部浸没在果汁中,通过真空泵产生的真空将果汁吸入滚筒内部,而果汁中的固体颗粒沉积在过滤层表面,从而分离出果汁中的颗粒,得到均匀组织的果汁。真空分离机的类型主要有:转筒真空过滤机、水平圆盘真空过滤机、真空叶滤机,目前使用较多的是转筒真空过滤机。图6.3是转筒真空过滤机的示意图。

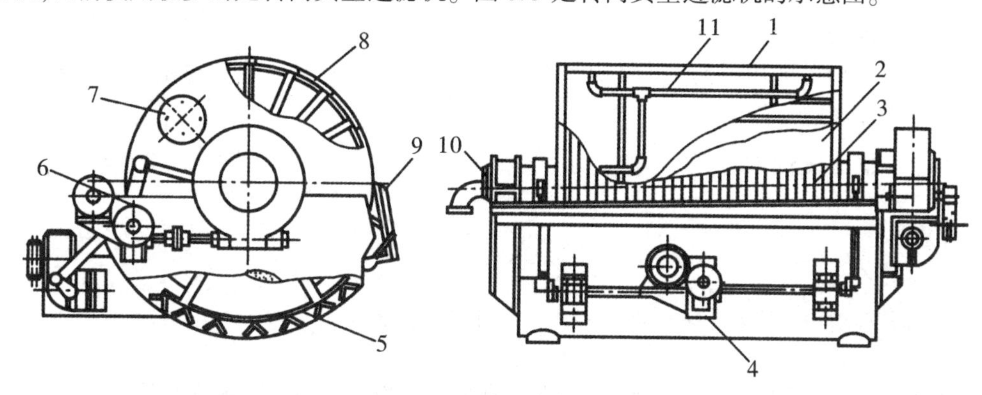

图6.3 转筒真空过滤机

1—转鼓;2—滤布;3—金属网;4—减速器;5—摇摆式搅拌器;6—传动装置;7—手孔;8—过滤器;9—刮刀;10—分配阀;11—滤渣管路

6.2.4 发酵罐

具有通气和搅拌装置的立式圆筒形发酵罐,是目前大生产中最常用的通用式发酵罐,其容积可从几吨到几十吨不等。包括罐体、搅拌系统、传热系统、通气系统,其中搅拌系统包括驱动电机、搅拌轴、涡轮搅拌器、搅拌叶、挡板、轴封(端面轴封);传热系统包括夹层传热、蛇管传热(一般有 4 组、6 组或 8 组);通气系统包括单孔管、多孔环管。

6.2.5 其他常用设备

其他常用设备如胶体磨、高压均质机、混合机、杀菌设备和灌装设备等见第 4 章碳酸饮料和第 5 章果蔬汁饮料,此处不赘述。

6.3 含乳饮料

近年来,含乳饮料发展迅速,产量增加很快,品种也越来越多。根据发展的要求,我国国家标准对含乳饮料的定义和分类作了适当的修改和规定,下面以国家标准《饮料通则》(GB 10789—2015)为依据,对含乳饮料的定义与分类如下。

6.3.1 配制型含乳饮料

配制型含乳饮料是以乳或乳制品为原料,加入水,以及白砂糖和(或)甜味剂、酸味剂、果汁、茶、咖啡、植物提取液等的一种或几种调制而成的饮料。成品中蛋白质含量不低于 1 g/100 g。其中包括果汁乳饮料、咖啡乳饮料、可可乳饮料、巧克力乳饮料。

果汁乳饮料是指在牛乳或脱脂乳中添加果汁、砂糖、有机酸和乳化剂、稳定剂等,混合调制而成的含乳饮料。它具有色泽鲜艳、味道芳香、酸甜适口的特点。

咖啡乳饮料是指以乳或乳制品、白砂糖和咖啡或咖啡提取液为主要原料,另加香料和焦糖色素等调制而成的饮料。

可可乳饮料是指以乳或乳制品、白砂糖和可可粉或可可提取液为主要原料,另加香料、稳定剂等调制而成的饮料。

奶茶饮料是以乳或乳制品、白砂糖、茶叶提取液为主要原料,添加乳化剂、稳定剂、香料等调制而成的饮料。

各种配制型含乳饮料的生产工艺相似,下面主要介绍果汁乳饮料和咖啡乳饮料的生产工艺与操作要点。

6.3.1.1 果汁乳饮料

【工艺流程】

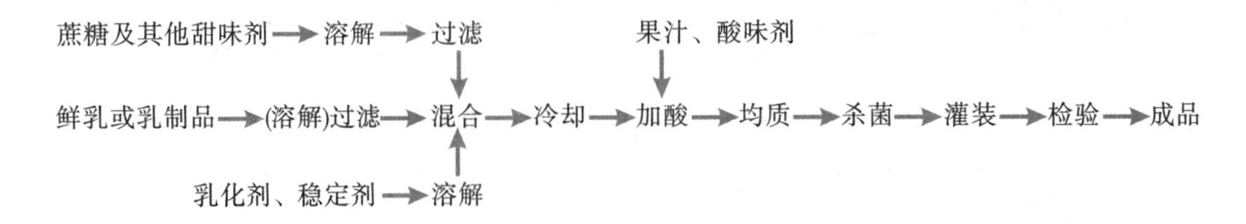

【工艺要点】

(1)原料的选择及处理

1)果汁　果汁乳饮料常使用苹果汁、梨汁、菠萝汁、草莓汁、香蕉汁、水蜜桃汁、椰子汁等,也有使用混合水果汁的。一般用浓缩果汁或果浆。为防止果肉沉淀,常使用经离心分离及过滤的透明果汁。但对于有些品种来说,为保持香味,多使用原榨汁,例如苹果、梨等。水果的香味与其酸度密切相关,各种水果的 pH 值有一定差别。选择果汁乳饮料的风味时,必须注意使产品的 pH 值与水果最佳风味时的酸度值相对应。

2)乳原料　可选用鲜乳、炼乳、全脂或脱脂乳粉等,单独或合并使用均可。一般选用脱脂鲜乳或脱脂乳粉,以防止制成的产品出现脂肪圈。

3)白砂糖　果汁乳饮料中加入一定量的蔗糖,不仅能改善风味,而且在一定程度上有助于防止沉淀。因为蔗糖能在酪蛋白表面形成一层糖膜,提高酪蛋白与分散介质的亲和力。蔗糖还有提高饮料密度、增加黏度的作用,使酪蛋白粒子能均匀而稳定地分布在饮料中形成悬浊液而不易沉淀。

4)有机酸　一般使用柠檬酸,也可使用苹果酸、乳酸,通常不使用酒石酸。在添加时,先将有机酸配成2% ~3% 的酸溶液,采用雾化喷洒或滴加的方法加入调配罐,并不断搅拌,防止乳液局部酸度过高而造成蛋白质絮凝。

5)稳定剂　乳蛋白的等电点 pI=4.6 ~5.2,在这个范围内乳蛋白会凝集沉淀。而果汁乳饮料酸味和风味感的良好 pH 值范围是4.5 ~4.8。这就带来了果汁乳饮料加工技术上的难题,通常以均质和添加稳定剂来解决。果汁乳饮料常用的稳定剂有耐酸性羧甲基纤维素、果胶、海藻酸钠、藻酸丙二醇酯等。

(2)配料(配方)　为使果汁(果味)乳饮料具有爽快的风味,应降低乳脂肪和乳固形物含量,一般果汁(果味)乳饮料各成分的质量分数大约为脂肪 0.3% 、蔗糖 10% 、蛋白质 1.2% ;含酸量 0.36% ~0.38% 、pH 值为 4.6 ~4.8。参考配方:奶粉 3% ~5% 、浓缩果汁 1% ~3% 、稳定剂(果胶、PGA、CMC)0.2% ~0.5% 、柠檬酸钠 0.2% 、香精、色素适量,柠檬酸溶液调 pH 值至 3.8 ~4.6,加水至 100% 。

(3)调配　由于果汁中含有有机酸,容易出现使蛋白质凝固而发生沉淀的问题。为了有效地缓解和防止这一问题的出现,除了添加稳定剂,还要严格注意调配顺序。首先将稳定剂与不少于稳定剂质量 5 倍的糖粉混合均匀,加热水溶解制成 2% ~3% 的溶液。剩余白砂糖溶于乳液中后,在搅拌状态下将稳定剂溶液加入。为使稳定剂能更均一地分散在乳液当中,可先将加入稳定剂的乳液用胶体磨或均质机均质一遍,其温度最好冷却到 20 ℃以下,然后再在搅拌状态下缓慢地喷洒果汁和柠檬酸。添加的果汁和柠檬酸浓度要尽可能低,搅拌强度要大,添加速度要慢。添加完果汁和柠檬酸之后再添加香精和色素,之后定容,并搅拌均匀。

(4)均质　将调配液加热到 50 ℃左右进行均质,压力为 18 ~25 MPa。

(5)杀菌、灌装　均质后采用超高温瞬时杀菌(115 ~137 ℃ 、5 ~10 s)后热灌装,封口后倒瓶杀菌 30 ~60 s,立即冷却至 38 ℃左右。或杀菌后立即冷却,采用无菌灌装。

6.3.1.2 咖啡乳饮料

【工艺流程】

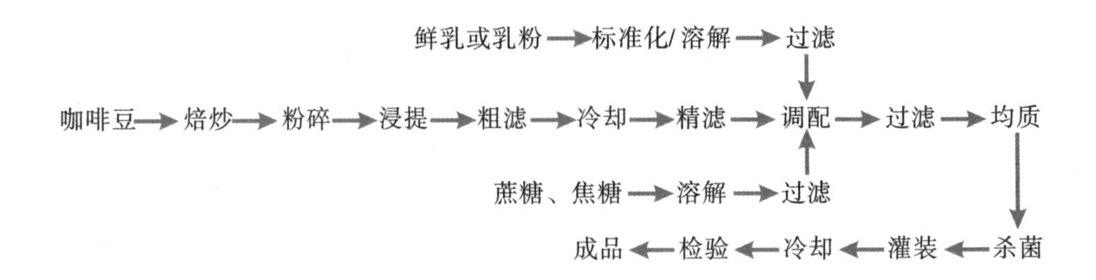

【工艺要点】

(1)原料的选择及处理

1)乳原料　可使用鲜乳、脱脂乳、炼乳或脱脂乳粉等,单独或合并使用均可。鲜乳应标准化;乳粉应先充分溶解后过滤处理。

2)咖啡　在咖啡乳饮料中添加的咖啡有咖啡提取液和速溶咖啡两种。用速溶咖啡时先溶解,过滤后泵入调配罐与其他原辅料混合。用咖啡提取液时,应先将生咖啡豆焙炒、粉碎后浸提,过滤后得到浸提液,方可与其他原辅料混合。咖啡的提取:咖啡豆经焙炒后才能生成特有的咖啡风味,焙炒的程度一般比常规饮用的咖啡重一些;咖啡风味随产地而不同,使用较多的是2~3种混合后的具有特色风味的咖啡;由于咖啡酸会使牛乳中的蛋白质不稳定,故很少使用酸味咖啡,而常用苦味咖啡;工厂自制咖啡提取液时,将焙炒后的咖啡豆在90~100 ℃热水中进行提取,提取液的用量、提取时间随咖啡豆的多少而定,但提取时间过长会导致咖啡风味下降,作为风味成分的大部分是挥发性物质,因此浸提后应立即冷却;咖啡提取液中的单宁可使蛋白质凝固,因此在大量加入提取液时,还要加入乳化剂、增稠剂,以提高饮料黏度,防止产生沉淀。

3)甜味剂　通常使用蔗糖,也可使用果葡糖浆、葡萄糖及果糖等。咖啡乳饮料是由蛋白质粒子、咖啡提取液中的粒子及焦糖色素粒子等分散成为胶体状态的饮料,加工条件及组成的微小变动,即可导致成分的分离。在采用的条件中,以液体的pH值的影响最大。当pH值降至6.0以下,则饮料成分分离的危险性就很大,可能出现分层现象。

咖啡乳饮料是中性饮料,一般采用120 ℃、20 min的杀菌工艺,对糖液进行杀菌,减少糖液中细菌污染;另外,添加0.06%~0.08%的复合乳化剂如蔗糖酯、单甘酯,可增加产品的稳定性,防止脂肪上浮。

4)香精香料　咖啡乳饮料通常用2%~4%的焙炒咖啡豆,咖啡豆的用量比常规饮用的咖啡少,因此乳饮料的咖啡风味不足,为使产品具有足够的风味,就需要添加香料、咖啡香精、乳香精。

5)稳定剂　多用羧甲基纤维素钠、黄原胶、藻酸丙二醇酯、海藻酸钠等,使产品口感爽滑,具有增稠和稳定特性。黄原胶添加0.05%~0.1%、藻酸丙二醇酯添加0.01%~0.03%、CMC-Na(普通型)添加0.05%~0.1%。

6)其他原料　碳酸氢钠、磷酸氢二钠用作调整pH值;焦糖用作着色剂;食盐、植物油用作改善风味;食品用硅酮树脂制剂用作消泡。

(2)配料　咖啡乳饮料的配料根据种类不同而异。非脂乳固形物含量、蛋白质含量、咖啡因含量是确定配方的关键。糖或其他甜味剂和辅料的使用要通过市场调查,并根据市场需要来确定。表6.1列举了咖啡乳饮料的配方(参考)。

(3)调配　将蔗糖和乳原料预先溶解,并将咖啡原料制成咖啡提取液后,为防止咖啡提取液和乳液在调配罐内直接混合产生蛋白质凝固现象,调配时按下列加料顺序进行混合:将蔗糖液倒入调和罐;消泡剂、磷酸盐和食盐溶于水后加入;蔗糖酯、单甘酯溶于水后加入到乳中均质;将均质后的乳液加入到调配罐内;加入咖啡抽提液和焦糖液;加入香料,充分搅拌混合均匀。

表6.1　咖啡乳配方(kg/1 000 L成品计算)

成分	含咖啡的清凉饮料		咖啡饮料罐装	乳饮料罐装
	瓶装	罐装		
砂糖	87	83	92	44
脱脂乳粉	30	24	10	24
全脂乳粉	—	8.0	8.0	—
加糖炼乳	—	—	—	86
焙炒咖啡豆	8.6	8.6	22	18
菊苣	0.8	0.8	—	—
特种焦糖	0.8	0.8	—	—
焦糖	1.0	1.0	—	—
食盐	0.3	0.3	0.3	0.3
碳酸氢钠	0.5	0.5	0.5	0.5
蔗糖酯	0.3	0.5	0.5	1.0
香精	1.0	1.0	1.0	1.0

(4)均质　混合后的物料经过滤后加热到85 ℃,进行均质处理,均质压力25~40 MPa,通过均质可以使咖啡乳饮料的组织状态更加稳定,口感更加细腻、爽滑。

(5)杀菌、灌装　根据咖啡乳饮料的包装形式不同,杀菌、灌装方式不同。PET、三片罐包装通常采用热灌装,纸盒包装一般采用无菌冷灌装。三片罐包装时,饮料先通过板式热交换器加热到90~95 ℃,进行灌装和密封,再在120 ℃杀菌锅中杀菌20~25 min,然后迅速冷却至38 ℃左右。PET和纸盒包装时,饮料先经135~137 ℃超高温杀菌6~10 s,冷却到80~85 ℃进行PET包装,而纸盒包装则冷却至室温在无菌环境下灌装。

6.3.2 发酵型含乳饮料

【凝固型酸乳工艺流程】

【搅拌型酸乳工艺流程】

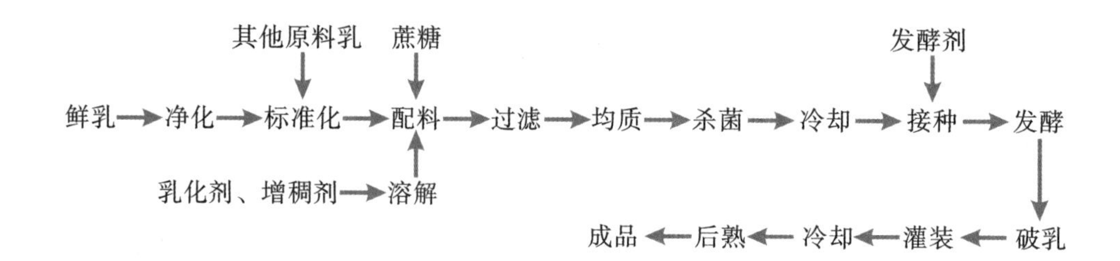

【工艺要点】

(1)原辅料的选择及处理

1)原料乳的质量要求　用于制作发酵剂的乳和生产酸乳的原料乳质量要求较高,要求酸度在 18 °T 以下,杂菌数不高于 500 000 CFU/mL,乳固体含量不得低于 11.5%。

2)酸乳生产中使用的原辅料　用作发酵乳的脱脂乳粉要求质量高、无抗生素和防腐剂;脱脂乳粉可提高干物质含量,改善产品组织状态,促进乳酸菌产酸,一般添加量为 1% ~1.5%。在搅拌型酸乳生产中,通常添加稳定剂,常用的有明胶、果胶和琼脂,其添加量应控制在 0.1% ~0.5%。在酸乳生产中,常添加 6.5% ~8% 的蔗糖或葡萄糖;在搅拌型酸乳中常常使用果料及调香物质,如果酱等;在凝固型酸乳中很少使用果料。

(2)配料　将各种预处理好的原辅料加入调配罐中搅拌、混合均匀。

(3)均质　均质处理可以使原料充分混匀,有利于提高酸乳的稳定性和稠度,使酸乳质地细腻,口感良好。均质所采用的压力一般为 20 ~25 MPa。

(4)杀菌　杀菌目的在于:杀灭原料乳中的杂菌,确保乳酸菌的正常生产和繁殖,钝化原料乳中对乳酸菌有抑制作用的天然抑制物,使牛乳中的乳清蛋白变性,以达到改善组织状态,提高黏稠度和防止成品乳清析出的目的。杀菌条件一般为:90 ~95 ℃、5 min。

(5)冷却、接种　杀菌后的乳液应立即降温到 43 ~45 ℃,以便接种发酵剂。接种量根据菌种活力、发酵方法、生产时间的安排和混合菌种配比而定。一般生产发酵剂,接种量应为 2% ~4%。加入的发酵剂应事先在无菌操作条件下搅拌成均匀细腻的状态,不应有大凝块,以免影响成品质量。

(6)凝固型酸乳加工

1)灌装 可根据市场需要选择塑料杯或塑料瓶,在装瓶前需对塑料瓶进行蒸汽灭菌,一次性塑料杯可直接使用。

2)发酵 用保加利亚乳杆菌与嗜热链球菌的混合发酵剂时,温度保持在41~42 ℃,培养时间2.5~4.0 h(2%~4%的接种量),达到凝固状态时即可终止发酵。一般发酵终点可依据如下条件来判断:①滴定酸度达到80 °T以上;②pH值低于4.6;③表面有少量乳清析出;④奶变黏稠。发酵时应注意避免振动,否则会影响组织状态;发酵温度应恒定,避免忽高忽低;掌握好发酵时间,防止酸度不够或过高以及乳清大量析出。

3)冷却 发酵好的凝固酸乳,应立即移入0~4 ℃的冷库中,迅速抑制乳酸菌的生长,以免继续发酵而造成酸度升高。在冷藏期间,酸度仍会有所上升,同时风味成分双乙酰含量会增加。试验表明冷却24 h,双乙酰含量达到最高,超过24 h又会减少。因此,发酵凝固后须在0~4 ℃储藏24 h再出售,通常把该储藏过程称为后成熟,一般最大冷藏期为7~14 h。

4)质量控制 为了使酸乳生产顺利进行,并尽可能使每批同类产品质量一致,使其安全卫生地到达消费者手中,必须对生产过程中的各个环节进行严格的质量控制。主要对原辅料进行质量控制,包括对使用的原辅料进行感官检验、微生物和物理化学检验。

酸乳产品中所使用的原辅料的微生物学检验,包括细菌总数、大肠菌群在所要求的范围内;致病菌不得捡出。

乳酸产品进行的物理化学检验,包括以下几点:①原辅料中不得含抗生素;②原辅料不得有异味、异物;③原料中的脂肪、蛋白质、总乳固体、固形物含量;④原料乳的酸度、热稳定性;⑤辅料特征指标(溶解度、杂质度等);⑥重金属含量。

(7)搅拌型酸乳加工

搅拌型酸乳的加工工艺及技术要求基本与凝固型酸乳相同,其不同点主要是搅拌型酸乳多了一道搅拌混合工序,这也是搅拌型酸乳工艺的特点,根据加工过程中是否添加辅料,搅拌型酸乳可分为天然搅拌型酸乳和加料搅拌型酸乳。下面只对其与凝固型酸乳加工的不同点加以说明。

1)发酵 搅拌型酸乳的发酵是在发酵罐中进行的,应控制好发酵罐的温度,避免忽高忽低,发酵罐上部和下部温差不超过1.5 ℃。

2)冷却 搅拌型酸乳冷却的目的是快速抑制细菌的生长和酶的活性,以防止发酵过程产酸过度及搅拌时脱水。冷却在酸乳完全凝固(pH值在4.6~4.7)后开始,冷却过程应在4 ℃低温库内稳定进行,冷却过快将造成凝块收缩迅速,导致乳清分离;冷却过慢则会造成产品过酸和添加果料的脱色。

3)搅拌破乳 通过机械力破碎凝胶体,使凝胶体的粒子直径达到0.01~0.40 mm,并使酸乳的硬度和黏度及组织状态发生变化。在搅拌型酸乳的生产中,这是道十分重要的工序。

4)混合、灌装 果蔬、果酱和各种类型的调香物质等可在酸乳自缓冲罐到包装机的输送过程中加入,这种方法可通过一台变速的计量泵连续加入到酸乳中。在果料处理中,杀菌是十分重要的,对带固体颗粒的水果或浆果进行巴氏杀菌,其杀菌温度应控制在能抑制一切有生长能力的细菌,而又不影响果料的风味和质地的范围内。酸乳产品可根据需要,确定包装量和包装形式及灌装方式。

5)冷却、后熟　搅拌型酸乳的冷却和后熟是发酵完成后,经破碎后灌装在酸奶杯内在冷库内完成的;而凝固型酸乳是先灌装在酸奶杯内再发酵,然后再放入冷库内后熟。

6)质量控制

①砂状组织　酸乳在组织外观上有许多砂状颗粒存在,不细腻,砂状结构的产生有多种原因,在制作搅拌型酸乳时,应选择适宜的发酵温度,避免原料乳受热过度,减少乳粉用量,避免干物质过多和较高温度下的搅拌。

②乳清分离　酸乳搅拌速度过快、过度搅拌或泵送造成空气混入产品,将造成乳清分离。此外酸乳发酵过度、冷却温度不适及干物质含量不足也可造成乳清分离现象。因此,应选择合适的搅拌器搅拌并注意降低搅拌温度,同时可选用适当的稳定剂,以提高酸乳的黏度,防止乳清分离。

③风味不正　除了与凝固型酸乳相同的因素外,在搅拌过程中因操作不当而混入大量空气,造成酵母和霉菌的污染,也会严重影响风味。酸乳较低的 pH 值虽然能抑制几乎所有的细菌生长,但却适于酵母和霉菌的生长,造成酸乳的变质和不良风味。

④色泽异常　在生产中因加入的果粒或果浆处理不当而引起的变色、褪色等现象时有发生。应根据果蔬的性质及加工特性与酸乳进行合理的搭配和制作,必要时还可添加抗氧化剂。

6.3.3 乳酸菌饮料

以乳或乳制品为原料,经乳酸菌发酵制得的乳液中加入水,以及食糖和(或)甜味剂、酸味剂、果汁、茶、咖啡、植物提取液等的一种或几种调制而成的饮料,根据其是否经过杀菌处理而区分为杀菌(非活菌)型和未杀菌(活菌)型。

6.3.3.1 活性乳酸菌饮料

【工艺流程】

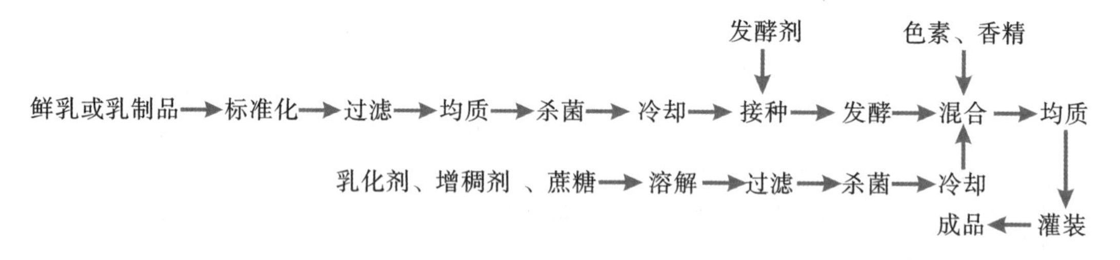

乳酸菌饮料的加工方式有多种,目前生产厂家普遍采用的方法是:先将牛乳进行乳酸菌发酵制成酸乳,再根据配方加入糖、稳定剂、水等其他原辅料,经混合、标准化后直接灌装或经热处理后灌装。

【工艺要点】

(1)原料乳成分的调整　发酵前将调配料中的非脂乳固体含量调整到 15% ~18%,可通过添加脱脂乳粉、酪蛋白粉、乳清粉来实现。

(2)果蔬预处理　在制作果蔬汁(浆)乳酸菌饮料时,要首先对果蔬原料进行加热处理,以钝化酶,通常在沸水中烫漂6～8 min,再打浆或取汁,然后与灭菌的原料乳混合。

(3)发酵　将制备好的发酵剂按3%的比例加入冷却后的牛乳中,在40～45 ℃的发酵罐中发酵3 h左右,通过对酸度的测量来确定发酵终点。

(4)冷却、破乳与配料　发酵过程结束后要进行冷却和破碎凝乳,破碎凝乳的方式可以采用一边碎乳、一边混入已杀菌的稳定剂、糖液等混合料。一般乳酸菌饮料的配方中包括酸乳、糖、果汁、稳定剂、酸味剂、香精和色素等,厂家可根据自己的配方进行配料。最常用的稳定剂是果胶,或果胶与其他稳定剂的混合物。果胶对酪蛋白的颗粒具有最佳的稳定性,因为果胶的分子链在pH为中性和酸性时是带负电荷的。由于同性电荷互相排斥,因此避免了酪蛋白颗粒间互相聚合成大颗粒而产生沉淀。考虑到果胶分子的降解趋势以及它在pH为4.0时稳定性最佳的特点,杀菌前一般将乳酸菌饮料的pH调整为3.8～4.2。

(5)均质　均质可使混合料液细化,提高料液黏度,抑制粒子的沉淀,并增强稳定剂的稳定效果。乳酸菌饮料较适宜的均质压力为20～25 MPa,温度在53 ℃左右。

(6)灌装　包装材料可以采用塑料瓶或一次性塑料杯,玻璃瓶包装前需用蒸汽杀菌,一次性塑料杯清洗后直接使用。

(7)冷藏销售　活菌性乳酸菌饮料应在0～4 ℃低温下冷藏、运输、销售。

6.3.3.2 非活性乳酸菌饮料

【工艺流程】

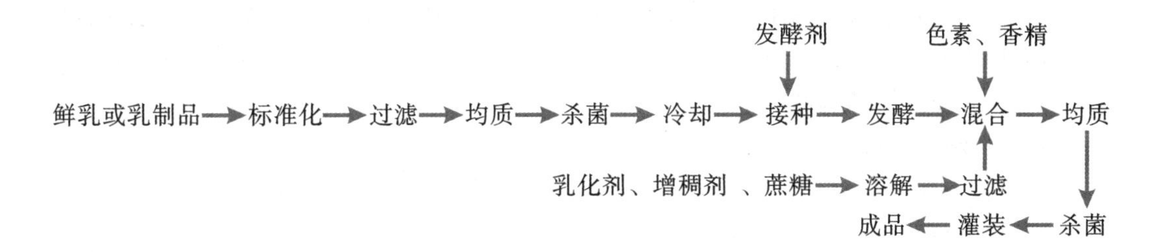

【工艺要点】

(1)非活性乳酸菌饮料与活性乳酸菌饮料的工艺流程相似,前面的步骤要点与活性乳酸菌饮料一致,只是在后期进行高温杀菌,保证商业无菌,产品在常温下销售。

(2)杀菌和灌装。一般采用超高温瞬时杀菌,冷却后热灌装或无菌灌装;也可采用巴氏杀菌后易拉罐灌装,再二次杀菌的方式。

6.3.4 含乳饮料生产常见问题及控制措施

6.3.4.1 沉淀

沉淀是含乳饮料最常见的质量问题。乳蛋白中80%为酪蛋白,其等电点pH=4.6。在含乳饮料的pH低于此值时,酪蛋白处于高度不稳定状态。此外,在加入果汁、酸味剂时,若酸浓度过大,加酸时混合液温度过高或加酸速度过快及搅拌不均匀,均会引起局部过度酸化而发生分层和沉淀。为使酪蛋白胶粒在饮料中呈悬浮状态,不发生沉淀,应注意以下几点：

(1)均质　经过均质后的酪蛋白微粒，因失去了静电荷、水化膜的保护，使粒子间的引力增强，增加了碰撞机会，容易聚成大颗粒而沉淀。因此均质必须与稳定剂配合使用，方能达到较好效果。

(2)稳定剂　含乳饮料中常添加亲水性和乳化性高的稳定剂，稳定剂不仅能提高饮料的黏度，防止蛋白质粒子因重力作用下沉，更重要的是它本身是一种亲水性高分子化合物，在酸性条件下与酪蛋白结合形成胶体保护，防止凝集沉淀。此外，由于牛乳中含有较多的钙，在 pH 降到酪蛋白的等电点以下时以游离钙状态存在，Ca^{2+}会与酪蛋白发生凝集而沉淀，可添加适当的磷酸盐螯合 Ca^{2+}，起到稳定作用。

(3)添加蔗糖　添加13%蔗糖不仅使饮料酸中带甜，而且糖在酪蛋白表面形成被膜，可提高酪蛋白与其他分散介质的亲水性，并能提高饮料密度，增加黏稠度，有利于酪蛋白在悬浮液中的稳定。

(4)添加有机酸　添加柠檬酸等有机酸类是引起饮料产生沉淀的因素之一。因此，需在低温条件下添加，添加速度要缓慢，搅拌速度要快。酸液一般以喷雾形式加入。

(5)发酵乳的搅拌速度　搅拌过程中应注意既不可过于激烈，又不可搅拌时间过长。通常搅拌开始用低速，以后用较快的速度。搅拌过度会促使凝固型酸乳乳清析出。

6.3.4.2　杂菌污染

在含乳饮料酸败方面，最大问题是酵母菌的污染。酵母菌繁殖会产生二氧化碳，并形成酯臭味和酵母味等不愉快风味。另外霉菌耐酸性很强，也容易在酸乳中繁殖并产生不良影响。酵母菌、霉菌的耐热性弱，通常在 60 ℃、5 ~ 10 min 加热处理时即被杀死，制品中出现的污染主要是二次污染所致。所以乳酸菌饮料的加工车间卫生条件必须符合有关要求，以避免制品二次污染。

6.3.4.3　脂肪上浮

在采用全脂乳或脱脂不充分的脱脂乳作为原料时，由于均质处理不当等原因引起脂肪上浮，应改进均质条件，同时可添加酯化度高的稳定剂或乳化剂如卵磷脂、单硬脂酸甘油酯、蔗糖脂肪酸酯等。最好采用含脂率较低的脱脂乳或脱脂乳粉作为乳酸菌饮料的原料。

6.3.4.4　果蔬料的质量控制

为了强化饮料的风味与营养，常常加入一些果蔬原料，由于这些物料本身的质量或配制饮料时处理不当，会使饮料在保存过程中出现变色、褪色、沉淀、污染杂菌等。因此，在选择及加入这些果蔬物料时应注意杀菌处理。另外，在生产中可适当加入一些抗氧化剂，如维生素 C、维生素 E、儿茶酚、EDTA 等，以增强果蔬色素的抗氧化能力。

6.4　植物蛋白饮料

植物蛋白饮料不仅蛋白质含量较高，还富含不饱和脂肪、磷脂、矿物质、多种维生素以及特殊营养成分，受到越来越多消费者的青睐，发展速度较快。本节主要介绍几种常见的植物蛋白饮料，包括豆乳、豆乳饮料、椰子乳、杏仁露、核桃露、花生露及几类常见的

复合蛋白饮料的营养价值、生产工艺、操作要点及产品质量问题等具体内容。

6.4.1　豆乳类饮料

6.4.1.1　大豆的营养成分

大豆主要含有蛋白质、脂肪、碳水化合物、维生素、矿物质等营养成分。

(1)蛋白质和氨基酸　大豆平均含30%～40%的蛋白质，其中80%～88%可溶于水，其氨基酸组成见表6.2，与一般谷类相比含丰富的赖氨酸，可形成互补。在可溶性蛋白中，有94%球蛋白和6%的白蛋白。水溶性蛋白质的溶解度随pH而变化，到蛋白质等电点(pI =4.3)时蛋白质最不稳定，易沉淀析出。

表6.2　大豆蛋白质的氨基酸组成

氨基酸	质量分数	氨基酸	质量分数	氨基酸	质量分数
精氨酸	8.42%	胱氨酸	1.58%	缬氨酸	5.38%
组氨酸	2.55%	蛋氨酸	1.56%	谷氨酸	21.00%
赖氨酸	6.86%	丝氨酸	5.57%	天冬氨酸	12.01%
酪氨酸	3.90%	苏氨酸	4.31%	脯氨酸	6.28%
色氨酸	1.28%	亮氨酸	7.72%	羟脯氨酸	0
苯丙氨酸	5.01%	异亮氨酸	5.01%	氨	2.05%
甘氨酸	4.52%	丙氨酸	4.51%	—	—

(2)脂肪　大豆中脂肪含量占17%～20%，其中不饱和脂肪酸占80%以上。不饱和脂肪酸中亚油酸占51%、油酸23%和亚麻酸7%。亚油酸和亚麻酸是人体的必需脂肪酸，在人体内起着重要的生理作用。此外大豆中还含有1.5%的磷脂，主要为卵磷脂，该成分有良好的保健作用，又是优良的乳化剂，对豆乳的营养价值、稳定性和口感有重要作用。

(3)碳水化合物　大豆中的碳水化合物占20%～30%，其中粗纤维18%，阿拉伯聚糖18%，半乳聚糖21%，其余为蔗糖、棉籽糖、水苏糖等。由于人体内不含有水解水苏糖和棉籽糖的酶，水苏糖和棉籽糖不能被人体利用，但会被肠道内的产气菌所利用，引起胀气、腹泻等。一般在浸泡、脱皮、除渣等工序中可除去一部分，但主要部分仍留在了豆乳中。不过水苏糖和棉籽糖近年来被作为功能性低聚糖而成为研究的热点，值得我们重新认识。

(4)矿物质　大豆中矿物质占3%左右，以钾、磷含量最高，具体种类及含量见表6.3。

表6.3 大豆中矿物质种类及含量

矿物质	钾	钙	镁	磷	钠	锰	铁	铜	锌	硒
mg/100 g	1 503	191	199	465	2.2	2.26	8.2	1.35	3.34	6.16

(5)维生素　大豆中以B族维生素及维生素C较多(表6.4),但在加工过程中维生素C易被破坏,故大豆不作为维生素C的来源。

(6)大豆异黄酮　大豆中大豆异黄酮的含量在1 200～4 200 μg/g。由于具有抗肿瘤活性,及抗溶血、抗氧化、抑制真菌活性等作用,已成为目前的研究热点,但由于其有苦味和收敛性,豆乳中如果含量高会有不愉快的味感。

表6.4 大豆中主要维生素类物质含量(以干物质计)

名称	含量/(μg/g)	名称	含量
β-胡萝卜素	0.2～2.4	生物素/(μg/g)	0.6
硫胺素	11.0～17.5	叶酸(维生素 B_{11})/(μg/g)	2.3
核黄素	2.3	肌醇/(mg/g)	1.9～2.6
泛酸	12.0	胆碱/(mg/g)	3.4
烟酸	20.0～25.9	抗坏血酸/(mg/g)	0.2
吡哆醇	6.4	—	—

6.4.1.2 大豆的酶类及抗营养因子

大豆中的酶类和抗营养因子是影响豆乳饮料质量、营养和加工工艺的主要因素。大豆中已发现近30种酶类,其中脂肪氧化酶、脲酶对产品质量影响最大。大豆抗营养因子已发现6种,其中胰蛋白酶抑制因子、凝血素和皂苷对产品质量影响最大。

(1)脂肪氧化酶　脂肪氧化酶存在于许多植物中,以大豆中的活性最高,可催化不饱和脂肪酸氧化降解成正已醛、正已醇,是豆腥味产生的主要原因。钝化脂肪氧化酶是生产无腥豆乳的关键。

(2)脲酶　脲酶是大豆各种酶中活性最强的酶,能催化分解酰胺和尿素,产生二氧化碳和氨,也是大豆的抗营养因子之一,易受热失活。由于脲酶的活性容易检测,国内外均将脲酶作为大豆抗营养因子活力的指标酶,若脲酶活性转阴则标志其他抗营养因子均已失活。

(3)胰蛋白酶抑制因子　胰蛋白酶抑制因子可抑制胰蛋白酶的活性,影响蛋白质的消化吸收,是大豆中的一种主要抗营养因子,其等电点pI=4.5,分子量为21 500,是多种蛋白质的混合体。胰蛋白酶抑制因子的耐热性强,加热至80 ℃时,残存活性为80%;100 ℃、17 min,活性下降80%;100 ℃、30 min,活性下降90%。干热处理对豆腥味消除的效果比湿热处理好,通常用120～200 ℃的高温进行干法加热处理,处理时间以10～30 s为好。

(4)凝血素　凝血素是一种糖蛋白,有凝固动物体红细胞的作用,等电点为6.1,分子量为 89 000 ~ 105 000。该物质在蛋白水解酶的作用下易失活，加热易受到破坏，经湿热加工和加热杀菌的豆浆可以安全饮用。

(5) 豆皂苷　大豆中约含有 0.56% 的豆皂苷，溶于水后能生成胶体溶液，搅动时像肥皂一样产生泡沫，也称皂角素。大豆皂苷有溶血作用，能溶解人体内的血栓，可治疗心血管疾病。大豆皂苷有一定毒性，一般认为人的食用量低于 50 mg/kg 体重是安全的。

6.4.1.3 豆乳的营养价值与生理效用

豆乳多是由大豆粉碎后萃取其中的水溶性成分，再经离心过滤除去不溶物制得。大豆中的大部分可溶性营养成分在这个过程中转移到豆乳中了。豆乳的营养成分有下述特点和生理效用：①与人乳、牛乳相比，豆乳的蛋白质含量高，富含亚油酸、亚麻酸和卵磷脂，脂肪、总糖含量较低，不含胆固醇。②氨基酸组成较为全面。必需的氨基酸除了含硫氨基酸相对较低外，其他均符合理想蛋白质的要求。③矿物质丰富，与人乳比，其钾、磷、铁含量高而钙不足。④维生素主要是 B 族和维生素 E，基本不含维生素 A 和维生素 C。⑤低聚糖为水溶性，大多数保留在豆乳中。大豆低聚糖能促进双歧杆菌增殖，还可改善便秘，不会引起龋齿。⑥大豆异黄酮具有抗癌作用。⑦大豆皂苷有较好的生理功能。可抑制血清中的脂质氧化；降低血清胆固醇；抑制体内血栓纤维蛋白的形成（抗血栓、预防高血脂、高血压及动脉硬化等）。

6.4.1.4 影响豆乳质量的因素及防治措施

(1) 豆腥味的产生与防治　豆腥味是大豆中脂肪氧化酶催化不饱和脂肪酸氧化的结果。大豆中的脂肪氧化酶多存在于靠近大豆表皮的子叶处，在整粒大豆中活性很低，当大豆破碎时，氧气与底物（亚油酸、亚麻酸等不饱和脂肪酸）充分接触，在脂肪氧化酶的催化作用下油脂氧化产生正己醛，是豆腥味的主要成分。豆腥味的产生是酶促反应的结果，预防豆腥味的产生可以通过钝化酶活性、去除氧气、去除反应底物等途径来实现，也可通过分解豆腥味物质及加香料掩盖的方法减轻豆腥味。目前较好的方法有以下几类：

1) 加热法　采用加热方式可使脂肪氧化酶失活，其失活温度为 80 ~ 85 ℃。一般采用 120 ~ 170 ℃热风处理 15 ~ 30 s，再浸泡磨浆；或 95 ~ 100 ℃水热烫 1 ~ 2 min，再浸泡磨浆。但热处理容易使部分大豆蛋白受热变性降低蛋白质的溶解性。采用微波加热或远红外加热法，可使豆粒温度迅速升高，钝化酶活性，同时还可减少蛋白质的变性，提高大豆蛋白质的提取率。此外，在大豆脱皮后采用 120 ~ 200 ℃高温蒸汽加热 7 ~ 8 s，保持温度在 82 ~ 85 ℃进行磨浆，磨浆后豆乳采用超高温瞬时灭菌处理后闪蒸冷却，也可去除豆腥味，防止蛋白质大量变性。

2) 调节 pH 值法　脂肪氧化酶的最适 pH 值为 6.5，在碱性条件下活性降低，pH 值 9.0时失活。生产中可选用碱液浸泡大豆，抑制脂肪氧化酶失活，并有利于大豆组织的软化，提高蛋白质的提取率。

3) 高频电场处理　在高频电场中，大豆中的脂肪氧化酶受高频电子效应、分子内热效应以及蛋白偶极子定向排列并重新有序化的影响，活性受到钝化。一般来说，在高频电场中处理 4 min 即可钝化脂肪氧化酶的活性，控制豆腥味的产生。

真空脱腥法：将加热的豆奶喷入真空罐中，蒸发掉部分水分，同时也会带出挥发性的豆腥味物质。

酶法脱腥法：据报道，利用蛋白酶作用于脂肪氧化酶可以除去豆腥味；另外，利用醛脱氢酶、醇脱氢酶作用于产生豆腥味的物质，通过生化反应将其转化成无臭成分，可以脱除豆腥味。

此外，向豆乳中添加咖啡、可可、香料等物质，可以掩盖豆乳的豆腥味。实际生产中通过单一方法去除豆腥味相当困难，因此，在豆乳加工过程中，可将钝化脂肪氧化酶法与脱腥法和掩盖法相结合去除豆腥味。

(2)苦涩味的产生与防治　豆乳中所含的大豆异黄酮、蛋白质水解产生的苦味肽、大豆皂苷等是豆乳苦涩味的来源。其中大豆异黄酮是主要来源，Matsuura 等研究发现豆乳不愉快风味的产生与浸泡水的温度和 pH 值有关。50 ℃、pH 值 6.0 时产生的异黄酮最多；β-葡萄糖苷酶作用下有木黄酮和黄豆苷原产生。防止苦涩味的产生可采取如下措施：①在低温下添加葡萄糖酸-δ-内酯可以明显抑制 β-葡萄糖苷酶活性；②钝化酶的活性；③避免长时间高温，防止蛋白质水解；④添加香味物质，掩盖大豆的异味。

(3)抗营养因子的去除　抗营养因子在去皮、浸泡工序中可除去一部分。胰蛋白酶抑制因子、凝血素等属蛋白质，通过热烫、杀菌等加热工序基本可以将这两类抗营养因子去除。棉籽糖、水苏糖在浸泡、脱皮、去渣中可除去一部分，大部分仍存在豆乳中，无有效办法除去，不过近年的研究表明其有不错的保健作用，应当重新认识。

(4)豆乳沉淀现象的产生及防治　豆乳是一种宏观不稳定的分散体系，很多因素包括物理因素、化学因素和微生物因素都影响其稳定性，甚至造成产品产生沉淀。

1)物理因素　豆乳中的粒子直径一般在 50～150 μm，在豆乳存放过程中粒子会在重力作用下发生沉降运动，沉降速度的大小符合斯托克斯法则，由斯托克斯方程可知粒子半径和介质黏度决定粒子的沉降速度。在豆乳加工中，可适量添加增稠剂以增加连续相的黏度，改进均质设备的性能以进一步降低分散粒子的半径，都可以提高豆乳的稳定性。

2)化学因素　影响豆乳稳定的化学因素包括豆乳的 pH 值、电解质的种类等。豆乳的 pH 值对蛋白质的水化作用、溶解度有显著影响。在等电点附近，蛋白质的水化作用最弱，溶解度最小。大豆蛋白的 pI 为 4.1～4.6，为了保证豆乳的稳定性可调节豆乳的 pH 使其远离蛋白质等电点。电解质对豆乳的稳定性也有影响，NaCl、KCl 等一价金属盐能促进蛋白质的溶解，而二价金属盐 $CaCl_2$、$MgSO_4$ 等则可抑制蛋白质在其溶液中的溶解，主要原因是 Ca^{2+}、Mg^{2+} 使离子态的蛋白质粒子间产生桥联作用而形成较大胶团，加强了凝集沉淀的趋势，降低了蛋白的溶解度。因此，在豆乳生产中，二价金属离子和其他变价电解质所引起的蛋白质沉淀现象必须引起足够的注意。

3)微生物因素　豆乳营养丰富，pH 值呈中性，十分适宜微生物繁殖。产酸菌的活动和酵母的发酵都会使豆乳的 pH 值下降，使大分子物质分解，豆乳分层，产生沉淀，严重影响豆乳稳定性。为了避免微生物污染，应加强卫生管理和质量控制，规范杀菌工艺，杜绝由微生物引起的豆乳变质现象。

6.4.1.5　豆乳的生产工艺

【工艺流程】

大豆→拣选→清洗→浸泡→脱皮→磨浆→过滤→脱臭→调配→均质→杀菌→灌装→冷却→成品

【工艺要点】

(1)原料选择　选用优质新鲜大豆为原料，要求色泽光亮、籽粒饱满、无霉变、虫蛀、病斑，储存条件良好。大豆经风选、筛选、磁选等去除石子、土块、枝叶、荚壳、金属等异物及杂质。

(2)清洗、浸泡　清洗是为了去除表面附着的尘土和微生物。浸泡的目的是软化大豆组织，利于蛋白质有效成分的提取。通常大豆与水的比例为 1∶3。不同浸泡温度所需时间不同：70 ℃、0.5 h；30 ℃、4～6 h；20 ℃、6～10 h；10 ℃、14～18 h。浸泡前需用 95～100 ℃的水热烫 1～2 min 或在浸泡液中加入 0.3% 的 $NaHCO_3$，以钝化酶的活性，减少豆腥味，软化大豆组织。

(3)脱皮　脱皮的目的是减轻豆腥味，提高产品白度，从而提高豆乳品质。常用脱皮方法有：湿法脱皮，即大豆浸泡后去皮；干法脱皮，常用凿纹磨使多数大豆碎裂成 2～4 瓣，经重力分选器或吸气机除去豆皮。脱皮后需及时加工，以免脂肪氧化，产生豆腥味。

(4)磨浆与过滤　大豆经浸泡去皮后，加入适量的水直接磨浆，浆体通常采用离心操作进行浆渣分离，除去粗大的颗粒。一般要求浆体的细度应有 90% 以上的固形物通过 150 目滤网。采用粗磨、细磨两次磨浆可以达到这一要求。因磨浆后，脂肪氧化酶在一定温度、含水量和氧气存在条件下，会迅速催化脂肪酸氧化产生豆腥味，故磨浆前应采取必要的措施抑制或钝化酶的活性。磨好的浆液应通过孔径≥200 目的过滤器过滤，保证浆液中颗粒的细腻度。

(5)脱臭　浆液在真空脱气机中进行脱臭处理，以除去加工过程中产生的大部分醛、醇等豆腥味物质，改善豆乳风味。脱臭时浆液温度 50～60 ℃，真空度 0.03～0.04 MPa；真空度不宜过高，以防气泡冲出。

(6)调配与均质　调配的目的是生产各种风味的豆乳产品，同时有助于提高豆乳的稳定性和质量。豆乳的调配是在带有搅拌器的调配罐内进行的，按照产品配方和标准要求，加入各种配料，充分搅匀或再加水稀释到一定比例即可。通常需添加乳化剂、增稠剂、甜味剂、香精和营养强化剂等。均质可提高豆乳的口感和稳定性，增加产品的乳白度。豆乳均质的效果取决于均质的压力、物料温度和均质次数。生产上常用的均质压力为 20～25 MPa，物料温度 50～55 ℃，均质次数 1～2 次。

(7)杀菌　杀菌的目的是杀灭部分微生物，破坏抗营养因子，钝化残存酶的活性，提高豆乳稳定性，防止产品败坏。调配好的豆乳应立即进行杀菌处理，常用的杀菌参数为 121～135 ℃、10～15 s。

(8)灌装　豆乳灭菌后迅速冷却至 80～85 ℃进行热灌装或冷却至常温进行无菌灌

装。热灌装的产品经二次杀菌后应迅速冷却至 38 ℃左右，防止蛋白质长时间受热而变性沉淀。豆乳的包装形式很多，常用的有玻璃瓶包装、无菌纸盒包装及复合袋包装等。可根据计划产量、杀菌方法、包装设备费用、成品保藏要求等因素统筹考虑，选择合适的包装形式。

6.4.1.6 发酵酸豆乳的生产工艺

发酵酸豆乳是大豆制浆后，加入少量奶粉或某些可供乳酸菌利用的糖类作为发酵促进剂，经乳酸菌发酵而产生的酸性豆乳饮料，既保留了豆乳饮料的营养成分，在发酵过程中又能产生乳酸及许多风味物质，赋予饮料浓郁芳香的特有风味。

发酵酸豆乳包括两种产品：凝固型酸豆乳和搅拌型酸豆乳。这两种产品前期工艺流程基本相同，仅在进行发酵时略有差别。

【凝固型酸豆乳工艺流程】

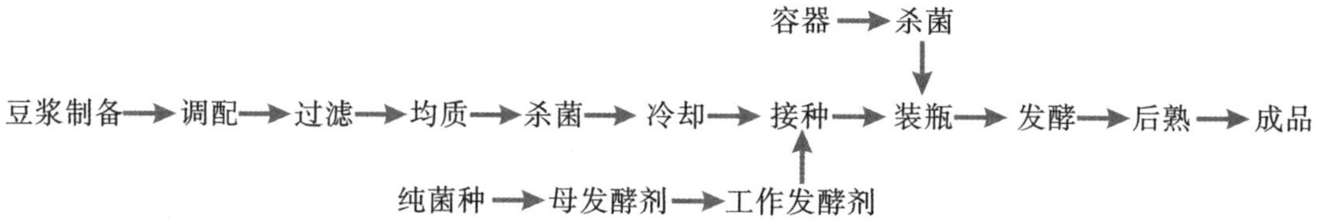

容器→杀菌（↓装瓶）

豆浆制备→调配→过滤→均质→杀菌→冷却→接种→装瓶→发酵→后熟→成品

纯菌种→母发酵剂→工作发酵剂（↑接种）

【搅拌型酸豆乳工艺流程】

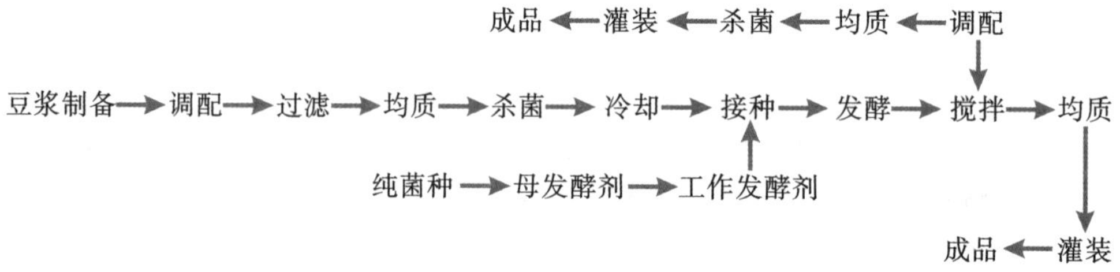

成品←灌装←杀菌←均质←调配（↓搅拌）

豆浆制备→调配→过滤→均质→杀菌→冷却→接种→发酵→搅拌→均质

纯菌种→母发酵剂→工作发酵剂（↑接种）

均质↓灌装→成品（成品←灌装）

【工艺要点】

酸豆乳生产主要包括发酵剂的制备、酸豆乳基料的制备和接种发酵三大工序。

(1)发酵剂的制备　发酵剂质量的好坏直接影响成品的风味和制作工艺条件的控制。为生产出优质的发酵剂，生产中必须严格按照操作要求进行菌种制备。

纯菌种的复壮：纯菌种通常保存在试管中，活力不强，使用前需活化，以恢复其活力。将试管内的纯培养物吸取 1 ~ 2 mL，无菌操作接种入准备好的灭菌脱脂乳培养基中，根据菌种特性放入保温箱内培养，凝固后再取出 1 ~ 2 mL，按上述方法操作，反复数次，待乳酸菌充分活化后即用于制备母发酵剂。

母发酵剂的制备：取新鲜脱脂乳 100 ~ 300 mL，装入经干热灭菌（160 ℃、1 ~ 2 h）的母发酵剂容器中，以 120 ℃、15 ~ 20 min 高压灭菌，然后迅速冷却至 25 ~ 30 ℃。用灭菌吸管吸取适量培养物（1%）进行接种后放入保温箱中按所需温度进行培养。凝固后再转接于另外的灭菌脱脂乳中，反复2～3次，然后用于调制生产发酵剂。

工作发酵剂的制备：取实际生产量1%～2%的脱脂乳或原料豆乳（所用培养基最好与成品原料相同），装入经灭菌的生产发酵剂容器中，以100 ℃、30～60 min 杀菌并冷却至25 ℃左右。然后按无菌操作添加1%的母发酵剂，加入后充分搅拌，保温培养，达到所需的发育状态和酸度后，取出贮于0～5 ℃冷库待用。

（2）酸豆乳基料的制备　酸豆乳基料的质量决定着产品的色、香、味、形，其制备过程同纯豆乳生产工艺，调配时需要注意：

糖：调配过程中加入糖的主要目的是促进乳酸菌的繁殖，提高酸豆乳的质量，同时兼有调味的作用。可选用的糖的种类很多，一般来说添加1%左右的乳糖和葡萄糖的效果比其他糖要好。乳糖对链球菌、乳脂链球菌和二乙酰乳链球菌的产酸量有明显的促进作用。葡萄糖在某些情况下对乳酸发酵的产酸作用效果更好，葡萄糖对链球菌、乳脂链球菌和二乙酰乳链球菌、戴氏乳杆菌和干酪乳杆菌的产酸均有明显促进作用。在豆乳中添加蔗糖只适用于某些乳酸菌，且一般与乳清粉配合使用。

胶质稳定剂：添加胶质稳定剂的目的是保证产品的稳定性，因而要求所添加的胶质稳定剂在酸性条件下不易被乳酸菌分解。常用的有明胶、琼脂、果胶、卡拉胶、海藻胶和黄原胶等。单独使用时，明胶添加量为0.6%，琼脂0.2%～1.0%，卡拉胶0.4%～1.0%。各种稳定剂也可混合使用，使用时需事先用水溶化后再加入。

调味添加剂：根据产品的需要还可添加香精香料，有时可以添加牛乳或果汁以增加产品风味。果汁配合量一般小于10%，牛乳的添加量不受限制。

上述原料搅拌均匀后进行过滤、均质（20 MPa）、灭菌（85～90 ℃、5～10 min）处理，然后迅速冷却至菌种的最佳发酵温度，如采用保加利亚乳杆菌和嗜热乳链球菌混合菌种，可冷却至45～50 ℃；如采用乳链球菌则需冷却至30 ℃。

（3）接种发酵　冷却后的原料可接种制备好的生产发酵剂，接种量随发酵剂中的菌数含量而定，一般为1%～5%，然后进行发酵（或称前发酵）和后熟（在0～5 ℃冷库中进行冷却后熟，大约需要4 h）。在前发酵过程中需控制好发酵温度和时间。一般来说温度常控制在35～45 ℃，不同菌种其发酵最适温度不同。对于混合菌种的发酵而言，发酵温度在低限时接近乳酸菌的最适生长温度，有利于乳酸菌的生长繁殖；发酵温度在高限时可以使发酵酸豆乳在短时间内达到适宜的酸度，凝结成块，从而缩短发酵时间。酸豆乳的发酵时间随所用菌种及培养温度的不同而略有差异，一般控制在10～24 h。判断发酵是否完成的主要指标是酸度和pH值。发酵好的酸豆乳pH值应在3.5～4.5，酸度应在50～60 °T。

需要补充说明的是，能够用于发酵的乳酸菌很多，而有些乳酸菌在发酵过程中也表现出一定的共生优势，故生产中多采用混合菌种，这样可使发酵易于控制且产品风味柔和、质量高。常用的配合方式是嗜热链球菌和保加利亚乳杆菌，其混合比例为1∶1；保加利亚乳杆菌和乳酸链球菌，其混合比例为1∶4；嗜热链球菌、保加利亚乳杆菌和乳酸链球菌，其混合比例为1∶1∶1。生产凝固型酸豆乳时，接入发酵剂后迅速灌装封盖，然后进入发酵室培养发酵。生产搅拌型酸豆乳时，接入发酵剂后，先在发酵罐中培养发酵，然后搅拌、均质、分装后出售；根据产品特性有些在分装前还要进行适当调配；如果生产非活菌型的酸豆乳饮料，调配后还要进行灭菌处理，然后灌装。

6.4.2 杏仁露(乳)饮料

杏仁是杏的种子,有苦杏仁和甜杏仁两种;苦杏仁是制造杏仁露的主要原料。杏仁中的营养成分丰富,蛋白质含量5%左右,主要是杏仁球蛋白和酪蛋白,等电点为4.8~5.0。杏仁中的脂肪含量高达50%,主要是油酸。此外,杏仁中还含有糖、丰富的矿物质和维生素。苦杏仁中含有苦杏仁苷和苦杏仁酶。苦杏仁苷含量为0.15%~3.5%,在酸或酶及加热条件下能水解,生成葡萄糖、苯甲醛及氢氰酸。氢氰酸是剧毒物质,成人摄入0.1~0.2 g便会致死。不过氢氰酸易挥发,稍微加热即可去除,但同时也会使杏仁中特有的香气物质苯甲醛挥发损失掉。苦杏仁在加工前常用浸泡、酸煮和烘干等方法去毒。

【工艺流程】

杏仁→脱皮→脱苦→浸泡→磨浆→过滤→调配→均质→脱气→灌装→杀菌→冷却→成品

【工艺要点】

(1)原料选择　应选用无霉烂变质、仁粒饱满、无虫害的优质杏仁,可将甜杏仁和苦杏仁配合使用。

(2)去皮、脱苦　杏仁外包裹着一层果皮,它的存在会影响杏仁露的质量,必须在生产前进行去除。常用化学法和机械法两种方法进行脱皮。化学法是用一定浓度的碱液或脱皮剂浸泡,使杏仁与外皮分离后,再用清水洗净碱液或脱皮剂,或使用高压水枪进行冲洗,可快速脱皮。机械法是先用3~4倍45~50 ℃的温水浸泡杏仁45~60 min,然后放入脱皮机中进行机械去皮;或在90~95 ℃热水中浸泡3~5 min,使杏仁皮软化,然后放入脱皮机中机械去皮;或是杏仁先冷浸30 min,然后在85~90 ℃热水中热浸0.5~2 min,杏仁表皮受热膨胀,利于机械脱皮。

将脱皮的杏仁放入50 ℃的水中浸泡5~6 d,每天换水1~2次,进行脱苦;同时软化细胞、疏松组织,提高胶体分散程度和悬浮性,提高蛋白的提取率。通常夏季温度稍低,时间稍短,冬季水温稍高,时间可适当延长。浸泡不充分,蛋白质等营养物质提取率低;浸泡时间过长,蛋白质变性,有的甚至出现异味。若浸泡脱苦时间较长,脱苦后需要用0.35%的过氧乙酸浸泡杏仁进行消毒,大约10 min后捞出,洗净。

(3)磨浆　一般分两步完成。第一步用磨浆机粗磨,加水量为配料水量的50%~70%,一次加足;浆液应用200目孔径的筛网或滤布过滤,滤去较粗大的杏仁果肉颗粒。第二步用胶体磨细磨,使组织内蛋白质和油脂充分析出。磨浆过程中为了护色可加入0.1%的食用级焦磷酸钠和焦亚磷酸钠的混合液。

(4)浆渣分离　多用离心机完成此工序,除去细小的果肉微粒,防止产生沉淀。需注意的是,杏仁汁的香味主要来自于杏仁油,在离心过程中要尽量将油脂保留在饮料中,不要将油脂分离,以提高产品的香味。

(5)调配　将分离出的汁液按配方进行调配,调节pH在7.0左右,其他配料要预先

溶解于温水中。混合均匀后加热至沸腾，除去液面泡沫。调配是关键工序，应严格控制好加热温度、时间、pH 值，以防止蛋白质变性，影响饮料的品质。

(6)均质　均质可防止脂肪上浮、蛋白质下沉、缓慢变稠等现象，还能增加成品的光泽度，提高产品的稳定性。在生产中可采取两次均质，第一次均质压力 20 ~ 25 MPa，第二次 25 ~ 36 MPa，操作温度 75 ~ 80 ℃，要求均质后浆液中各种固体微粒直径 $d \leqslant 1$ μm。

(7)真空脱气　由于乳化剂和稳定剂等的作用，在加工过程中易产生大量气泡，对产品的外观、色泽及稳定性影响较大，通过脱气可消除气泡、脱除氧气，改善产品质量，也可以消除加工过程中产生的异味，防止或减轻脂肪氧化。常用真空度为 25 ~ 40 kPa。

(8)包装、杀菌　通过灌装机进行热灌装，然后送入高压灭菌锅中灭菌，常用灭菌公式为 10′-20′-15′/121 ℃。常用包装形式为三片马口铁罐、玻璃瓶或复合蒸煮袋。近年来，采用 UHT 高温灭菌后无菌包装的生产技术发展较快。

6.4.3　花生露饮料

花生营养丰富，每 100 g 含蛋白质 26.2 g，脂肪 39.2 g，碳水化合物 22 g，钙 67 mg，磷 378 mg，铁 1.9 mg，胡萝卜素 0.04 mg，硫胺素 1.03 mg，核黄素 0.11 mg，维生素 PP 10 mg，抗坏血酸 2 mg，粗纤维 2 g，灰分 2 g，其淀粉含量较少，一般在 5% 以下。中医认为花生有开胃、健脾、润肺、祛痰、清喉、补气等功效，适用于营养不良、脾胃失调、咳嗽痰喘、乳汁缺乏等症。花生虽然营养丰富，但保管不当，极易受潮霉变，产生致癌性极强的黄曲霉素。

【工艺流程】

花生→预处理→浸泡→磨浆→过滤→调配→均质→脱气→杀菌→灌装→杀菌→冷却→成品

【工艺要点】

(1)原料选择　应选用新鲜、无霉烂变质、仁粒饱满、无虫害的优质花生。另外，由于花生脂肪含量高，应尽可能选用脂肪含量较低，香气较浓的品种。

(2)原料预处理　花生在加工时要脱去外硬壳和内红衣。脱红衣可以改善和提高饮料的色泽，避免带入花生衣产生的涩味。脱红衣有干法和湿法两种。干法脱红衣即烘烤脱衣，一般烘烤温度为 110 ~ 130 ℃，时间为 10 ~ 20 min。花生干燥时烘烤温度要低些，时间要长些。烘烤以产生香味而不太熟为宜。近年来还开发出微波脱皮法，以冷冻-微波脱皮法为例，花生仁在冷冻室(-1 ~ -5 ℃)先冷冻 10 min，装载厚度为 1 ~ 2 cm，经微波高火加热处理 2 min。湿法脱红衣即热烫脱衣。将花生仁在 90 ~ 95 ℃的热水中热烫 5 ~ 10 min，使花生红衣刚刚润透而未渗入果肉为宜，然后用机械摩擦脱皮。或是先将花生冷浸 30 min，然后热烫 1 min，使之内外温差加大，水分饱和，表皮受热膨胀，方便脱皮。两种脱皮方法都是可以使用的，不论何种方法，加热都应适度，可根据生产经验和产品特色加以选用。

(3)浸泡　花生通过浸泡可软化细胞结构、提高蛋白提取率;使脂肪氧化酶失活;破坏果仁可能污染的黄曲霉毒素。浸泡时料水比一般为1∶3,不同季节条件不同,一般为60～70 ℃、6～8 h,浸泡过程中要调节料液pH略呈碱性,以防止蛋白变性。

(4)磨浆　通常采用先粗磨后精磨的方法,目的是使组织内的蛋白质及油脂充分析出。要求磨后的浆体中应有90%以上固形物可通过200目筛网。

(5)浆渣分离　多用离心机完成此工序。由于脂肪是香味的来源,在加工过程中要尽量将脂肪保留在饮料中,以保持产品浓郁的香味。

(6)调配　将配料溶解于温水中,与浆液混合均匀,调节pH应避开蛋白质的等电点4.0～5.5,加热至所需温度,除去液面泡沫。调配是关键工序,应严格控制好加热温度、时间、pH,以防止蛋白质变性,影响饮料的质感。

(7)真空脱气　常用真空度为70～80 kPa。用于除去在加工过程中产生的大量气泡,改善产品质量,也可以消除加工过程中产生的异味。

(8)均质　在生产中可采取两次均质,第一次均质压力20～25 MPa,第二次30～40 MPa,均质温度75～80 ℃。以使产品充分乳化,提高乳化稳定性。

(9)加热杀菌与灌装　均质后进行巴氏杀菌,杀菌温度为85～90 ℃,然后进行热灌装。用玻璃瓶作包装容器时,灌装温度一般为70～80 ℃。

(10)二次杀菌与冷却　灌装密封后进行二次杀菌,易拉罐、复合蒸煮袋灭菌公式为10′-20′-15′/121 ℃,玻璃瓶常采用20′-20′-20′/121 ℃杀菌工艺。近年来,以UHT杀菌后无菌纸盒包装技术得到了较快发展。

6.4.4　椰子乳饮料

椰子是棕榈科植物椰树的果实,是典型的热带水果。椰子果皮较薄,呈暗褐绿色;中果皮为厚纤维层;内层果皮呈角质。果内有一空腔储存椰浆。椰子果实越成熟,所含蛋白质和脂肪也越多。椰汁和椰肉都含有丰富的营养素。中医认为,椰肉味甘,性平,具有补益脾胃、杀虫消疳的功效;椰汁味甘,性温,有生津、利水等功能。现代医学研究表明,椰肉中含有蛋白质、碳水化合物;椰油中含有糖分、维生素B_1、维生素B_2、维生素C等;椰汁含有的营养成分更多,如果糖、葡萄糖、蔗糖、蛋白质、脂肪、维生素B、维生素C以及钙、磷、铁等微量元素及矿物质。利用椰子肉加工的椰子乳饮料,色泽乳白,椰香宜人,营养丰富。

【工艺流程】

椰子→剥壳→椰肉→漂洗→破碎→磨浆→过滤→调配→均质→脱气→杀菌→灌装→杀菌→冷却→成品

【工艺要点】

(1)原料处理　选用成熟的椰子,洗净后,沿中部剖开(椰子汁收集后做其他用途或加工成椰子汁饮料)用刨子取出果肉,可直接压榨取汁,也可在70～80 ℃的热风干燥机中烘干，储存备用。

(2)取汁　新鲜椰肉用破碎机打碎，加入适量的水，再用螺旋榨汁机取汁。若以干椰丝为原料，可先将椰丝与70 ℃的热水按照1∶10的比例混合搅拌均匀，再用磨浆机磨浆，椰浆经200目过滤备用。

(3)调配　依据配方加入适量白砂糖、乳化剂、增稠剂和乳制品等，搅拌均匀。乳化剂可根据产品品种和要求选用，多用脂肪酸酯，可单独使用也可与其他类型的乳化剂组合使用，最大用量不超过0.30%。增稠剂一般用量为0.03%～0.05%，通常选用藻酸丙二醇酯、卡拉胶、黄原胶、琼脂以及羧甲基纤维素钠等。乳化剂和稳定剂在添加前可分别用4～5倍的热水(60～70 ℃)搅拌溶解后加入到椰子汁中。

(4)脱气与均质　脱气真空度为67～80 kPa。均质压力为23～30 MPa，温度80 ℃左右，均质两次。

(5)杀菌与灌装　均质后将椰子汁加热至85～90 ℃进行巴氏杀菌，并进行热灌装，密封后再进行二次杀菌，杀菌公式为10′-20′-15′/121 ℃，冷却至37 ℃。经检验后即为成品。

6.4.5　核桃露饮料

核桃，又名胡桃，为胡桃科胡桃属落叶乔木的果实，营养丰富，含有丰富的蛋白质、脂肪、矿物质和维生素。每100 g中含蛋白质15.4 g，脂肪63 g，碳水化合物10.7 g，钙108 mg，磷329 mg，铁3.2 mg，硫胺素0.32 mg，核黄素0.11 mg，维生素PP 1.0 mg。脂肪中含亚油酸多，营养价值较高。此外，还含有丰富的维生素B、维生素E，可防止细胞老化、健脑、增强记忆力及延缓衰老。中医认为核桃仁有顺气补血，止咳化痰，润肺补肾等功能。

【工艺流程】

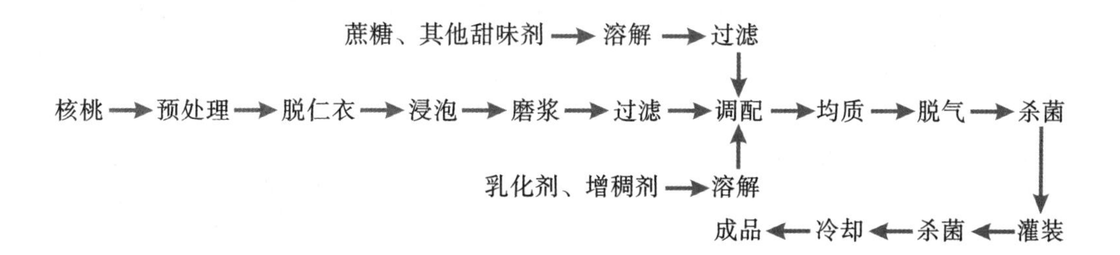

【工艺要点】

(1)原料预处理　核桃有3层皮保护果仁，即青皮、内果皮和种皮。最外层为青皮(外果皮)，轻轻敲打熟果，青皮就会脱落。第2层为内果皮即木质果壳，可用机械破碎取出核桃仁。核桃仁的出仁率一般为32%～50%。选择质地饱满、肉色黄白或虎皮色的核桃仁，剔除霉烂、虫蛀、干瘪、黑色及氧化败坏的果仁及其他异物，用水将核桃仁冲洗干净，去掉泥沙、浮皮及其他杂质。

(2)脱种皮　核桃仁经脱壳破碎后，多为不规则的块状，完整者为球形，由两瓣种仁合成,皱缩多沟,凹凸不平,被一层褐色薄膜状种皮包围,剥掉种皮方显乳白色子叶。核桃仁味淡,富油脂,但种皮味涩,不易被人们接受。应选择合理工艺脱除种皮,一般可采用水浸法或干燥法。

1)水浸法　将挑选洗净的核桃仁倒入80~90 ℃的热水中,热烫10~30 min,热水内可加5%~12%的氢氧化钠,热烫后用清水洗净,用人工或机械搅拌、摩擦脱皮。

2)气流干燥法　将核桃仁放入热风干燥箱中焙烤,温度控制在110~120 ℃,时间2~3 h,使种皮脱水并与果肉脱离,取出后冷却,用人工或脱皮机搅拌、摩擦去皮。

(3)浸泡　采用净化水浸泡,使核桃仁吸水胀润,便于磨浆。核桃仁与水的比例为1∶2~1∶3,浸泡时间为8~12 h,每隔3~4 h换1次水,换水时注意清除杂质及坏仁。

(4)磨浆　浸泡后采用砂轮磨粗磨。磨浆时料水比为1∶3~1∶5,磨至呈均匀浆状时再用胶体磨精磨。磨浆时用水的水温80~85 ℃,可钝化脂肪氧化酶,防止褐变,待磨成均匀乳状液时过滤。

(5)过滤　采用160~200目筛网过滤,去除核桃渣粗纤维,便于后续加工,保证产品质量。

(6)调配　将核桃浆调节pH至7.0~9.0,在过滤所得的乳状液中添加糖及其他添加剂,混合均匀。

(7)均质与杀菌　为了保持乳液的稳定性,需要经过30~50 MPa的均质处理,使蛋白质、油脂等形成均匀的水包油型乳浊液,避免脂肪上浮或蛋白颗粒聚沉等现象。

杀菌温度为85~90 ℃,玻璃瓶于60~70 ℃的温度下进行热灌装。密封后的二次杀菌采用10′-20′-15′/121 ℃的杀菌工艺,杀菌后冷却至37 ℃左右,保温检验后即为成品。

6.4.6 植物蛋白饮料生产常见问题及控制措施

植物蛋白饮料是一种蛋白质胶体,富含脂肪,也是一个复杂的热力学不稳定体系,其中不只有由蛋白质形成的悬溶液,并且有由乳化脂肪形成的乳浊液,此外,还有由盐、糖等形成的真溶液。因此,在植物蛋白饮料生产储藏中,易出现蛋白质沉淀以及脂肪上浮等不稳定性现象。

6.4.6.1 沉淀

植物蛋白饮料沉淀的影响因素有:

(1)粒度　植物蛋白饮料稳定性同介质粒度的大小密切相关。若粒度较大,便很容易在其重力作用下沉淀析出。粒子上浮、下降的速度与粒子密度、直径、介质的密度、黏度相关。对某一特定植物蛋白饮料而言,粒子密度是一个常量;而介质密度及介质黏度变化小,也可视之为常量。因此,植物蛋白饮料粒子直径愈大,其沉降的速度也就愈大,反之亦然。植物蛋白饮料常见的非酸败沉淀分层现象,大部分是因其粒子的直径比较大,加快了沉降速度,使其沉降平衡被破坏。

(2)浓度　植物蛋白饮料属于胶体体系,胶体粒子间的作用力主要有两种,一种是范德华斥力,另一种是相同电荷的双电层之间的静电斥力。而这一体系中,溶液的浓度是决定这两种力的关键因素。植物蛋白饮料原料不同,最佳稳定浓度值亦不同。

(3)pH值　植物蛋白质不同,其等电点亦各不相同。即使是同种植物的蛋白质,结构与环境条件不同,等电点亦有差异。溶液pH值与蛋白质等电点越接近,蛋白质的水化能力也就越差,其溶解度也越小,蛋白质分子和溶液内其余组分彼此聚集凝结也就越容易,更易形成析出物。反之,为促使植物蛋白质充分的解离,提高水化能力,保证饮料体系的稳定,在不影响口感和风味的前提下,乳状液的 pH 值应远离该植物蛋白的等电点。

(4)电解质　植物蛋白质在二价金属盐溶液(如 $MgSO_4$、$CaCl_2$等)中的溶解度较小。这是因为 Mg^{2+}、Ca^{2+}使离子态蛋白质粒子之间产生桥联作用,形成较大胶团,进而趋于凝聚沉淀,使蛋白质的溶解度降低,最终使植物蛋白饮料的稳定性被破坏。

(5)热处理　植物蛋白饮料生产中,热处理是不可或缺的。杀菌是生产时的主要热处理过程。如果杀菌不彻底,植物蛋白饮料容易因微生物生长繁殖而腐败变质;如果杀菌温度过高,因蛋白饮料有热敏感性,当温度高于临界值时蛋白将会展开,暴露内部部分蛋白。这些基团会增大蛋白之间的引力,因而导致胶体发生液滴絮凝与结合作用,使蛋白发生变性,另外,高温会使脂肪的氧化速度加快,这将直接影响饮料的风味与稳定性。

(6)水质　水中的空气、水的硬度以及水中杂质均会对饮料稳定性产生影响。如果饮料含有空气,易使蛋白饮料中脂肪、香料、维生素等成分发生氧化作用,使滋味、气味劣化,从而影响饮料的稳定性。水的硬度过高,容易产生破乳、奶酪化等现象而影响稳定性。蛋白饮料用水的硬度应≤8.5 度,最好是<4 度的软水。水中若有固体颗粒和悬浮物等杂质,会影响蛋白饮料的外观。这些杂质在成品储存期内缓慢下降或上浮,并促使蛋白饮料营养组分凝聚加快,形成大颗粒沉淀或脂肪层。

6.4.6.2 腐败变质

植物蛋白饮料腐败变质的影响因素有:

(1)微生物　植物蛋白饮料经常出现的腐败变质,主要是由微生物引起的。植物蛋白饮料营养丰富,水分含量一般在 90%以上,又绝大部分是游离水;产品多数 pH 值在 7 左右,非常适合微生物的生长代谢活动,是优良的微生物培养基。细菌、酵母菌、霉菌都能在植物蛋白饮料中生长繁殖。因原料、生产工艺、包装方式以及杀菌方法的不同,引起植物蛋白饮料腐败变质的微生物也有差异。在有氧的条件下,霉菌、酵母菌和细菌都有可能引起腐败变质;在缺氧的环境中,引起变质的有拟杆菌属、梭状芽孢杆菌属、假单孢菌属的细菌,以及假丝酵母属、球拟酵母属的酵母和啤酒酵母菌。酵母繁殖使糖发酵,引起饮料风味的改变,使饮料变得混浊,产生沉淀。

(2)包装　植物蛋白饮料的包装若未经过严格杀菌消毒,或未保证其密封性,则容易导致染菌,使饮料变质、混浊,产生沉淀。

6.4.6.3 脂肪上浮

植物蛋白饮料出现沉淀现象时,可能同时出现脂肪上浮的现象,这是由于植物蛋白饮料的乳浊液体系出现变化,产生破乳,脂肪球未能完全形成水包油体系,脂肪聚集上浮而形成脂肪层。需要加入适宜的乳化剂以阻止或减轻此现象。

6.4.6.4 植物蛋白饮料生产控制措施

(1)原料的改性　在含蛋白质的饮料加工过程中,蛋白质的某些基团会因氧化或其他反应而导致溶解能力降低,从而出现沉淀等不稳定现象。以超声波、高压、盐酸、弱碱处理等物理、化学手段对蛋白质进行改性,可改变其溶解性、乳化性,从而防止蛋白质沉淀。此外,也可利用生物工程技术重组植物蛋白的合成基因,以改变蛋白质的特性,从而改善蛋白质的溶解性能。

(2)机械微粒化　微粒化处理可减小颗粒粒径,提高植物蛋白饮料的稳定性。通过胶体磨和高压均质机的均质处理,可有效地使物料中的蛋白质和脂肪球等颗粒微粒化,减缓蛋白质和脂肪球下沉与上浮的速度,维持长期的稳定性。

(3)调节 pH 值　大多数蛋白饮料 pH 值呈中性,无须调酸。在不影响口感和风味的前提下,饮料的 pH 值应远离植物蛋白的等电点,防止蛋白质凝聚。

(4)添加适量乳化剂及增稠剂　添加乳化剂和增稠剂能有效地稳定蛋白质和脂肪,防止蛋白质沉淀和脂肪上浮,提高蛋白饮料的稳定性。常用增稠剂及乳化剂有:变性淀粉、果胶、卡拉胶、海藻酸钠、羧甲基纤维素钠、聚氧乙烯山梨醇酐单硬脂酸酯、单硬脂酸甘油酯、蔗糖脂肪酸酯、谷氨酚氨转氨酶、氧化淀粉、乙酰化二淀粉磷酸酯、酸处理淀粉,羧丙基二淀粉磷酸酯等。不同的植物蛋白饮料因其组分不同,单纯用卵磷脂、蔗糖脂肪酸酯、单甘酯或其他某种单体乳化剂,稳定性很难保证。所以植物蛋白饮料生产中常采用多种乳化剂及其助剂,再配入多种具有协同增效作用的增稠剂按一定比例混合使用。

(5)调节电解质　植物蛋白饮料在生产过程中,须特别注意 Ca^{2+}、Mg^{2+} 等二价金属离子以及其他多价电解质,避免因电解质引起的蛋白质凝聚沉淀。磷酸盐能够通过改变蛋白质的净电荷、体系的 pH 值和离子强度来影响蛋白乳状液体系的稳定性。

(6)杀菌与包装　在满足商业无菌要求下,尽量采用高温瞬时杀菌,以避免长时间的加热使蛋白变性絮凝。植物蛋白饮料的包装一般分为常压包装和真空包装,包装过程要严格保证卫生,尽可能实现生产的连续化、密闭化和自动化,杜绝因微生物生长繁殖引起的腐败现象。

6.5　复合蛋白饮料

豆乳、花生乳、杏仁乳以及消毒奶等产品各具特色,但都存在着某些不足之处,如风味及营养的缺陷等。不同来源的蛋白经复合后可克服单一原料中的蛋白质与氨基酸比例不合适的问题,弥补单一原料中某些氨基酸的不足,提高蛋白质的生物价;同时,复合后各种风味可相互协调,产生良好的令人愉悦的蛋白香气。

6.5.1　花生牛奶复合蛋白饮料

【工艺流程】

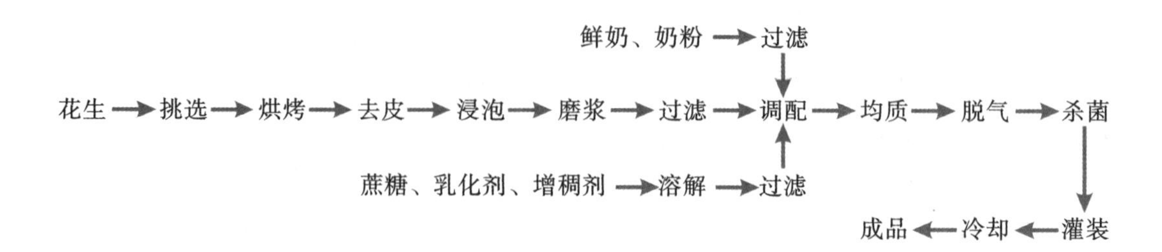

【工艺要点】

(1)烘烤、去皮　在125 ℃烘烤20 min,既可使花生熟化、产香,又可使仁衣酥脆,便于机械摩擦风选去皮。

(2)浸泡　以去皮花生仁10倍量、浓度0.50%的$NaHCO_3$水溶液在60 ℃下浸泡8 h,使花生仁充分润胀、变软,便于磨浆。

(3)磨浆　用50 ℃温水进行磨浆,液料比12∶1,加液料总量0.50%的$NaHCO_3$,可提高蛋白质提取率。

(4)调配　按照配方要求,其他辅料溶解过滤后与花生浆混合,如花生浆38%、鲜牛奶13.5%、蔗糖7%、单甘酯0.12%、三聚磷酸钠0.02%、黄原胶0.014%、海藻酸钠0.01%、卡拉胶0.021%,其余部分为水。混合后搅拌均匀。

(5)均质　料液温度70 ℃,均质压力30~35 MPa,可均质2次。

(6)脱气、杀菌　为提高饮料稳定性,防止氧化,可在真空度60~65 kPa下脱气;脱气后在125~137 ℃杀菌10~30 s,冷却至80~85 ℃热灌装或冷却至常温无菌灌装。

6.5.2　大豆牛奶复合蛋白饮料

【工艺流程】

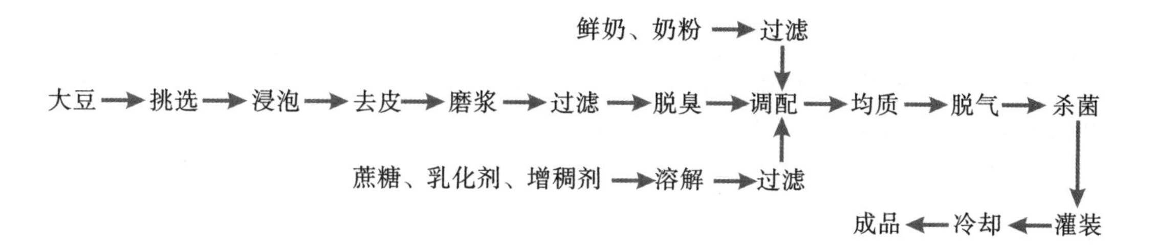

【工艺要点】

(1)豆浆制备　操作要点见本章6.4.1.5 豆乳的生产。

(2)混合调配　牛奶和豆浆的比例通常为1∶1,其他辅料和添加剂根据配方加入。

(3)煮浆　将调配好的浆液加热至100 ℃,煮沸10 min。

(4)均质　在20~50 MPa压力下均质2次,均质温度为80 ℃。

(5)灌装、杀菌　若用玻璃瓶、易拉罐灌装,灌装后在121 ℃条件下杀菌15 min,冷却后即为成品。也可采用超高温瞬时灭菌和无菌灌装方法进行杀菌和灌装。

6.5.3 核桃花生复合蛋白饮料

【工艺流程】

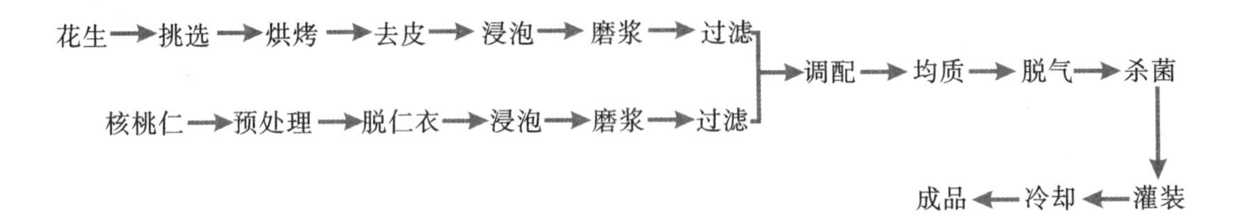

【工艺要点】

(1)花生浆的制备　方法参照本章6.5.1中的工艺要点。

(2)核桃浆的制备　核桃仁经挑选后用0.2% NaOH沸水烫煮1 min,然后常温水冲洗,脱除核桃仁仁衣;然后常温水浸泡去皮果仁2~4 h后打浆。

(3)调配　按照配方要求进行各辅料的溶解、过滤,再在调配罐中进行混合并搅拌均匀。参考配方:料液比为核桃：奶粉：花生：水=1：3：15：400(水在花生和核桃打浆时加入,此比例为总配料比),蔗糖6.00%、黄原胶0.15%、CMC-Na 0.12%、蔗糖酯0.12%、单甘酯0.12%。

(4)均质　均质温度70 ℃,均质压力35~40 MPa,均质两次。

(5)杀菌　采用塑料瓶或纸盒包装的饮料,135~137 ℃杀菌15~30 s,再热灌装或无菌冷灌装。采用易拉罐包装的饮料,一般85~90 ℃热灌装后,再在121 ℃杀菌15 min,冷却后即为成品。

思考题

1. 简述蛋白饮料的分类。
2. 叙述凝固型酸乳与搅拌型酸乳的加工技术。
3. 如何控制发酵性乳酸饮料的质量?
4. 简述豆乳生产中产生豆腥味的原因及影响因素。
5. 试说明我国的传统豆浆与现代技术加工的豆乳在工艺及产品质量上的异同。
6. 简述酸豆乳的加工工艺流程和影响产品质量的主要因素。
7. 什么是复合蛋白饮料?依据课本内容试设计一种新型的复合蛋白饮料。

第7章　碳酸饮料

【内容提要】

本章主要介绍碳酸饮料的概况及其分类;碳酸饮料加工的主要原料和设备;碳酸饮料加工工艺及操作要点;碳酸饮料加工中的常见问题及解决方法。

【学习目标】

了解碳酸饮料行业发展趋势,掌握其分类方法;了解碳酸饮料加工的原料要求,熟悉碳酸饮料加工的主要设备;掌握碳酸饮料的加工工艺流程及关键工序;熟悉碳酸饮料生产中常见的质量问题,并能够分析解决。

【名词及概念】

碳酸饮料;果汁型碳酸饮料;果味型碳酸饮料;可乐型碳酸饮料;其他型碳酸饮料;原糖浆;调和糖浆;碳酸化;一次灌装法;二次灌装法

7.1　碳酸饮料的分类及产品技术要求

按照中华人民共和国国家标准《饮料通则》(GB 10789—2015),碳酸饮料分为:果汁型碳酸饮料、果味型碳酸饮料、可乐型碳酸饮料和其他型碳酸饮料。

7.1.1　碳酸饮料的分类

(1)果汁型碳酸饮料　原果汁含量不低于2.5%,二氧化碳含量不低于1.5倍的碳酸饮料,如橘汁汽水、橙汁汽水、菠萝汁汽水或混合果汁汽水等。果汁型碳酸饮料不仅可以消暑解渴,还有一定的营养作用,是目前和今后碳酸饮料发展的方向。

(2)果味型碳酸饮料　以果味香精为主要香气成分,含有少量果汁或不含果汁、二氧化碳含量不低于1.5倍的碳酸饮料,如橘子味汽水、柠檬味汽水等。果味型是目前产量较稳定的品种。

(3)可乐型碳酸饮料　含有焦糖色、可乐香精或类似可乐果香型的香精为主要香气成分,二氧化碳含量不低于1.5倍的碳酸饮料,该类型为嗜好性饮品,已有一百多年的历史,是当今世界碳酸饮料的主流产品,代表性品牌如“可口可乐”“百事可乐”等。无色可乐不含焦糖色。国内可乐型饮料研发始于20世纪80年代,有“天府可乐”“崂山可乐”等,因其辅料中有中草药,有一定的保健作用。

（4）其他型碳酸饮料　除上述3类以外的碳酸饮料。目前还有以甜味剂全部或部分代替糖类的低热量型及其他型碳酸饮料，要求二氧化碳含量不低于1.5倍，如苏打水、盐汽水、姜汁汽水、沙士汽水等。

7.1.2 产品技术要求

（1）感官要求　应具有反映该类产品特点的外观、滋味，不得有异味、异臭和外来杂物。

（2）理化指标　应符合表7.1的规定。

表7.1　理化指标

项目	果汁型	果味型、可乐型及其他型
二氧化碳气容量(20 ℃)/倍		≥1.5
果汁含量(质量分数)/%	≥2.5	—
铅(Pb)/(mg/L)		≤0.3
总砷(以As计)/(mg/L)		≤0.2
铜(Cu)/(mg/L)		≤5.0

（3）微生物指标　微生物指标应符合表7.2的规定。

表7.2　微生物指标

项目	指 标
菌落总数/(CFU/mL)	≤100
大肠菌群/(MPN/100 mL)	≤6
霉菌/(CFU/mL)	≤10
酵母/(CFU/mL)	≤10
致病菌(沙门氏菌、志贺氏菌、金黄色葡萄球菌)	不得检出

7.2 碳酸饮料生产主要设备

我国碳酸饮料生产中使用的设备种类很多，不同生产企业其设备的机械化、自动化程度相差悬殊。本节就碳酸饮料生产中所用到的主要设备，包括水处理设备、糖浆调制设备、冷却设备、碳酸化设备、洗瓶设备、灌装设备等作简单介绍。

7.2.1 水处理设备

水处理设备主要用于水的混凝、沉淀、过滤、硬水软化和消毒。常用的设备有多介质过滤器、砂滤棒过滤器、活性炭过滤器、离子交换器、电渗析器、反渗透器和紫外线饮水消毒器、臭氧消毒机等。详见第2章相关内容。

7.2.2　糖浆调制设备

7.2.2.1　化糖锅

化糖锅多为夹层形式,设备结构简单,内层用不锈钢板制成,中间通以0.1～0.2 MPa压力的蒸汽使砂糖融化。锅体容积大的一般还配有搅拌器。图7.1是带冷却盘管的化糖锅示意图。

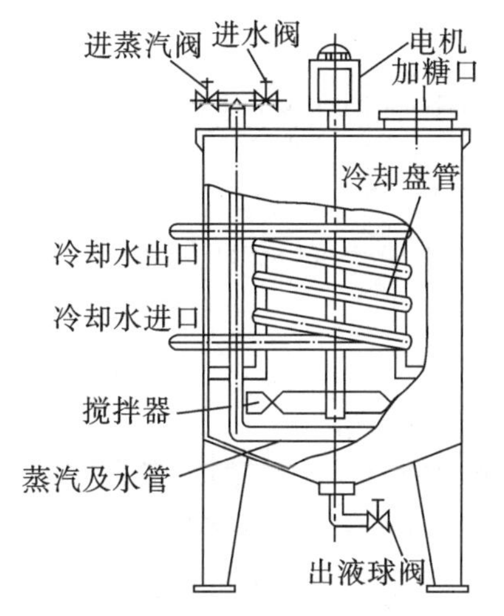

图7.1　带冷却盘管的化糖锅

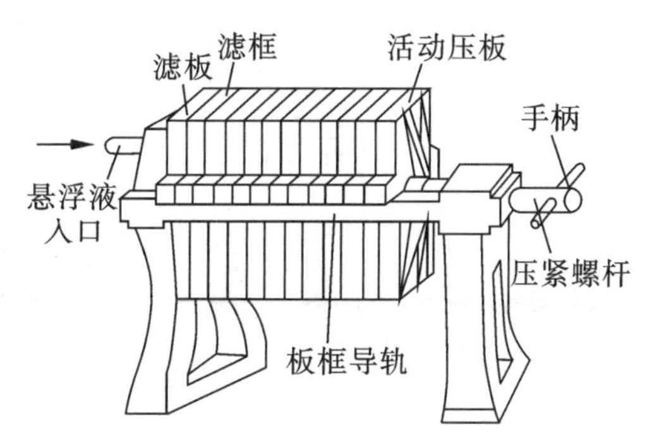

图7.2　板框压滤机结构

7.2.2.2　糖浆过滤设备

常用的糖浆过滤设备是板框压滤机和硅藻土过滤机等设备。

(1)板框式压滤机　板框式压滤机是间歇式过滤机中应用最广泛的一种。板框式压滤机的滤室由滤框和交替排列的滤板组成。滤框和滤板构成一个完整的通道,同时在滤框和滤板的边角上有通孔,这能起到通入悬浮液、洗涤水和引出滤液的作用。板框式压滤机在工作时是由供料泵将悬浮液压入滤室,同时在滤布上形成滤渣,直至充满滤室。滤液穿过滤布并沿滤板沟槽流至板框边角通道,这时通过板框边角通孔集中排出。过滤完毕,可通入洗涤水洗涤滤渣。洗涤后,有时还通入压缩空气,除去剩余的洗涤液。随后打开压滤机卸除滤渣,清洗滤布,重新压紧板、框,开始下一工作循环。图7.2是板框压滤机的结构示意图,图7.3是滤板和滤框的结构示意图。

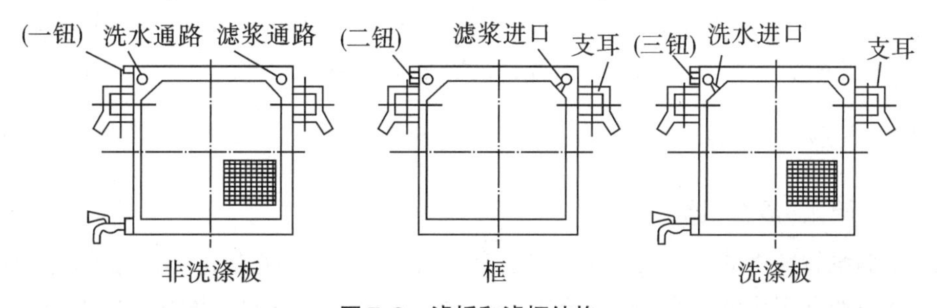

图7.3　滤板和滤框结构

(2)硅藻土过滤机　硅藻土过滤机是使用硅藻土作助滤剂的压力式过滤机械，可用于除去0.1~1 μm的固体颗粒，具有水平叶片式和垂直叶片式两种。图7.4是烛式(垂直叶片式)硅藻土过滤机的系统配置图。烛式硅藻土过滤机核心部件是由梯形不锈钢丝绕焊而成烛棒形空心过滤单元，滤烛反冲清洗后可反复使用。其特点是过滤量大，运行成本低，无运动部件，操作维护简单，自动化程度高。应当注意的是使用硅藻土过滤机一定要做好助滤剂的预涂工作。

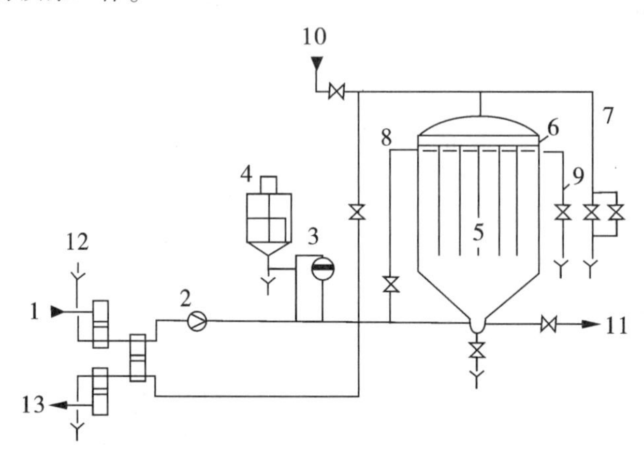

图7.4　烛式硅藻土过滤机系统配置图

1—滤浆入口；2—液料泵；3—预涂计量泵；4—配料罐；5—烛式过滤元件；6—孔板；7—过滤排空管；8—喷水管；9—排空管；10—进气口；11—滤渣出口；12—洗水进口；13—滤液出口

7.2.2.3　配料罐

配料罐是配有罐盖、带有搅拌装置的夹层不锈钢罐。夹层中间可通蒸汽加热或通入自来水或深井水冷却。过滤后的糖浆在配料罐中进行冷却，并与其他原辅料、添加剂在此罐中进行调配、混合。配料罐容积应为化糖设备容积的2.0~2.5倍以上。

7.2.3　冷却设备

在碳酸饮料生产中，为了保证碳酸化的效果，在碳酸化之前，首先需要将糖液、水、混合液进行冷却。冷却器有管式和板式热交换器2种，以管式冷却最常用。冷却方式有直接冷却和间接冷却2种，生产中以直接冷却为主。冷却的冷源是制冷剂(氨或氟利昂)。直接冷却是将制冷剂通入浸没于糖液或混合液中的冷却盘管中，通过热交换使糖液或混合液冷却至碳酸化要求的温度。间接冷却是先用制冷剂冷却冷媒(酒精水或乙二醇水、冰水、盐水等)，再将冷媒通入冷却器对糖液或混合液进行冷却。目前在一次灌装生产工艺中，冷却和碳酸化设备极为紧凑，有先进的冷却-碳酸化一体机。

7.2.4　碳酸化设备

7.2.4.1　配比(混合)器

由于糖浆和净水的混合决定了产品各种成分的比例，直接影响产品的质量。所以要求准确地按照预定比例混合，通常把按一定比例混合的装置叫作配比(混合)器。配比

(混合)器种类较多,目前常见的有以下几类。

(1)配比泵混合器 配比泵混合器连锁两个活塞泵,一个控制进水,一个控制进糖浆。活塞直径有大有小,糖浆比例的变化是通过调节活塞行程的大小实现的。

(2)孔板定比例混合机 这种设备的定比例作用原理是:液体在落差不变的情况下,流过一个固定节流孔时,其流速恒定不变,从而达到流量不变。节流孔也可用计量阀代替。图7.5为一孔板定比例混合机的示意图。

(3)喷射式混合器 喷射式混合器的基本构造是一个文氏管。当冷净水以高速从文氏管喷射口喷出时,在文氏管的吸入腔产生的低压使糖浆通过节流阀进入混合区。水-糖浆比例是以节流阀上的手轮来调节的。

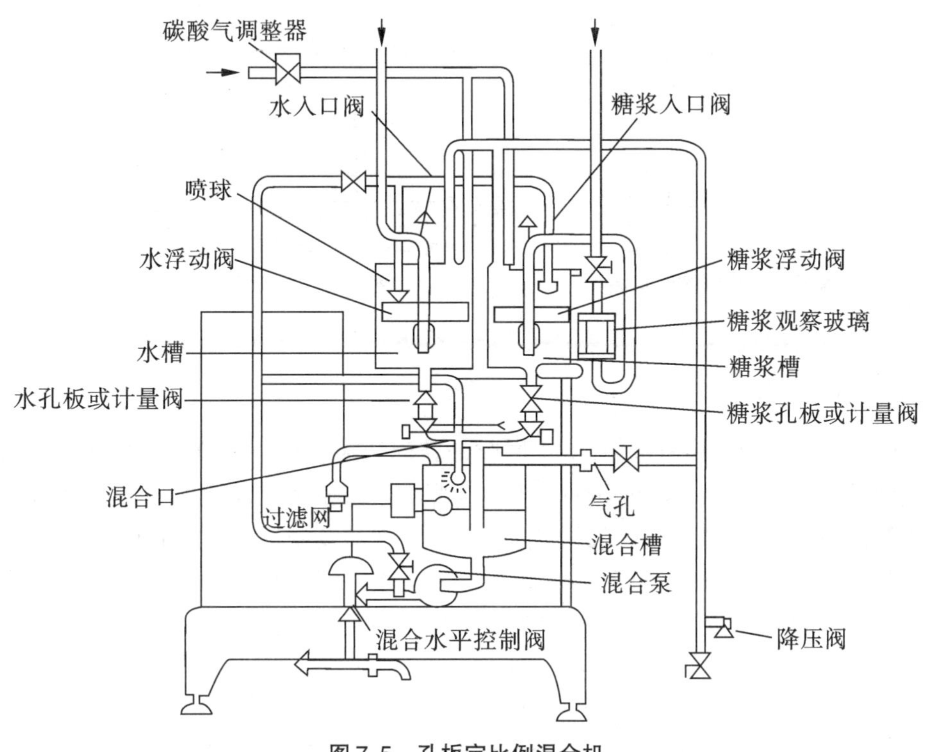

图7.5 孔板定比例混合机

7.2.4.2 汽水混合机

汽水混合机就其中二氧化碳和水的混合形式可分为三种:薄膜式、喷雾式和喷射式。在实际生产中使用较多的是后两种。喷雾式混合机在我国的中小企业中使用较多,图7.6是喷雾式混合机结构示意图。它是个密闭的压力容器,二氧化碳气体和处理水在一定压力下的该容器内混合。

近几年在进口饮料生产线中使用的混合机多为喷射式混合机,它主要是一支文氏喷射管,即文丘里管混合器,如图7.7所示。经过处理和冷却的水由泵加压(1.0 MPa左右)后通过水管进入混合机,其内部的液体通道之中设有一个咽喉。由于截面逐渐收缩,水流的速度剧增,在末端形成低压区,会不断吸入二氧化碳气体。在喷嘴出口处的环境压力和水的内压形成较大压差,为了维持平衡,水爆裂成很细小的水滴,而水与二氧化碳有很大的相对速度,使水滴变得更加细微,这样,就使得水和二氧化碳具有了很大的两相接触面积,提高了碳酸化的效果。这种碳酸化器的结构简单,工作可靠。一般只要降低温度,二氧化碳的压力调节在规定的范围内,同时使多级泵达到足够的压力,便可获得较为理想的碳酸化效果。生产中常在混合机前加一台脱气设备以获得更好的碳酸化效果。

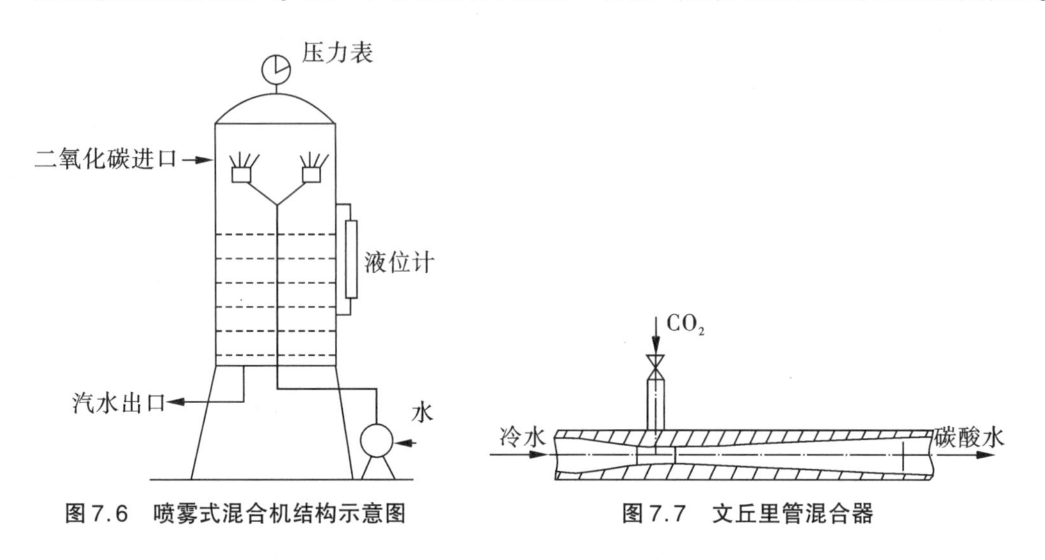

图7.6 喷雾式混合机结构示意图　　图7.7 文丘里管混合器

7.2.5 洗瓶设备

碳酸饮料若采用玻璃瓶包装,由于回收的玻璃瓶大多都是连续周转使用的,里面难免有残留的饮料和其他污染物,如刷洗不净会影响饮料质量,因而需要严格的洗瓶环节。洗瓶机按洗瓶方式分为喷射式、浸泡式、浸泡与洗刷式及浸泡与喷射式四大类。图7.8是浸泡与喷射式洗瓶机的示意图。如采用PET瓶或铝罐包装,因瓶、罐都是新瓶、新罐,一般采用普通的喷射式洗瓶机,经喷射冲洗即可达到卫生要求。

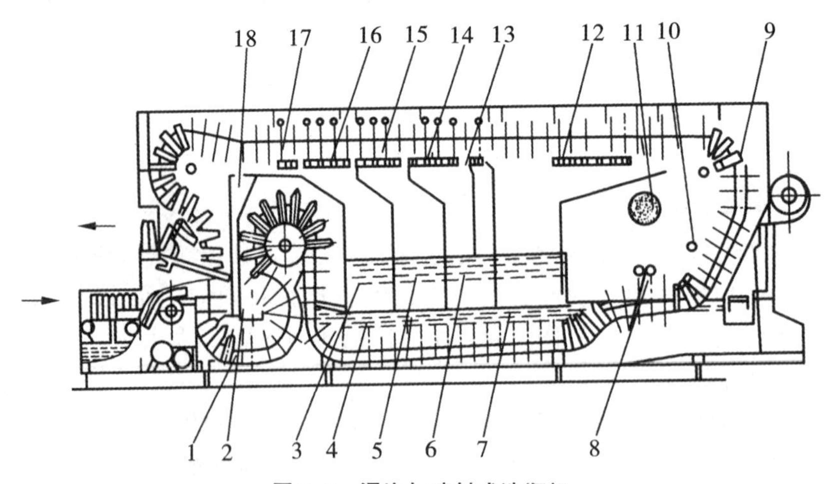

图7.8 浸泡与喷射式洗瓶机

1—预泡槽;2—污水接收器;3—冷水池;4—浸泡槽;5—温水池;6—热水池;7—洗液接收器;8、10、13—喷头;9—转角处;11—中心加热器;12—洗液喷射区;14—热水喷射区;15—温水喷射区;16、17—冷水喷射区;18—预热带

7.2.6 灌装设备

灌装设备有二次灌装和一次灌装两种类型。二次灌装设备由灌浆机、灌水机和压盖机组成,设备简单、投资少,但产品质量不易控制,目前企业已较少使用。一次灌装设备属于较先进的灌装系统,设备较为复杂,由一个动力机构驱动的灌装机和压盖机组成,主要包括洗瓶机、混合机、灌装机、压盖机等,是目前大、中型碳酸饮料企业普遍使用的灌装设备。

灌装机用于灌装碳酸水或混合好的饮料,因此灌装机又称灌水机。灌装机的灌装方式有等压式灌装、压差式灌装和负压式灌装3种类型。在碳酸饮料生产中大多采用等压灌装,其过程如图7.9所示。图中(a)为初始位置。瓶子还未接触灌装阀,所有的气体和液体通道都处于关闭状态。(b)为充气反压。瓶了和灌装阀罩一起上升到预定的位置,这时回转拨叉11将充气阀10打开,高压气体经充气通道9进入瓶中。(c)为注液回气。当瓶内压力达到储液缸1的压力时,液阀5自动打开,料液由分流伞沿瓶壁流下,同时,在瓶内被置换的压力气体通过回气管4返回,当瓶内液面达到回气管的下端口时,注液结束。(d)为阀门关闭。回转拨叉11将压力气体阀和液阀5关闭。(e)为充气。顶部充二氧化碳阀6打开,二氧化碳或其他惰性气体从环形槽2充入瓶中,将瓶颈处的空气赶走。(f)为压力释放。压力释放阀7打开,瓶中的压力经过在压力释放通道中的针阀8,逸出至环形槽3。

等压灌装过程主要是充气等压进液、回气停止进液及排除出气管中液料和排除进液管中余料,所以等压灌装阀和液体在灌装时不受直接冲击,CO_2损失极少,且可保持稳定的灌装压力,是目前碳酸饮料、啤酒、矿泉水和汽酒等灌装普遍采用的主要方式。

压差式灌装采用虹吸原理,通往瓶子的阀门只有两个通路,一通料槽,一通大气,当通往料槽的通路打开时,饮料流入瓶中,直到瓶内与料槽等压。由于瓶中空气不能排出,因空气受压缩形成压力使物料不能继续流入瓶中。这时尚不能灌足量,需要阀门换向,饮料再流入瓶中,如此反复4~5次至装满。这种方式的优点是机器结构简单,操作简单,适用于小型机;但是灌装速度较慢,液面较难控制,含气量高的产品不宜采用,过去老式的机器采用这种方法,现在用于部分糖浆的灌装。负压式灌装原来是用于非碳酸饮料的灌装,灌装时饮料瓶内先抽成负压,然后料液流入瓶内。用于灌装碳酸饮料时,是负压式与等压式的组合。即首先抽负压造成瓶子的真空,再采用等压式灌装。这种方式最大的特点是抽空以后灌装可减少饮料与空气接触的机会,降低溶解氧的含量,目前多用于啤酒灌装,由于啤酒更怕氧化,所以瓶子抽真空以后灌装,啤酒可以更少地接触空气。

7.2.7 灌装生产线

碳酸饮料灌装生产线有玻璃瓶、易拉罐和PET瓶灌装线等类型。目前,碳酸饮料的灌装已实现高度自动化,各环节均可使用可编程控制器(PLC)设计自动运行,进瓶、瓶检采用风送、光电检测系统,洗瓶、灌装、封盖已实现三位一体。近年来,我国在引进的基础上已自主研发出性能先进、生产能力强的灌装设备,并形成了运行可靠的完整生产线。

7.2.7.1 玻璃瓶灌装线

设备主要生产厂家有德国SEN、H&K、O+H、日本三菱重工、意大利希莫拉兹

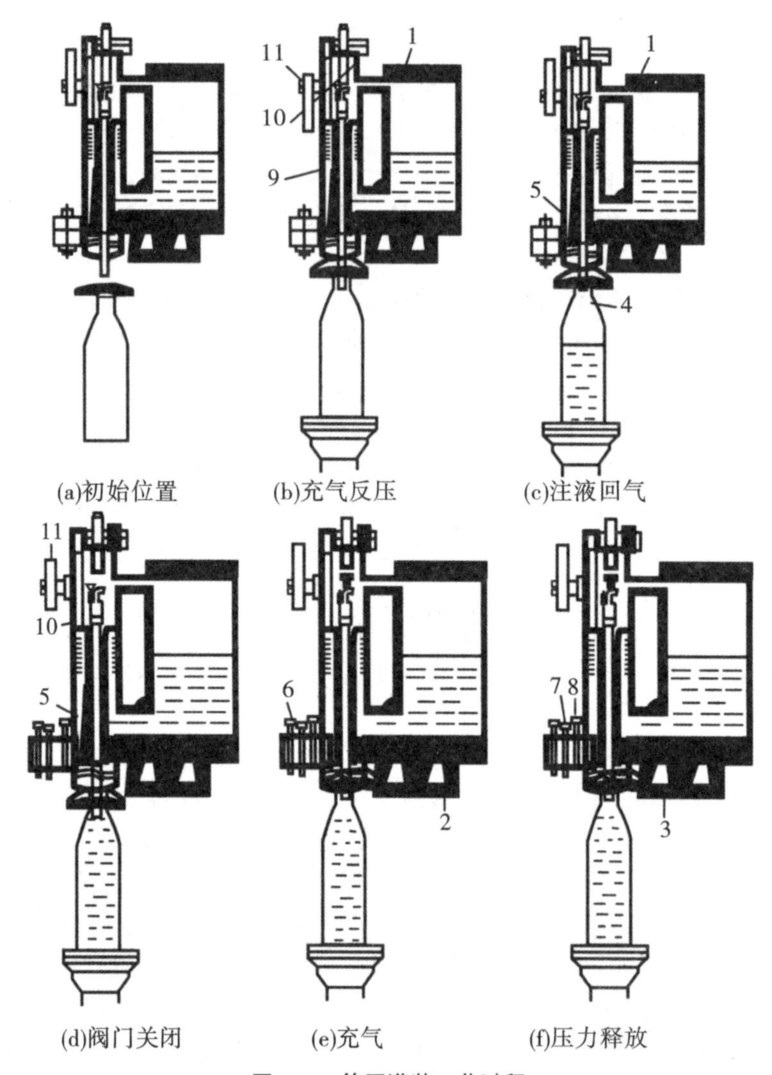

图 7.9　等压灌装工艺过程

1—储液缸;2、3—环形槽;4—回气管;5—液阀;6—二氧化碳阀;7—压力释放阀;
8—压力释放通道针阀;9—充气通道;10—充气阀;11—回转拨叉

(Simonazzi)、美国迈耶(MEYER)等。灌装线包括 CIP 自动清洗系统自动理瓶机、风送系统、自动上瓶/卸瓶系统、空瓶杀菌系统、等压灌装系统、喷淋温瓶系统、贴标/套标系统、自动包装/传输系统等,产能由最初的 5 000 ~ 8 000 瓶/h,发展到目前的 30 000 ~ 40 000 瓶/h。目前,我国自行设计制造的各种生产能力的灌装线,正在逐步成为生产线上的主力军,生产能力最高可达到 36 000 瓶/h。

7.2.7.2　易拉罐灌装线

自 20 世纪 80 年代开始,我国先后引进易拉罐饮料灌装线 50 余条,主要是德国 SEN、美国迈耶公司的设备,灌装能力从 9 000 ~ 34 500 罐/h 不等,主要包括卸托盘机、洗罐机、灌装机、封罐机、混合机、温罐机、吹罐机、液位检测器、喷码机、装托盘机、包装机等。目前,广东、南京、张家港、合肥、温州等地的多家食品机械与设备制造企业,已研发出具有自主知识产权的易拉罐灌装线,生产能力为12 000～30 000罐/h。

7.2.7.3 聚酯瓶灌装线

PET瓶灌装线可以是单独的专用线,但一般均与玻璃瓶灌装线通用一台灌装设备,灌装玻璃瓶时用玻璃瓶洗瓶机,灌装PET瓶时用冲瓶机。灌装机高度可以调整,以适应两种不同型瓶的高度。另外,用于玻璃瓶灌装时,灌装机与皇冠盖压盖机相连;灌装PET瓶时,灌装机与旋盖机连接。这样,一台灌装机可以完成两种不同类型容器的灌装。我国引进的PET瓶灌装线主要来自美国迈耶、德国SEN、Krones和西得乐公司等。国产50头两用灌装机,用于玻璃瓶灌装线时,灌装250 mL瓶的生产能力为30 000瓶/h,灌装1 250 mL PET瓶的生产能力为7 200瓶/h。中小规模PET瓶灌装线灌装机灌装1 250 mL瓶时的生产能力为900瓶/h,500 mL瓶时的生产能力达36 000瓶/h。

7.3 碳酸饮料生产工艺

7.3.1 碳酸饮料生产工艺流程

碳酸饮料的生产工艺大致包括3个基本工序,即糖浆制备、碳酸化、灌装。根据灌装方式不同分为二次灌装工艺和一次灌装工艺。二次灌装属于传统工艺,一次灌装工艺更为先进,是目前普遍使用的生产工艺。

7.3.1.1 一次灌装工艺

【工艺流程】

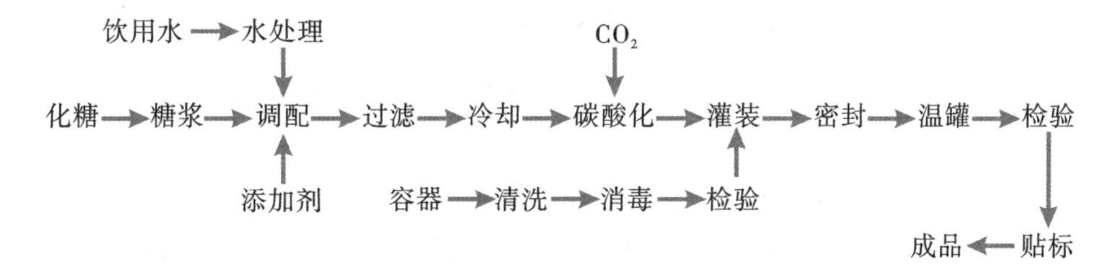

将糖、水及各种添加剂预先调配好,制备为饮料半成品,冷却后与CO_2混合进行碳酸化,最后再灌装,这种将饮料预先调配并碳酸化后进行灌装的工艺称为一次灌装,又称为预调式灌装、成品灌装或前混合法灌装。由于一次灌装产品质量稳定,刹口感强,且生产规模较大,自动化程度高,适合大型、自动、连续化和使用主剂的碳酸饮料生产,是目前国内普遍采用的生产工艺。

7.3.1.2 二次灌装工艺

【工艺流程】

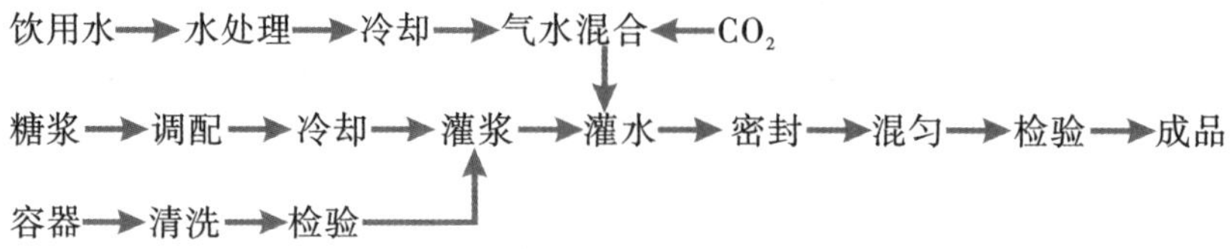

饮用水→水处理→冷却→气水混合←CO_2

糖浆→调配→冷却→灌浆→灌水→密封→混匀→检验→成品

容器→清洗→检验→（灌浆）

二次灌装法是先将水和糖混合，制成糖浆后，添加酸味剂、香精、香料等制成调味糖浆定量注入容器中，然后加入碳酸水至规定量，密封后再混合均匀。这种糖浆和水先后各自灌装的方法又称为现调式灌装法、预加糖浆法或后混合法（postmix），是传统的汽水生产方式。

7.3.2 糖浆的制备和调配

糖浆的制备是碳酸饮料生产中的重要环节，糖浆质量的好坏直接影响碳酸饮料的产品质量。糖浆在碳酸饮料中的主要作用是提供稠度而有助于传递香味，并提供能量和营养价值。

7.3.2.1 原糖浆的制备

【工艺流程】

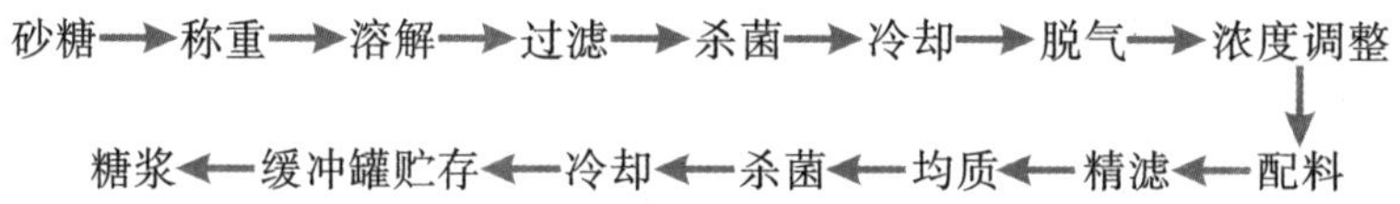

砂糖→称重→溶解→过滤→杀菌→冷却→脱气→浓度调整→配料→精滤→均质→杀菌→冷却→缓冲罐贮存→糖浆

（1）原糖浆的溶解方法　常见溶糖方式分间歇式和连续式两大类，按照溶解时是否加热又分为冷溶法和热溶法。

1）冷溶法　冷溶法即在室温下将砂糖加入水中搅拌溶解。冷溶的步骤是：依据配比先将定量的无菌水加入化糖锅中，开动搅拌机，投入称量好的糖，搅拌 20～30 min 使糖溶化，溶解完成后立即停止搅拌，以防混入过多空气而加速糖液的变质。待砂糖完全溶化后，过滤去杂即成。冷溶法节省能耗要求有严格的卫生控制措施。

2）热溶法　热溶法适用于零散饮料、纯度要求高或要求延长储藏期的饮料糖浆的配制。热溶能杀灭糖内细菌，分离出凝固糖中的杂质，溶解迅速，短期内可生产大量糖液。一般采取不锈钢的双层化糖锅，并备有搅拌器，锅底部有放料管道。常见加热方式：蒸汽加热、热水加热。

①蒸汽加热　将水和砂糖按比例加入到化糖锅内，通入蒸汽加热，在高温下搅拌溶解。优点：溶解速度快，可杀菌，能量消耗相对较少；缺点：若直接将蒸汽通入到溶糖罐内会因为蒸汽冷凝而带入冷凝水，使糖液的浓度和质量受到影响。若用夹层锅加热，则会因锅壁温度较高，搅拌出现死角时，容易结垢，影响传热效果和糖液的质量。

②热水溶解法 边搅拌边把糖逐步加入到热水中溶解,然后加热杀菌、过滤、冷却。通常采用的具体工艺为:50～55 ℃热水搅拌溶糖→粗过滤→90 ℃杀菌→冷却→39 ℃精滤→冷却至20 ℃→糖溶液。优点:避免了蒸汽加热时糖在锅壁上黏结;采用50～55 ℃热水,减少了蒸汽给操作带来的影响。

(2)原糖浆浓度的测定 糖浆浓度测定常用比重计法(波美表法)、折光法、糖度表法等方法。

1)比重计测定法 把波美比重计浸入所测溶液中,得到的度数叫波美度。当测得波美度后,从相应化学手册的对照表中可查出溶液的质量分数。

2)折光测定法 使用手持糖度计测定,实际上检测的是物质的折光性。使用方法:掀起盖板,将折光棱镜清洗干净,并将水拭净。取糖液数滴,置于折光棱镜面上,合上盖板,将仪器进光窗对向光源,调节视度圈,使视场内刻度清晰可见,于视场中读取明暗分界线相应之读数,即为溶液含糖浓度(质量分数)。

(3)原糖浆的过滤 对于高质量优质砂糖制备的糖浆,采取不锈钢丝网、帆布、棉饼、板框等方式过滤即可。质量较差的砂糖,会导致饮料产生凝结物、沉淀物,甚至异味,装瓶时出现大量泡沫等;另外,一些对糖浆色度要求很高的饮料如白柠檬汽水,要求净化处理。净化方法:加0.5%～1%活性炭到热糖浆中,边加边搅拌,活性炭与糖液充分接触15 min,温度保持在80 ℃,过滤前加入0.1%硅藻土作助滤剂,避免活性炭堵塞过滤器。

7.3.2.2 糖浆的调配

糖浆的调配是指根据不同碳酸饮料的要求,在一定浓度的糖液中,加入甜味剂、酸味剂、香精香料、色素、防腐剂等,充分混匀后所得的浓稠状糖浆。糖浆的调配要求在配料室进行。用于调配的不锈钢罐应有倾斜式或腰部式搅拌装置和容量刻度标尺;倾斜式或腰部式的搅拌方式可避免因振动而致使灰尘和油污等杂质掉入糖浆中。

(1)调配用的原料及其处理 为使物料混合均匀,减少局部浓度过高而发生化学反应,物料不能不经处理而直接加入,应该预先制成一定浓度的水溶液,并经过滤后再进行混合。

1)甜味剂 在碳酸饮料的实际生产中为了使风味更好,往往使用不止一种甜味剂。一般需配成50%的水溶液再加入。注意:当采用甜味剂代替砂糖的时候,饮料的固形物含量会下降,相对密度、黏度、外观等会发生改变,口感也会变得单薄,因此必须加入增稠剂。国内许多厂家使用羧甲基纤维素钠作为增稠剂,可保持稠厚感3个月;美国许多厂家常使用黄原胶,可保持稠厚感达6个月。

2)酸味剂 常用的酸味剂有柠檬酸、酒石酸、苹果酸和乳酸等。在碳酸饮料的实际生产中,一般需预先配成50%的水溶液再加入。也有的厂家在溶解糖的时候加入,但要注意砂糖在酸的作用下分解成果糖和葡萄糖。不同类型的碳酸饮料应分别使用不同的酸味剂,柠檬酸常用于柑橘风味的碳酸饮料,酒石酸则多用于葡萄风味的饮料中,可乐型碳酸饮料则常用磷酸。

3)果汁 依据生产需求选择适宜的产品或自制果汁加入。一般采用浓缩汁。

4)色素 按照国标要求,将色素预先配成5%的水溶液,经过滤后加入。配制用水应该用蒸馏水,或者凉开水。容器采用不锈钢或塑料容器,不能使用铁、铜、铝等的容器和搅拌棒。色素通常不稳定,耐光性差,需现配现用,避光保存。可乐型碳酸饮料使用焦糖色素。

5)防腐剂　碳酸饮料中含有CO_2,具有一定的渗透压而不利于微生物的生长繁殖。但为延长保质期,通常仍需加入防腐剂。防腐剂先制备成20% ~30%的水溶液,然后在搅拌条件下缓慢加入到糖液中,搅拌均匀后,再加入酸味剂或果汁等酸性物料,避免由于局部浓度过高与酸反应而析出结晶、产生沉淀,从而失去防腐作用。可乐型碳酸饮料常使用苯甲酸钠,果汁型、果味型碳酸饮料推荐使用山梨酸钾。

6)香精　在饮料生产中使用的香精,可分为水溶性香精和乳化香精。一般依据香精自身的溶解性制成适宜的溶液加入。由于各种香精的溶解度和使用量有关,使用过量时,会造成混浊以及香味过重的现象,因此使用新规格的香精时,须先经过小试,然后再投入生产。

(2)糖浆的配制方法

1)调和糖浆　调和糖浆时各种原料的一般加入顺序是:原糖浆→甜味剂→防腐剂→酸味剂→果汁→稳定剂→色素→香精→加水定容。调入各种原料,一般应遵循的原则是:调配量大的先调入,如糖液、水;配料间容易发生化学反应的间隔调入,如酸和防腐剂;黏度大、易起泡的原料较迟调入,如乳化剂、稳定剂;挥发性的原料最后调入,如香精、香料。要在不断搅拌的情况下投入各种原料。加料的顺序十分重要,次序不当可能会导致原料失去应起的作用。另外,若料温过高加入香精,则香精会很快挥发而失去香味。乳化剂可助溶香精,一般在香精加入前加入,这样可以帮助香精迅速溶解,减少搅拌的时间。各种固体物料均应先溶解、过滤后,在搅拌下徐徐加入,避免局部浓度过高或混合不均匀;同时搅拌不能过于剧烈,以免混入过多空气影响碳酸化、灌装效果,降低产品品质及保藏性。

2)糖浆定量　糖浆定量是控制成本和产量的主要操作,糖浆在定量上稍有差错,就会使饮料的味道发生很大的变化。定量过多,饮料会太甜、太香,还会导致成本增大;定量过少,饮料就会淡而无味。要保证成本的一致性,配料的计量必须准确,用量过多或过少都是不对的。要准确定量,应经常校正糖浆定量器,同时工厂应做好下列作业记录:糖的每批投入量;配制糖浆的容器体积及糖浆相对密度;成品饮料中糖的百分比及每瓶糖浆注入量;该批糖浆生产的饮料产量。

(3)配方设计　配方是某一个品种饮料的原辅料组成及数量。根据碳酸饮料可溶性固形物含量的不同,可分为高糖型、中糖型、低糖型、无糖型等。可溶性固形物含量分别为:高糖型大于或等于10%;中糖型大于或等于6.5%,小于10%;低糖型小于5.0%;无糖型不含砂糖。碳酸饮料的二氧化碳含量(20 ℃时容积倍数)应大于或等于2.5,其中可乐型应大于或等于3.0。碳酸饮料的总酸含量要求为:高糖型大于0.12%,中糖型大于0.10%,低糖型大于0.06%,可乐型大于0.08%,其他型小于0.30%。在设计碳酸饮料配方时,必须依据其类型,遵循以上参数制定,其他辅料参考用量参照国家标准,以使调制的碳酸饮料达到相关标准的要求。几种碳酸饮料配方实例如下(质量百分比):

1)砂糖8%,甜蜜素0.1%(相当于蔗糖5%),柠檬酸0.12%,橘子汁5%,橘子香精0.12%,日落黄色素0.002%,胭脂红色素0.0001%。

2)白砂糖4%,甜蜜素0.06%,蛋白糖(50倍)0.08%,磷酸0.08%,苯甲酸钠0.02%,乳化全色可乐香精0.20%。

3)白砂糖4%,甜蜜素0.06%,蛋白糖(50倍)0.08%,柠檬酸0.17%,柠檬酸钠0.06%,苯甲酸钠0.02%,香精0.20%。

4)白砂糖6%,甜蜜素0.06%,蛋白糖(50倍)0.04%,柠檬酸0.16%,柠檬酸钠0.03%,食盐0.02%,苯甲酸钠0.02%,苹果香精0.12%。

要注意的是,随着健康知识的普及,越来越多的消费者为避免肥胖,改善健康状况,开始重视糖的摄入。2016年欧盟通过了糖税的征收,将对每100 mL中含糖超过5 g及超过8 g的饮料征收税金,以遏制肥胖、糖尿病等健康问题的出现,以碳酸饮料为代表的含糖饮料近年也朝着降糖、低糖、无糖的趋势发展,蔗糖添加量大幅降低,例如可口可乐推出"零度"可乐,碳酸饮料芬达的含糖量也降低了1/3,黑加仑汁饮料利宾纳的含糖量降低了一半。但减糖带来的口感变差的问题也是需要关注的,应用甜度高而又不含糖的天然健康甜味剂,正逐渐成为饮料行业应对高糖带来的健康风险的优先选择。

7.3.3　碳酸化

碳酸化是在一定的压力和温度下,在一定时间内,水吸收二氧化碳形成碳酸的过程,也称为二氧化碳饱和作用或碳酸化作用(carbonation)。碳酸化的程度会直接影响碳酸饮料的质量和风味,是碳酸饮料生产的重要工序之一。

7.3.3.1　碳酸化原理与影响因素

(1)碳酸化原理　水吸收二氧化碳的过程实际上是一个化学反应过程。

$$CO_2+H_2O = H_2CO_3$$

该反应服从亨利定律和道尔顿定律。

1)亨利定律　气体溶解在液体中时,在一定温度条件下,一定量液体中溶解气体量与液体保持平衡时的气体压力成正比。

$$V=H\times p$$

式中:V——溶解气体的量;

H——亨利常数,与溶质、溶剂及温度有关;

p——平衡压力。

2)道尔顿定律　混合气体的总压力等于各组成气体的分压力之和。

$$p=p_1+p_2+\cdots+p_i$$

式中:p_i——各组分气体在温度不变时,单独占据混合气体所占的全部体积时对器壁施加的压力。

(2)二氧化碳在水中的溶解度　在一定温度和压力下,二氧化碳在水中的最大溶解量即为二氧化碳在水中的溶解度。这时气体从液面逸出的速度和气体进入液体的速度达到平衡,即为达到饱和,该溶液称为饱和溶液。未达到最大溶解量的溶液叫不饱和溶液。

关于气体溶解度的表示方法,我国一般用溶于液体中的气体容积来表示,对于二氧化碳来说,在0.1 MPa、15.56 ℃时,1体积水可以溶解1体积的二氧化碳,也就是说0.1 MPa、15.56 ℃时,二氧化碳的溶解度近似为1。欧洲则用每升溶液中所溶解的二氧化碳的质量(g/L)作为溶解度的单位。在0.1 MPa不同温度下,二氧化碳的溶解度见表7.3。

表 7.3　0.1 MPa 不同温度下二氧化碳的溶解度

温度/℃	(L/L)	(g/L)	温度/℃	(L/L)	(g/L)
0	1.713	3.347	11	1.154	2.240
1	1.646	3.214	12	1.117	2.166
2	1.584	3.091	13	1.083	2.099
3	1.527	2.979	14	1.050	2.033
4	1.473	2.872	15	1.019	1.971
5	1.424	2.774	16	0.985	1.904
6	1.377	2.681	17	0.956	1.845
7	1.331	2.590	18	0.928	1.789
8	1.282	2.494	19	0.902	1.736
9	1.237	2.404	20	0.878	1.689
10	1.194	2.319	21	0.854	1.641

(3)影响碳酸化作用的因素　影响二氧化碳溶解度的因素主要有以下几个方面：

1)二氧化碳的分压　当温度不变时,混合气体中二氧化碳的分压增高,二氧化碳在水中的溶解度就会增大。在 0.5 MPa 以下的压力时,二氧化碳的分压与其在水中的溶解度成线性正比关系。

2)液体的温度　压力较低时,在压力不变的情况下,水温降低,二氧化碳在水中的溶解度会增加,反之,温度升高,溶解度减少。温度影响的常数称为亨利常数,以 H 表示。从表 7.4 中可以看出,H 随温度变化而变化。这里指的是压力较低时,压力较高时会有偏离,因为 H 还是压力的函数。

表 7.4　二氧化碳的亨利常数

温度/℃	H	温度/℃	H	温度/℃	H
0	1.713	25	0.759	60	0.359
5	1.424	30	0.665	80	0.234
10	1.194	35	0.592	100	0.145
15	1.019	40	0.530		
20	0.878	50	0.436		

3)气体和液体的接触面积与时间　溶解不是瞬间完成的,需要一定的时间,但时间太长将会影响设备的生产能力。一般采用增大接触面积的方法:如将溶液喷雾成液滴状或薄膜状。

4)气液体系中的空气含量(水中空气含量)　根据道尔顿定律和亨利定律,各种气体的溶解量不仅取决于各气体在液体中的溶解度,而且取决于该气体在混合气体中的分压。在 0.1 MPa、20 ℃时,1 体积空气溶解于水中可以排走 50 倍体积的二氧化碳。因而要尽量排除气液体系中的空气。常用的有如下两种方法。

①真空脱氧　迫使液体形成雾滴或液膜,并造成负压,借助于液体内部压力大于外部压力的压差,使溶解于液体中的空气逸出。

②二氧化碳脱氧　利用水中二氧化碳的溶解度大于空气的特点,将水或未碳酸化的饮料进行预碳酸化。该法要求二氧化碳气体的纯度极高,较少采用。

5)液体的种类及存在于液体中的溶质　不同种类的液体以及液体中存在的不同溶质对二氧化碳溶解度影响很大。在标准状态下,二氧化碳在水中的溶解度是1.713,二氧化碳在酒精中的溶解度则为4.329;另外,当液体中溶解有胶体、盐类等类似的溶质时,有利于二氧化碳的溶解,而当液体中含有悬浮类杂质时,不利于二氧化碳的溶解。

7.3.3.2　二氧化碳的需求量

(1)二氧化碳理论需要量的计算　根据气体常数1 mol气体在0.1 MPa、0 ℃时为22.41 L,因此1 mol二氧化碳在T ℃时的体积为:

$$V=(273+T)/273\times 22.41$$

则有

$$G_{理}=V_{汽}\times N/V\times 44.01$$

式中:$G_{理}$——二氧化碳理论需要量;

$V_{汽}$——汽水容量,L(忽略了汽水中其他成分对二氧化碳溶解度的影响以及瓶颈空隙部分的影响);

N——气体吸收率,即汽水含二氧化碳的体积倍数;

44.01——二氧化碳的摩尔质量,g;

V——T ℃下1 mol二氧化碳的容积(0.1 MPa,15.56 ℃时为23.69 L)。

(2)二氧化碳的利用率　生产过程中二氧化碳的损耗很大,因而二氧化碳的实际消耗量在碳酸饮料生产中比理论需要量要大得多,一般来说,装瓶过程二氧化碳的损耗约为40%~60%。采用一次灌装时二氧化碳的实际用量为瓶内含气量的2.2~2.5倍;采用二次灌装时为2.5~3.0倍。常见提高二氧化碳的利用率方法包括:选用性能优良的灌装设备;在不影响操作和检修的前提下,尽量缩短灌装与封口之间的距离;经常对设备进行检修,提高设备完好率,减少灌装封口时的破损率(包括成品的);尽可能提高单位时间内的灌装、封口速度、减少灌装后在空气中的暴露时间,减少二氧化碳的逸散;使用密封性能良好的瓶盖,减少漏气现象等。

7.3.3.3　碳酸化的方式

碳酸化过程在汽水混合机或碳酸化罐中进行(参看本章7.2.4)。碳酸化是在一定的气体压力和液体温度下,在一定的时间内进行的。一般要求尽量扩大气液两相的接触面积,降低液体的温度和提高二氧化碳的压力。因为单靠提高二氧化碳的压力受到设备承压能力的限制,单靠降低水温碳酸化的效率低且能耗大,所以大都采用冷却降温和加压相结合的方法。首先对水或混合液进行冷却,冷却可采用直接冷却和间接冷却等不同方式,冷却到达终点后进行碳酸化。

(1)低温冷却吸收式　在二次灌装工艺中低温冷却吸收式是把进入汽水混合机的水先预冷至4 ℃左右,在0.441 MPa下进行碳酸化;在一次灌装中则把已经脱气的糖浆和水的混合液冷却至16~18 ℃,在0.784 MPa下进行碳酸化。低温冷却吸收式的缺点是冷量消耗大,冷却时间长,生产成本高;还容易由于水冷却的程度不够而造成含气量不足。其优点是设备造价低，冷却后液体的温度低，可抑制微生物生长繁殖。

(2)压力混合式　压力混合式采用较高的操作压力来进行碳酸化，其优点是碳酸化效果好，节省能源，降低了成本，提高了产量，缺点是设备造价高。

7.3.3.4　碳酸化过程中的注意事项

(1)保持合理的碳酸化水平　碳酸化水平对于碳酸饮料的味道影响很大。碳酸化水平过高，容易使饮料自身的甜酸味减弱；碳酸化水平过低则会失去碳酸饮料应有的刹口感。对于风味复杂的碳酸饮料，如含挥发性成分低的柑橘型碳酸饮料，碳酸化的程度过高反而会冲淡饮料应有的独特风味。对于所用香精含易挥发的萜类物质的碳酸饮料，碳酸化水平过高则会破坏原有的果香味而变苦。一般果汁型汽水含 2 ~3 倍容积的二氧化碳，可乐型汽水和苏打水含 3 ~4 倍容积的二氧化碳。

(2)保持灌装机一定的过压程度　混合机和灌装机的连接一般采用直接连接法，当饱和溶液从混合机流向灌装机时压力降低，温度可能升高，饱和溶液会立即变成过饱和溶液，而导致其中的二氧化碳迅速涌出。因此灌装机需要保持一个高于在灌装机内饱和溶液所需要的压力(即过压力，又称额外压力)；这样在灌装完毕泄压时，首先由瓶中排出的是过压力，同时由于惯性作用，液体中二氧化碳气体的分子扩散方向不可能迅速转变为相反的方向，因此，溶液中溶解的二氧化碳气体不会迅速从液体中分离而产生反喷。

一个最佳的过压程度需要由经验决定，一般为 98 kPa。为了得到所需的过压，目前生产中通常使混合机的压力高于灌装机 19.6 kPa(通常是将混合机安装在高位，也有使用过压泵，或称去沫泵)，灌装机的压力又比最终产品含气量的压力高出 98 kPa。

(3)将空气混入控制在最低限度　前已述及，在 0.1 MPa、20 ℃时，1 体积空气溶解于水中可以排走 50 倍体积的二氧化碳，因而需要将气液体系中的空气混入控制在最低限度内。常用的方法是定期向混合机内灌注液体(水或者消毒剂)，然后用二氧化碳排出，以排除混合机内积存的空气。过夜时，碳酸化罐应经常保持一定的压力，以防止空气进入。

(4)保证水或产品中无杂质　杂质的存在能促使气体过度逸出。常见的杂质有：空气、二氧化碳中的油或其他杂质、瓶中的碱或小片碎标签、水中的杂质以及糖浆中未被溶解的杂质等。

(5)保证恒定的灌装压力　混合机和灌装机的压力波动会产生如下几种影响：①产品最终的碳酸化程度随之波动；②灌装机内过压下降时会引起喷涌，导致碳酸化控制失灵；③灌装机内储液槽液面升高会淹没反压阀，液面降低则灌装不了成品。因而保持恒定的灌装压力非常重要。

7.3.4　碳酸饮料的灌装

灌装是碳酸饮料生产的关键工序，常见的灌装方法有典型的二次灌装法和一次灌装法，有时也使用组合灌装法。

7.3.4.1　灌装的质量要求

灌装是碳酸饮料生产的关键工序，在实际生产中要保证碳酸饮料产品质量的稳定和均一性，需要注意如下质量要求。

(1)达到预期的碳酸化水平 碳酸饮料的碳酸化的程度应保持一个合理的水平,二氧化碳含量必须符合规定要求。成品含气量的多少不仅与混合机有关,而且灌装系统也是主要的决定因素。

(2)保证糖浆和水的准确比例 二次灌装法成品饮料的最后糖度取决于灌浆量、灌装高度和容器的容量,要保证糖浆量的准确度和灌装高度。现代化的一次灌装法要保证配比器的正常运行。

(3)保证合理和一致的灌装高度 合理和一致的灌装高度可以保证内容物符合规定标准、保证产品的商品价值,还可以适应饮料与容器的膨胀比例。例如二次灌装时的灌装高度直接影响糖浆和水的比例,当灌装太满、顶隙小,在饮料由于温度升高而膨胀时,会导致压力增加,产生漏气或爆瓶现象。

(4)容器顶隙应保持最低的空气量 容器顶隙部分的空气如果含量多,会使饮料中的香气或其他成分发生氧化作用,导致产品变质变味。

(5)密封严密有效 密封是保持饮料质量的关键因素,瓶装饮料无论是皇冠盖还是螺旋盖都应密封严密,压盖时不应使容器有任何损坏,金属罐卷边质量应符合规定的要求。

(6)保持产品的稳定性 造成碳酸饮料产品质量不稳定的因素主要有:过度碳酸化、存在杂质、存在空气、灌装温度过高或温差较大等。任何碳酸饮料在大气压力下都是不稳定的(过饱和),而且这种不稳定性随碳酸化程度和温度的升高而增加,因此,降低灌装体系的温度对于保持产品的稳定性极为有利。

7.3.4.2 灌装的方法

(1)二次灌装法 二次灌装法是一种传统的灌装方式,但现在仍然被采用,尤其是汽水中含有果肉的成分时采用较为有利,因为果肉通过混合机的喷嘴时易造成喷嘴堵塞,不好清洗。该法的优点是:设备简单,投资少,适合中小型饮料厂。另外,糖浆和碳酸水各成独立的系统。糖浆渗透压高,对微生物能起抑制作用,碳酸水也不宜繁殖细菌,其管道也是单独装置,清洗很方便。对于含有果肉的碳酸饮料,比较适合采用这种灌装法。该法的缺点是由于糖浆和碳酸水之间不可避免会存在温度差,在向糖浆中灌碳酸水时易产生大量泡沫,造成二氧化碳的损失量增大及成品灌装量的不足。必须注意,此种灌装方式中由于糖浆未经碳酸化,与碳酸水混合后混合液的含气量要比碳酸水含气量低,为了保证最终成品的含气量必须使碳酸水的含气量高于成品预期的含气量。二次灌装采用的灌装形式是糖浆定量灌装,碳酸水定高灌装,因而碳酸水的灌装量会由于瓶子的容量不一致而难于准确,从而造成成品质量的不够稳定。

(2)一次灌装法 早期的一次灌装法是将糖浆和水按一定比例加到二级配料罐中搅拌均匀,再经冷却、碳酸化后灌装。这种方法需要大容积的二级配料罐,配合后如不能立即进行冷却和碳酸化,由于混合后糖浆的糖度较低而很容易受细菌污染,卫生难以保证。大型的连续化生产线多采取定量混合方式,把处理水和调合糖浆以一定比例作连续的混合,压入碳酸气后灌装。这种灌装方法的优点是糖浆和水的比例准确,灌装容量容易控制;当容器容量发生变化时,不需要改变比例,产品质量一致;灌装时糖浆和水的温度一致,气泡少,二氧化碳的含量容易控制且稳定;产品质量稳定,含气量足,生产速度快。其缺点是不适合带果肉碳酸饮料的灌装,设备复杂,投资大,混合机与糖浆接触,洗涤和消毒不方便。

(3)组合式　为了使一次灌装法适应果肉碳酸饮料的灌装,可以采用各种组合方式。目前常见的组合方式有以下几种。①按一般的一次灌装法组合各机,当灌装带肉果汁碳酸饮料时,在调和机上装一个旁通,使调和糖浆按比例泵入另一管线而不与水混合,直接送入混合机末端,利用泵和控制系统将其与碳酸水混合,然后灌装。②按一般的一次灌装法组合各机,在调和机以后加入一个旁路,采用注射式混合机进行冷却碳酸化,然后灌装。③只使用调和机的比例泵部分,不进行调和。水以注射式做预碳酸化,然后与糖浆共同进入易清洗的碳酸化罐,作最后的碳酸化,再进行灌装。④二氧化碳和水先在混合机中碳酸化,然后与糖浆分别进入调和机中,按比例调好(或再进入缓冲罐)进行灌装。

7.3.5　封盖、检验、贴标与装箱

聚酯瓶采用螺旋防盗盖封盖机或旋盖机封盖;易拉罐采用二重卷边式封罐机封罐;玻璃瓶用皇冠盖封口机封口。压盖要紧密、不漏气,又不能太紧而损坏瓶口,压盖前需要对瓶盖进行消毒。

成品检验多用肉眼,加灯光背幕。有的工厂用放大镜置于成品前,一般放大倍数为3~4倍。在高速生产线上,许多抽样检验的项目已经不能满足要求,发现不合格的情况再进行调整已经来不及。所以许多检查项目必须在生产线上完成,以便随时更正误差。目前先进的生产线已经设有线上检测仪及控制机构。

贴标方法是采用专用瓶、专用盖或贴标来实现。专用瓶是指瓶上有凸字或印字,表现品名、商标、制造厂或仅表现一两个标名,而将其余的标名放在盖上表现;专用瓶仅适于大量生产的品种。专用盖是指在皇冠盖上印刷了品名、商标、制造厂等标名,更换品种时只需要换盖即可。贴标纸的方法由于在冷藏过程中会导致水湿,或纸标脱落,而失去标名的作用,许多厂家不愿采用。

碳酸饮料的大包装可以用木箱、塑料箱和纸板箱。塑料箱当中有隔挡,四壁有半高和全高两种。装纸箱机也有多种,现多用装入瓶子后再成箱型的设备。装纸箱的产品有时还可以进行联包,以方便超市销售,联包后再将几个联包产品装入大箱。

7.3.6　容器与设备的清洗

7.3.6.1　容器的清洗与检验

一次性的容器和新的玻璃瓶,一般不需要消毒,只需要用无菌水喷淋即可用于灌装。对于多次使用的回收玻璃瓶,需要用专用的洗涤剂和消毒液进行刷洗和消毒。玻璃瓶洗涤之后必须内外清洁无味,不残留碱液及其他洗涤剂,经过微生物检验要合格。常用洗涤装置见本章7.2.5,洗净的瓶子在洗瓶机上直接烘干,或放在滴水车上使瓶子中的余水滴尽;检瓶通常是采用肉眼检验法,检验合格的瓶子,用传送带送到灌装机进行灌装。

空瓶检验的主要项目是:裂隙,主要是瓶口部位;洗后液体残留,尤其是当洗瓶机最后清洗机构有堵塞时,瓶中会残留碱液,可以用酚酞指示剂对洗后空瓶进行抽检;尘土、杂质,尤其是昆虫,昆虫飞入饮后空瓶中被残留的糖黏住,甚至干后粘牢不易洗去,空瓶立放时多粘于瓶底角;其他可能的污染。

7.3.6.2 CIP 清洗系统

饮料加工生产设备有不同的清洗方式。小型简单的生产设备可以采用人工清洗的方式,但对于大型或复杂的生产设备系统进行人工清洗则既费时又费力,而且往往难以取得必要的清洗效果。因此,现代饮料加工生产设备,多采用 CIP 清洗技术。

CIP,是英文 Clean-In-Place 的缩写,即就地清洗或原位清洗,其定义为不拆卸设备或元件,在密闭的条件下,用一定温度和浓度的清洗液对清洗装置加以强力作用,使与食品接触的表面洗净和杀菌的方法。CIP 清洗具有自动化程度高、节省劳动力、操作安全、清洗效果好、节约清洗用水等优点。

CIP 清洗系统由水罐、酸罐、碱罐、气动阀门、输送泵、回收泵、空压机、热交换器、输送及回收管路、电控箱等装置构成。清洗液分别为工艺水、纯净水、酸液、碱液,基本清洗程序为水洗→碱洗→水洗→酸洗→水洗(表 7.5),酸、碱液清洗后分别回收,当其浓度降低时,补充酸、碱再重复使用。这是国内普遍适用的清洗系统和清洗程序。

CIP 清洗时,酸可用硝酸、磷酸、硫酸,常用 2% 的硝酸。碱可用氢氧化钠、氢氧化钾等,常用 2% 的氢氧化钠。若要使用消毒剂进行消毒清洗,常用的消毒剂有二氧化氯、次氯酸盐等。

表 7.5 CIP 清洗程序及工艺参数

程序	内容	清洗介质	时间/min	温度/℃
1	预冲洗	清水或工艺用水	3 ~ 5	常温或<60
2	碱洗	1% ~3% NaOH	10 ~ 20	60 ~ 80
3	中间冲洗	工艺用水	5 ~ 10	<60
4	酸洗	1% ~2% HNO_3	10 ~ 20	60 ~ 80
5	最后冲洗	工艺用水	3 ~ 10	常温或<60
6	生产前消毒	工艺用水	15 ~ 30	92 ~ 95

7.4 碳酸饮料常见的质量问题与控制措施

碳酸饮料中出现质量问题的现象很多,主要表现为杂质、含气量不足、混浊沉淀、变色变味、生成黏性物质、风味异常变化、过分起泡或不断冒泡等。与质量有关的因素包括物理、化学及微生物等多方面原因,应根据具体情况采取必要措施,控制质量问题的出现。

7.4.1 杂质

杂质是产品中肉眼可见的、有一定形状的非化学物质,对制品的质量影响很大。杂质可分为不明显杂质、明显杂质和使人厌恶的杂质。不明显杂质包括数量极少、体积极小的灰尘、小白点、小黑点等。明显杂质包括数量较多的小体积杂质。使人厌恶的杂质是指刷毛、大片商标纸、蚊虫、苍蝇及其他昆虫等。造成杂质的原因主要有:瓶子或瓶盖未洗干净;原料如水、糖及其他辅料含有杂质;机件碎屑或管道沉淀物;操作人员责任感不强等。

最易引起杂质出现的是瓶子不洁,必须加强洗瓶工序的管理,保证洗瓶时间、温度和洗瓶效果。造成水中含有杂质的主要原因有:水处理设备的过滤效果不好,或贮水罐没有定期进行刷洗或罐盖不严混入杂质,必须针对不同情况进行相应的改进。原料中的杂质主要是过滤问题,也有贮罐不洁或灌装机等不洁或管道沉淀物造成的。为了避免机件碎屑混入,应严格控制混合机、灌装机易损件的磨损,同时所有水管、料管及气管都应定期进行清洗,排出沉淀物,保持管道体系的清洁状态。

7.4.2 气不足或爆瓶

碳酸饮料中二氧化碳含量不足,会导致产品在保质期内容易变质,同时还会影响饮料的风味。导致碳酸饮料二氧化碳含量不足的原因主要有:二氧化碳气不纯;碳酸化时液体温度过高;混合机压力不够;生产过程中有空气混入或脱气不彻底;灌装时排气不完全;混合机碳酸水的阀门或管道漏气、灌水机胶嘴漏气;簧筒弹簧太软、瓶托位置太低、自动机灌装位置偏低、封盖不及时或不严密;瓶与盖不配套等。可根据具体情况查明原因,找出合理的解决办法。

爆瓶是由于二氧化碳含量太高,压力太大,当储藏温度高时气体体积膨胀超过瓶子的耐压程度,或者瓶子质量太差耐压程度不足等都会造成爆瓶。因此,必须控制成品中合适的二氧化碳含量和保证饮料瓶质量。

7.4.3 混浊与沉淀

混浊是指产品呈乳白色,看起来不透明。沉淀是指在瓶底发生白色或其他颜色的片屑状、颗粒状、絮状等沉淀物。产生混浊与沉淀的原因很多,但一般都是由于微生物污染、化学反应、物理化学变化等原因所引起。因此要具体情况具体分析,有针对性地解决问题。

(1)物理性变化引起的混浊沉淀　主要包括如下几种情况:①由于瓶子刷洗不彻底,瓶颈泡沫形成的油圈,而造成沉淀;②瓶底的残留汽水干固膜会在装饮料一段时间后沉于底部形成膜片状沉淀;③管道内壁凹凸不平以及死角处的杂质容易残留而形成沉淀;④水中的钙镁离子在管道内形成碳酸盐,一旦与饮料接触,一部分会与酸性物质如柠檬酸等作用生成柠檬酸盐等,逐渐凝聚并悬浮在饮料中,出现混浊或不透明现象。

(2)化学性变化引起的混浊沉淀　一般是由于饮料在生产过程中原辅材料之间相互作用或者与空气或和水源中的氧气或其他物质发生反应的结果。如白砂糖中存在有胶体物质,在一定时间内会凝聚而形成沉淀;水质硬度过高,水中钙、镁离子与柠檬酸反应,会生成不溶性沉淀;配料工序处理不当,如在含单宁的饮料中使用焦糖,使用的苯甲酸钠和香精量过大、乳化香精过期、色素用量过大,使用劣质添加剂等都会使产品混浊。

(3)微生物引起的混浊沉淀　微生物导致的混浊沉淀等变质现象多是由酵母引起的。酵母可在碳酸饮料中形成乳白色膜、胶黏物质、在饮料表面形成浅白色环状物、絮状物,与糖作用使饮料变质混浊,与柠檬酸作用形成丝状或白色云状沉淀。产生这一情况的原因通常是由于封盖不严,使二氧化碳逸出,进入的空气中带有细菌,从而使得产品发生酸败;或是由于设备未清洗干净或者生产中没有及时将糖浆冷却装瓶,感染杂菌而发

生酸败。

综上所述,造成碳酸饮料混浊沉淀的原因很复杂,必须区别对待。对于理化原因引起的沉淀采取的控制措施有:饮料生产用水硬度必须合适;选择优质砂糖、香精和食用色素,并严格控制用量;严格执行配料操作程序;严格洗瓶、验瓶及水处理操作。对于微生物原因引起的沉淀采取的控制措施有:保证足够的含气量;严格卫生管理,减少各个环节的污染;加强原辅材料的管理;对所有容器、设备、管道、阀门定期进行消毒;加强过滤介质的消毒灭菌工作;防止空气混入等。

7.4.4 变色与变味

碳酸饮料在储存过程中会出现变色、褪色等现象,其原因是碳酸饮料中的色素不稳定,当饮料受到日光照射时,其中的色素在水、二氧化碳、少量空气和日光中的紫外线的复杂作用下发生氧化作用。另外,色素在受热或在氧化酶作用下亦可发生分解而褪色,饮料储存时间越长褪色越明显。因此碳酸饮料应尽量避光保存,避免过度曝光;储存时间不能过长;储存温度不能过高;每批存放的数量不能过多。

碳酸饮料的组成成分非常适合微生物繁殖,在生产过程中稍有不慎,受到微生物污染就会引起碳酸饮料的变味。如污染醋酸菌,有醋酸味;污染产酸酵母,有乙醛味和酸味;果汁型碳酸饮料污染了肠膜明串珠菌,会产生不良气味。另外生产过程中操作不当也会导致饮料产生异味。如配料时容器设备没有洗净会产生酸败味或双乙酰味;柠檬酸使用量过多会造成涩味;糖精钠用量过多会造成苦味;香精质量差、使用量不当也会造成异味;回收瓶洗涤不净也会带入各种杂味等。要解决这些问题,必须严格要求水处理、配料、洗瓶、灌装、压盖等各个工序,严格按照规程操作,并全面搞好卫生管理。

7.4.5 产生胶体变质

碳酸饮料放置一段时间后,有的会产生乳白色胶体物质,严重的甚至类似糨糊状,这种现象称之为产生胶体变质。碳酸饮料产生胶体而变质的原因通常是:砂糖质量差,含有胶体物质或蛋白质;二氧化碳含量不足或混入空气太多,微生物大量繁殖;瓶子没有彻底消毒,瓶内残留的细菌利用饮料中的营养物质生成胶体物质。针对上述情况可采用如下措施以尽量防止此类变质现象的发生:加强设备、原料、操作等环节的卫生管理;充足二氧化碳,降低成品的 pH 值;选用优质的原辅材料进行生产等。

思考题

1. 简述碳酸饮料的分类及特点。
2. 为什么多喝碳酸饮料对健康无益?
3. 简述原糖浆及调和糖浆的制备方法。
4. 简述碳酸化的基本原理和影响因素,并说明碳酸化的常用方式。
5. 简述一次灌装法和二次灌装法的优缺点。
6. 碳酸饮料的灌装有哪些注意事项?
7. 简述碳酸饮料生产中常见的质量问题及产生原因。

第8章　特殊用途饮料

【内容提要】

本章主要介绍特殊用途饮料定义及分类、功能因子及功效、关键生产工序；运动饮料的定义、营养成分、加工实例以及几种运动饮料的配方；营养素饮料的定义与发展概况、主要营养素、注意事项与实例；能量饮料的发展状况及加工实例；电解质饮料概念与发展概况、饮料中常用的电解质；婴幼儿饮料的定义与发展概况、婴幼儿营养素代谢特点与需求、婴幼儿饮料的设计与包装。

【学习目标】

了解特殊用途饮料的发展状况；熟悉特殊用途饮料的功能因子及功效；掌握特殊用途饮料的定义与分类；掌握运动饮料、营养素饮料的加工技术。

【名词及概念】

特殊用途饮料；运动饮料；营养素饮料；能量饮料

8.1　特殊用途饮料的定义与分类

中华人民共和国国家标准《饮料通则》（GB/T 10789—2015）定义：特殊用途饮料是指加入具有特定成分的适应所有或某些人群需要的液体饮料。主要包括运动饮料、营养素饮料、能量饮料、电解质饮料和其他特殊用途饮料五类。

（1）运动饮料（sports beverage）　营养素成分及其含量能适应运动或体力活动人群的生理特点，能为机体补充水分、电解质和能量，可被迅速吸收的制品。

（2）营养素饮料（nutritional beverage）　添加适量的食品营养强化剂，以补充机体营养需要的制品，如营养补充液。

（3）能量饮料（energy beverage）　含有一定能量并添加适量营养成分或其他特定成分，能为机体补充能量，或加速能量释放和吸收的制品。

（4）电解质饮料（electrolyte beverage）　添加机体所需要的矿物质及其他营养成分，能为机体补充新陈代谢消耗的电解质、水分的制品。

（5）其他特殊用途饮料（other special usage beverage）　除上述4类之外的特殊用途饮料。

特殊用途饮料包括补充型和功能型两类。补充型的如百事集团推出的电解质饮料

"佳得乐"、乐百氏的维生素水饮料"脉动"、健力宝的"A8"、北京巨能公司的平衡饮料"体饮"、上海三得利公司的"维体"等,其作用是有针对性地补充人体运动时丢失的营养;功能型的有红牛、怡冠、力保健、启力、乐虎等,它们是通过在饮料中添加维生素、矿物质等各种功能因子,使之具有某种功能,以满足特定人群的保健需要。

根据用途和原料也可分为下列几类。

(1)运动平衡饮料(sports balance beverage) 这类饮料大都含有大量蛋白质、多肽和氨基酸。其中蛋白质可以帮助降低血清中的胆固醇含量,防止血管的粥样硬化,适合老年人饮用;多肽能够调节身体的免疫力,对高血压和脑血栓有抵抗作用,适用于有心脑血管等慢性病的人饮用;氨基酸能充分补充人体由于运动消耗的体力。

(2)低能量饮料(low energy beverage) 这类饮料可减少能量的摄入,并具有很好的瘦身美体功能,所以其热量、脂肪含量、糖分都低于其他饮料,尤其低于补充体能的饮料。如果人体消耗的能量大、身体热量本来就不够,还喝低能饮料,那么无疑是雪上加霜,只会让人的体能下降得更快,故不可长期饮用。

(3)益生菌和益生原饮料(probiotics and prebiotic beverage) 能促进人体肠胃中有益菌的生长,这些有益菌可改善肠道功能,帮助消化、养颜,非常适合老人饮用。

(4)多糖饮料(polysaccharide beverage) 大多是指含有膳食纤维的饮料,膳食纤维可以起到调节肠胃的作用。这种膳食纤维饮料,一般在饭前或饭后饮用,能帮助消化,排除体内毒素,便秘的人长期饮用,可以起到慢慢调节肠道,缓解和治疗便秘的作用。

(5)维生素和矿物质饮料(vitamins and minerals beverage) 这两种饮料功能相似,都是用来补充人体所需微量元素,增强人的免疫功能,提高身体素质,改善骨质疏松,有效抗疲劳。

8.2 特殊用途饮料的功能因子与功效

在特殊饮料中常常添加一些功能性成分,如真菌多糖、功能性低聚糖、不饱和脂肪酸、活性蛋白质与肽、维生素、微量元素、谷胱甘肽、β-胡萝卜素等。这些营养物质进入人体后,会对人体机体产生特殊的作用。

8.2.1 碳水化合物

(1)真菌多糖 真菌多糖是从香菇、灵芝、云芝、虫草和猴头菇等大型食用或药用真菌的菌丝体、子实体以及其发酵液中分离出来的一类具有一定生物活性的碳水化合物,通常是由D-葡萄糖、D-半乳糖、L-阿拉伯糖、L-鼠李糖、D-半乳糖醛酸和D-葡萄糖醛酸等聚合而成。具有通过活化巨噬细胞刺激抗体产生等达到提高人体免疫能力的生理功能,其中大部分还有很强的抗肿瘤活性,对肿瘤细胞有很强的抑制力。真菌多糖可作为重要的功能性食品基料,将其添加到食品或饮料中,通过提高机体的免疫力而达到抵抗疾病的目的。

(2)膳食纤维 指食物中人体消化酶难以消化的食用植物性成分,是一种高聚糖,主要包括纤维素、半纤维素、果胶、树胶、木质素等高分子物质。膳食纤维具有饱腹感,能促进胃肠的蠕动,有利于毒物排泄、防止便秘的功能,且对糖尿病、结肠癌、心血管疾病等有一定的预防作用。国内外的食品企业如汇源、娃哈哈、农夫山泉、三元、可口可乐等,都推出富含膳食纤维的饮品,如汇源的高纤果汁、娃哈哈的思慕C、农夫山泉的纤维素饮料、三元乳业的高纤奶、雪碧纤维饮料。

(3)功能性低聚糖　指对人、动物具有特殊生理作用的、单糖数在2~10的、由相同或不同的单糖通过糖苷键聚合而成的糖类,它们的甜度一般只有蔗糖的30%~50%。功能性低聚糖包括主要水苏糖、棉籽糖、低聚果糖、低聚木糖、低聚半乳糖、低聚乳果糖、低聚异麦芽糖、低聚龙胆糖等。可以作为低热量食品配料替代蔗糖,降低糖尿病发生率,供糖尿病人、肥胖病人和低血糖病人食用;并具有防止龋齿、促进双歧杆菌增殖的功能。

(4)糖醇类　主要有山梨糖醇、麦芽糖醇、木糖醇、异麦芽糖醇、甘露糖醇、乳糖醇、赤藓糖醇等。具有低甜度、低热量、营养型、安全性高、口感好、不引发龋齿、不刺激胰岛素、能缓解糖尿病、可防治肥胖等一系列特点,是一种典型的功能性食品添加剂。其中木糖醇应用较广泛。

8.2.2 油脂成分

(1)多价不饱和脂肪酸　主要有EPA(eicosapntemacnioc acid,二十碳五烯酸)、DHA(docosahexaenoic acid,二十二碳六烯酸)、γ-亚麻酸、亚油酸、α-亚麻酸、花生四烯酸。根据双键的位置及功能又将其分为ω-6和ω-3两种系列。ω-6系列主要有亚油酸和花生四烯酸,ω-3系列主要有亚麻酸、DHA、EPA。它们能够酯化胆固醇,使血中胆固醇和甘油三酯降低,使脑细胞的活性提高,增强记忆力和思维敏捷度。ω-3系列不饱和脂肪酸能够调节人体免疫系统,保护视网膜提高视力,辅助关节腔内润滑液的形成,使体内白细胞的消炎杀菌的能力提高,减轻关节炎症状,润滑关节,减轻疼痛。

(2)磷脂(phospholipid)　是生物膜的重要组成成分,分为甘油磷脂与鞘磷脂两大类,它们分别由甘油和鞘氨醇构成。磷脂能够活化细胞,调节新陈代谢,延缓衰老。食用磷脂主要有卵磷脂、大豆磷脂两种。其中卵磷脂是乙酰胆碱中胆碱的供体,并且还是脑细胞的重要组成成分,它的含量决定着信息在脑细胞间传递速度的快慢和智力水平。此外,卵磷脂还能够乳化分解油脂,从而促进血液循环,改善血清质,清除过氧化物,使血液中的胆固醇及中性脂肪含量降低,减少脂肪在血管内壁的滞留时间,软化血管。

8.2.3 活性蛋白质与肽

活性蛋白质与肽是指那些具有清除自由基、降低血压、提高机体免疫力等特殊生理功能的蛋白质与肽。

(1)活性蛋白质　目前研究较多的活性蛋白质主要有免疫球蛋白和调节胆固醇的蛋白质两大类。已发现的人体免疫球蛋白有:免疫球蛋白G(IgG)、免疫球蛋白M(IgM)、免疫球蛋白A(IgA)、免疫球蛋白D(IgD)和免疫球蛋白E(IgE)五类。免疫球蛋白不耐高温,加热到70℃即被破坏;在强酸、强碱下会变性失活;能被蛋白质水解酶破坏,被中性盐类沉淀等。因此,当其作为功能性添加剂使用时,如何保持其生物活性是其应用的关键。目前,在含乳饮料和冷饮中已有应用。

(2)活性肽(active peptide)　是指具有多种重要生理功能,广泛存在各种组织与器官中,对生物体的生长起重要调控作用的肽类。目前,能够作为功能性食品原料而应用的活性肽主要有谷胱甘肽、降血压肽、促进钙吸收肽和易消化吸收肽四种。它们在生物体的生长中扮演着重要的作用。例如,谷胱甘肽可与体内有机物、金属离子络合排出体外,可消除体内氧化反应过剩产物,还可缓解酒精性脂肪肝。此外如酪蛋白磷肽(CPP),当它与钙、铁并存时可促进成长期儿童骨骼、牙齿的发育,改善与预防老年骨质疏松,促进骨折患者康复,并对贫血也有一定的改善作用。

8.2.4　维生素

维生素具有提高机体免疫力、维护神经系统健康、促进新陈代谢等功能,维生素中含有的抗氧化成分还能清除体内代谢废物,从而起到抗衰老的作用。饮料中使用较为广泛的是水溶性维生素,其中以B族和C族维生素的使用最为频繁。目前市面上有许多维生素饮料,例如,"红牛"饮料以添加维生素成分为主,除添加维生素 B_6、维生素 B_{12} 和肌醇等B族维生素外,还添加了维生素PP,其主要功能是抗疲劳作用。农夫山泉"水溶C100"饮料则强化了维生素C,可提高免疫力。

8.2.5　自由基清除剂

自由基是具有高度化学活性的物质,是生命活动中多种生化反应的中间产物。机体代谢过程中产生的过多自由基,是引起机体衰老的根本原因,也是诱发肿瘤等恶性疾病的重要起因。自由基清除剂是可增进人体健康的重要活性物质,是很好的功能性生理活性因子。

常用的自由基清除剂主要有两类,包括非酶类自由基清除剂(如硒及硒化物、谷胱甘肽、β-胡萝卜素、茶多酚、鼠尾草油、迷迭香、芝麻酚和维生素E等)和酶类自由基清除剂(如超氧化物歧化酶、谷胱甘肽过氧化物酶和过氧化氢酶等)。

8.2.6　微量元素

目前已知的人体必需的微量元素包括硒、铬、锗、钼、锌等。尽管人们对这些元素的需要量很少,但它们在人体中发挥着极其重要的生理作用。硒(Se)、铬(Cr)和锗(Ge)三种元素与严重危害人类健康的肿瘤、心血管疾病和糖尿病等疾病的关系极大,是人体必需的微量元素,也是目前功能性食品的研究热点。

8.2.7　其他功能成分

(1)天然植物提取物　天然植物种类繁多,其中含有的功能性成分不断被人们发现、认识,如类黄酮、皂苷、活性酶等。例如,类黄酮能够预防骨质疏松、抗癌、预防心血管疾病、缓解更年期综合征、抗氧化活性,能抑制皮肤成皮细胞的老化和防止皮肤癌发生。随着中药科学的发展,一些药食同源的中草药中的活性成分也不断被鉴定、分离和提纯,这些都使应用天然植物提取物生产饮料成为可能。

(2)茶多酚和核酸　茶多酚的主体功能物质是从茶叶中提取的儿茶素,能够清除自由基,提高免疫力,防癌、抗癌、防治心血管疾病,降血脂、预防肝脏及冠状动脉粥样硬化,同时茶多酚对脂质代谢的调控起到至关重要的作用。

核酸是遗传物质的脱氧核糖核酸和核糖核酸的总称。核酸在生物体内主要与蛋白质合成核蛋白存在,它既是蛋白质生物合成不可缺少的物质,又是生物遗传的物质基础。

(3)蜂胶　蜂胶是一种药食同源的高级天然物质,含有多种生理活性物质,主要包括萜类、挥发性油和黄酮类、有机酸类以及氨基酸、游离脂肪酸、多种维生素等功能成分。有抗肿瘤、抗病毒、降血压、增强免疫力以及保护心脏等功能。这些功能特性可使其成为基础营养添加剂,通过配合中草药,就能研制出功效显著的功能饮料。

(4)咖啡因　咖啡因是从茶叶、咖啡果中提取出的一种黄嘌呤生物碱化合物,具有兴奋中枢神经的作用,因此在提神醒脑的功能饮料中使用咖啡因非常广泛。它与维生素和矿物质同时使用,可达到抗疲劳、提神的作用。现在市面上如"红牛""魔爪"等功能型饮料均使用了咖啡因。

(5)氨基酸　在运动或疲劳之后,人体需要及时补充氨基酸,氨基酸具有维持血糖、氧化提供能量、刺激生长激素的功能。例如,牛磺酸是人体生长发育必需的含硫非蛋白氨基酸,牛磺酸具有抗氧化、增强免疫、降血脂、抗动脉硬化等诸多功能。赖氨酸有促进钙的吸收、增强人体免疫力以及益智健脑等功效。

8.3　特殊用途饮料的关键生产工序

特殊用途饮料的关键生产工序包括水处理、二氧化碳处理、调配、杀菌和灌装等,由于所用的原料众多,特性各异,所以其提取、调配强化等工艺过程各不相同,而其他工序与常规饮料生产一致,此处不再赘述。

8.3.1　功能性成分的提取

植物性原料中的功能性成分最常用的提取方法是萃取法,即将其有效成分先溶解于溶剂中,从而使其部分或完全分离的一种方法。运用萃取法时,首先要对原料成分进行结构分析,确定需要提取的有效成分,再根据它们的性质选用提取溶剂。常见的提取溶剂可分为以下3类。

(1)水　水是一种强极性溶剂。所有亲水性的成分,如无机盐、糖类、分子不太大的多糖类、鞣质、氨基酸、蛋白质、有机酸盐、生物碱盐及苷类等都能被水溶解。常采用酸水及碱水作为提取溶剂来增加某些成分的溶解度。酸水提取,可使生物碱与酸生成盐类而溶出;碱水提取可使有机酸、黄酮、蒽醌、内酯、香豆素以及酚类成分溶出。

(2)亲水性的有机溶剂　也就是一般所说的与水能混溶的有机溶剂,如乙醇(酒精)、丙醇等,以乙醇最常用。

(3)亲脂性的有机溶剂　也就是一般所说的与水不能混溶的有机溶剂,如丙酮、乙烷、乙醚、氯仿、乙酸乙酯等。

选择适当的溶剂很关键。溶剂选择适当,就可以比较顺利地将需要的成分提取出来。选择溶剂要注意以下三点:溶剂对有效成分溶解度大,对杂质溶解度小;溶剂不能与原料的成分起化学变化;溶剂要经济、易得、使用安全。

此外,在萃取时还应注意以下事项:液相萃取时,两液相的密度差要大,以便于分离,常采用搅拌的方法来增加接触面积;萃取固体原料的功能性成分时,可采用多次或连续长时间萃取;为提高萃取速率,固体原料可适当粉碎,并可采用加速液相流动速度、搅拌、

鼓入压缩空气等方法;选择合适的温度等。

近年来,常利用超临界二氧化碳萃取技术提取物料中的功效成分。例如,从鱼类中萃取不饱和脂肪酸,如DHA和EPA;植物的功效成分如大蒜素、姜辣素、茶多酚、银杏叶黄酮、维生素E、β-胡萝卜素等都可以利用超临界二氧化碳萃取技术生产。超临界二氧化碳萃取技术具有许多常规方法无法比拟的优点,萃取能力强,溶解能力大,效率高,而且提取物充分体现天然性能,无氧化或无损失,特别对分离热敏性物料最为有利,在保健品生产中大量应用。

8.3.2　功能性成分的强化

功能性成分强化的目的在于,使最终产品中能维持某些强化剂的有效浓度。要达到预期的效果就应当充分了解各种强化剂的不同性状、加入对象的特点,以及加入后可能发生的不利变化等。只有在充分权衡之后,才有可能得到一种较好的方法。

(1)强化方法　饮料(固体饮料除外)是一种液体食品,一般呈酸性($pH<7$)。故强化剂应当能溶于水,利于均匀混合;还应当对酸较稳定,以免分解失效。常用的强化方法有以下几种:

1)在原料中添加　对那些受加工工艺影响不大的强化剂(如维生素B_1、维生素B_2等)可以随同其他原料一起投料。

2)在加工过程中添加　对于热敏性强化剂(如维生素C、赖氨酸等),应该在加热、杀菌之后添加。

3)在成品中添加　对于极易受破坏的强化剂,应在成品的最后工序中加入。但该法很难保证产品中强化成分的均匀一致。如果对强化成分的含量有严格要求时,可在生产过程中加入,但要考虑后续加工的损失量。

(2)保持强化效果的措施　在饮料进行强化后,怎样维持强化剂的有效性,使其充分地发挥效用,这是强化饮料加工工艺的关键,可以采取以下措施:

1)改变强化剂的结构　在保持其有效成分的同时,选用新的结构形式,如维生素A的棕榈酸酯,比常用的维生素A的醋酸酯稳定性高,故多用前者;在改变强化剂的结构时,应当在保持相同生理功能的同时,提高其稳定性。

2)加入稳定剂　强化剂之所以受到破坏,其主要原因是氧的作用。稳定剂的作用就是控制其氧化过程,减缓其氧化反应速度,常用的稳定剂包括抗氧化剂和螯合剂等。

3)改进加工方法　提高强化剂稳定性的最佳方案是改变产品的加工方法。例如,赖氨酸、维生素C等遇热易破坏,可使其避免高温加工;金属离子能加速某些强化剂的氧化进程,可在原料处理中尽量排除等。

各种强化剂均有一定的加工适应性,只有对其充分了解以后才能有针对性地采取措施,有效地保护强化剂,切不可千篇一律。

8.4　运动饮料

8.4.1　运动饮料的定义与发展概况

运动饮料(sports beverage)是指营养成分及其含量能适应运动或体力活动人群的生

理特点,能为机体补充水分、电解质和能量,可被迅速吸收的制品。

运动饮料又称体育饮料或者运动员饮料,出现于20世纪60年代。美国佛罗里达大学肾脏电解质研究所所长Dr. Cade从1965年开始,在研究人体运动生理理论的基础上,经过长期多次试验,发现将矿物质也就是电解质(钠盐或钾盐)和糖类按一定比例与水混合,制成与人体体液具有几乎相同渗透压的所谓等张性饮料和等渗性饮料,可以加速人体对水分的吸收。试验表明,这种饮料既解渴又可减少疲劳感,保持运动机能,这种新型饮料成为世界上最早的体育饮料,被称为"Gatorade"饮料。为了使这一新型饮料美味可口,在饮料原有配方的基础上又加入维生素类、柠檬酸、蜂蜜、果汁等,制成不同风味的运动饮料。除此以外,目前运动饮料更重视普通运动人群的需求,并针对不同年龄、运动人群等因素对配方进行了调整,更加专业化、精细化、多样化。其中美国Snapple公司开发的具有冰茶口感的Snap-Up运动饮料,A&W Brans公司开发的具有四种风味的透明运动饮料;CoCa-Cola公司推出非碳酸型体育饮料Power ade;Grey eagle公司开发了透明体育饮料Hy-5。日本伊藤公司将牛肉去脂肪后酶解得分子量3 000以下的肽,含较高的支链氨基酸及促进脂肪分解的肉毒碱,是较好的低卡路里的蛋白质补给原料。

我国运动饮料生产起步较晚,但发展很快。目前,以中国独有的果蔬汁、中药、水解动植物蛋白,甚至茶叶等天然成分为主要原料,开发运动饮料是中国市场的热点。高质量、新品牌运动饮料不断涌现。目前市场上比较受欢迎的运动饮料有"红牛""脉动""健力宝""魔爪""佳得乐""东鹏特饮""乐虎"等。

8.4.2 运动饮料的营养成分

运动饮料中的营养成分主要有糖类(葡萄糖、蔗糖以及多种低聚糖)、电解质、蛋白质及多种维生素。国外现在生产的许多运动饮料可添加某些"生力物质",如胶原、麦芽油、氨基酸等。我国最近也有些科研单位试用人参、田七、灵芝、香菇、五味子、麦冬等中药配制运动饮料。

(1)运动与水　高强度的运动会导致脱水或水分不足而直接影响运动能力的发挥,运动中保持体内较高的含水量对运动能力的提高是十分重要的。运动过程中,及时补充水分有助于维持心肌功能,增加血液流向皮肤的量从而促进体内热量的散发,防止过热。运动饮料作为补充水分的饮料具有如下优点:良好的口感风味,促进自动补充水分;避免主观认为"不口渴",而不补充水分;同时补充运动中损失的碳水化合物和电解质,提高运动能力。

科学的补水方法:运动前在体内暂时储存一些水分,减轻运动时缺水程度;应遵循少量多次饮水的原则;运动后的补水也不应该一次大量,特别是在进餐前不要饮水过多,否则稀释胃液,影响消化能力;运动前后,不宜喝冷水,建议温度为8～14 ℃。

(2)运动与碳水化合物　体育运动中最直接和最迅速的能源物质是三磷酸腺苷(ATP),ATP来源于食品中的糖、脂肪和蛋白质。在这三种可利用的物质中,糖是最经济、最主要的能源物质,它以糖原的形式存在于骨骼肌和肝脏中。由于体内糖的储备有限,一般人体内糖的贮备量为400 g(相当于6 688 kJ),运动员在训练和比赛时,由于大量消耗,使体内的糖储备耗尽,从而出现低血糖情况,表现为头晕、无力和眼前发黑,严重者甚至发生昏迷。因此,运动员在大量运动之前及运动过程中,供给适量的糖类物质是有益的，可以预防血糖的降低并提高耐力。运动饮料中添加的糖类物质一般为葡萄糖、蔗糖和低聚糖，不同的糖类物质对血糖水平的影响和在胃中排空速率是不同的，而血糖水平以及糖在胃中排空速率是影响运动耐力的重要因素。葡萄糖、蔗糖、麦芽糖等，虽然可以增加血糖水平，但因短时间内大量的糖进入体内，会刺激胰岛素的分泌，反而会引起暂时性低血糖反应。同时，高浓度的糖液也不利于胃的排空，会引起运动中恶心、胃胀等副作用，从而影响运动成绩。而低聚糖吸收速度比较适中，引起的胰岛素反应平稳，比较适合于运动员赛前和途中饮用。研究人员经过大量实验证实，运动饮料中糖的含量以6%为佳。

(3)运动与蛋白质　蛋白质具有维持血糖、氧化提供能量、刺激生长激素及免疫功能。运动员在高强度运动、生长发育和控制(减轻)体重时期，若出现大量出汗、热能及其他营养水平下降等情况，应增加蛋白质的补充量。蛋白质营养既要考虑数量，也要考虑质量。与非运动员相比，运动员需要摄入更多的蛋白质，理由如下：在训练过程中，氨基酸供能占所有能量的5%～15%，当肌糖原减少时，用于提供能量的蛋白质则会增加。运动会造成肌肉损伤，组织修复增加了蛋白质的需求量。耐力训练可能会造成少量蛋白质流失在尿液中。

(4)运动与脂肪　适量的、低强度的有氧运动对脂肪代谢具有良好的作用，不仅可以提高脂肪的利用率，而且使得脂蛋白酶的活性增加，脂肪储存量下降。高脂饮食习惯，会使得运动量小的人血脂升高，但是对于运动量大的人而言，饮食脂肪多一些也是无害的，脂肪食物的发热量约为总热量的25%～35%。

(5)运动与电解质　运动员在运动期间大量排汗，不仅失去大量水分，同时也失去大量的无机盐类，引起体液(包括血液、细胞间液、细胞内液)组成发生变化。人的血液pH值介于7.35～7.45，呈弱碱性，正常状态下变动范围很小。当体液pH值稍有变动时，人的生理活动也会发生变化。人体体液酸碱度所以能维持相当恒定，是因为含有具缓冲作用的物质，因而可以增强耐缺氧活动能力。如果体内碱性物质贮备不足，比赛时乳酸大量生成，体内酸性代谢产物不能及时得到调节，运动员就容易疲劳，严重影响训练及比赛成绩。因此通过饮料补充部分碱性电解质是必要的。

(6)运动与维生素　维生素是人体所必需的物质。维生素B_1参与糖代谢，若过多摄入与运动量成正比的糖质，则维生素B_1的消耗量就会增加。此外，它还与肌肉活动、神经系统活动有关。若每日服用适量的维生素B_1，可提高机体反应速度，加速糖代谢供能。维生素B_2也参与糖代谢，缺乏维生素B_2会引起肌肉无力，疲劳加剧，耐力下降等现象。适当服用维生素B_2可以提高跑步速度和缩短恢复时间，减少血液中的CO_2、乳酸和焦性葡萄糖的积累。运动时，维生素C的消耗量增加，需要量与运动强度成正比。

(7)运动与其他抗疲劳物质　天门冬氨酸盐(钾盐或镁盐)可补充非必需氨基酸，有预防疲劳和恢复体力的作用。另外，一些碱性盐类对于保持体内电解质平衡和维持肌肉收缩有关酶的正常功能的发挥有密切关系。并且，摄入磷酸氢钠等碱性盐类，有明显提高运动能力的作用。

8.4.3 运动饮料的特点、分类与开发程序

运动饮料，主要是为训练和比赛过程中的运动员补充能量、水分、电解质、维生素等，

以预防运动员在大量运动时由于消耗过多而引起的低血糖现象,并用以维持身体在大量出汗情况下体内水和电解质的平衡,防止因体内无机盐丢失引起运动能力下降、心律失常或肌肉抽搐等现象。另外,有些特殊的运动饮料还可增强体力、耐力,消除疲劳,有助于提高运动成绩。一般运动饮料均具有以下特点:

(1)在规定浓度时,运动饮料与人体体液的渗透压相同,这样人体吸收运动饮料的速度为吸收水的 8 ~ 10 倍,因此饮用运动饮料不会引起腹胀,可使运动员放心参加运动和比赛。

(2)运动饮料能迅速补充运动员在运动中失去的水分,既解渴又能抑制体温上升,保持良好的运动机能。

(3)运动饮料一般使用葡萄糖和蔗糖,可为人体迅速补充部分能量,此外饮料中一般还加有促进糖代谢的维生素 B_1、维生素 B_2 以及有助于消除疲劳的维生素 C。

(4)运动饮料一般不使用合成甜味剂和合成色素,具有天然风味,运动中和运动后均可饮用。

不同的运动饮料具有不同的功能,因此,不同的运动人群应选择相应的运动饮料。针对不同消费人群,运动饮料分为 2 类。

(1)休闲运动饮料　分为大众运动饮料和健身运动饮料两类。大众运动饮料在市场上的消费群体最大,它一般适用于追求运动的时尚人群饮用,这些人有的并不经常参加运动,有的只是参加一般性的娱乐活动,市场上热销的脉动、激活、尖叫等都属于此类;健身运动饮料是一类从事长跑、健身操、乒乓球等正规健身娱乐运动的人群饮用的运动饮料,因为这类人群的运动量大,在营养物质种类的补充量和其他抗疲劳物质的添加上有进一步的要求。此类产品以休闲和健康为定位,适当调低强化的电解质,加入多种维生素和膳食纤维,同时其配方中的风味、口感设计与营养素补充设计同样重要。

(2)专业运动饮料　专门为从事特殊的专业工作人员或者专业训练的运动员而研发的饮料。因为运动员训练目的在于提高运动成绩,所以他们在运动量或者工作强度上都是巨大的,他们对营养素的需求量更高,在补充的时间上更加严格。目前这类专业运动饮料有高能固体饮料(运动前、中、后型)、军用固体运动饮料、快速糖原补剂等。其中以佳得乐的历史最为悠久,在国际市场上占比最大。专业运动饮料需要满足专业运动员的基本营养需求,目前以强化电解质、添加“生力物质”(如 L-肉毒碱、牛磺酸、酪蛋白等)、在不违禁的前提下增加中草药成分成为主流。

运动饮料和一般饮料不同,其研发要根据运动类型考虑能量供应、营养素配比、渗透压确定,及良好的色、香、味等因素,产品要能维持运动员的竞技状态,降低疲劳程度。因此,运动饮料的设计开发能否满足运动人群的特殊需求,需要经过一系列的生理生化指标测定,才能确定产品是否符合要求。运动饮料的基本开发程序为:①确定饮用对象和饮用时期;②初步设计配方;③以运动模型作配方的初步测试、筛选;④将初步筛选出的配方进行调整,再进行动物模型测试,初步确定配方;⑤运动饮料试验(包括测定必要的生理生化指标);⑥确定配方,制定原辅料标准、生产工艺、成品质量标准、包装规格、试生产;⑦正式投产。

8.4.4 运动饮料加工实例(麦芽低聚糖运动饮料)

麦芽低聚糖是以淀粉为原料,经酶法生产的含 3 ~ 8 个葡萄糖分子的碳水化合物,能经小肠逐步消化吸收。麦芽低聚糖的渗透压约是葡萄糖的1/4,其甜度约为蔗糖的30%,生理特点是被吸收利用的速度比单、双糖慢,一次摄入后可以维持较长时间的能量补充;同时,引起的胰岛素反应平稳,克服了运动中服用单、双糖引起的回跃性低血糖反应。因此,麦芽低聚糖是一种较好的运动能量补充剂。其配方如表8.1所示。

表8.1　麦芽低聚糖运动饮料配方(以100 L成品饮料计)

成分	含量/g	成分	含量/g
麦芽低聚糖	8 600	氯化钾	48
蛋白糖	100	磷酸氢二钠	10
甜橙浓缩汁	800	硫酸镁	3.5
柠檬酸	210	葡萄糖酸钙	2.5
维生素C	200	37%氨基酸浓缩液	15

【工艺流程】

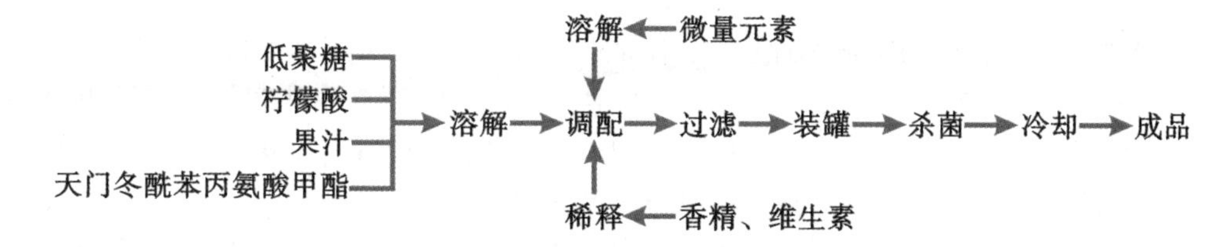

本饮料含麦芽低聚糖6%左右,色泽浅黄,澄清透明,酸度适口。适合运动前和训练后肝糖原的合成以及运动中的能量补充。

【配方】

(1)马拉松长跑饮料　葡萄糖50~120 kg,柠檬酸1 kg,氯化钾1 kg,维生素2~4 kg,氯化钠2~4 kg,加水至1 000 L。

(2)电解质等渗饮料　葡萄糖20.07 kg,蔗糖20.07 kg,柠檬酸9.73 kg,磷酸二氢钾3.6 kg,氯化钠2.96 kg,柠檬酸钠2.36 kg。氯化钾0.87 kg,三氯蔗糖0.65 kg,维生素C 0.42 kg,香精1.75 kg,食用色素0.04 kg,加水至1 000 L。

(3)低渗运动饮料　蔗糖55 kg,柠檬酸1.8 kg,氯化钠1 kg,柠檬香精1 kg,多种低聚糖20 kg,加水至1 000 L。

8.5　营养素饮料

8.5.1　营养素饮料的定义与发展概况

营养素饮料是指添加适量的食品营养强化剂,以补充机体营养需要的饮料。该饮料采用多种维生素、矿物质和氨基酸等作为强化剂,其中维生素多以复配的形式应用,单品的应用较少。此类饮料品种很多,除与一般的饮料功能类似外,还有消除疲劳的作用。

近几年来,饮料产业发展迅速,从过去的碳酸饮料发展到多种产品的竞争,例如,纯净水、果汁饮料、茶饮料等,产品竞争的趋势从单纯的口味变化转向为口感、方便、安全、营养等方面的综合竞争。我国营养素在食品中的应用过去一直以乳粉等乳制品为主,近几年来随着生活水平的提高和食品行业竞争的加剧,各种营养素在食品中的应用逐渐多了起来。我国准许在食品里添加的营养素以氨基酸、维生素、矿物质为主。一些新型营养强化剂也在液体饮料中得到了应用,如低聚糖、谷氨酰胺、肽类等。

8.5.2 营养素饮料中的主要营养素

营养素是指食物中可给人体提供能量、构成机体和组织修复以及具有生理调节功能的化学成分。凡是能维持人体健康以及提供生长、发育和劳动所需要的各种物质称为营养素。例如钙、铁、锌、维生素 A、维生素 B、维生素 C、维生素 D、肌醇、低聚糖、牛磺酸和多肽等。

(1)钙　钙可以控制心率和血压,也参与肌肉的收缩活动。每天摄入钙 2 200 mg,可减少胆固醇6%;其中危害最大的低密度脂蛋白胆固醇减少 11%,而有益的高密度脂蛋白胆固醇却保持不变。

(2)铁　铁参与氧的运输和储存,能够促进发育,增加对疾病的抵抗力,调节组织呼吸,防止疲劳,并能够构成血红素。中国营养学会推荐婴儿至 9 岁儿童每天需铁 10 mg, 10 岁至 12 岁儿童需铁 12 mg,13 至 18 岁的少年男性需铁 15 mg,少年女性 20 mg,18 岁以上每天 12 mg,但成年女性为 18 mg,乳母与孕妇为 28 mg。

(3)维生素　营养素饮料中的维生素主要有维生素 A、维生素 B、维生素 C、维生素 D 和肌醇等。

1)维生素 A 具有维持视觉,促进生长发育,维持上皮结构的完整与健全,加强免疫力,清除自由基的功能。每天的需求量 3 500 国际单位(0.3 μg 维生素 A 或 0.332 μg 乙酰维生素 A 相当于 1 个国际单位),儿童为 2 000 ~ 2 500 国际单位。

2)维生素 B_1 可以促进人体的新陈代谢,维持神经系统的正常生理功能,缺乏时会得脚气病,盐酸硫胺是维生素 B_1 存在的一种形式;维生素 B_2 与能量的产生直接有关,促进生长发育和细胞的再生,增进视力,人体缺少它易患口腔炎、皮炎、微血管增生症等,成年人每天应摄入 2 ~ 4 mg;维生素 B_3 称为烟酸,维持消化系统健康,是性荷尔蒙合成不可缺少的物质,建议成人每日摄取量 13 ~ 19 mg,孕妇 20 mg。

3)维生素 C 能够治疗坏血病并且具有酸性,它能捕获自由基,预防癌症、动脉硬化、风湿病等疾病。成年人 ADI 为 100 mg,最多摄入量为 1 000 mg,即可耐受最高摄入量(UL)为 1 000 mg。

4)维生素 D 能够促进骨骼和软骨的形成,能固齿,强化神经,抑制炎症;缺少维生素 D 会得佝偻病。维生素 D 在鱼肝油、动物肝、蛋黄中的含量较丰富;人体中维生素 D 的合成跟晒太阳有关,因此,适当的光照有利于健康。

5)肌醇也称为肌糖,能够降低胆固醇,促进毛发的生长,防止脱发,预防湿疹;帮助体内脂肪的再分配,起到镇静作用;每日摄取量为 250 ~ 500 mg。

(4)低聚糖　改善人体内微生态环境,有利于双歧杆菌和其他有益菌的增殖,抑制肠内沙门氏菌和腐败菌的生长,调节肠道菌群,减少肠内腐败物质的产生,防治便秘,并增加维生素合成,提高人体免疫功能;改善血脂代谢,降低血液中胆固醇和甘油三酯的含量;低聚糖不会使血糖升高,适合糖尿病人食用;由于难被唾液酶和小肠消化酶水解,发热量很低,很少转化为脂肪;同时还可以防龋齿。

(5)牛磺酸　又称β-氨基乙磺酸,可以促进婴幼儿脑组织和智力发育,提高神经传导和视觉机能,防治心血管病,改善内分泌失调,提高人体免疫力;牛磺酸可与胰岛素受体结合,促进细胞摄取和利用葡萄糖,加速糖酵解,从而降低血糖浓度;牛磺酸防治缺铁性贫血有明显效果,它不仅可以促进肠道对铁的吸收,还可增加红细胞膜的稳定性。

(6)多肽　多肽在细胞合成中扮演着重要作用,并能调节细胞的功能活动;多肽在人体作为神经递质传递信息;多肽可在人体作为运输工具,将人体所食的各种营养物质与各种维生素、生物素、钙及对人体有益的微量元素输送到人体各细胞、器官和组织。

8.5.3 营养素饮料注意事项

(1)风味　矿物质的添加和甜味剂的选择会影响饮料风味的变化。矿物质引起的变化取决于使用量的选择,使用的矿物质比例最好是每日建议摄取量的15%～25%,而不是该量的50%～70%,超过这个量太多就会增加难以掩盖的怪味,口感很差。甜味剂中蔗糖、蛋白糖的风味纯正,而甜蜜素、糖精钠具有后苦味,甜菊苷具有草腥味。

(2)色泽　许多营养素本身带有颜色,在不同的饮料配方设计时都要考虑。如果添加了对光敏感的营养素后,在包装时应该选用棕色瓶等包装物,同时色素的添加量要符合要求。

(3)其他营养成分　加入肽类和氨基酸后会使得饮料的蛋白含量提高。在调酸后会使饮料的pH发生变化,易使蛋白质变性沉淀。因此在饮料的配方设计时要充分考虑。

(4)营养素在加工、流通中损失　在饮料中加入营养素后,要考虑生产过程和储藏期内的损失,尤其是维生素的添加。因为各种维生素对加热、光照、酸碱都敏感,都会有不同程度的损失,设计配方时要把损失量考虑入内。

8.5.4 营养素饮料加工实例

8.5.4.1 强化钙饮料

钙的补充对骨骼形成期的少年极为重要,对中老年人来说,钙缺乏会引起骨骼疏松症。每人每日钙的需要量根据年龄、性别而不同,一般需摄入600 mg。但据全国营养调查资料表明,我国各种人群每日钙的摄入量普遍不足,需在饮食中增加钙的成分。常见的钙营养强化剂见表8.2。

表 8.2　常见钙营养强化剂

名称	钙含量	溶解度/(mg/100 mL)	生物利用率	名称	钙含量	溶解度/(mg/100 mL)	生物利用率
活性钙	48%	88.9	—	葡萄糖酸钙	9%	3 300	27% ±3%
磷酸氢钙	23%	25	39% ±3%	天门冬氨酸钙	23%	—	—
碳酸钙	40%	1	29% ±5%	甘氨酸钙	21%	—	—
乳酸钙	13%	5 000	32% ±4%	苏氨酸钙	13%	—	—
柠檬酸钙	21%	90	30% ±3%	果酸钙	19% ~26%	450	36% ±7%
醋酸钙	22%	40 000	32% ±4%				

在饮料中强化钙,既要考虑钙元素含量和吸收,还应注意其口感和价格。所以这种饮料中除钙、柠檬酸外,还加有苹果、梨、柠檬等的果汁和香精等。下面是富钙果汁饮料的配方和生产工艺。

【配方】

原果汁 15%、EDTA 铁钠 0.015%、蔗糖 3%、维生素 C 磷酸酯镁 0.04%、低聚果糖 3%、牛磺酸 0.05%、醋酸钙 0.5%、柠檬酸 0.02%、高纯度 CPP(含量≥85%)0.04%、甜味剂(三氯蔗糖)0.01%、(酪蛋白磷酸肽)天然香料适量、L-乳酸锌 0.005%。

【工艺流程】

【产品质量】

该产品色泽悦目、明亮,呈乳白色或浅黄色;水果香气明显,酸甜可口,无异味;营养及功效成分明确,配比合理,钙含量达到 100 mg/100 mL。

8.5.4.2　强化铁饮料

铁具有形成血红蛋白的重要功能,铁的缺乏不仅降低血红蛋白的浓度,同时也影响氧气的输送,所以应在饮食中适当地补充铁。食物中的铁可分为两类:一类是以 $Fe(OH)_3$ 络合物形式存在于植物中,与其络合的有机分子有蛋白质、氨基酸、有机酸等,这种形式的铁必须事先与有机部分分开,并还原成为亚铁离子才能被人体吸收;另一类为血红素铁,是与血红蛋白和肌红蛋白中的卟啉相结合的铁,很容易被人体吸收,血液中的血红素铁是目前人类最佳的和最丰富的补铁来源。

【配方】

血红素铁溶液50%、蔗糖10%、柠檬酸0.5%、稳定剂0.3%、山梨酸钾0.05%、橘子香精适量。稳定剂选择0.1%~0.3%的藻酸丙二醇酯或0.1%~0.2%的藻酸丙二醇酯与0.1%~0.2%的蔗糖脂肪酸酯复配。

【工艺要点】

家畜或家禽类的血液,离心分离,收集下层红细胞,再加2.5倍量的水溶解,之后用氢氧化钠调pH至8.5~9.0,搅拌,加碱性蛋白酶,在50℃条件恒温水浴5 h,得到铁含量较高的血红素铁。酶反应结束后,加热到80℃,使酶失去活性,冷却到室温。加盐酸调pH值至4.0以下,使血红素铁析出,收集此血红素铁,水洗数次,移入另一容器中,再加入适量水,分散后,用NaOH调pH值至7.0附近,过滤即得血红素铁溶液。制得的血红素铁溶液,再按配方将蔗糖、稳定剂、柠檬酸、山梨酸钾等固体物质先用水溶解过滤之后,再进行混合配制,最后加入香精,混匀定容,加热杀菌(70~85℃,30 min),即得无沉淀、风味良好的补铁保健饮料,可以预防与治疗缺铁性贫血。

8.5.4.3 强化牛磺酸乳饮料

牛磺酸仅含于人乳中,母乳中初乳含有丰富的牛磺酸,它对促进婴幼儿大脑发育,增强视力,促进吸收消化脂类物质等自身发育非常重要。初乳五日后牛磺酸含量急剧下降,补充牛磺酸喂养的婴儿生长发育明显优于单纯母乳喂养的孩子。现代医学的研究更进一步证实了牛磺酸是青少年生长发育不可缺少的营养素,而且对成年人也具有调节机体免疫能力、解除疲劳及预防心血管疾病的作用。由于人体合成这种氨基酸的能力十分有限,因此在食物中强化这种营养素就十分重要。

【工艺流程】

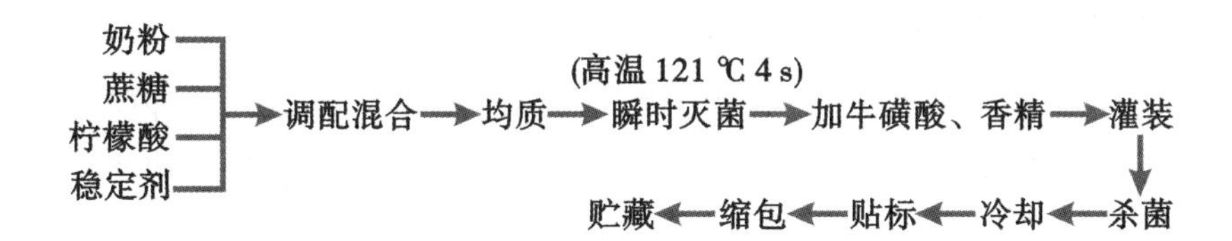

【工艺要点】

(1)混合(调配) 按配方将奶粉、蔗糖、复合稳定剂、柠檬酸混合均匀。

(2)均质 料液中的脂肪、蛋白质等大分子物质通过均质进一步破碎细化,并在稳定剂的作用下与水溶液充分混合。均质压力一般不小于25 MPa。

(3)高温瞬时灭菌 灭菌温度121℃、4 s,杀灭料液中的微生物,使其处于无菌状态,杀菌温度一定要控制好,过高则易使料液产生褐变,过低则影响杀菌效果。

(4)灌装、杀菌、冷却 高温瞬时杀菌后马上灌装,之后再进行二次杀菌。杀菌温度90℃、15 min。杀菌后马上冷却、贴标、包装。

8.6 能量饮料

8.6.1 能量饮料的定义与分类

中华人民共和国国家标准《饮料通则》(GB/T 10789—2015)对能量饮料的定义为:能量饮料是指含有一定能量并添加适量营养成分或其他特定成分,能为机体补充能量,或加速能量释放和吸收的制品。国际运动营养学会对能量饮料的定义为:能量饮料是成分除了水、碳水化合物、维生素、矿物质外,还包括各种营养物质的混合体(如咖啡因、牛磺酸、氨基酸、葡萄糖醛酸内酯、肌糖、烟酸、泛醇、人参等)的一种饮料。

能量饮料的特点是为运动人群增加能量、缓解疲劳、提高注意力和灵敏度,以及增强运动表现的含咖啡因的饮料。能量饮料与运动饮料最大的区别在于能量饮料含咖啡因成分,同时,二者所含的碳水化合物和电解质比例也不同。能量饮料一般分为高能量饮料和低能量饮料。

(1)高能量饮料　高能量饮料是运动饮料的一种,它是在20世纪80年代末期发展起来的。高能量饮料和电解质饮料的区别在于,它除了提供人体剧烈运动或大工作量后所需的矿物盐及能量外,还因其含有某些特殊的中药成分如人参抽提物及维生素等,起到强身健体的作用。

(2)低能量饮料　低能量饮料是采用低糖或糖的代用品(功能性甜味剂、低聚糖等),在人体内产生较少能量的饮料。低能量饮料中含有可溶性纤维(葡聚糖)、低聚糖、糖醇钙等。这些物质都是具有某些生理活性、低甜度、低热量,基本上不增加血糖、血脂。我国目前生产的天然糖苷甜味剂有甜菊苷、甘草甜素等。人工合成的二肽甜味素主要有阿斯巴甜、阿力甜等。这些甜味剂的甜度均高于蔗糖,产生的热量远低于蔗糖,是生产低能量饮料较为理想的甜味剂。

8.6.2 能量饮料的主要成分

能量饮料是指经过改变饮料中天然营养素的种类和含量,达到在某种程度上调节机体功能的目的,以适应一些特殊人群营养需要的饮品。其中主要成分有葡萄糖、电解质、低聚糖、膳食纤维、咖啡因、牛磺酸等。

(1)葡萄糖　葡萄糖很容易被吸收进入血液中,运动爱好者常常使用它当作强而有力的快速能量补充。葡萄糖能够加强记忆,刺激钙质吸收和增加细胞间的沟通。葡萄糖被吸收到肝细胞中,会减少肝糖的分泌,导致肌肉和脂肪细胞增加对葡萄糖的吸收力。过多的血糖会在肝脏和脂肪组织中转换成脂肪酸和甘油三酸酯。

(2)电解质　能量饮料中的电解质主要是K和Na,每份能量饮料中(240 mL)含25~200 mg Na,K一般在30~90 mg。缺Na时,机体会表现出食欲降低、恶心、头痛、浑身无力、心跳加快、血压下降等,严重时可导致虚脱。特别是在烈日高温下进行大运动量活动时,出汗很多,更容易造成钠大量丢失。对于大多数儿童和青少年而言,每日的电解质需求通过均衡膳食即可满足(正常成人每日需Na 6~10 g,K 3~4 g;青少年需Na 1~3 g,需K 2~4 g)。

(3)低聚糖 低聚糖可以改善人体内微生态环境,有利于双歧杆菌和其他有益菌的增殖,调节胃肠功能,抑制肠内腐败物质,防治便秘,并增加维生素合成,提高人体免疫功能。低聚糖类似水溶性植物纤维,能改善血脂代谢,降低血液中胆固醇和甘油三酯的含量;低聚糖不会使血糖升高,适合于高血糖和糖尿病人食用;由于难被唾液酶和小肠消化酶水解,热量很低,很少转化为脂肪;不被龋齿菌形成基质,也没有凝结菌体作用,可防龋齿。因此,低聚糖作为一种配料被广泛应用于能量饮料中。

(4)膳食纤维 膳食纤维是一种多糖,它既不能被胃肠道消化吸收,也不能产生能量,有利于减肥和防止便秘。膳食纤维可延长食物在肠内的停留时间、降低葡萄糖的吸收速度,使进餐后血糖不会急剧上升,有利于糖尿病病人服用。膳食纤维可结合胆固醇、胆酸,从而达到预防冠心病的作用。水溶性膳食纤维能够提高肠道钙吸收、钙平衡。

(5)咖啡因 咖啡因是能量饮料中最常见的成分,可以从咖啡树的果实、茶叶、可乐果和可可豆中提取。摄入后,咖啡因迅速被人体吸收,通常在摄入后 30 ~ 60 min 就可以观察到血浆浓度的增加,从而刺激中枢神经系统,提高兴奋性。适量的咖啡因摄入对人体健康无不利影响,并且可增加有氧耐力和力量,提高反应灵敏性和延缓疲劳的发生,增强人体体能。咖啡因还可以动员存储的脂肪,刺激运动肌肉使用脂肪作为燃料,延迟肌糖原的消耗。

(6)牛磺酸 牛磺酸可以预防胆汁阻塞、心律失常、肌肉收缩和心率变化,辅助中枢神经系统的神经性调节,促进视网膜的发育、抗氧化和抗炎功能,还具有调节细胞膜渗透性和提高运动能力的作用。

8.6.3 能量饮料的加工实例

开发低能量饮料,要将部分或全部蔗糖用强力甜味剂替代,有时还要添加水溶性膳食纤维降低饮料的能量值。在低能量饮料中,常用的强力甜味剂有阿斯巴甜、三氯蔗糖、安赛蜜和纽甜等,这些强力甜味剂具有各自独特的物化特性和口味特点,特别适合在低能量饮料中使用。使用时必须确定合适的使用量以获得良好的甜味与风味,一般可替代 50% ~100% 的蔗糖。

在使用强力甜味剂替代蔗糖时,会引起产品固形物含量的下降,产品黏度因之下降,口感发生变化。因此生产时要加入一些增稠剂,以增加产品的固形物含量并改善口感。目前有很多甜味剂都能产生与蔗糖相似的甜味,但尚不能完全替代蔗糖,在某些方面还存在不足之处。有时,数种甜味剂混用能产生协同增效作用,这在某种程度上能掩盖单一甜味剂的不足,改善甜味特性。但在甜味剂混用时,必须考虑到它们之间的相互作用,即甜味协同增效作用和风味增强特性。阿斯巴甜与其他甜味剂混用时会产生明显的甜味增效作用,可降低其他甜味剂(如安赛蜜、甜蜜素、糖精)的苦涩味,起到改良甜味特性的作用,降低使用成本,同时具有更高的安全性。几种低能量饮料的配方见表 8.3、表 8.4。

表 8.3　低能量碳酸饮料的实用配方

原辅料	咖啡汽水	薄荷汽水	橙味汽水	原辅料	咖啡汽水	薄荷汽水	橙味汽水
阿斯巴甜	0.06%	0.09%	0.008%	食用色素	—	适量	0.165%
低聚异麦芽糖	—	8.000%	7.665%	咖啡香精	0.10%	—	—
柠檬酸	0.04%	0.033%	0.103%	薄荷香精	—	0.05%	—
柠檬酸钠	—	—	0.008%	橙味香精	—	—	0.113%
咖啡抽提液	5.000%	—	—	苯甲酸钠	0.015%	0.013%	0.033%
焦糖色素	0.20%	—	—	加水至	100%	100%	100%

表 8.4　低能量乳酸饮料的实用配方

原辅料	菠萝乳酸饮料	蜜瓜乳酸饮料	原辅料	菠萝乳酸饮料	蜜瓜乳酸饮料
阿斯巴甜	0.018%	0.02%	卡拉胶	0.06%	0.05%
低聚麦芽糖	6.98%	7.34%	菠萝香精	0.20%	—
高果糖浆	4.20%	3.80%	蜜瓜香精	—	0.05%
营养酵母	0.25%	0.28%	乳酸香精	0.10%	0.10%
柠檬酸	0.50%	0.25%	苯甲酸钠	0.03%	0.03%
柠檬酸钠	0.20%	0.10%	加水至	100%	100%

8.7　电解质饮料

8.7.1　电解质饮料的定义与发展状况

电解质饮料是指添加机体所需要的矿物质及其他营养成分,能为机体补充新陈代谢消耗的电解质、水分的制品。成品饮料中常见电解质及营养成分有 Na^+、K^+、Mg^{2+}、Cl^-、SO_4^{2-}、磷酸盐、柠檬酸盐、蔗糖、葡萄糖、维生素等。

电解质饮料的前身是盐汽水,是为高温作业人员补充流汗时失去的盐分而制备的饮料。1965 年,美国的肾脏和电解质研究所所长 Dr. Cade 将他研制成功的电解质饮料作为创号“鳄鱼”的美国佛罗里达大学足球队的专用饮料,名为 Gatorade。同一时期,Dr. Martin Broussard 也研制出了名为 Benga Punch 的专供美国大学运动队员饮用的等渗电解质饮料。1969 年 Gatorade 率先进入市场,成为世界上第一种属于运动饮料的电解质饮料。从此,创号“鳄鱼”的饮料闻名世界,使得电解质饮料迅速发展起来。1995 年,北美该类型饮料的产值达到了 15 亿美元。我国最早研制和生产该类型饮料的厂家是广东健力宝集团公司,在 20 世纪 80 年代中期就已经开始研制生产以“健力宝”为商品名称的系列运动饮料,提供给我国的运动员饮用,由于效果显著,获得“东方魔水”的称号。2017—2018 年,电解质饮料十大排行榜为红牛、脉动、健力宝、宝矿力水特、力量帝、佳得乐、东鹏

特饮、乐虎、日加满、力保健。

8.7.2 饮料中常用电解质

饮料中常添加的电解质有如下几类。

(1)氯化钾　运动员在进行大运动量训练时,汗中钾的排出量明显增加。例如马拉松运动员在22～32 ℃的气温下跑步,汗中钾的排出量约为0.4～4.4 g/d。在饮料中添加氯化钾,可补充丢失的钾。氯化钾在体内可起到保持体内酸碱平衡、防止脉率过快、肌肉疲劳、呼吸浅频等作用。

(2)氯化钠　运动员在大量排汗时,会丢失大量氯化钠,如不及时补充,会发生肌肉无力、消化不良等现象,严重时还会发生呕吐、腿痛、头痛、恶心、腹痛及肌肉抽搐等现象。

(3)氯化镁　氯化镁的添加主要是为了弥补体内镁离子浓度的降低。运动员缺镁时,神经肌肉功能不全,会引起抽搐现象,而且易激动。

(4)乳酸钙　运动员在训练和比赛时,随着汗液的排出,钙也会排出,应及时补充。在运动饮料中添加钙盐时要注意其水溶性和口感,乳酸钙是较为适宜的一种钙盐。

(5)磷酸盐　人在运动量较大时,会引起体内磷的负平衡,可在饮料中添加磷酸盐来补充磷。常用的磷酸盐是磷酸氢二钾和磷酸二氢钾。磷可以提高运动员神经系统的灵敏性和加速体内糖代谢。

(6)氨基酸　为了预防疲劳和促进运动员体力的恢复,可在运动饮料中添加某些氨基酸,如天门冬氨酸。人体对氨基酸的吸收,不会影响胃的排空,补充的氨基酸的量多少,也不会引起体液 pH 的改变,而且由于氨基酸的两性能增加血液的缓冲性。

(7)维生素　维生素是人体所必需的一类物质,很多维生素参与人体的代谢活动,缺少它人体的代谢就会发生异常。运动员在训练和比赛期间,体内物质代谢强度增大,代谢加快,对维生素的需求量增多,同时体内有些维生素会随汗一起排出,所以应在运动饮料中添加维生素,常用的有维生素 C、维生素 B_1 和维生素 B_2。

1)维生素 C　可提高运动员的耐力、提高肌肉的适应性、加速消除疲劳,此外还参与人体的新陈代谢活动。运动员对维生素 C 的需要量为 130～140 mg/d,比赛期间为 150～200 mg/d。

2)维生素 B_1　可以提高运动员的耐久力,与机体的肌肉活动、神经系统活动有关,此外还参与糖的代谢。如果每日服用 10～20 mg 维生素 B_1,可提高反应速度,加速糖代谢速度。

3)维生素 B_2　参与糖代谢。有人还发现服用维生素 B_2 后,可提高跑步速度和缩短恢复时间,减少血液中二氧化碳、乳酸和焦性葡萄糖的蓄积。运动员对维生素 B_2 的需要量为 2～3 mg/d。

8.8 其他特殊用途饮料

8.8.1 婴幼儿饮料定义与发展概况

婴幼儿饮料是指供婴幼儿饮用,以补充蛋白质、各种维生素及矿物质为主,满足婴幼儿不同发育阶段的生理和营养需要,促进其正常生长发育的一类饮料。

婴幼儿的饮品主要包括母乳化婴幼儿配方乳粉、强化婴幼儿配方乳粉、离乳主食饮品及婴幼儿辅助饮品。

(1)母乳化婴幼儿配方乳粉　以牛乳为原料,向牛乳中添加某些营养成分,使其成分在数量和质量上都接近母乳而制成的乳粉。国外报告有添加唾液酸的婴儿配方专利技术,认为一般婴儿配方乳只有母乳中唾液酸含量的1/4,而且其中70%的唾液酸是以糖蛋白状态结合的。

(2)强化婴幼儿乳粉　以牛乳为原料,加入大豆可溶物质、脱盐乳清粉或者麦芽糊精,添加适量蔗糖、乳糖、某些微量元素和多种维生素制成的乳粉。非母乳喂养的婴幼儿容易便秘,通过强化复合脂肪的婴幼儿乳粉可改善婴儿粪便质地从而减轻便秘症状。人体无法自行合成叶黄素与玉米黄素,它们是组成视网膜斑区的重要成分,应用于婴幼儿强化配方乳可有效防止视网膜黄斑区病变。

(3)离乳主食饮品　也称为断乳食品,离乳期从4~6个月开始到1.5~2岁止。该时期的食品呈液态,稠度逐渐增加,要求营养全面,强化蛋白质、微量元素和多种维生素。我国主要的离乳食品有北京华都食品厂生产的“宝宝乐”、上海儿童食品厂生产的“上海宝宝乐”、福州儿童粮油食品厂生产的“多维乳粉”等。

(4)婴幼儿辅助饮品　随着婴幼儿的生长发育,消化器官在形态和功能上逐渐完善,身体活动量增加,营养需求量加大,单以乳类的营养成分已不能满足婴幼儿的需要。世界卫生组织建议:从6个月开始添加辅食。无论是母乳喂养还是人工喂养的婴幼儿都需要供给辅助食品。婴幼儿辅助食品所提供的热能和营养素要符合婴幼儿的需要,不仅营养素的种类要齐全,数量要充足,而且各营养素之间要保持合适的比例。婴幼儿辅助饮品仍以乳为原料,加入适量的维生素和矿物质等。目前,我国婴幼儿辅助饮料主要有杭州娃哈哈集团公司生产的AD钙奶饮料,每100 mL中含有维生素A 100~300 IU、维生素D 40~160 IU、Ca 40~80 mg;中美合资北京汇联食品有限公司开发的“汇力多”维生素AD强化奶,强化钙、铁、锌及各种维生素。也有其他适合婴幼儿饮用的以食品为基础的婴幼儿配方饮料,如经过乳酸发酵后的各种乳酸菌饮料,可以改善和平衡婴幼儿的肠道菌群,提高蛋白质和脂肪的利用率,增加维生素和矿物质的吸收量,也可以缓解乳糖不耐症;果蔬汁中含有各种维生素、胡萝卜素和矿物质,如以沙棘果、山楂果为原料生产的强化维生素C的果汁和以山楂、胡萝卜、蜂蜜、矿泉水为原料生产的“小儿乐”复合饮料以及各种鲜榨果蔬汁。

8.8.2　婴幼儿营养素的代谢特点与需求

婴幼儿时期生长发育迅速,表现为体重增加迅速;脑神经细胞快速增殖,小脑和植物神经系统也迅速发育;婴幼儿的骨骼骨化没有完成,骨盆、骨脊没有定型,胸骨未接合,可塑性很强;牙齿未出齐,只能靠使用流质及半流质食品获取营养;消化系统、呼吸系统、泌尿系统、循环系统和肌肉系统均比较嫩弱,对感染的抵抗力较差。

正是由于婴幼儿生长发育快,代谢旺盛,所需营养素比成人高,单位体重所需要的热能、蛋白质及各种维生素、矿物质的数量比成年人高出2~3倍;由于婴幼儿胃肠道未发育成熟,胃容量小,仅为30~50 mL,对母乳以外的食物耐受性弱,常易发生腹泻而导致营养素损失。

婴幼儿对营养素的需求量大,同时自身储备量小,消化系统适应能力差。必须要注意各种营养素的供给和热量的补充。

(1)热量 婴幼儿摄入的热量主要用来满足基础代谢的需要、生长的需要、活动的需要和食物特殊动力作用的需要。基础代谢方面,在 1 岁以内,每千克体重每日需要热量 229.9 kJ,是成人的 2.3 倍,2 ~3 岁仍是成人的 1.8 ~2.0 倍;生长发育方面,婴幼儿身体各器官组织的生长发育需要大量的热量;活动方面,婴幼儿因活动所消耗的热量个体差异大,好动爱哭的孩子比安静好睡的高出 3 ~4 倍;食物特殊动力作用方面,食物刺激的能量代谢作用,称为食物的特殊动力作用。婴幼儿用于特殊动力作用的热量占总热量的 5% ~8%,婴幼儿消化功能较弱,食物未经过吸收排出体外的大约要损失 10% 的热量。

(2)蛋白质 用于补充氮的损失和满足新生组织的需要,这一时期处于正氮平衡状态。缺乏蛋白质会引起发育迟缓、消瘦、水肿和贫血,但是蛋白质过多会加重肾脏排泄的负担,会引起腹泻、脱水、发热等问题。此外婴幼儿所需要的必需氨基酸有 9 种,比成人多 1 种。

(3)脂肪 提供热量和脂溶性维生素,防止体内热量散失,保护器官。婴幼儿需要各种脂肪酸和脂类,初生时脂肪占总热量的 45%,随月龄的增加减少到 30% ~40%,必需脂肪酸提供的热量不应少于 1% ~3%。

(4)碳水化合物 婴幼儿每日每千克体重所需的碳水化合物比成年人高,碳水化合物所提供的热量约占总热量的 50%。碳水化合物的供应要适量,碳水化合物供给不足,会出现低血糖,同时增加肌体蛋白质的消耗,导致营养不良;若供给过多,则会产生肥胖、抵抗力下降等问题。

(5)无机盐 婴幼儿需要多种无机盐,最重要的是钙、磷、铁、铜、钠、钾、氯、锌、碘和镁,摄入量难以满足的是钙和铁。长期缺乏钙会导致佝偻病,可以通过补充维生素 D 或晒太阳的方式,促进钙的吸收。

(6)维生素 婴幼儿对维生素 A、维生素 D 的需求量大,缺乏维生素 A 会导致干眼病;缺乏维生素 D 会影响钙的吸收,导致佝偻病。我国建议 1 岁以内的婴儿每日摄入维生素 A 的量为 200 μg,维生素 D 的量为 10 μg,可通过服用鱼肝油丸补充。

(7)水 正常婴幼儿对水每日绝对需要量为每千克体重 75 ~100 mL,婴幼儿的代谢率较高,从肾、肺和皮肤失水较大,与儿童和成人相比,婴幼儿更易发生脱水,失水的后果也比成年人严重。我国建议婴幼儿水摄入量为每日每千克体重 150 mL。

8.8.3 婴幼儿饮料的设计与包装

8.8.3.1 婴幼儿饮料的设计原则

婴幼儿饮料设计的总则是:从弥补母乳喂养的不足出发,结合婴幼儿特定发育阶段的生理需要和消化能力,保证膳食营养平衡,改善婴幼儿的膳食营养结构,并且及时补充婴幼儿所需的蛋白质、维生素以及各种微量元素,提供满足婴幼儿生长所需的各种营养物质,促进婴幼儿智力和身体发育。

8.8.3.2 婴幼儿饮料的包装要求

婴幼儿饮料的购买行为主要是父母完成的,所以产品的包装更多是与父母的沟通。

父母期望产品更健康、营养，因此在包装设计理念上应包含营养、安全、值得信赖等元素。包装上不仅要清晰地标明产品的成分和配方，帮助父母了解产品营养成分的来源，建立信赖感，还要针对现在父母独立、经验少的特点，在包装上能尽可能详细地注明如何饮用。

（1）符合食品包装要求　用于婴幼儿饮料的包装材料和容器要符合食品包装的要求，材料与容器应化学稳定性良好、无毒、无异味、隔绝性好、不易碎、轻便、不与饮料内容物起化学反应等。

（2）采用绿色包装　即无公害包装，对环境和人体无害，无污染，可循环利用或再生利用。

（3）使用方便、安全　婴幼儿饮品要不定时调配、食用，要求使用方便且安全。

（4）标识齐全　包装容器上应标明食品名称、配料表、生产日期、保质期或保存期、质量等级、产品标号、制造商、地址、产品标准号、食用方法等，符合《预包装食品标签通则》（GB 7718—2011）的规定。

（5）包装设计应具有鲜明的幼儿特色　采用想象、人格化等手法，应用鲜明的颜色、线条、图形等，便于婴幼儿记忆，培养对物品的感知。

（6）禁止与玩具混装　玩具体积小，容易被误食；玩具没有经过严格消毒，容易造成饮品腐败；玩具多为塑料制品，也会造成饮品污染。

思考题

1. 简述特殊用途饮料、运动饮料、营养素饮料、低能量饮料的定义。
2. 特殊用途饮料是如何进行分类的？
3. 功能性成分提取时通常用哪几种溶剂？提取功能性成分时都应该注意些什么？
4. 运动饮料中通常都加哪些营养素？
5. 举例说明运动饮料、营养素饮料的加工技术。

第9章 风味饮料

【内容提要】

本章介绍风味饮料的分类;风味饮料加工工艺及操作要点;概括总结设计新型风味饮料。

【学习目标】

了解风味饮料分类及各类风味饮料加工技术;掌握风味饮料加工技术关键工序。

【名词及概念】

茶味饮料;果味饮料;乳味饮料;咖啡味饮料;风味水饮料

9.1 茶味饮料

9.1.1 柠檬红茶味饮料

柠檬红茶味饮料既有柠檬的轻酸爽口,也有红茶的醇厚甘甜,酸甜可口,具有健胃助消化的作用,适合餐后饮用。天气炎热时,饮用柠檬红茶具有生津、止渴、解暑的作用。

【工艺流程】

红茶→烘干→浸提→抽滤→转溶→调配→精滤→灌装→封口→杀菌→成品

【工艺要点】

(1)原料预处理　将红茶在约110 ℃下烘烤5 min,以提高香气。

(2)茶汁萃取　先将茶叶研磨,以红茶与水为1∶20的比例,在70～80 ℃浸提15 min,过滤去除茶渣后备用。

(3)柠檬汁制备　选用新鲜、品质优良的柠檬去皮,切块,榨汁后过滤去除果渣。

(4)转溶　在40～50 ℃茶汁中加入3 g的焦烟硫酸钠,控制20～30 min,充分搅拌进行转溶。

(5)调配　在茶汁中按顺序加入白砂糖、柠檬汁,用柠檬酸和柠檬酸钠调节饮料pH值为4.0～4.2,酸甜适宜;并调整红茶汁浓度为6.0°Bx,混匀后精滤。

(6)灌装　将调配好的柠檬红茶饮料用易拉罐灌装封口。

(7)灭菌　采用100 ℃水浴30 min的方式进行灭菌处理。

(8)冷却　将灭菌后的柠檬红茶饮料冷却至室温。

9.1.2 茉莉花茶味饮料

茉莉花茶,又叫茉莉香片,属于花茶,是将茶叶和茉莉鲜花进行拌和、窨制,使茶叶吸收茉莉花香而成的茶叶。茉莉花茶具有安神、解抑郁、健脾理气、抗衰老、提高机体免疫力的功效,是一种健康饮品。

【工艺流程】

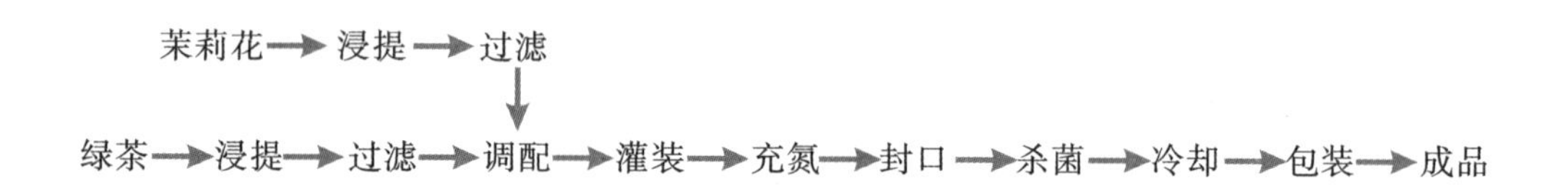

【工艺要点】

(1)茉莉花浸提　采用80 ℃去离子水,按茉莉花∶水=1∶50的比例对茉莉花浸提两次,每次15 min,将两次滤液合并后用300目滤布过滤备用。

(2)茶汁制备　采用80 ℃去离子水,按绿茶∶水=1∶10的比例浸泡10 min,滤去茶渣后备用。

(3)调配　将茉莉花浸提液、绿茶液按1∶4的比例混合。将各种辅料溶解、净化后按以下比例加入茉莉花与茶的浸提混合液中:2.5%白砂糖、安赛蜜0.03%、NaCl 0.01%、柠檬酸0.05%、柠檬酸三钠0.05%、磷酸三钠0.05%、维生素C 0.05%、$NaHCO_3$ 0.025%、茉莉香精0.01%。

(4)罐装　将调配好的茶饮料脱气后进行罐装,在罐与盖的间隙,以40 mL/s的速度充氮气以替代罐内液面上空间的空气,然后快速封口。

(5)杀菌　充氮密封的茶饮料,在115 ℃的高压蒸汽锅中灭菌20 min即可。也可脱气后采用超高温瞬时杀菌(131 ℃、10 s)后进行无菌罐装。

(6)冷却　将杀菌后的样品放入冷水浴中冷却至常温,即为成品。

9.1.3 铁观音茶饮料

铁观音茶为乌龙茶的典型代表。品质以春茶最佳,秋茶次之,夏茶最差。其加工工艺分10个工序,依次是晒青、凉青、摇青、炒青、初揉、初烘、包揉、复烘、复包、糅合足火。

【工艺流程】

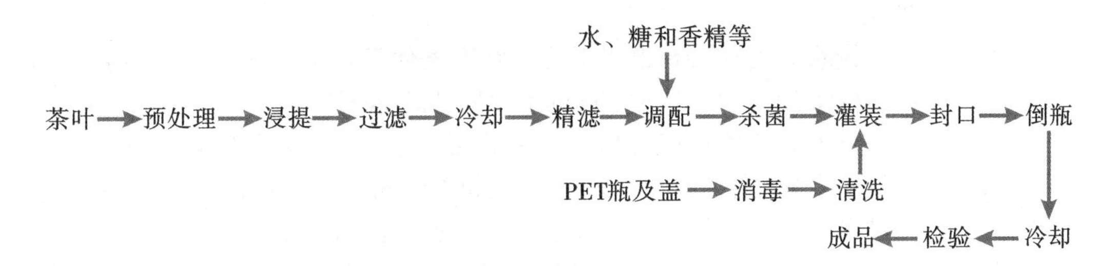

【工艺要点】

(1)茶叶的选择和预处理　茶叶的选择以符合前述要求为佳。一般以春茶的品质最好。茶叶要求选用当年的新鲜茶叶，不用陈茶。加工好的铁观音以储存适当时间，使茶叶在热处理作用下进行“吐香”过程后再作为茶饮料加工原料为佳。购后的茶叶可进行预处理以有利于后续工艺。由于茶叶由茶树鲜叶加工而来，天然茶树鲜叶表面有许多灰尘，在萃取前用适当清水冲洗可除去相当一部分灰尘，降低茶汤萃取液中由于灰尘而引起的混浊和沉淀。

(2)萃取　茶叶与水按 1∶50 的比例进行萃取。萃取用水采用去离子水，待水温升至 80 ℃后加入茶叶，保持萃取温度为 75 ℃左右，搅拌萃取 15 min。

(3)过滤　萃取后立即用 300 目滤布过滤，过滤后的茶叶废弃不用，滤液立即冷却。冷却后的茶叶萃取液按 20 g 茶叶萃取得 1 L 萃取液比例定容。

(4)精滤　采用板框式过滤机或超滤设备过滤，滤液澄清透明无沉淀。

(5)调配　过滤后的茶叶萃取液用去离子水、白砂糖、维生素 C、食用香精和碳酸氢钠等进行调配。

(6)杀菌　采用 UHT 超高温瞬时杀菌，杀菌温度 137 ℃，杀菌时间 15 s，热灌装温度 88～92 ℃。PET 瓶及盖先用 ClO_2 溶液消毒，再用纯净水冲洗。灌装时启动系统吹风装置，保证操作台内的无菌状态。灌装后立即封盖，倒瓶 1 min 对瓶盖进行杀菌，然后立即用自来水冷却。

9.1.4　茶味乳酸菌饮料

【工艺流程】

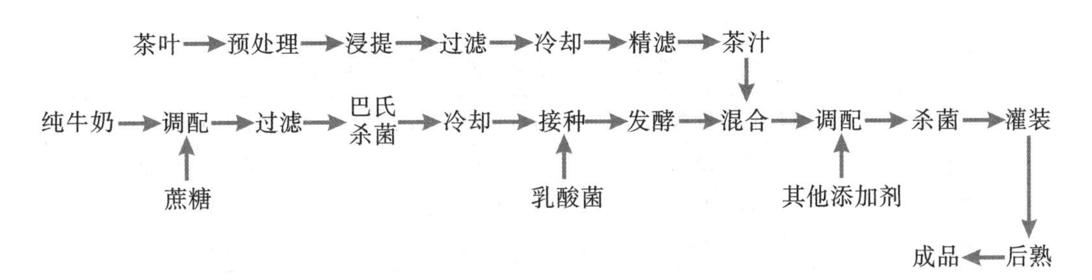

【工艺要点】

(1)茶汁的浸提

1)烘干粉碎　剔除茶叶中杂质,将茶叶在100 ℃条件下复火15 min。冷却粉碎,其目的是破坏茶叶的粗硬组织结构,增加茶叶的表面积以提高浸提率。

2)浸提　用去离子水采用2次浸提方法。一次浸提按一定茶水比在40 ℃条件下浸提10 min。二次浸提将滤渣加水在90 ℃条件下浸提10 min。将2次浸提的茶汁用滤布过滤合并。浸提过程中为防止茶汤氧化,可加入适量的异抗坏血酸钠。

3)冷却、精滤　将合并的茶汁迅速冷却至20 ℃以下,并用孔径1~2 μm的微滤膜精滤;加入适量β-环糊精以防止形成茶乳酪。

(2)基础酸乳的制备

1)调配　向纯牛奶中加入10%(质量分数)的白砂糖,过滤并采用巴氏杀菌。

2)接种、发酵　接入2%乳酸菌发酵剂(保加利亚乳杆菌∶嗜热链球菌=1∶1),在(43±1)℃条件下发酵3~4 h,酸度达到75 °T左右,酸乳呈均匀凝乳状为止。

3)冷却　迅速冷却至15 ℃。

(3)混合、调配　将不同比例的绿茶汁添加到酸奶中,进行充分混合,并按配方要求加入其他添加剂,搅拌均匀。

(4)灌装、冷藏　采用125 ℃、5 s UHT杀菌,冷却后在无菌间中进行灌装,在0~5 ℃条件下冷藏。

9.2 果味饮料

9.2.1 果味饮料的原料

在果味饮料中,白砂糖是最主要的成分;苯甲酸钠被广泛用作防腐剂;常用的酸有柠檬酸、酒石酸、苹果酸、磷酸及乳酸等,其中柠檬酸使用最为广泛。此外,果味糖浆的原料还有其他甜味剂、果汁、香精、色素等。

9.2.2 果味糖浆的调配

首先将已过滤的原糖浆转入配料罐中,当原糖浆达到一定容积时,在不断搅拌下,将各种所需之配料按先后次序加入(如系固体,则应事先加水溶解过滤)。现将各种果味饮料中糖、酸及香精参考用量列于表9.1,供配方设计时参考。

表9.1　不同果味饮料品种中糖、酸及香精用量

名称	含糖质量分数/%	柠檬酸/(g/L)	香精参考用量/(g/L)
苹果	9~12	1	0.75~1.50
香蕉	11~12	0.15~0.25	0.75~1.50
杏	11~12	0.30~0.85	0.75~1.50

续表 9.1

名称	含糖质量分数/%	柠檬酸/(g/L)	香精参考用量/(g/L)
黑加仑子	10~14	1	0.75~1.50
樱桃	10~12	0.65~0.85	0.75~1.50
葡萄	11~14	1	0.75~1.50
石榴	10~14	0.85	0.75~1.50
可乐	11~12	磷酸 0.9~1.0	0.75~1.50
白柠檬	9~12	1.25~3.10	0.75~1.50
柠檬	9~12	1.25~3.10	0.75~1.50
橘子	10~14	1.25	0.75~1.50
鲜橙	11~14	1.25~1.75	0.75~1.50
杧果	11~14	0.425~1.550	0.75~1.50
冰激凌	10~14	0.425	0.75~1.50
菠萝	10~14	1.25~1.55	0.75~1.50
梨	10~13	0.65~1.55	0.75~1.50
桑葚	10~14	0.85~1.55	0.75~1.50
草莓	10~14	0.425~1.750	0.75~1.50

9.2.3 果味饮料的加工工艺

9.2.3.1 苹果味饮料

苹果富含矿物质和维生素,是一种低热量水果,每 100 g 产生 25.2 J(60 kcal)热量。苹果中可溶性营养成分含量高,易被人体吸收利用,使皮肤润滑柔嫩。

【工艺流程】

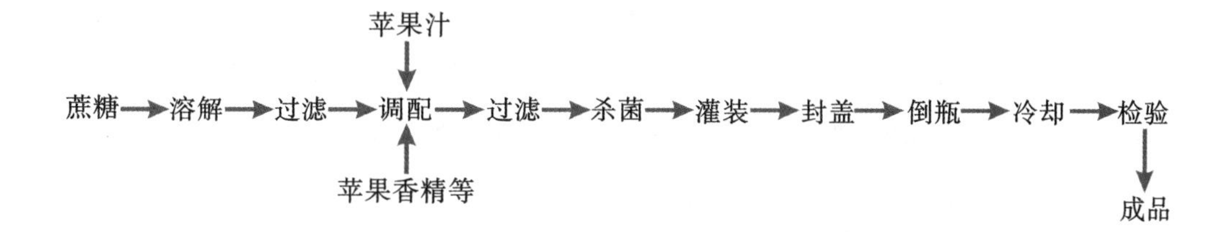

【工艺要点】

(1)化糖　将蔗糖于 80~85 ℃化糖锅中热水溶解,经糖浆过滤器过滤除掉杂质,泵入调配罐。

(2)调配　在调配罐中依次加入溶解过滤后的其他甜味剂、防腐剂、酸味剂、浓缩苹果清汁(加量小于5%)、苹果香精、色素等,充分混合、搅拌均匀,定容至所需容积;并经微滤膜精密过滤。

(3)杀菌　采用125 ℃、5 s的UHT杀菌处理,并冷却至80~85 ℃。

(4)灌装　使用PET瓶热灌装,封口后倒瓶维持1 min,对饮料瓶进行巴氏灭菌。

(5)冷却　倒瓶杀菌后,采用喷淋冷却至38 ℃左右。

9.2.3.2 橙味饮料

橙是最具有代表性的柑橘类果实,有甜橙和酸橙两个基本种。甜橙含有大量的糖和柠檬酸、丰富的维生素C以及维生素P,营养价值较高,是加工饮料的理想原料。

【工艺流程】

【工艺要点】

(1)化糖　同苹果味饮料。

(2)调配　在调配罐中依次加入溶解过滤后的其他甜味剂、防腐剂、酸味剂、浓缩甜橙汁(总量小于5%)、甜橙乳化香精、色素等,充分混合、搅拌均匀,定容至所需容积;并经微滤膜精密过滤。

其他工序操作要点同苹果味饮料类似,不再赘述。

9.3 乳味饮料

【工艺流程】

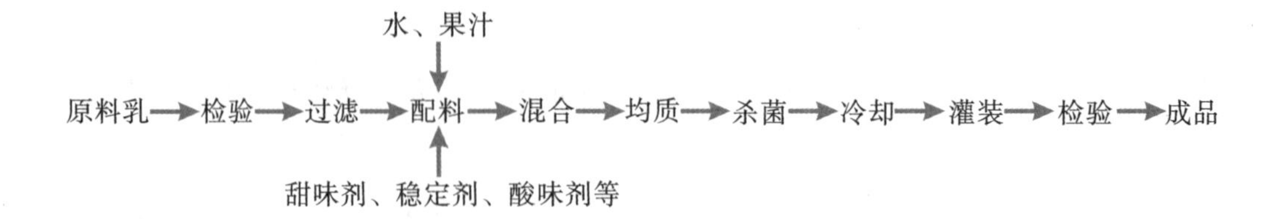

【工艺要点】

(1)原料乳检验　要求为乳白色、无不良气味、酸度<18 °T、酒精实验呈阴性、细菌总数<50万CFU/mL,呈胶态流体状态,没有肉眼可见的杂质。

(2)过滤　用100目的滤网过滤检验合格的原料乳,去除细小的杂质,冷藏备用。

(3)配料　适宜的配料配方除了使产品具有良好的色泽、风味外,对其稳定性也具有重要作用。鲜乳35%、水55%、白糖8%、单甘酯0.1%、蔗糖酯0.1%、羧甲基纤维素钠(CMC)0.2%、海藻酸钠0.1%、酸味剂0.5%、改良剂0.15%、色素、香精、防腐剂等适量。

(4)混合　混合方式和均匀程度对产品的质量有很大影响。①增稠剂、乳化剂等黏性大、难溶的添加剂,先加入65~70 ℃的热水中,用搅拌机搅打均匀后加入原料乳中。②酸味剂的添加应先用冷水稀释成浓度低于5%的溶液,然后采用喷淋式加入快速搅拌状态下的冷凉原料乳中。③易挥发的香精物质宜在加热杀菌后期加入。

(5)均质　均质对酸性风味乳饮料的稳定性影响较大,均值压力15~20 MPa,温度50 ℃左右。

(6)杀菌　为了延长产品的保质期,一般需加热杀菌。因乳蛋白在酸性条件下受热极易沉淀,故在杀灭细菌的前提下,杀菌温度越低、时间越短,越有利于产品的稳定。加工酸性乳饮料时,一般采用超高温瞬时杀菌法(130~150 ℃、3~5 s)。

(7)冷却　灌装前经过板式换热器把温度降至30 ℃进行无菌灌装;若采用热灌装,温度需保持在80~85 ℃。

(8)灌装　常见的产品包装有瓶装、涂塑纸盒和塑料袋包装,多采用自动化的饮料灌装机进行无菌灌装、封合。无菌灌装、封合工序包括灌装机灭菌、包装材料灭菌、无菌输送、无菌灌装、封合成型、印刷生产日期、吸管粘贴等。

(9)装箱、入库、检验　装箱入库工序包括产品装入外箱、装上运输车送至仓库等;成品由检验员根据产品标准要求,对产品进行有关感官、理化和微生物指标的检测,达到商业无菌,方可出厂。

9.4　咖啡味饮料

【工艺流程】

咖啡粉→浸提→过滤→离心→调配→灌装→杀菌→成品

【工艺要点】

(1)咖啡浸提液的制取　咖啡液的抽提方法一般采用煮出式。因咖啡香气是易于挥发的,故抽提设备必须是密闭容器。在抽提的80 ℃热水中加0.5% β-环状糊精,以利于增加咖啡可溶性成分及芳香物的浸出。当热水的温度控制在90~100 ℃范围内,加入咖啡粉,抽提5~8 min,然后放出咖啡液。注意掌握抽提温度和时间,否则,不仅会使风味下降,而且还会使制品产生混浊。

(2)过滤、离心　咖啡液用板框压滤机压滤,分离出咖啡渣。可采用双层纱布或布袋进行过滤。然后将滤液再用离心机进行离心处理,分离出较大颗粒,澄清浸提液。

(3)混合　将所需砂糖、稳定剂、乳化剂等分别用一定量的热水溶解,加入咖啡提取液中,搅拌均匀。

(4)灌装、密封、杀菌　趁热装罐、密封,及时进行杀菌。灌装初温和杀菌方式视包装材料而定。如用金属罐或玻璃瓶装时初温可高些，但注意温差不要过大，以防玻璃瓶破裂，杀菌条件为 120 ℃、10 min。塑杯或聚酯瓶装时，初温不要太高，以防变形。

9.5 风味水饮料

风味水饮料是近年来流行于亚洲地区的一类新型饮料，其特点是在纯净水的基础上添加少量糖、酸、果汁或人参、杏仁叶等中草药提取物及各种营养物质加工而成。它是一种介于纯净水和果汁饮料、功能饮料等饮品之间的低热量饮品，克服了纯净水风味单调、口感单薄的缺陷，具有自然、健康、营养、清新的特点，得到广大消费者特别是年轻一代的青睐。

9.5.1 苏打水饮料

苏打水是碳酸氢钠的水溶液，呈弱碱性，能中和胃酸、调节新陈代谢，缓解消化不良和便秘等症状，可补充出汗流失的钠，是十分流行的时尚饮品。

【工艺流程】

原水→水处理→杀菌→配料→过滤→苏打水杀菌→灌装→灯检→包装→成品

【工艺要点】

(1)设备清洗、杀菌　所用工具、容器用臭氧水浸泡 15～25 min，管道、不锈钢储罐、调配罐、成品暂存罐均用臭氧水冲洗 5～10 min，灌装机用臭氧水浸泡 5～15 min。

(2)水处理　将原水依次经石英砂过滤、活性炭过滤、软化、精密过滤器、一级反渗透、二级反渗透处理后制成纯净水备用。

(3)杀菌　臭氧杀菌，水中残余臭氧浓度保持在 0.8 mg/L 作用 5～10 min。

(4)配料　按比例添加溶解并过滤的碳酸氢钠、安赛蜜、硫酸镁、氯化钾、柠檬香精，混合均匀制成苏打水。

(5)过滤　将苏打水经微孔过滤器过滤，除去杂质和部分微生物。

(6)苏打水杀菌　利用紫外线、臭氧杀菌装置对苏打水进行杀菌处理。

(7)瓶、盖消毒　瓶子用臭氧无菌水冲洗消毒、瓶盖用紫外线、臭氧消毒 15～25 min。

(8)灌装　用常压灌装机灌装并封口，容器多为塑料瓶。

(9)灯检　对每瓶苏打水进行逐一灯检，剔除瓶中有杂质及悬浮物的苏打水。

(10)包装　喷码后再次灯检，合格产品贴标后装箱入库。

9.5.2 薄荷水饮料

薄荷又名水薄荷、苏薄荷、鱼香草等，是唇形科薄荷属多年生宿根草本植物，全株具有浓烈的清凉香味，是我国传统的中药之一，具有清凉、祛风、消炎、局麻等作用。薄荷中的主要化学成分是薄荷油，薄荷新鲜叶含挥发油 0.8%～1%，干茎叶中含 1.3%～2%。薄荷挥发油中主要成分为左旋薄荷醇，含量 62%～87%。

【工艺流程】

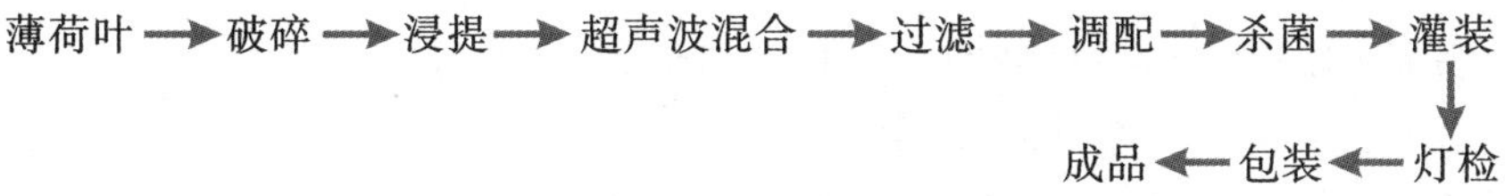

薄荷叶→破碎→浸提→超声波混合→过滤→调配→杀菌→灌装→灯检→包装→成品

【工艺要点】

(1)薄荷油浸提　可用水蒸气蒸馏法、溶剂浸提法、超临界CO_2法提取。

(2)薄荷油的水溶性包结物制备　将β-环状糊精浸入过量薄荷油中，进行搅拌或研磨或超声波混合，每500 g环状糊精需经30 min以上的饱和时间。待包结饱和后，经过滤，得到薄荷油的水溶性包结物。

(3)调配　将包结物按0.01%～0.02%的浓度配比，加入纯净水中，使薄荷油的水溶性包结物在水中完全溶解，调制得薄荷水。

(4)灭菌　臭氧灭菌，水中残余臭氧浓度保持在0.8 mg/L作用5～10 min。

(5)灌装　用常压灌装机灌装并封口，容器多为塑料瓶。

(6)灯检　对每瓶薄荷水进行逐一灯检，剔除瓶中有杂质及悬浮物的薄荷水。

(7)包装　喷码后再次灯检，合格产品贴标后装箱入库。

9.5.3　玫瑰水饮料

玫瑰花是一种具有较高食用价值和经济价值的药用植物，含有300多种化学成分，如槲皮苷、香精油、有机酸及人体必需的18种氨基酸和微量元素，具有解郁结、化胃气、强肝肺、解毒、平衡内分泌、缓解神经疲劳与更年期障碍、防治便秘、除斑等功效，色、香味俱佳，在滋润肌肤、美容养颜和提神明目功效上效果明显，特别受女性消费者的青睐。

【工艺流程】

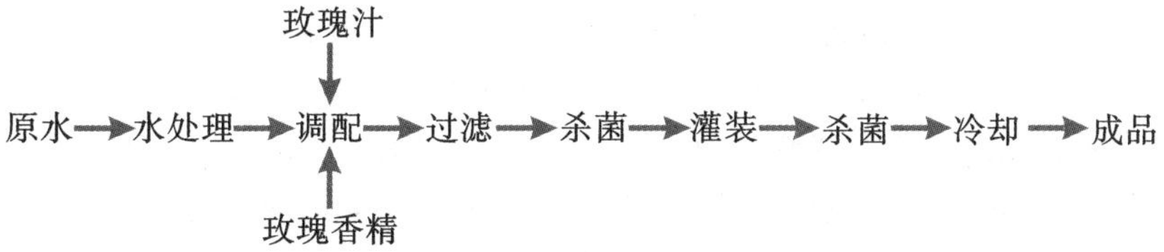

玫瑰汁↓
原水→水处理→调配→过滤→杀菌→灌装→杀菌→冷却→成品
玫瑰香精↑

【工艺要点】

(1)调配　将蔗糖在化糖锅中热溶解后过滤，泵入调配罐，加水冷却至40 ℃左右；蛋白糖、甜蜜素等其他甜味剂和柠檬酸、柠檬酸钠酸味剂分别溶解后过滤，搅拌加入调配罐；为使饮料具有玫瑰风味，需添加适量玫瑰香精(或添加少量玫瑰浓缩汁)，使其具有玫瑰花的典型香气和愉悦口感；加入适量乙基麦芽酚，可使香气更持久；同时加入适量玫瑰茄色素，搅拌均匀，使饮料色泽呈淡玫瑰色或淡粉色。调配环节是决定玫瑰风味水品质的关键环节,要使调配出的半成品色、香、味、形都能体现玫瑰的特色。

(2)过滤　调配后的半成品饮料通过300目孔径的双联过滤器过滤,除去不溶性杂质。

(3)杀菌　125 ℃、5 s高温瞬时杀菌,冷却至85~92 ℃。

(4)灌装　采用PET瓶热灌装,封口后倒瓶进行二次杀菌,维持1 min;随后工艺水喷淋冷却至38 ℃左右;风淋吹干,贴标检验后,即得成品。

9.6 其他风味饮料

9.6.1 烤玉米风味饮料

烤玉米具有独特的乡土风味,很受大众欢迎。用玉米粒经适当工艺加工,可制成具有烤玉米风味的清凉饮料。

【工艺流程】

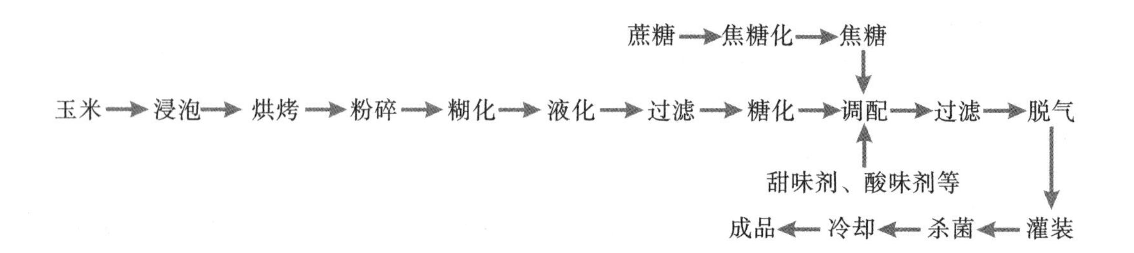

【工艺要点】

(1)浸泡　整粒玉米在30 ℃水中浸泡24 h,让玉米籽粒吸收部分水分,有利于烘烤时风味的产生及淀粉的糊化。

(2)烘烤　在200 ℃下烘烤15 min,至玉米粒焦黄,有浓郁烘烤香味。

(3)液化　烤玉米粒粉碎过20目筛,用4倍水调成乳浆,并调节pH值在6.2~6.4,加入玉米粉量0.1%的$CaCl_2$,按6 U/g干物质加入BF7658α-淀粉酶,加热至85~90 ℃,保温液化。用碘试剂试验不变蓝时说明液化结束,大约需60 min。

(4)糖化　将液化玉米乳过滤除渣,然后升温至100 ℃、5 min灭酶,再冷却至60 ℃;调节pH值在5.0~5.4,按100 U/g干物质加糖化酶保温糖化。用无水乙醇测定无沉淀即为糖化结束。糖化时间大约12 h。

(5)焦糖化　将优质的白砂糖直接用铁锅在电炉上加热,控制糖浆温度在160~180 ℃,焦糖化时间20 min。糖浆颜色变为红棕色,并有愉快焦糖香味。最后加水溶解。

(6)调配　将30 kg玉米的糖化液与20 kg白砂糖的焦糖溶液混合,再加入柠檬酸、蛋白糖、乙基麦芽酚搅拌混匀加水至1 000 kg。

(7)杀菌公式　(5′-20′-5′)/90 ℃。

9.6.2　野菊花风味饮料

野菊花又名山野菊、路边菊等，为菊科多年生草本植物。其花具有极佳的药用保健功效和极高的饮用价值，是一种保健饮品。

茉莉花属于木樨科素馨属，原产印度。其香气纯正优雅，为香料工业最名贵的产品之一，目前我国主要用于提取茉莉花浸膏、精油、熏蒸制作花茶。

【工艺流程】

原料选择→清洗→浸泡→粗滤→调配→冷却→精滤→杀菌→灌装→杀菌→冷却→成品

【工艺要点】

（1）原料选择　直接用制好的商品野菊花为原料；茉莉花为市售优级。

（2）浸泡　商品菊花与水的比例为1：200，先用去离子水85 ℃浸泡，加$NaHCO_3$将pH值调为8.1～8.3，浸泡5 min；然后冷却到30 ℃，加维生素C调pH值为6.2左右即可。茉莉花的浸泡方法同菊花。浸泡后用100目滤布过滤，分别得到菊花液、茉莉花液。

（3）调配　菊花液、茉莉花液按4：1混合，添加白砂糖4.5%、蜂蜜0.5%、β-环状糊精0.05%、异抗坏血酸钠0.01%，及少量菊花香精和茉莉香精。

（4）冷却　调配好的饮料通过热交换器迅速冷却至20 ℃以下，可使部分物质絮凝析出，防止产品在销售、流通过程中出现混浊、沉淀现象。

（5）精滤　冷却后的调配液经孔径1 μm的滤膜精密过滤。

（6）脱气　为防止氧化，保证产品的质量，脱除饮料中的氧气，保持良好的外观，防止杀菌、灌装时产生气泡，在真空脱气罐中适度脱气。一般脱气真空度0.01～0.02 MPa，物料50～60 ℃为宜。

（7）杀菌　脱气后的饮料进行UHT杀菌，杀菌条件为135 ℃、10 s。

（8）灌装　若采用热灌装，杀菌后冷却至85～92 ℃，趁热灌装后二次杀菌；若采用无菌灌装，杀菌后冷却至25 ℃左右，于无菌条件下灌装。

9.6.3　微细藻发酵风味饮料

微细藻发酵风味饮料是以微细藻为原料的风味饮料。将蓝藻、小球藻等微细藻类的细胞壁破坏（加酶分解）后，加酵母发酵，除去乙醇后加入调味料、赋香剂等调制而成，产品风味优良。

【工艺流程】

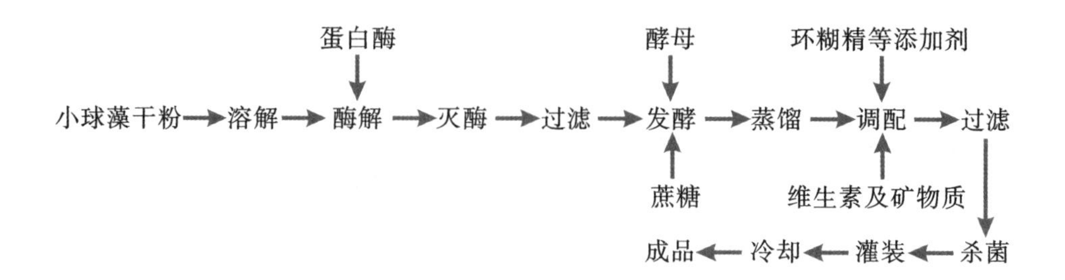

【工艺要点】

（1）溶解　小球藻干燥粉 20 kg，加水 500 kg，加热至 90～92 ℃，充分溶解、浸提。

（2）酶解　浸提液冷却到 50～60 ℃，加蛋白酶 100 g，搅拌保温 4～5 h，充分酶解小球藻细胞壁，使胞内有效成分充分溶出。

（3）灭酶　充分酶解后，将酶解液加热到 90～92 ℃，保温 5～8 min 灭酶灭菌，然后通过热交换器冷却至室温，于储罐中静置 24 h 使不溶性物质充分沉淀。

（4）过滤　用 1～2 μm 孔径滤膜或滤布过滤除掉不溶性及大分子物质，防止产生沉淀或絮凝混浊。

（5）发酵　于过滤液中添加蔗糖，使其浓度达到 8%，加入活化的酵母，25～30 ℃静置培养发酵 2～3 d，产生适量乙醇、酯类、醛、酮等风味物质；70～75 ℃巴氏灭菌终止发酵。

（6）调配　于 75～80 ℃减压蒸馏除去乙醇；加入柠檬酸、苹果酸、葡萄糖、果糖液、甜菊苷、β-环状糊精、适量人参、蜜糖、维生素 B_1、维生素 B_2、乳酸钙、香精，混合搅拌均匀。

（7）过滤、杀菌　调配液经 1 μm 孔径滤膜精密过滤，于 131 ℃杀菌 5 s。

（8）灌装、冷却　杀菌后冷却至 85～90 ℃进行热灌装，封口后倒瓶杀菌 1 min，喷淋冷却至 38 ℃，风淋干燥，检验后即得成品。

思考题

1. 简述风味饮料的概念、分类及各种风味饮料的产品特色。

2. 根据所学知识，设计一种新型风味饮料。

第10章　茶饮料

【内容提要】

本章主要介绍茶饮料的分类、主要成分、功能及产品质量标准；茶饮料的主要原辅料；茶饮料的主要生产设备；茶饮料、调味茶饮料、复(混)合茶饮料的生产工艺；茶饮料生产实例。

【学习目标】

了解茶饮料的分类、主要成分及功能性、产品质量标准及发展现状；熟悉茶饮料主要原辅料的特性及茶饮料生产的主要设备；掌握茶饮料(茶汤)、复(混)合茶饮料、调味茶饮料及速溶茶的生产工艺与操作要点。

【名词及概念】

茶饮料(茶汤)；复(混)合茶饮料；调味茶饮料；茶浓缩液

10.1　茶饮料的定义与分类

10.1.1　茶饮料的定义

根据中华人民共和国国家标准《饮料通则》(GB/T 10789—2015)的定义，茶饮料是指以茶叶或茶叶的水提取液或其浓缩液、茶粉(包括速溶茶粉、研磨茶粉)或直接以茶的鲜叶为原料，添加或不添加食品原辅料和(或)食品添加剂，经加工制成的液体饮料。

10.1.2　茶饮料的分类

按照中华人民共和国国家标准《茶饮料》(GB/T 21733—2008)，茶饮料按产品风味分为茶饮料(茶汤)、调味茶饮料、复(混)合茶饮料及茶浓缩液4类。茶饮料(茶汤)又分为红茶饮料、绿茶饮料、乌龙茶饮料、花茶饮料、其他茶饮料。调味茶饮料又分为果汁茶饮料、果味茶饮料、奶茶饮料、奶味茶饮料、碳酸茶饮料、其他调味茶饮料。

10.1.2.1　茶饮料(茶汤)

茶饮料(茶汤)(tea beverage)是以茶叶的水提取液或其浓缩液、茶粉等为原料，经加工制成的，保持原茶汁应有风味的液体饮料，可添加少量的食糖和(或)甜味剂。

10.1.2.2 调味茶饮料

调味茶饮料(flavored tea beverage)是以茶叶的水提取液或其浓缩液、茶粉等为原料,加入果汁(或食用果味香精)或乳(或乳制品)或二氧化碳、食糖和(或)甜味剂、食用酸味剂、香精等调制而成的液体饮料。包括果汁茶饮料、果味茶饮料、奶茶饮料、奶味茶饮料、碳酸茶饮料、其他调味茶饮料。

(1)果汁茶饮料和果味茶饮料　以茶叶的水提取液或其浓缩液、茶粉等为原料,加入果汁、食糖和(或)甜味剂、食用果味香精等的一种或几种调制而成的液体饮料。

(2)奶茶饮料和奶味茶饮料　以茶叶的水提取液或其浓缩液、茶粉等为原料,加入乳或乳制品、食糖和(或)甜味剂、食用奶味香精等的一种或几种调制而成的液体饮料。

(3)碳酸茶饮料　以茶叶的水提取液或其浓缩液、茶粉等为原料,加入二氧化碳气、食糖和(或)甜味剂、食用香精等调制而成的液体饮料。

(4)其他调味茶饮料　以茶叶的水提取液或其浓缩液、茶粉等为原料,加入除果汁和乳之外其他可食用的配料、食糖和(或)甜味剂、食用酸味剂、食用香精等的一种或几种调制而成的液体饮料。

10.1.2.3 复(混)合茶饮料

复(混)合茶饮料(blended tea beverage)是以茶叶和植(谷)物的水提取液或其浓缩液、干燥粉为原料,加工制成的,具有茶与植(谷)物混合风味的液体饮料。

10.1.2.4 茶浓缩液

茶浓缩液(concentrated tea beverage)采用物理方法从茶叶水提取液中除去一定比例的水分经加工制成,加水复原后具有原茶汁应有风味的液态制品。

10.2 茶饮料的质量标准

茶饮料国家标准(GB/T 21733—2008)对茶饮料产品的感官指标、理化指标及卫生指标均做出了明确规定。茶饮料生产企业在实施企业标准时,其相应指标应略高于国家标准,以保证产品质量符合标准要求。以下是 GB/T 21733—2008 规定的相关内容,生产企业可参照执行。

10.2.1 感官指标

具有该产品应有的色泽、香气和滋味,允许有少量的茶成分导致的混浊或沉淀,无正常视力可见的外来杂质。具体感官指标如表 10.1 所示。

表 10.1 茶饮料感官指标

项目	茶汤饮料	调味茶饮料				复(混)合茶饮料
		果味茶饮料	果汁茶饮料	碳酸茶饮料	奶味茶饮料	
色泽	具有原茶类应有的色泽	呈茶汤和类似某种果汁应有的混合色泽	呈茶汤和某种果汁应有的混合色泽	具有原茶类应有的色泽	呈浅黄或浅棕色的乳液	具有该品种特征性应有的色泽
香气与滋味	具有原茶种应有的香气和滋味	具有类似某种果汁和茶汤的混合香气和滋味,香气柔和,酸甜适口	具有某种果汁和茶汤的混合香气和滋味,酸甜适口	具有品种特征性应有的香气和滋味,甜酸适口,有清凉刹口感	具有茶和奶混合的香气和滋味	具有该品种特征性应有的香气和滋味,无异味,味感纯正
外观	透明,允许稍有沉淀	清澈透明,允许稍有混浊和沉淀	透明略带混浊和沉淀	透明,允许稍有混浊和沉淀	允许少量沉淀,振摇后仍呈均匀乳浊液	透明或略带混浊
杂质	无肉眼可见外来杂质					

10.2.2 理化指标

理化指标应符合《茶饮料》(GB/T 21733—2008)的规定,具体见表 10.2。

表 10.2 茶饮料理化指标

<table>
<tr><th rowspan="2" colspan="2">项目</th><th rowspan="2">茶饮料(茶汤)</th><th colspan="6">调味茶饮料</th><th rowspan="2">复(混)合茶饮料</th></tr>
<tr><th>果汁</th><th>果味</th><th>奶</th><th>奶味</th><th>碳酸</th><th>其他</th></tr>
<tr><td rowspan="5">茶多酚/(mg/kg)≥</td><td>红茶</td><td>300</td><td rowspan="5" colspan="2">200</td><td rowspan="5" colspan="2">200</td><td rowspan="5">100</td><td rowspan="5">150</td><td rowspan="5">150</td></tr>
<tr><td>绿茶</td><td>500</td></tr>
<tr><td>乌龙茶</td><td>400</td></tr>
<tr><td>花茶</td><td>300</td></tr>
<tr><td>其他茶</td><td>300</td></tr>
<tr><td rowspan="5">咖啡因/(mg/kg)≥</td><td>红茶</td><td>40</td><td rowspan="5" colspan="2">35</td><td rowspan="5" colspan="2">35</td><td rowspan="5">20</td><td rowspan="5">25</td><td rowspan="5">25</td></tr>
<tr><td>绿茶</td><td>60</td></tr>
<tr><td>乌龙茶</td><td>50</td></tr>
<tr><td>花茶</td><td>40</td></tr>
<tr><td>其他茶</td><td>40</td></tr>
</table>

续表 10.2

项目	茶饮料(茶汤)	调味茶饮料						复(混)合茶饮料
		果汁	果味	奶	奶味	碳酸	其他	
果汁含量(质量分数)/%	—	≥5.0	—	—				
蛋白质含量(质量分数)/%	—			≥5.0	—	—		
二氧化碳气体含量(20℃容积倍数)	—				≥1.5	—		

注:茶浓缩液按标签标注的稀释倍数稀释后其中的茶多酚和咖啡因等含量应符合上述同类产品的规定;低糖和无糖产品应按 GB 13432 等相关标准和规定执行;低咖啡因产品,咖啡因含量应不大于表中规定的同类产品咖啡因最低含量的50%。

10.2.3 卫生指标

根据食品安全国家标准《饮料通则》(GB 7101—2015)、《食品中污染物限量》(GB 2762—2017)、《食品中致病菌限量》(GB 29921—2013)的规定,茶饮料卫生指标应符合如下要求:铅(Pb)≤0.3 mg/L;锡(Sn)≤150.0 mg/kg,菌落总数≤100 CFU/mL,大肠菌群≤1 CFU/mL,霉菌≤20 CFU/mL,酵母≤20 CFU/mL,金黄色葡萄球菌≤100 CFU/mL,沙门氏菌不得检出。

10.3 茶饮料的主要化学成分与功能

据分析,茶叶中含有600多种化学成分,其中有机化合物达450种以上,为干物质总质量的93%~96%,是决定茶叶滋味、香气和汤色等品质特征、营养和保健以及功能性作用的主要物质。茶叶中的生物碱对茶叶滋味有决定意义,具有提神兴奋作用。茶多酚不仅影响滋味也具有一定疗效作用。茶叶中的无机物含量为4%~7%,矿物质多达27种,对茶叶品质和人体营养保健具有重要影响。茶叶作为茶饮料的主要原料,其品质的优劣直接影响茶饮料成品的色泽、香气、风味等品质指标,茶叶中各种营养成分的种类及含量对茶饮料产品的保健功能也会产生很大影响。故在生产茶饮料时,应使茶叶中的营养及保健成分尽可能多地融入浸提液中。

10.3.1 茶饮料的主要化学成分

(1)茶多酚 俗称茶单宁,是茶叶中三十多种多酚类物质的总称,包括儿茶素、黄酮类、花青素和酚酸等四大类物质。茶多酚在茶饮料中含量为50~80 mg/mL,它是茶饮料中滋味鲜爽浓厚的最主要成分之一。儿茶素是茶多酚的主要成分之一，占茶多酚的60% ~70%，在茶饮料中含量为35 ~50 mg/100 mL。茶多酚是决定茶饮料色、香、味的重要成分。

(2)生物碱　茶饮料中生物碱的含量为15 ~25 mg/100 mL。生物碱是茶饮料滋味、苦味及功能成分的重要组成之一，包括咖啡碱、可可碱和茶叶碱，其中以咖啡碱的含量最多，占80% ~90%；可可碱和茶叶碱含量甚微，所以茶饮料中的生物碱常以咖啡碱为代表。咖啡碱也称咖啡因、茶碱、茶素，咖啡因是苦味成分，茶叶中咖啡因含量一般为2% ~4%，好茶中咖啡因的含量有的甚至超过咖啡，因此夜间最好少饮茶。

(3)蛋白质与氨基酸　茶叶中的蛋白质含量占干物质的20% ~30%，而能溶于水的蛋白质含量仅占3% ~5%，因此，茶饮料中仅含有少量的可溶性蛋白质。这部分水溶性蛋白质是形成茶汤滋味的重要成分之一，因蛋白质可以降低茶汤的苦味，从而使茶饮料的滋味更为协调、柔和。氨基酸含量占干物质总量的1% ~4%。由于氨基酸在60 ℃左右的热水中即可全部溶解，因此浸提2 ~3 次即可将茶叶中的氨基酸全部溶入茶汤中。茶饮料中主要含有茶氨酸、精氨酸等12 种氨基酸，其中茶氨酸含量约占氨基酸总量的50%以上，是茶叶中特有的一种氨基酸，是形成茶汤香气和鲜爽甘甜的重要成分，对形成绿茶香气关系极为密切。茶饮料中氨基酸含量为8 ~25 mg/100 mL。

(4)维生素　茶叶中维生素含量占干物质总量的0.6% ~1.0%。茶叶中维生素A主要是胡萝卜素，含量为7 ~20 mg/100 g，由于维生素A是脂溶性维生素，在浸提时基本不溶解，但可以随茶叶的芳香油进入茶汤。茶叶中的B族维生素一般不溶于热水，故茶饮料中一般不含维生素B类物质。维生素C在绿茶中含量较高，一般可达250 mg/100 g，最高的可达500 mg/100 g以上，且维生素C易溶于热水，但因其很容易被氧化，在绿茶汤中含有少量的维生素C；红茶和乌龙茶由于在加工过程中的氧化发酵，90%的维生素C被破坏，加上茶饮料加工过程中的热损失，茶汤中维生素C含量很少。除此之外，茶汤中还含有少量水溶性维生素P和肌醇。

(5)矿物质　茶叶中的矿物质多达27 种，占干物质总量的3.5% ~7.0%，其中大部分可溶于热水。茶饮料含矿物质元素为8.0 ~15.0 mg/100 mL，其中以钾的含量最高，占50% ~70%。

(6)可溶性糖　茶叶中的可溶性糖占干物质总量的0.8% ~4%，是组成茶叶滋味的物质之一。溶解于茶汤中的可溶性糖主要是茶叶中的还原糖、水溶性果胶及少量的淀粉、茶多糖，茶饮料中可溶性糖的含量为20 ~25 mg/100 mL，它们是构成茶饮料滋味的重要组成之一。

(7)色素　茶叶中的色素仅占干物质总量的1%左右。茶叶中色素的组成及含量对茶饮料中的色素构成有决定意义，不同茶叶的浸提液中色素组成及含量有很大差异。绿茶饮料中的色素主要由茶多酚类中呈黄绿色的黄酮醇类、花青素及花黄素组成，因叶绿素为脂溶性色素，不溶于水，故绿茶饮料中不含叶绿素。乌龙茶和红茶饮料中的色素主要由茶多酚的氧化产物茶黄素、茶红素和茶褐素构成，茶黄素和茶红素是构成乌龙茶和红茶饮料色泽明亮度和强度的第一要素，同时也是茶饮料滋味鲜爽和浓度的重要组成之一；而茶褐素则使饮料色泽黯淡，品质降低。

(8)香气物质　茶叶中的香气物质是指茶叶中挥发性物质的总称。在一般鲜叶中含

0.02%，绿茶中含0.005%～0.020%，红茶中含0.01%～0.03%。茶叶中香气物质的含量虽不多，但其种类却很复杂，多达几十至几百种，主要成分有醇、酚、醛、酮、酸、酯、内酯类、含氮化合物、含硫化合物、碳氢化合物、氧化物等，它们赋予了不同茶叶的特有香气。

在茶叶提取过程中，一部分香气物质可溶于热水中，一部分香气物质则呈气态挥发。茶叶中香气物质对温度十分敏感，在茶饮料加工过程中，特别是杀菌过程中，香气物质发生了复杂的化学变化，会造成茶饮料香气严重恶化。经高温杀菌后（121 ℃、8 min）乌龙茶和红茶饮料的香气成分呈现出减少的趋势，且含量和比例发生了较大变化，失去新鲜及花香风味，形成了不愉快的"熟汤味"；绿茶饮料经高温杀菌后，"甘薯味"明显，因而茶饮料加工应尽可能减少受热时间，高温瞬时杀菌技术能很好地解决这一问题。

（9）茶多糖　茶多糖由糖类、蛋白质、果胶等组成的复合物，全称为茶叶多糖复合物，简称为茶叶多糖或茶多糖。茶叶中，糖类物质约占茶叶干物质的20%，而茶多糖约占总糖量的1/3。老茶树粗老叶含量最多，但多数是不溶于水的多糖类，能被沸水冲泡出来的不过4%左右。茶叶是低热量饮料，这对于糖尿病病人来说，是一种非常合适的饮料。研究表明，茶多糖具有防辐射、降血糖、增强机体免疫等功能。

10.3.2　茶饮料的主要功能

茶饮料以茶叶为主要原料，其中含有较为丰富的茶多酚、生物碱、维生素、氨基酸、茶色素、矿物质等营养保健成分。现代研究证实，常饮茶饮料，除了可以补充人体水分、增加营养物质外，还对人体有良好的医疗保健效果，可以对人体的生理机能起到良好的调节作用，如降血压、降血脂、降血糖、抗癌、抗突变、抗衰老、防龋齿等功能性作用。

（1）兴奋提神作用　饮茶可以提神是人人皆知的生活常识。这是因为茶饮料中的咖啡碱能兴奋中枢神经系统，帮助人们振奋精神、增进思维、消除疲劳、提高工作效率。

（2）明目作用　茶饮料中所含的胡萝卜素在人体内可转化为维生素A，并在视网膜内和蛋白质合成为视紫红质，可以增强视网膜的感光性，故有明目之效。此外，茶饮料中的维生素 B_1 可以防治因患视神经炎而引起的视力模糊和眼睛干涩。

（3）抗癌、抗辐射作用　茶多酚的抗癌作用已得到世界医学界的认可。茶多酚抗癌作用机制与茶多酚对肿瘤细胞DNA生物合成的抑制有关，且两者呈现明显的量效关系。美国现已将绿茶列为预防癌症的药物，由此可见其抗癌作用非同一般。茶饮料防辐射的有效成分主要是茶多酚类化合物、脂多糖、维生素C、维生素E及部分氨基酸。其作用机制也是针对辐射引起过量自由基并导致过氧化毒害而产生的解毒作用，茶多酚类化合物可以抗氧化和清除自由基，因而达到抗辐射效果，起着一种辐射保护剂的作用。

（4）抑制血压上升、降脂、抗动脉粥样硬化及减肥　茶饮料中的茶多酚类物质对血管紧张素转换酶（ACE）有较强的抑制作用，可以抑制血压上升；茶多酚能明显降低高脂血症动物和人的血清总胆固醇、甘油三酯（TG）及低浓度脂蛋白胆固醇的含量；饮茶能降低血液的黏度、抗血小板凝集，可防止动脉粥样硬化，预防心血管疾病的发生；咖啡碱、肌醇、叶酸、泛酸和芳香类物质等多种化合物，能调节脂肪代谢，具有减肥效果。

（5）防口臭、防龋齿　儿茶素等茶多酚对引起口臭的物质——甲硫醇的产生有明显抑制作用，其效果强于叶绿素铜钠盐，因此茶多酚已广泛应用于口香糖的生产而消除口臭。茶饮料中的矿物质氟离子能增强牙釉面的抗酸能力、提高牙釉质的硬度，从而提高牙齿的抗酸抗龋齿能力。

(6)抗氧化、防衰老作用　茶饮料中的茶多酚、儿茶素、维生素C、茶氨基酸等具有较强的抗氧化作用,是天然的抗氧剂和自由基清除剂,可抑制过氧化基和活性氧,有抗氧化、防衰老作用,因此,茶是天然的抗氧化、抗衰老的饮料。

10.4　茶饮料主要的原辅料与添加剂

茶饮料的主要原料是茶叶、中草药、水,以及甜味剂、酸味剂、抗氧化剂、二氧化碳等辅料和食品添加剂,这些原辅料质量的高低直接关系到茶饮料成品的品质优劣。因此,只有选择高品质的原辅料及添加剂,才能得到色、香、味俱佳的茶饮料。

10.4.1　茶饮料主要的原辅料

(1)茶叶　茶叶是加工茶饮料的主要原料。茶饮料的主要成分是茶叶浸提液,或称茶汁、茶汤,因此茶叶品种和品质的好坏直接影响茶饮料的质量。用于茶饮料的茶叶原料主要是红茶、乌龙茶和绿茶,其中以红茶居多,其次为乌龙茶。采用不同品种的茶叶原料制成的饮料在风格上也有所不同,生产时的浸提工艺条件也不同。选用原料时应注意满足生产饮料的要求,并且应符合相应的产品标准和卫生标准要求。

在茶饮料生产中,以3~4级茶叶原料为主。因1~2级茶产量少,价格高,大量生产时会导致原料紧张,且饮料成本过高,市场竞争力下降,销售困难。一般用于茶饮料生产的茶叶原料应符合一些基本要求:用当年加工的新茶,品质无劣变,感官审评无烟、焦、酸、馊和其他异味,最好别用陈茶;不含茶类夹杂物及非茶类杂物;无金属及化学污染,无农药残留物或不超过标准;色泽正常,浸提液符合该级标准,茶香正常;茶叶中主要成分保存完好,或基本完好。

(2)中草药　随着茶饮料花色品种的增加,中草药成了复(混)合茶饮料、保健茶饮料及各种凉茶的主要原料之一,在添加中草药时,其种类和数量应视所加工茶饮料的饮用目的和作用而定。在选择时应注意一些基本原则:首先应了解中草药的功能,同一植物的不同部位,如花、茎和叶的性味和功能有很大差异,其对人体的作用也有天壤之别;其次应了解中草药的配伍知识,不同中草药混合在一起,由于各自的寒热温凉各不相同,彼此的功能可能会相互抵消或得到加强,搭配不当,可能起不到预期的保健效果,甚至带来负面作用;中草药的性味要与茶叶一致或基本一致;中草药的功能性作用要突出;不含有毒有害成分;便于浸提且提取率高。

目前茶饮料中最常用的中草药有菊花、金银花、甘草、薄荷、夏枯草、金钱草、桑叶、板蓝根等。

(3)饮料用水　水是茶饮料的主要原料,约占总体积的85%以上。饮料用水对茶汁的色、香、味均有很大影响,水质的优劣直接决定产品的质量。如果使用钙、镁含量较多的硬度较高的水,会使茶汤发生混浊、沉淀,茶味淡薄、香气缺乏;铁、锰离子含量高的水不仅会破坏茶汤的香味,而且会使汤色变成黑紫色,并产生黑色沉淀;若水中余氯含量较高,会严重破坏茶汤的香气,并使汤色变浅,滋味变差;水的pH值对茶汤色泽有严重影响。研究表明,茶饮料用水的铁含量应低于2 mg/L,形成暂时硬度的化学物质总含量应低于 1 mg/L,而形成永久硬度的化学物质总含量应低于 3 ~4 mg/L。

(4)二氧化碳　二氧化碳是碳酸茶饮料的重要辅料,其质量的好坏直接决定碳酸茶饮料的风味。通过添加二氧化碳,赋予碳酸茶饮料特有的清凉刹口感,提高饮料的茶香味,减弱苦涩味,形成碳酸茶饮料的独特风味,同时可以抑制微生物,防止氧化,延长保质期。

用于碳酸茶饮料的二氧化碳纯度应达到 99.9%,不得含有影响饮料风味的其他杂质,在使用之前应通过高锰酸钾溶液洗涤、活性炭吸附等净化措施处理。

(5)蜂蜜　茶饮料中还加入蜂蜜,蜂蜜营养丰富,容易被人体消化吸收,并有预防溃疡、抗菌等作用。天然蜂蜜可分为枣花蜜、芦荟蜜、茴香蜜、椴树蜜、槐花蜜等,是国际上公认的营养保健食品,富含葡萄糖、果糖、无机盐、维生素、有益人体健康的微量元素等多种成分,其中葡萄糖、果糖可直接被人吸收,具有润肠润肺、防腐解毒、滋润脾肾等功能,可防治咽喉干燥、肠燥便秘、脾胃虚弱、营养不良,对胃肠道、肝脏、呼吸系统、心脏、神经系统等疾病均有辅疗作用。

需要注意的是,由于蜂蜜中含有多种蛋白质、胶体物质以及铁、锰、镁等矿物质,在使用前必须经过精密过滤,并严格控制加量,否则这些物质均会引起茶饮料品质的劣变,如变色、产生沉淀等。

10.4.2　茶饮料常用添加剂

在茶饮料生产过程中,除了茶叶、中草药、水、二氧化碳、蜂蜜等原辅料外,不同类型的茶饮料,往往还需要添加甜味剂、酸味剂、着色剂、香精香料、抗氧化剂、防腐剂、稳定剂、增味剂等饮料常用的食品添加剂。这部分常用添加剂的性能、适用范围、使用量及注意事项等,请参阅本书第 3 章内容。

10.4.2.1　螯合剂

螯合剂对稳定食品起着显著作用,它们与重金属离子和碱土金属离子形成络合物,从而改变离子的性质以及它们对食品的影响。在茶饮料中,可螯合 Ca^{2+}、Mg^{2+}、Fe^{2+}、Mn^{2+} 等金属离子,防止茶饮料产生混浊及沉淀。

(1)磷酸三钠　分子式 $Na_3PO_4 \cdot 12H_2O$,分子量为 380.16,为无色至白色的六方晶系结晶,可溶于水,不溶于乙醇,在水溶液中几乎全部分解为磷酸氢二钠和氢氧化钠,呈强碱性。1% 的水溶液 pH 为 11.5 ~12.1。它具有保持水分、乳化、络合金属离子、改善色调和色泽、调整 pH 和组织结构等作用。

(2)三聚磷酸钠　别名三磷酸五钠、三磷酸钠,分子式 $Na_5P_3O_{10}$,分子量为611.17。常用于食品中,作水分保持剂、品质改良剂、pH 调节剂、金属螯合剂。三聚磷酸钠为白色颗粒或结晶性粉末,有潮解性,易溶于水。分为无水盐和六水盐。25 ℃时,该产品的溶解度为 13%,其水溶液呈碱性,1% 水溶液的 pH 约为 9.5。三聚磷酸钠可在水溶液中水解,水解程度因温度和溶液 pH 不同而不同,水解产物为焦磷酸根、磷酸根和钠等离子。

可与铜、镍、镁等金属离子形成极稳定的水溶性络合物,也可和碱土金属形成相当稳定的水溶性络合物,与碱金属仅能形成弱的络合物。

10.4.2.2　护色剂

食品护色剂是指本身不具有颜色,但能使食品产生颜色或使食品的色泽得到改善

(如加强或保护)的食品添加剂,也叫发色剂或呈色剂。茶饮料中含有较多茶多酚,易氧化变色、变味,故生产中常添加抗坏血酸、异抗坏血酸钠等抗氧化剂防止其氧化。

(1)抗坏血酸　分子式为$C_6H_8O_6$,分子量为176.13,为白色至淡黄色的结晶或粉末,无臭,味酸,易溶于水,不溶于苯、乙醚等溶剂。遇氧气、光、热及金属时易被破坏。理论上每3.3 mg抗坏血酸能与1 mL空气反应;若容器的顶隙中空气含量平均为5 mL,则需要添加15~16 mg的抗坏血酸,即可使空气中的氧气含量降低到临界水平以下,从而防止产品因氧化而引起的变色、变味。

(2)L-抗坏血酸钠　分子式为$C_6H_7O_6Na$,分子量为198.11,为白色或略带黄白色结晶或结晶性粉末,无臭,稍咸;干燥状态下稳定,吸湿性强;较L-抗坏血酸易溶于水,遇光颜色逐渐变深。2%的水溶液pH为6.5~8.0。其抗氧化作用与L-抗坏血酸相同,1 g L-抗坏血酸钠相当于0.9 g L-抗坏血酸。

10.5　茶饮料生产工艺

10.5.1　茶饮料(茶汤)生产工艺

茶饮料(茶汤)指的是纯茶饮料,是目前生产量和消费量均较大的一类茶饮料,主要包括红茶饮料、乌龙茶饮料、绿茶饮料。茶饮料保留了原有茶叶的色、香、味等品质特征,同时含有茶叶的各种有效成分,无合成色素及各种常规饮料的添加剂,产品澄清透明,营养丰富且具有保健作用,改变了烦琐的茶叶冲泡和饮用模式,适应了现代生活快节奏的步伐,深得消费者的欢迎和喜爱。

【工艺流程】

茶叶原料→浸提→过滤→冷却→澄清→过滤→调配→过滤→杀菌→灌装→封盖→杀菌→冷却→检验→茶饮料

【工艺要点】

(1)浸提　茶叶浸提也称为茶汁萃取,是茶饮料生产中最关键的工序之一。浸提是将茶叶加入热水中,使其中各种可溶性有效成分溶出的过程。得到的含有茶叶有效成分的水溶液,称为茶汁或茶汤,它是茶饮料生产的基础。茶汤的品质是茶饮料生产中最重要的因素,因而浸提工艺及浸提设备的选择就尤为关键。

茶叶可溶性成分的浸出效果即提取率与茶叶颗粒大小、茶叶与水的比例、浸提温度与时间、浸出方式(间歇式或连续式)、有效成分在水中的溶解性、水的pH值等有关,这些因素直接决定茶汁的品质,从而影响茶饮料的色泽、香气和风味。

1)茶叶颗粒大小　为提高茶叶中有效成分的浸出效率,通常将茶叶粉碎后进行浸提。浸提时茶叶颗粒大小一般在3 mm左右(相当于6~8目筛孔),因为颗粒太小不利于浸提后茶渣的过滤分离,影响过滤速度和效果。

2)浸提温度与时间　应根据不同的茶叶种类及工艺要求选择适宜的浸提参数。就茶叶品种而言,绿茶一般在60～80 ℃的较低温度下缓慢浸提,可以获得涩味和风味相平衡、香气浓郁的茶汁。乌龙茶由于茶叶粒度大,而且呈揉捻状,需要在80 ℃以上的高温才能浸出香气和滋味。红茶由于是全发酵茶,茶中可溶性成分更为复杂,需要在更高温度下浸提,才能保证茶汁的色、香、味,但提取时间不宜过长。

3)水的pH值　浸提用水的pH值对茶汁色泽有一定的影响,一般使用pH值6.7～7.2的水浸提。红茶浸提汁在pH≤5.0的条件下,色泽变化不大,pH≥5.0则色泽相对加深。乌龙茶饮料的适宜pH值为5.8～6.5。研究表明,绿茶的咖啡因浸出不受浸提用水的pH值影响,茶单宁在酸性条件下比较稳定。罐装茶饮料应调低茶汁的pH值,以保持儿茶素等茶多酚的稳定性。

4)搅拌　在茶叶提取过程中,对浸提液进行搅拌,可增加溶质的扩散速度,增加茶叶与周围溶液可溶性成分的浓度差,减少茶叶颗粒表面的质量传递阻力,加速浸提效率。

5)添加外源酶　试验研究表明,用单宁酶或单宁酶-纤维素酶、单宁酶-果胶酶处理茶叶,然后再进行提取,可显著提高茶叶可溶性物质的提取率,并显著降低提取液中不溶性物质的含量,提高茶汁品质。

除了控制上述浸提工艺参数外,选择适宜的设备对提高浸提效果也十分关键。浸提设备的主要功能是将茶叶中的茶多酚、咖啡碱等有效成分以及中草药中的功能性成分溶解到水中。为了提高浸提效果,往往需要提高浸提温度、增加浸提次数、控制浸提时间、增加固液接触面积等,所以要求浸提设备带有辅助升温及保温装置、搅拌装置、定时装置、过滤装置等。可用于茶叶浸提的设备有茶叶萃取系统、多功能提取罐、连续提取罐组等,目前最常用的设备是茶叶萃取系统和多功能提取罐。

茶叶萃取系统主要由不同数量的夹层锅与辅助装置构成。为保证生产的连续性,前3～5个夹层锅主要用于浸提用水的加热,一般升温至75～90 ℃;后面3～5个保温夹层锅为浸提设备,里面有浸泡吊篮,吊篮材质为有细小孔径的不锈钢网,吊篮上方有搅拌装置,并通过铰链与厂房天花板上的滑轨相连,可以上下、左右移动,以便于装卸茶叶及茶渣,吊篮同时可起到粗滤的作用,将茶渣和茶汤分离。

(2)过滤　茶汁是一种复杂的胶体溶液,除含有茶多酚、咖啡碱、氨基酸、维生素等主要生化成分外,还含有可溶性蛋白质、果胶、淀粉等大分子物质,同时还含有肉眼可见的茶叶颗粒、茶梗等细小的茶渣残留物。因此,要获得澄清透明的茶汁,并使茶饮料在储藏和销售过程中始终保持澄清透明的状态,防止产生混浊和沉淀现象,必须对茶汁进行过滤。

茶汁的过滤通常采用多级过滤的方式,逐步去除茶汁中粗大的茶叶颗粒、细小微粒及一部分大分子物质,达到基本澄清透明的目的。在调配前茶汁一般经过2次过滤,第一次为粗滤,即将茶汤与细小茶渣分离;第二次为精滤,主要去除茶汁中的细小微粒及一些大分子物质,也可用离心机分离。

粗滤设备一般用双联过滤器、板框式过滤机,过滤介质常用200目的尼龙、帆布、无纺布或金属网;经粗滤后,茶汤仍呈混浊状态,静置后会出现明显的沉淀物,因此在调配前和调配后还必须进行精密过滤。精滤设备主要有硅藻土过滤机、板框式纸板过滤机、微滤膜过滤及超滤等设备。目前最常用的是膜分离过滤设备,即微滤和超滤,可以除去茶汤中大于0.5 μm的微粒子及大分子聚合物，使茶汤达到澄清透明的目的。

(3)冷却　茶汁中含有的茶多酚、咖啡因、蛋白质、果胶、淀粉，以及茶红素、茶黄素等可溶性成分，在低温时会产生混浊或沉淀，这一现象称为“冷后浑”，形成的混浊或沉淀物质称为“茶乳”。为避免产品在储藏和销售过程中，特别是在冷藏过程中产生混浊或沉淀，在调配之前，往往先快速冷却，使以上物质形成茶乳后，过滤除去，从而使产品始终保持澄清透明。为了使茶乳形成较为彻底，通常采用板式热交换器或冷冻机使茶汁迅速冷却到5 ℃左右，使蛋白质、果胶等物质迅速、彻底形成茶乳。

(4)澄清与过滤　通过物理或机械的过滤方法得到的茶汁只能保持暂时澄清，而无法达到完全澄清和稳定的效果。在茶汁的后续加工或储存过程中，茶多酚、咖啡碱、蛋白质、果胶、淀粉等化合物在一定条件下会发生复杂的聚合或缩合反应，形成大分子络合物而产生混浊或沉淀。由此可见，除了物理过滤外，还必须结合物理或化学的澄清方法，使茶汁中将要产生混浊或沉淀的物质快速沉淀下来，并且再次通过过滤去除这些絮凝物或沉淀物，生产出在保质期内不再出现混浊或沉淀的茶饮料。

茶汁的澄清技术包括物理方法(低温沉淀离心法、膜过滤法等)及化学方法(添加澄清剂法、转溶法、酶处理、降低pH值、脱除茶多酚和咖啡碱等)。国内外许多研究报告表明，采用超滤膜或纳滤膜过滤茶汁，可以去除茶汁中大分子的蛋白质、果胶、淀粉以及茶乳络合物，得到澄清透明、风味俱佳的茶饮料。利用茶汁在不同pH值下生成茶乳能力的差异，改变茶汁的pH值可加速茶乳的形成，再用过滤或离心的方法去除茶乳即可使茶汁得到澄清。在茶汁中加入单宁酶、蛋白酶以及海藻酸钠、阿拉伯胶、明胶、硅胶等澄清剂，可防止或促使茶乳形成，过滤去除后亦可得澄清茶汁。

(5)调配　茶饮料的调配首先是根据产品种类的要求，将精滤茶汁或澄清浓缩茶汁基料用水稀释，或将速溶茶粉按一定的茶水比例进行溶解，使其固形物含量、pH值、茶多酚、咖啡碱含量等达到规定值。

对于无糖茶饮料，由于茶汁容易氧化并使其风味受到影响，在调配时需要加入一些抗氧化剂，同时配合适量的聚磷酸盐作为金属封锁剂。如果茶饮料偏酸，一般用碳酸氢钠(小苏打)等pH值调整剂，将pH值调整至6左右。在不影响茶饮料色泽及风味的前提下，宜将pH值调低一些，这样既有利于保持茶饮料中儿茶素等成分的稳定性，还有助于防止微生物的滋生。对于加糖或低糖茶饮料，需要加入蔗糖或果葡糖浆、甜蜜素、蜂蜜等甜味剂，但其含量不得超过国家标准要求。调配好的半成品饮料，必须进一步通过精密过滤，除掉其他辅料所含有的各种杂质及茶汁成分与辅料之间可能生成的一些大分子物质或不溶物，确保茶饮料的清澈明亮。

(6)杀菌与灌装　茶饮料含有丰富的营养成分，且无糖茶饮料和红茶饮料等多数茶饮料属于pH=6左右的低酸性饮料，微生物极易生长繁殖，因此必须进行严格的灭菌处理。同时考虑到高温长时间加热杀菌会使茶饮料的香气受到损失，同时产生不良气味和熟汤味等异味，为减少加热杀菌对茶饮料品质的影响，目前多采用超高温瞬时杀菌结合添加β-环糊精的方法抑制加热不良气味的产生。

一般茶饮料的超高温瞬时杀菌条件为135 ℃、15 s或121 ℃、30 s，杀菌后冷却至85～90 ℃进行灌装。

茶饮料一般采用热灌装，包装容器主要是PET瓶。灌装设备采用洗瓶、灌装、封口的灌装机组,灌装完后立即压盖密封,并经倒瓶杀菌机系统倒瓶,对饮料瓶及瓶盖进行灭菌,然后再经喷淋冷却,将饮料冷却至 30 ℃左右,防止长时间高温对饮料品质的不利影响。

常用的后杀菌设备是倒瓶杀菌机,主要用于 PET 聚酯瓶包装的茶饮料热灌装后对瓶口、瓶盖内壁未经杀菌或高温处理的部分进行杀菌。倒瓶杀菌机主要由传送链系统、瓶体反转链系统、机架、瓶体翻转导杆等构成;杀菌机自动将瓶翻转 90°放平杀菌和自动复位,而且在杀菌过程中,只需通过瓶中饮料的自身高温对瓶口和瓶盖内壁进行杀菌,不需增加任何热源,达到节能目的。杀菌机机身一般采用 SUA304 不锈钢材料制作,生产能力为 15 000 ~ 25 000 瓶/h,倒瓶杀菌时间为 15 ~ 40 s,输送线速度为 4 ~ 20 m/min,平稳可靠不伤瓶体,且传送速度为无级调速。

(7)检验　经灌装后的茶饮料产品,必须经过严格的感官指标、理化指标及卫生指标检验合格后,方可上市销售。

10.5.2 调味茶饮料生产工艺

调味茶饮料包括果汁茶饮料、果味茶饮料、奶茶饮料、奶味茶饮料、碳酸茶饮料及其他调味茶饮料,如柠檬茶饮料、奶茶饮料、冰茶饮料等。除碳酸茶饮料以外,调味茶饮料的生产和前面所述的茶饮料的生产基本一致,只是在调配时,根据产品类型加入了果汁或果味香精、乳制品或奶味香精、酸味剂、着色剂等其他食品添加剂,其他的工序完全一样。碳酸茶饮料生产的特殊之处在于需要冷却和碳酸化,并使用等压灌装,封盖后不需要二次灭菌,故此处仅以碳酸茶饮料作为调味茶饮料的代表进行阐述。

碳酸茶饮料又称为茶汽水、汽茶,是在茶饮料中充入二氧化碳的一类饮料,通常由茶汤(速溶茶粉或浓缩茶汁)、水、甜味剂、酸味剂、香精香料、色素等辅料溶解调配后,再充入二氧化碳的茶饮料,其加工工艺借鉴了传统碳酸饮料的加工方式,同时结合了茶饮料独特的风味特征。由于含有二氧化碳,可使饮料茶香突出、口感强烈、风味独特,是一种清心提神、消暑解渴、消除疲劳的清凉饮料。

【工艺流程】

先进的碳酸茶饮料的生产工艺均为一次灌装工艺,即先将茶汤(速溶茶粉或浓缩茶汁)、水、甜味剂、酸味剂、香精香料、色素等辅料按照配方要求溶解调配好后,经高温瞬时灭菌并冷却到 4 ℃左右,然后再充入二氧化碳进行碳酸化,最后灌装封盖的生产工艺。

茶叶→浸提→粗滤→冷却→精滤→茶汁→调配→精滤→杀菌→冷却→碳酸化→灌装→封盖→贴标→喷码→检验→成品

【工艺要点】

(1)设备清洗　在碳酸茶饮料生产之前,必须对所有设备、管道进行清洗、消毒,使之符合卫生要求。一般采用 CIP 清洗系统,分别用纯净水、碱水(20 g/kg 的 NaOH 溶液)、酸水(2 g/kg 的 HNO_3或 H_2SO_4溶液)、热水(80 ℃左右)及灭菌水进行彻底清洗、消毒,并用 pH 试纸测定各设备物料出口灭菌水的 pH 值，确保无酸、碱残留。

(2)茶汤制取　按配方称取符合生产要求的茶叶放入浸泡吊篮内，并将浸泡吊篮置于浸提夹层锅内，根据茶叶种类控制浸提温度、时间和浸提次数，一般在 85 ~ 95 ℃，浸提 3 ~ 5 min，共浸提 2 ~ 3 次。弃去茶渣，合并茶汤，经粗滤后泵入茶汤贮罐。如果使用茶粉或茶浓缩液作为原料，则只需要加水溶解或稀释得到所需茶汤。

(3)冷却、精滤　将制取的茶汤经换热器迅速冷却到 5 ℃左右，使其中的部分茶多酚、咖啡碱、蛋白质等易形成"冷后浑"的物质形成沉淀。并用微滤、超滤等精密过滤设备除去茶汤中的"茶乳"及果胶、淀粉等大分子聚合物，使茶汤澄清透明，并用饮料泵泵入调配罐。

(4)化糖　化糖一般在化糖锅内进行。可采用热溶法或冷溶法，但因热溶法效率高且同时具有杀菌效果、所得糖液质量高而被普遍采用。先将夹层锅内的水加热至 70 ~ 80 ℃，再逐渐加入所需的蔗糖，并启动搅拌装置，边搅拌边溶解；糖溶解完毕后继续升温至 95 ℃，并维持 5 ~ 10 min，以达到巴氏灭菌的目的。糖液浓度一般在 550 g/kg 左右，即化糖时糖水比约为 1 : 1。溶解好的糖液趁热经硅藻土和活性炭过滤，以除掉糖液中的浮沫、碳粒、淀粉等杂质，使糖液清亮透明。

(5)调配　将糖液泵入储有茶汤的调配罐，启动搅拌装置，搅拌均匀后加入配方中的其他甜味剂、酸味剂、抗氧化剂、防腐剂、着色剂、香精香料等辅料，边加边搅拌溶解。每加一种辅料，需等上一种辅料充分溶解后，再加下一种，避免因局部浓度过高而产生不良反应；并按照茶汁、抗氧化剂、糖液、防腐剂、香精、着色剂、水的顺序加料。调配时要使各种辅料混合均匀，但不宜过分搅拌，以免混入过多空气而影响后期的碳酸化水平。调配好后应对所得半成品进行测定、品评，色、香、味符合要求后经进一步精滤才能进入下一工序。

(6)杀菌、冷却　调配好的半成品经 121 ~ 125 ℃、5 ~ 10 s 高温瞬时灭菌处理，并冷却到 30 ℃以下。将杀菌后的半成品物料泵入冷却罐，通过制冷剂与物料的热交换，将物料冷却到 4 ℃，以保证饮料的碳酸化程度。

(7)碳酸化　先将碳酸化罐排空并充入一定量的经净化后的二氧化碳，随后将冷却后的物料打入碳酸化罐进行碳酸化，严格控制二氧化碳压力及碳酸化水平，保证产品中二氧化碳气体含量≥1.5 倍(20 ℃容积倍数)。具体操作详见碳酸饮料章节相关内容，此处不再赘述。

(8)灌装　目前碳酸茶饮料的包装容器基本上是 PET 塑料瓶，灌装设备都是等压灌装机，灌装机内的压力和碳酸化罐内的压力一致，灌装过程包括排气、充气、灌装、泄压，灌装完毕后要立即封盖，防止二氧化碳逸失。洗瓶机和封盖机一般与灌装机三位一体，构成一个灌装系统，自动完成饮料瓶的洗涤、灌装与封盖。

(9)检验　生产出的每批产品，应按照标准要求进行感官指标、理化指标及卫生指标的检验，符合碳酸茶饮料产品质量标准后，方可出厂上市销售。

10.5.3 复(混)合茶饮料生产工艺

复(混)合茶饮料是指以茶叶和植(谷)物的水提取液或其浓缩液、干燥粉为原料，加工制成的，具有茶与植(谷)物混合风味的液体饮料。这类茶饮料含有原料植(谷)物的功能性成分,产品多具有保健和功能性作用,因此也称为保健茶饮料,如薄荷茶、菊花茶、麦茶等。

【工艺流程】

复(混)合茶饮料的生产工艺与纯茶饮料的生产工艺类似,差别之处在于原料种类更多,需要分别浸提(或磨浆)得到茶汁、中草药浸提液或谷物浆液,再将其按配方要求进行调配。其他工序完全一致,此处不再重复介绍。

【工艺要点】

(1)茶汁浸提　茶汁的浸提同纯茶饮料一样,首先要选择符合要求的茶叶;其次要控制适宜的浸提条件;最后要使用符合工艺要求的浸提用水,得到色、香、味俱佳的茶汁。

(2)中草药浸提　目前茶饮料中最常用的中草药有菊花、金银花、甘草、薄荷、夏枯草、桑叶、板蓝根等。谷物有荞麦、燕麦、玉米等。

浸提时,首先除去中草药中的泥沙、杂草、树枝、树叶等杂质; 其次要进行适当的切段或粉碎,提高浸提效率;第三是为了保持功能性成分的活性,浸提时温度不宜过高,一般控制在 70 ~ 90 ℃;浸提时间常控制在每次 30 min 内,一般浸提 2 ~ 3 次;为了减少能耗,同时保持较高的提取率,料水比通常控制在 1 ∶ 10 ~ 1 ∶ 20。谷物一般焙烤产香后加水磨浆,过滤得到浆液。

(3)调配　复(混)合茶饮料中含有茶叶及各种中草药中的多种功能性成分,调配时首先应在调配罐中加入茶汁,然后加入中草药汁、谷物浆液等,充分搅拌均匀后,加入抗氧化剂,防止有效成分的氧化损失。为了减轻中草药固有的苦、涩味,提高饮料的适口性,通常还要加入蔗糖、果葡糖浆、甜蜜素等甜味剂,改善饮料的口感。最后加入着色剂及香精,改善饮料的色泽,同时使饮料具有茶叶和菊花、金银花等花香或荞麦、燕麦的麦香味。调配好的饮料应该具有产品要求的色泽、香气和滋味。

(4)杀菌　复(混)合茶饮料含有较多的功能性成分及营养物质,同时饮料产品的 pH 较高,一般介于 5.5 ~ 6.5,属于低酸性饮料。为了达到彻底杀菌的效果,并减少各种有效成分的热损失和氧化、变味等不良变化,保持产品的色香味,延长产品的保质期,通常采用超高温瞬时灭菌的杀菌方法。杀菌条件一般为 121 ℃、30 s 或 135 ℃、15 s,杀菌后冷却到适宜的灌装温度。

(5)灌装　复(混)合茶饮料的包装形式主要有 PET 瓶、纸盒和易拉罐 3 种形式。PET 瓶和易拉罐 2 种包装形式的灌装一般采用热灌装,饮料杀菌后冷却到 85 ~ 90 ℃,趁热灌装,封盖后均利用饮料的余热对瓶(罐)体和瓶(罐)盖进行巴氏灭菌,然后再喷淋冷却至 40 ℃以下。易拉罐灌装饮料后也可给罐顶部空隙充入氮气,防止产品的氧化。纸盒包装可采用热灌装或无菌冷灌装,热灌装的温度为 80 ~ 90 ℃,灌装后同样需利用饮料余热对纸盒进行二次灭菌;无菌冷灌装温度为 5 ~ 50 ℃,在无菌条件下进行灌装,同时纸盒为洁净状态,灌装后不需二次灭菌,但无菌冷灌装卫生条件要求严格,且生产成本较高,但产品品质更佳。

(6)贴标、喷码　对于 PET 瓶,灌装后需要贴上产品标签,一般采用热缩套标机,通过热收缩的形式将标签套在 PET 瓶上;易拉罐和纸盒的产品标签已经印刷在容器上,因此不需要贴标。喷码操作通常采用自动喷码机将生产日期、保质期等喷在PET瓶盖、易拉罐罐底或纸盒盒底。

(7)检验　生产出的产品必须经过相关检验,包括感官、理化及微生物指标的检验,只有合格产品才能出厂上市销售。

10.5.4 茶饮料生产关键技术

10.5.4.1 茶饮料的护色技术

茶饮料是不稳定的水溶胶体系,其茶多酚等功能成分在接触氧气、金属离子、光照及加热等条件下,均会加速其氧化过程,使茶饮料的色泽和风味发生变化,影响产品质量。

茶饮料的护色方法主要有化学方法和物理方法两大类。化学方法是通过添加外源化学物质,以达到护色的效果,主要有包埋法、酶处理法、离子护色法、加抗氧化剂法以及pH调色法等。物理方法主要针对氧化底物、氧气、酶进行抑制或脱除,以防止氧化。

在实际生产中,常用的包埋剂是β-环糊精;酶法处理常用的酶有葡萄糖氧化酶、蛋白酶;抗氧化剂最常用的是异抗坏血酸钠或抗坏血酸;调节pH时,绿茶饮料适宜的pH为6.0~6.5,乌龙茶饮料为5.8~6.5,绿茶饮料为4.5~5.0。采用物理方法护色时,主要是低温浸提、真空脱氧、瞬时灭菌、充氮包装等工艺技术,联合使用效果更佳。

10.5.4.2 茶乳酪的去除与防治技术

茶饮料生产过程中,茶汤中的茶多酚与咖啡碱及水溶性蛋白质容易络合生成大分子白色沉淀物或混浊物,俗称“茶乳酪”。产生茶乳酪的现象称为“冷后浑”。

解决茶饮料“冷后浑”的方法大致可分为两大类:化学方法和物理方法。目前普遍采用的是物理方法,即将茶汤冷却后用高速离心机除去或用超滤法滤去,以提高茶汤的澄清度。

(1)物理方法

1)低温沉淀过滤法　将茶浸提液迅速冷却,使茶汤混浊或沉淀快速形成后,用离心或过滤的方法去除,以提高茶汤的澄清度。通常将浸提液迅速冷却至10~15 ℃,再用碟片式离心机离心脱除生成的茶乳酪;或用硅藻土吸附过滤除掉茶乳酪。此法简单易行,在目前生产中使用普遍。

2)膜分离法 采用超滤、微滤等膜分离技术去除茶乳酪,能保留茶饮料风味和色泽。常采用聚偏氟乙烯、聚丙烯腈等膜材料过滤,减少茶多酚、咖啡碱、蛋白质、果胶等大分子化学成分,获得澄清透明的茶汤,减少茶乳酪的形成。

3)吸附法　利用活性炭等多孔物质吸附小分子物质的特性,吸附除去茶汤中生成的茶乳酪。

4)浓度抑制法　一是增大浸提时茶水比例,降低茶汤中茶多酚、咖啡碱等物质的浓度,降低其絮凝的概率;二是用明胶、聚乙烯吡咯烷酮沉淀部分茶多酚,采用溶剂提取除去部分咖啡碱,降低其浓度,防止冷后浑。

(2)化学方法

1)酶制剂法　在茶汤中添加单宁酶、纤维素酶、蛋白酶或果胶酶,分解大分子物质,从而减少混浊沉淀现象,提高茶汤的澄清度。采用复合酶的效果优于单一酶。

2)转溶　氢键是一种比较弱的共价键,在茶汤中添加碱液,使茶多酚与咖啡碱之间络合的氢键断裂,且与茶多酚及其氧化物生成稳定性的水溶性较强的盐,避免茶多酚及其氧化物与咖啡碱络合而增加大分子成分的溶解性,促进茶沉淀的形成,再用酸调节,茶汤经冷却和离心后即可增加澄清度。常用的碱有氢氧化钠、氢氧化钾、亚硫酸钠等。

除碱法转溶外,也可用酶法转溶。可用单宁酶催化儿茶素转化为没食子酸,减少儿茶素的含量,同时没食子酸阴离子又能同茶黄素、茶红素竞争咖啡碱,形成分子量较小的水溶物。

3)添加大分子胶体物质　可在茶饮料中添加大分子胶体物质如阿拉伯胶、海藻酸钠、蔗糖脂肪酸脂等。由于这些物质具有良好的乳化作用和分散作用,使茶汤中可溶性成分的分散性得到改良,可避免在低温下产生混浊,并可提高茶汤的色、香、味。

10.5.4.3　冷泡茶技术

冷泡茶是直接使用冷水或冰水冲泡茶叶,使其浸泡出的茶多酚、咖啡碱等物质比传统热水浸泡少,维生素 C 等热敏性成分破坏少,苦涩味较轻,香气自然清新的浸泡方法。由于冷泡茶汤中茶多酚、咖啡碱等浸出少,且是在低温条件下溶出的,故其在销售等流通过程中,即使再次处于低温条件下,也不容易产生冷后浑现象。

10.5.4.4　充氮防氧化技术

采用阻气性能优良的 PET 瓶或易拉罐,在茶饮料灌装完成封盖时,先给瓶(罐)顶隙充氮气,置换其中的空气,可使顶隙中的氧气含量降低到 1% 以下,再迅速密封。充氮可以有效阻止茶汤中内含物与氧接触反应,防止茶汤氧化。

10.6　茶饮料加工案例

10.6.1　纯茶饮料

纯茶饮料(茶汤)因采用优质茶原料、经低温萃取工艺,确保茶叶中有效成分(茶多酚、咖啡碱、氨基酸等)活性的同时最大限度地保留了原茶特有的香气、滋味和口感;具有不添加人工色素、无糖、无香精、无防腐剂等特点,极大地满足了消费者对自然、健康、安全、时尚、快捷的需求。目前,纯茶饮料(茶汤)正逐渐成为茶饮料市场的新宠,各大茶饮料生产商纷纷在这一细分市场角力,开发出了众多产品。如农夫山泉的东方树叶(绿茶、红茶、乌龙茶、茉莉花茶四款风味)、中粮集团推出的中粮茶饮(清香乌龙、祁门红茶、龙井绿茶、茉莉花茶四款风味)等。

【工艺流程】

茶叶→预处理→浸提→过滤→冷却→离心→过滤→杀菌→灌装→检验→成品

【工艺要点】

(1)茶叶选取　根据产品风味,可用绿茶、红茶、乌龙茶、花茶等原料,原料等级 2 ~

3级,且应是当年的新茶,以确保原料茶品质。通过风选、磁选、筛分等剔除原料中的尘土、石子、铁屑等杂质及青草、茶梗等。将茶叶粉碎至6~8目(2~3 mm)以提高浸提效果,但不宜过细,否则影响过滤效果。

(2)浸提　为保持茶汤香气、滋味及口感,并防止冷后浑现象产生,可采用低温冷泡的方式进行浸提。浸泡温度15~25 ℃,浸提时间2~4 h,茶水比例1∶15~1∶20;浸提完成后用200~300目滤布过滤除去细小茶渣。也可用传统热浸提法,浸提温度75~90 ℃,茶水比例1∶40~1∶50,浸提时间3~5 min,浸提2次。

(3)冷却　将粗滤后的茶汤通过热交换器迅速冷却至5~10 ℃,可使部分茶多酚、咖啡碱、蛋白质、胶体物质絮凝、沉降,可有效防止产品的冷后浑现象;特别是采用热水浸提的茶汤,必须经过急冷处理。

(4)离心、过滤　冷却后的茶汤,采用碟片式离心机或硅藻土过滤进行离心或过滤,可将冷却形成的茶乳酪去除,获得澄清透明的茶汤。生产中的碟片式离心机对茶汤的处理量为1~2 t/h,离心参数为3 500~5 000 r/min、5~10 min。硅藻土过滤为板框式或叶片式单机3~5级过滤,过滤压力0.3~0.8 MPa,每吨茶汤需使用硅藻土1~3 kg。

(5)杀菌、灌装　常采用UHT灭菌,工艺参数为135 ℃、20 s或137 ℃、15 s。杀菌后立即冷却至80~85 ℃热灌装,并采用顶隙充氮包装技术,封盖后倒瓶杀菌1 min,立即喷淋冷却至常温。或采用无菌冷罐装,均可以更好地保持茶汤原有的色、香、味。

10.6.2 调味茶饮料

随着茶饮料的发展,各种花色品种的茶饮料产品如雨后春笋般地出现在消费市场上。为阐明不同茶饮料的具体生产技术,本节以红茶饮料、薏仁大麦复合茶饮料为例,对其生产工艺、操作要点等具体工艺技术进行详细介绍。

10.6.2.1 红茶饮料

【工艺流程】

茶叶→浸提→过滤→冷却→离心→调配→均质→杀菌→灌装封口→检验→成品

【工艺要点】

(1)茶叶　最常用的是红茶中的叶茶、碎茶、片茶或细末茶,也可选用条索细紧、匀整,色泽乌润或棕红的小种红茶或功夫红茶。要求红茶原料品质优良,不含杂质,无霉变,无异味。

(2)浸提　一般茶水比例为1∶20,温度保持在100~110 ℃,浸提时间30 min,浸提时适当搅拌,可保证浸提充分。浸提时茶叶一般置于网袋或吊篮中,以起到粗滤的作用。

(3)过滤　常用双联过滤器或板框式硅藻土过滤机过滤,去除茶汤中的残余茶渣及悬浮物等杂质。

(4)离心　将过滤后的红茶汤迅速冷却,促使茶乳酪形成,再经离心分离茶乳,得澄清透明,色泽棕红,香气浓郁的红茶汤。将茶汤暂存于洁净的储罐中,于冷凉处缓存。

(5)调配　根据每6 kg红茶原料生产1 000 kg茶饮料计算,添加甜蜜素2.8 kg,柠檬酸钠1 kg,蔗糖30 kg,山梨酸钾0.5 kg,三聚磷酸钾0.2 kg。各种添加剂分别溶解后加入茶汤中,并充分搅拌均匀,得到色、香、味俱佳的红茶饮料半成品。

(6)均质　在25 MPa的压力下进行均质处理,将饮料中的大分子物质微细化,并使各种添加剂与茶汁充分混合而浑然一体,提高饮料的稳定性。

(7)杀菌　采用UHT杀菌,杀菌温度115 ℃,时间15 s,并冷却到90 ℃。

(8)灌装　常采用PET瓶热灌装,灌装后迅速封盖,并经倒瓶机进行二次杀菌后冷却到常温。

(9)检验　对茶饮料产品进行抽样检验,包括感官、理化、卫生及稳定性指标检验,若都能达到要求,则抽样批次产品均为合格产品,可以出厂上市销售。

10.6.2.2　薏仁大麦复合茶饮料

【工艺流程】

茶叶、薏仁、大麦→浸提→一级茶汤→转沉→二级茶汤→离心过滤→三级茶汤→调配→杀菌→灌装封盖→横置恒温(倒瓶)→贴标→喷码→检验→成品

【工艺要点】

(1)水质要求　生产茶饮料,水中的金属离子易与茶多酚结合生成沉淀,故要求浸提用水符合茶饮料生产的要求,不得含有铁、锰离子。

(2)浸提　选用当年的3级绿茶、去壳的薏苡仁及大麦为原料,将绿茶粉碎为0.3～0.5 cm的碎末,薏苡仁和大麦均破碎为0.1 cm左右的颗粒。浸提时料水比为1∶60,温度80 ℃,时间15 min;30～40 r/min搅拌提取。

(3)转沉与过滤　茶饮料在低温下易产生冷后浑,解决这一问题的主要方法是去除沉淀和转溶。但由于去除沉淀和转溶过程同时去掉了部分茶多酚、咖啡碱、氨基酸等风味物质,往往使茶饮料变得淡薄无味或滋味不纯,所以工艺过程中除严格控制茶叶的浸提参数外,还采取将茶汤快速冷却、低温转沉,然后通过高速离心、过滤等方法将沉淀去除。操作条件为:冷却温度4 ℃;转沉时间30 min;离心速度2 500 r/min;抽滤真空度0.06～0.08 MPa。

(4)饮料pH值　茶饮料品质受pH值影响较大,pH值高不宜形成茶乳,但促进茶多酚的氧化,汤色加深,影响色泽。主要用碳酸氢钠调节饮料的pH值,用量为0.005%时,茶饮料的pH值处于在(6.0 ±0.2)之间。当复合茶饮料的pH值在(6.0 ±0.2)之间时,饮料的风味和口感最佳。

(5)调配　按照配方要求,添加各种辅料,搅拌均匀。基本配方为:云雾绿茶0.6%,薏苡仁0.2%,大麦0.3%,蔗糖3%,碳酸氢钠0.005%,异抗坏血酸钠、甘氨酸、β-环糊精、绿茶香精、大麦香精、蜂蜜香精等适量。选用绿茶香精、大麦香精、蜂蜜香精三种香精复合,使产品既具有绿茶的清新,又有大麦的麦香和蜂蜜回甘的复合滋味。

(6)杀菌、灌装　采用超高温瞬时杀菌,避免出现因长时间高温而产生的熟汤味。杀

菌温度135 ℃,时间15 s,杀菌后冷却到85~90 ℃热灌装,并经倒瓶杀菌后冷却至常温。

(7)检验 产品经检验合格后即可出库销售,要求产品茶多酚含量≥150 mg/L;咖啡因含量≥25 mg/L;可溶性固形物浓度(以20 ℃折光计)≥3.0 °Bx;pH值6.0±0.2。

10.7 茶饮料生产常见质量问题及控制措施

10.7.1 水质导致的色香味劣变

茶饮料生产中对水质的要求非常高,硬度高的水中含有大量的金属离子,会与茶饮料中的有机酸结合发生沉淀。用于浸提的水中含有Na^{+}、Ca^{2+}、Mg^{2+}、Fe^{2+}、Mn^{2+}、Cl^{-}等离子时,会影响茶汤的色泽和滋味;残余氯会损害茶汤的香气,甚至产生臭味。Ca^{2+}使红茶汤色变暗并产生沉淀;Mg^{2+}会阻碍单宁的溶出,使汤色变淡、涩味减弱;Fe^{2+}和Mn^{2+}能与单宁络合生成黑色沉淀,使红茶汤色变黑,过量Fe^{2+}还会使茶汤产生铁锈味;Ca^{2+}、Mg^{2+}的存在会使乌龙茶汤中出现白色混浊现象;Fe^{2+}使绿茶产生单宁酸铁盐沉淀。

因此,用于茶饮料生产的水,其水质必须达到食品安全国家标准《包装饮用水》(GB 19298—2014)中饮用纯净水的相关要求,且电导率≤5 μS/cm;不含Fe^{2+}、Mn^{2+};残余游离氯含量≤0.005 mg/L;浊度≤1 NTU;pH值5.0~6.5;无色、无异味。

10.7.2 混浊

茶汤冷却后,容易产生混浊,形成茶乳酪,沉降后会沉淀。因此,茶乳酪和茶汤沉淀是同一物质,只是形成过程中的两个阶段。茶混浊是茶叶饮料生产销售中的主要质量问题。在茶饮料行业,茶乳酪一直是首要的技术难题,目前还不能完全解决,只有采取适当的方法减少茶乳的产生或延缓茶乳的释放时间。茶汤沉淀的形成受多种因素的影响,包括饮料用水的水质、茶叶原料、浸提时间、浸提温度、茶汁浓度等。具体控制措施见本章10.5.4.2部分内容,不再赘述。

10.7.3 失香

茶叶在经过热水浸提、过滤、储存、调配、杀菌、灌装后,由于浸提、杀菌时的高温效应,香气成分的损失与破坏严重,导致饮料产品缺乏现泡茶的香气。可用以下措施加以改善:浸提时采用低温冷泡技术;加工过程中减少受热时间;杀菌采用高温瞬时灭菌技术;充氮灌装减少氧化造成的香气损失;调配时添加相应香型的茶香精;茶叶原料一定要用新茶,杜绝氧化茶、霉变茶、陈茶。

10.7.4 褐变

茶饮料发生褐变的主要原因是茶汤中叶绿素的不断氧化分解与多酚氧化产物茶褐素等深色物质的不断形成,这2个过程都是氧化作用的结果;此外,金属离子与多酚类物质发生反应,也会引起褐变;最终导致产品色泽加深、变暗,香气减弱,滋味变淡。

主要控制措施包括添加护色剂、添加螯合剂、调节饮料pH值和充氮灌装等。常用的抗氧化剂有L-抗坏血酸、L-异抗坏血酸钠;金属离子螯合剂主要是磷酸钠、聚磷酸钠;pH

值6.0时,儿茶素容易褐变,叶绿素易褪色,因此,绿茶饮料pH值以5.9~6.6,乌龙茶饮料pH值以5.3~6.7,红茶饮料pH值以4.1~5.1为宜;充氮灌装可以去除容器顶隙中的空气,有效防止儿茶素褐变及风味变化等。

10.7.5 微生物引起的败坏

茶叶中含有多种营养成分,如茶氨酸、生物碱、糖类和茶多酚,因此,茶汤及成品茶饮料极易被微生物污染,出现混浊、絮凝、沉淀、胀瓶、异味及霉斑等现象。主要原因是生产中卫生条件不达标,或是杀菌不彻底、封盖不严等导致细菌、酵母、霉菌等微生物污染造成的。

有效控制措施主要包括:生产车间特别是配料间和灌装间,卫生条件必须达到"洁净区"标准;包装容器严格清洗、消毒;灌装前的高温瞬时杀菌与灌装后的二次巴氏杀菌必须达到商业无菌的要求;瓶、盖配套,密封严密有效;喷淋冷却时,瓶口外及瓶壁上的饮料残液清洗干净,防止滋生微生物而引起二次污染;工作人员严格消毒。

思考题

1. 茶叶中有哪些功能成分?对茶饮料色香味有何贡献?
2. 茶饮料分为哪些类型?纯茶饮料与调味茶饮料有何本质区别?
3. 引起茶饮料冷后浑的物质有哪些?如何有效控制冷后浑现象的产生?
4. 简述调味茶饮料的生产工艺与品质控制措施。
5. 茶饮料生产中主要有哪些质量问题?如何防止这些问题出现?

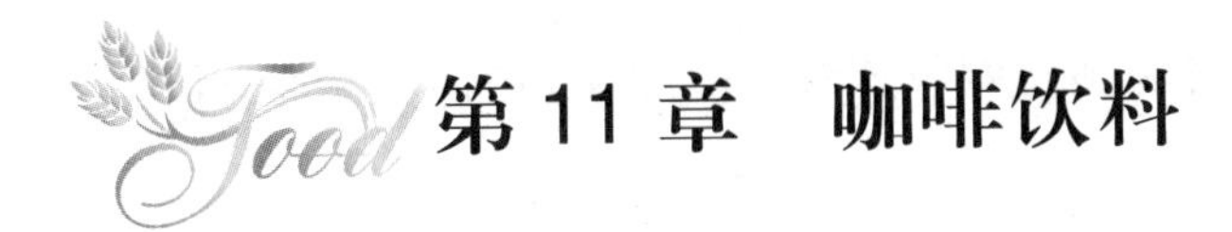

第 11 章 咖啡饮料

【内容提要】

本章介绍咖啡饮料的分类、概况及其加工工艺；了解各类加工方法的特点。

【学习目标】

掌握咖啡饮料的分类及鉴别；熟悉咖啡饮料生产工艺流程及操作要点；了解咖啡主要成分与作用。

【名词及概念】

浓咖啡饮料；咖啡饮料；低咖啡因咖啡饮料；低咖啡因浓咖啡饮料

11.1 咖啡饮料的定义与分类

11.1.1 咖啡饮料的定义

根据中华人民共和国国家标准《咖啡类饮料》(GB/T 30767—2014)的定义，咖啡类饮料(coffee based beverages)是指以咖啡豆和/或咖啡制品(研磨咖啡粉、咖啡的提取液或其浓缩液、速溶咖啡等)为原料，可添加食糖、乳和/或乳制品、植脂末、食品添加剂等，经加工制成的液体饮料。

咖啡固形物(coffee solids)指来源于咖啡提取液或其浓缩液的干物质成分。

11.1.2 咖啡饮料的分类

咖啡类饮料产品分为咖啡饮料、浓咖啡饮料、低咖啡因咖啡饮料和低咖啡因浓咖啡饮料 4 类。

(1)咖啡饮料　指以咖啡提取液或速溶咖啡粉为基本原料制成的液体饮料，其咖啡因含量≥200 mg/kg，咖啡固形物含量≥0.5 g/100 mL。

(2)浓咖啡饮料　指以咖啡提取液或速溶咖啡粉为原料制成的液体饮料，其咖啡因含量≥200 mg/kg，咖啡固形物含量≥1 g/100 mL。

(3)低咖啡因咖啡饮料　指以去咖啡因的咖啡提取液或去咖啡因的速溶咖啡粉为基本原料制成的液体饮料，其咖啡因含量≤50 mg/kg，咖啡固形物含量≥0.5 g/100 mL。

(4)低咖啡因浓咖啡饮料　指以去咖啡因的咖啡提取液或去咖啡因的速溶咖啡粉为

原料制成的液体饮料,其咖啡因含量≤50 mg/kg,咖啡固形物含量≥1 g/100 mL。

11.1.3 咖啡饮料的质量要求

(1)原辅料要求　咖啡豆及咖啡制品等原料及辅料应符合相应的国家标准、行业标准等有关标准。

(2)感官要求　具有该产品特有的色泽、香气和滋味,允许有少量浮油、悬浮物和沉淀物,无异味,无外来杂质。

(3)理化要求　应符合表11.1的规定。

表11.1　理化要求

项目	指标			
	咖啡饮料	浓咖啡饮料	低咖啡因咖啡饮料	低咖啡因浓咖啡饮料
咖啡固形物[a] /(g/100 mL)	≥0.5	≥1	≥0.5	≥1
咖啡因/(mg/kg)	≥200		≤50	

[a] 以原料配比或计算值为准,饮料中咖啡固形物的计算公式:$(W \times m)/V$,其中 W 为咖啡提取液或其浓缩液中固形物的质量分数(%),m 为使用的咖啡制品质量(g),V 为饮料体积(mL)。

11.2 咖啡豆的化学成分及性质

咖啡富含淀粉、脂肪、蛋白质等多种营养成分,在食品工业中有广泛的用途,用于制作咖啡饮料、咖啡糖果、咖啡果脯、咖啡冰激凌等。咖啡中含有特殊的提神物质咖啡因,有兴奋和缓解疲劳的作用。

商品咖啡豆中水分质量分数为8%~12%,干物质占88%~92%。还含有脂肪、糖、纤维素、半纤维素、糊精、咖啡单宁酸、蛋白质、咖啡因、维生素等。咖啡豆的主要成分见表11.2。

表11.2　咖啡豆的主要成分(以质量分数计)　(%)

成分	阿拉伯种咖啡		罗巴斯塔种咖啡		速溶咖啡粉
	绿咖啡豆	焙炒咖啡豆	绿咖啡豆	焙炒咖啡豆	
矿物质	3.0~4.2	3.5~4.5	4.0~4.5	4.6~5.0	9.0~10.0
咖啡碱	0.9~1.2	0~1.0	1.6~2.4	0~2.0	4.5~5.1
葫芦巴碱	1.0~1.2	0.5~1.0	0.6~0.75	0.3~0.5	—
脂类	12.0~18.0	14.5~20.0	9.0~13.0	11.0~16.0	1.5~1.6
总绿原酸	5.5~8.0	1.2~2.3	7.0~10.0	3.9~4.6	5.2~7.4
脂肪酸	1.5~2.0	1.0~1.5	1.5~2.0	1.0~1.5	—

续表 11.2

成分	阿拉伯种咖啡		罗巴斯塔种咖啡		速溶咖啡粉
	绿咖啡豆	焙炒咖啡豆	绿咖啡豆	焙炒咖啡豆	
低聚糖	6.0~8.0	0~3.5	5.0~7.0	0~3.5	0.7~5.2
多糖	50.0~55.0	24.0~39.0	37.0~47.0	—	0~6.5
氨基酸	2.0	0	2	0	0
蛋白质	11.0~13.0	13.0~15.0	11.0~13.0	13.0~15.0	16.0~21.0

(1)咖啡因　咖啡因的含量一般为0.8%~1.8%,视品种而异。咖啡因又名咖啡碱,是嘌呤的一种衍生物——黄嘌呤,学名1,3,7-三甲基-2,6-二氧嘌呤,分子式为 $C_8H_{10}O_2N_4$。其结构的基本骨架是嘌呤环,在1,3,7化学结构式下3个氮原子位置上连接着3个甲基,故称为1,3,7-三甲基黄嘌呤。

咖啡因是一种有绢丝光泽的无色针状晶体,味苦,其结晶中含有一分子水,在100 ℃时可脱水变成无水晶体。熔点为235~238 ℃,于120 ℃以上温度时开始升华,到180 ℃时可大量升华而成针状晶体。

咖啡因易溶于热水中,还能溶解在乙醇及氯仿中。在常温下溶于氯仿,具弱碱性。咖啡因是茶叶、咖啡豆、可可、可拉果等植物体中的主要生物碱,具有较强的兴奋中枢系统作用,能促使大脑皮层和心血管神经兴奋,增加心跳频率。因此,咖啡因能解除疲劳、振奋精神。在医药上用作麻醉剂、利尿剂、兴奋剂和强心剂。

(2)脂肪　咖啡中脂肪的含量一般为11.4%~14.2%,但随着品种的不同其含量也有差异,埃塞尔萨种(Coffea excelsa)为14.6%~15.6%,刚果种为14.3%~15.6%,小粒种(Coffea arabica)为13.0%~14.7%,中粒种(Coffea robusta)为10.6%~12.6%。

(3)咖啡的香味物质　咖啡的香味成分非常复杂,是一种烘烤的、浓厚的、酸的、苦的和微甜的混合香味。已鉴定出咖啡香味的组分达520种以上,其中呋喃化合物就有101种,它是重要的咖啡香味组分。羟基化合物和杂环化合物,如碱性的吡嗪、噻唑以及噻吩或吡咯也是咖啡香味的重要组分。糠基硫醇具有强烈的咖啡香味,其稀溶液散发出愉快的烘烤、烟熏的香味。影响咖啡风味的挥发性成分中约50%是醛类,约20%为酮类,约8%为酯类,约7%为杂环化合物,约2%为二甲基硫化物,还有少量其他有机物和有气味的硫化物。也有很少量的醇类和低分子量饱和烃及异戊二烯那样的不饱和烃,还有呋喃、糠醛、乙酸和它们的同系物。

11.3　咖啡豆生产工艺

咖啡豆的加工有干法加工和湿法加工两种。所谓干法加工是先将咖啡浆果干燥,然后除去果皮和种皮得到咖啡种仁,即商品咖啡豆。湿法加工则是先将咖啡浆果的外果皮和果肉除掉,然后再脱胶、干燥、除去种皮而制得商品咖啡豆。咖啡生产国大多以商品咖啡豆的形式进行贸易,出口的咖啡中大部分也是商品咖啡豆。传统的咖啡豆大多采用日晒法干法加工,因其设备简单,操作方便,投资少,目前不少产地仍在使用这种方法。但由于其加工生产周期长,产品质量得不到保证,随着咖啡种植业的发展,咖啡豆的干法加工已不再适应大规模工业化生产的要求,正逐步被湿法加工所取代。湿法加工的优点是生产周期短,能工厂化大规模生产,产品质量有保证,但该法耗水量大。

11.3.1 干法加工

【工艺流程】

咖啡浆果→干燥→带果皮咖啡→清洁→脱壳→分级→咖啡豆→包装储藏

干法加工是一种简单的加工方法,在巴西的中粒种咖啡及斯里兰卡的小粒种咖啡都采用这种方法。该法是将从种植园采摘的新鲜咖啡浆果立即干燥,可以采用日晒法和人工干燥法。日晒法是将新鲜咖啡浆果集中摊晾在木板或土、水泥场地上,在日光下干燥,直到晒干为止。在干燥过程中,要避免咖啡豆发霉。干燥的好坏取决于外果皮脱离及破碎的程度,一般每堆咖啡果的干燥过程需要 10 ~ 15 d,然后用特制的脱壳机去掉果皮和种壳,再用人工筛去果皮、碎粒及杂质,即成商品咖啡豆。总体而言,干法生产的咖啡豆品质比湿法生产的差。

11.3.2 湿法加工

【工艺流程】

鲜果→浮选→脱皮→筛选→初步分级→脱胶→洗涤→干燥→脱壳→分选→包装储藏

湿法加工更能保证咖啡的品质。在咖啡加工业较发达的地区,小粒种咖啡几乎全部采用湿法加工。我国海南、云南、广西小粒种咖啡均使用湿法加工,中粒种咖啡大部分也用湿法加工。

湿法加工最大的优点是可以大大缩短加工的时间,将果皮除去后,即发酵脱胶、清洗,能确保咖啡具有较高的质量,故咖啡味道醇和。市场上湿法加工的咖啡豆价格比干法加工的高 30% ~50% 。但湿法加工必须要有充足清洁的水源,一般每加工 1 t 鲜果需要用水 3 ~4 t,并需要空旷通风的地方作晒场。加工厂与各生产区的交通必须方便,利于收果后及时运往加工厂加工。及时加工,可以避免浆果变质,增加一级豆的产量。湿法加工可以处理大量的咖啡果,生产的规模较大。

11.4 咖啡粉生产工艺

【工艺流程】

咖啡豆→调配→焙炒→掺和→冷却→磨粉→包装

【工艺要点】

(1)调配　主要目的是改善风味,提高咖啡粉的商品价值,做到物尽其用,提高经济价值。可根据咖啡品种和产地的不同进行合理搭配。

(2)焙炒　其目的是使咖啡产生香味;使咖啡变脆,易于磨粉;改变颜色;改变咖啡豆内的某些化学组成;除去部分水分。焙炒要均匀;注意火候,控制好温度;焙炒过程中要除去银皮。

生咖啡豆经过焙炒机 8 ~ 15 min 焙炒后,温度可以达到 180 ~ 240 ℃。焙炒时间越长,熟豆的颜色就越深,焙炒是咖啡粉生产的关键工序,直接决定着产品的质量。如果焙炒不够,则带臭味,而且难于磨碎,达不到较佳的风味。如果过火,则因碳化作用而产生异味,缺少香气。所以焙烤要控制火候,温度及焙炒程度是生产优质咖啡粉的关键。

(3)调和　为提高咖啡粉的饮用品质,适应各地区的口味,需加入合适的配料,以增进咖啡的风味、口感、色泽、外观及香味。如果加入蛋白质、葡萄糖及果胶等可使香味特别,浓咖啡可加入适当蔗糖。

(4)磨粉和包装　用电动粉碎机磨粉。咖啡的风味与颗粒的大小有关,颗粒较细的咖啡粉易溶,得到的饮料比粗粒的更浓。细粒的咖啡粉能释放出较多的脂肪酸、油和蛋白质,因而可使浸出物和咖啡粉能较好地保留挥发性芳香化合物,但太细粒的咖啡粉易走味(即咖啡挥发性芳香成分易损失)。

咖啡粉易回潮结块,也会使咖啡粉的香气损失。因此,咖啡粉包装应采用防潮包装。目前,包装材料有铁罐、玻璃瓶及复合材料软包装。要保持一定的真空度(0.098 MPa),以防吸潮。

【焙炒设备】

(1)铁锅或特制圆筒　小型咖啡加工厂一般将咖啡豆放在铁锅或特制的圆筒内,用温火焙炒并不断翻动豆粒,使豆粒受热均匀,直至豆粒里外均呈深褐色时,取出研磨即成普通咖啡粉。

(2)旋转筒焙炒机　旋转圆筒由金属板制成,圆筒上有无数小孔,内装咖啡豆,下设炉灶,燃料有煤气、焦炭、柴油等。焙炒温度控制在 150 ~ 300 ℃,每批咖啡豆需 15 ~ 20 min。国外大型咖啡加工厂都实现了自动化,有的每天可处理湿咖啡豆 200 t。焙炒过程是在高温(324.5 ℃)、低压(0.056 6 MPa)下进行的,焙炒时间约为 3 min。冷却过程有两步,先喷水雾冷却至 200 ℃,然后用冷空气冷却,直至温度降到 20 ℃为止。咖啡粉质量检测包括外观(颜色)、含水量和密度等指标,均可实现在线自动检测。

(3)气体循环流化床　近年来,一些国家开始采用先进的气体循环流化床来焙炒咖啡。这种设备主要由振动输送器、热空气发生器及香味回收设备等组成。热风直接喷射在振动输送器的咖啡豆上,使咖啡豆不断翻滚跳动,受热均匀。焙炒时间只需 2 ~ 4 min。热风与咖啡豆的质量比为 10 : 1。这种设备还可回收咖啡挥发出的香味物质,回收出来的香味物质又可用于咖啡风味食品或加入速溶咖啡中。

11.5 咖啡饮料生产工艺

原辅料选择→磨浆（浸提）→过滤→离心→调配→均质→杀菌
↓
成品←检验←灌装

11.5.1 咖啡饮料生产工艺流程

11.5.2 咖啡饮料生产关键技术

(1)咖啡浸提液的制取　咖啡液的抽提方法有滴淋式、喷射式、虹吸式、煮出式等几种。根据设备的实际情况,常用煮出式来抽提咖啡液。因咖啡香气易于挥发,故抽提设备要求密闭性能良好。咖啡豆先研磨为 0.3～0.5 mm 的细粉,抽提时在浸提液中添加 0.5 g/kg的 β-环状糊精,有利于增加咖啡可溶性成分及芳香物的浸出。浸提用水的温度控制在 90～100 ℃,浸提 5～8 min。浸提温度和时间对浸提效果影响显著,应浸提充分,使咖啡固形物及咖啡因、香气物质等尽量溶出。

(2)过滤、离心　咖啡液用板框压滤机压滤,或用双联过滤器布袋过滤,分离出咖啡渣。然后将滤液用离心机进行离心处理,转速 3 000～4 500 r/min,离心 2～3 min,分离出细小颗料,以防止咖啡不溶物过多而导致沉淀。

(3)调配　将所需白糖、甜味剂、稳定剂、乳化剂分别用一定量的热水溶解,加入咖啡提取液中混匀,并加入香精香料,定容后搅拌、混合均匀。

(4)均质　将调配液进行均质处理,以获得体系稳定、口感细腻爽滑的饮料。一次均质压力 25～30 MPa,二次均质压力 15～20 MPa。

(5)杀菌、灌装　采用 UHT 杀菌,工艺参数为 135 ℃、10 s,杀菌后冷却至 85～90 ℃趁热灌装、密封,容器常用 PET 瓶。若采用易拉罐灌装,则需要进行二次杀菌,杀菌温度 115 ℃,时间 10 min。

11.6 咖啡饮料生产常见质量问题与控制措施

11.6.1 稳定性差

咖啡液体饮料通常均含有蛋白质微粒、脂肪微粒、咖啡抽提液微粒、焦糖微粒等。这些粒子呈胶体分散状态,在加热及储藏过程中,容易发生沉降及脂肪析出,影响制品的外观及风味,稳定性差。

控制措施:添加乳化剂、增稠剂以改善其组织状态,增加其稳定性。乳化稳定剂虽没有较大的表面活性,但其水溶液有黏性,且具有胶体保护性,能较为有效地保持咖啡液体饮料的稳定,减少沉淀的产生。常用的乳化剂有单甘酯、蔗糖脂肪酸酯,增稠剂有羧甲基纤维素钠、β-环状糊精、黄原胶等。采用均质处理,细化蛋白质、脂肪球等微粒,并有效使其与乳化剂、增稠剂产生水合作用，增加水溶性而不易沉降或上浮。浸提及杀菌等程序降低受热强度，浸提温度不宜过高，杀菌时间不宜过长，减轻或防止蛋白质变性。调配时控制饮料适宜的 pH 值，防止蛋白质变性。

11.6.2　香气不典型

香味是咖啡品质的生命，也最能表现咖啡生产过程和烘焙技术。产地的气候、品种、采收、干燥、储藏及饮料加工时的烘焙技术是否适当，都对咖啡香味有重要影响。香气不典型，主要原因在于焙炒不达标，产香不够。咖啡烘焙就是指生咖啡豆经过一定的温度烘焙去除咖啡豆中多余的水分，使咖啡豆中的部分成分转化成焦糖化糖分及风味油脂，表现出咖啡特有的芳香。

控制措施：选用高品质的生咖啡豆；烘焙程度度要均匀，不宜过生也不宜过熟；熟咖啡豆中较少或无黑头现象；烘焙火候适当，促进咖啡豆香气物质的产生；烘焙过程中及时排出咖啡银皮及烘焙烟雾，避免咖啡豆产生烟味等不良气味。

11.6.3　焦煳味

如果咖啡豆焙烤过度，其外表皮甚至全豆因过度受热而发生焦化，使咖啡豆产生较突出的焦煳味。如果用混有焦化的咖啡豆浸提生产咖啡饮料，则饮料中也会有明显的焦煳味。

控制措施：针对不同品种咖啡豆，选择合适的烘焙温度和时间，控制烘焙度。为了更好地体现咖啡的风味，避免焦煳味，必须按照咖啡豆品种、含水量、硬度、年份等属性决定烘焙的程度，并可参照美国精品咖啡协会（SCAA）发布的 8 种烘焙程度的分类标准对比使用。

11.6.4　咖啡固形物与咖啡因含量不达标

咖啡固形物与咖啡因含量不达标，指的是饮料中咖啡固形物及咖啡因含量，与标签标称的不符，低于国家标准相应品类的要求。

控制措施：主要原因是咖啡浸提时料水比过大，咖啡原料量不足，加水过多。这体现在个别企业为降低生产成本，原料缺斤少两。此外，生产过程中使用不同品种的咖啡豆时，因品种差异导致的有效成分含量不同，也可能使产品固形物和咖啡因含量不足；因此，更换原料品种时，应测定相关成分含量，以调整工艺参数及配方等。

11.7　咖啡饮料生产实例

11.7.1　苦瓜咖啡饮料

苦瓜中含有的皂苷具有降血糖、降血压等功效；咖啡中的咖啡因可降低患糖尿病的风险，绿原酸通过抑制葡萄糖-6-磷酸酶阻止葡萄糖在血液中的释放，具有降血糖、减轻糖尿病症状的效果。苦瓜咖啡饮料具有显著的降血糖、降血脂和减肥效果。

【工艺流程】

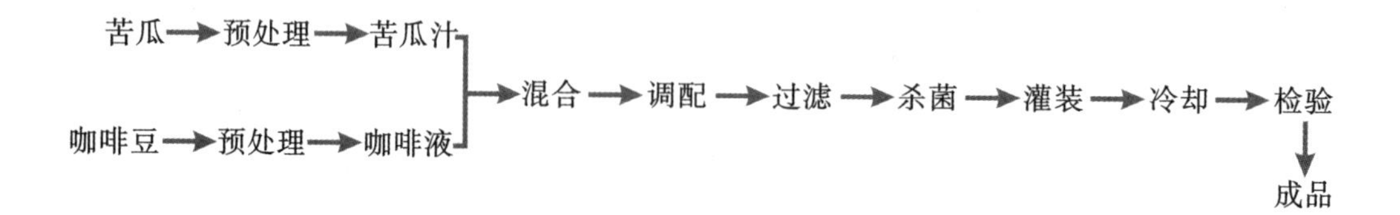

【工艺要点】

(1)苦瓜选择　选择新鲜、成熟度高、白色或浅绿色、皂苷含量高的苦瓜作为原料。

(2)预处理　采摘的苦瓜立即运回加工车间,挑选除去有病害、虫害的瓜,用清水于清洗槽内彻底清洗干净,以除去表面尘土及农残。

(3)热烫　清洗后的苦瓜在80~85 ℃的烫漂槽内热烫10~15 min,以钝化氧化酶,防止褐变引起变色。热烫后的苦瓜用10%的食盐水浸泡30~35 min,脱除部分苦味。

(4)切片及打浆　将苦瓜切成2~3 cm的厚片,加水打浆,料水比1∶3~1∶5;浆液用120目筛网的卧螺离心机离心,分离除去浆渣。

(5)过滤　离心得到的瓜汁用200目滤布的双联过滤器过滤,滤液泵入储罐中备用。

(6)咖啡豆预处理　将生咖啡豆在适宜的条件下焙炒为熟咖啡豆,使其产生特有的香气、色泽与风味;咖啡豆冷凉后,研磨成0.3~0.5 mm的细粉。

(7)浸提　将磨好的咖啡粉加水浸提,料水比1∶15~1∶20,水温95~100 ℃,浸提8~10 min;浸提结束后趁热用200目滤布过滤,制备得咖啡液,冷却至50~60 ℃备用。

(8)调配　苦瓜汁和咖啡浸提液按1∶8~1∶10的比例混合,加入木糖醇、山梨糖醇、黄原胶、柠檬酸、香精等辅料,搅拌均匀。

(9)杀菌、灌装　将调配好的苦瓜咖啡饮料经131~135 ℃杀菌10 s,冷却至85~90 ℃,PET瓶热灌装,封盖后倒瓶杀菌1 min,喷淋冷却至38~40 ℃即可。若使用易拉罐罐装,则需在杀菌锅中于121 ℃下灭菌10 min,然后在冷水槽中冷却至40 ℃以下。

11.7.2　红豆咖啡饮料

红豆又名赤小豆,红小豆,是豆科草本植物红豆的成熟种子,是一种药、食兼用的一年生草本作物。红豆营养丰富,含有丰富的碳水化合物、蛋白质、B族维生素和钙、铁、磷等各种矿物质,以及各种人体必需的氨基酸和丰富的膳食纤维。红豆还具有较高的药用价值,据《中药大辞典》和《本草纲目》记载,红小豆有清热解毒、健脾益胃、补血、利尿消肿、促进心脏活化等功效,可以治疗小便不利、脾虚水肿、脚气病等症。所以经常食用红豆既可强身健体,还可预防祛病。咖啡属茜草科(Rubiaceae)咖啡属(*Coffee*)多年生常绿灌木或小乔木,原产于非洲埃塞俄比亚,素有“黑色金子”的美称,它和茶叶、可可并称为世界三大饮料。咖啡因其香气浓郁,风味独特,及其具有能加速大脑皮层和心血管兴奋,解除疲劳的功效,而深受人们的喜爱。

【工艺流程】

咖啡→烘焙→粉碎→浸提→过滤
↓
红豆→预处理→磨浆→过滤→混合→调配→均质→脱气→杀菌→灌装
↓
成品←检验←冷却

【工艺要点】

(1)红豆预处理　挑选籽粒饱满、无霉变、无虫蛀的红豆，除去泥沙、石块、豆荚等杂物，并置于流动水中清洗干净。红豆与水按1∶3比例浸泡12 h左右，浸泡时加50 g/kg的$NaHCO_3$。待豆皮变软，立即去皮，然后用清水冲洗，沥水备用。

(2)打浆、过滤　红豆与水按1∶10～1∶15比例打浆，用200目的尼龙滤布过滤，得到红豆汁液。

(3)调配　向红豆汁中添加经溶解并过滤的咖啡、白糖、柠檬酸调节风味，并添加适量CMC-Na、黄原胶等增稠剂。

(4)均质、脱气　将调配后的饮料于高压均质中均质处理，均质压力35～40 MPa，物料温度55～60 ℃；均质后，于0.02～0.05 MPa真空罐中脱气处理。

(5)杀菌、灌装　采用UHT杀菌处理，杀菌工艺参数为135 ℃、15 s，杀菌后用PET瓶热灌装，灌装温度85～90 ℃，封盖，倒瓶杀菌1 min后喷淋冷却至40 ℃以下即可；若使用纸盒包装，则采用无菌冷灌装。

11.8　咖啡饮料的创新

(1)即饮黑咖啡　目前国内市场即饮咖啡产品基本都是加奶加糖的三合一液体饮料，以适应国人喝咖啡的习惯。随着咖啡文化的普及、咖啡市场的培育以及目标消费群体的转变，消费者对咖啡品质的追求越来越高。黑咖啡不添加其他添加剂，对风味不加其他修饰，体现的是咖啡本身特有的香气和一定的苦中带酸的滋味特点。黑咖啡含有咖啡因、单宁酸、挥发性风味物质、蛋白质、矿物质等，热量低，具有减肥、美容、利尿、提神醒脑等功效。全球知名的三大黑咖啡分别是产于牙买加蓝山地区的蓝山咖啡、产于古巴水晶山地区的琥爵咖啡和产于印尼的在麝香猫肠道内发酵过的猫屎咖啡。

(2)冷萃咖啡　是近几年咖啡行业的新潮流，自2015年星巴克推出冷萃咖啡后，罐装冷萃咖啡增长迅速，目前已成为美国饮料零售业和食品服务业增速最快的板块。冷萃咖啡是咖啡豆在20～22 ℃低温下长时间(12～24 h)萃取而成；低温萃取出的脂肪较少，且低温只能萃取出小分子风味物质，在高温下才能萃取出的单宁酸、烟熏及焙烤味风味物质很难被浸出，因此，冷萃咖啡更能体现咖啡豆本身独特的风味，口感更细腻，风味层次更明显且有回甘。冷萃咖啡有原味、水果味等不同风味产品类型。

(3)咖啡牛奶　传统的咖啡牛奶是在咖啡原料中添加少量牛奶或乳粉、糖等调制而成的产品，执行的产品标准是《咖啡类饮料》（GB/T 30767—2014）。而创新的咖啡牛奶（如伊利推出的味可滋咖啡牛奶）则是以鲜牛乳为主要原料，添加少量咖啡浓缩液、白砂糖及食品添加剂为配料调制而成，产品执行的标准是食品安全国家标准《调制乳》（GB 25191—2010）。咖啡牛奶产品以牛乳为主，咖啡为辅，更加营养健康，是即饮咖啡的发展方向之一。

（4）气泡咖啡　是在冷萃咖啡中充入 CO_2，产生丰富而细腻的泡沫，升级口感和体验。气泡咖啡口感细密、清冽，颜色看似啤酒，味道也有点类似啤酒，但不含酒精。气泡咖啡与普通咖啡相比，口感更为清爽，且因含有 CO_2 气体，给口腔的刹口感更强烈，感觉也更加凉爽。

（5）功能与风味创新　低糖、低热量、低脂肪、新原料是即饮咖啡市场的发展趋势，产品要求更加健康、营养，突出功能性和产品特色。如星巴克、雀巢的咖啡牛奶，使用脱脂牛奶代替了原来的全脂牛奶，每瓶产品的脂肪含量降低了70%，热量减少了45%；有的产品甚至强调“零脂肪、零卡路里”。

植物基原料在即饮咖啡中的应用越来越广泛，生产中用豆浆粉、杏仁、椰浆、腰果等植物蛋白原料代替牛乳等动物蛋白原料的趋势愈加明显；此外，咖啡与果蔬汁原料混搭、跨界组合的产品也得到迅速发展，冷萃咖啡与椰子水、芦荟水、枫树水等的结合更加突出健康因素。在咖啡天然苦味的基础上，各种创新型风味咖啡也受到了年轻消费者的青睐，如卡布奇诺+比利时巧克力风味、提拉米苏+混合香料（肉桂、豆蔻等）风味、瓜纳拉+人参风味以及辛辣、麻辣风味等。

思考题

1. 简述咖啡的主要成分及性质。
2. 试比较咖啡豆干法加工和湿法加工的特点。
3. 简述咖啡豆生产工艺流程和提高产品质量的途径。
4. 简述咖啡饮料的生产工艺及操作要点。

第12章　植物饮料

【内容提要】

本章主要介绍了植物饮料的定义、分类及质量标准;介绍了可可饮料、谷物饮料、草本饮料、食用菌饮料、藻类饮料和其他植物饮料的加工工艺流程及工艺要点。

【学习目标】

了解植物饮料的种类及各种植物饮料的定义;熟悉各种植物饮料加工时的原辅料加工特点;掌握各种植物饮料加工的工艺流程及工艺要点。

【名词及概念】

植物饮料;可可饮料;谷物饮料;食用菌饮料;藻类饮料

12.1　植物饮料的定义与分类

12.1.1　植物饮料的定义

根据中华人民共和国国家标准《植物饮料》(GB/T 31326—2014)的规定,植物饮料(botanical beverage/drinks)又称为植物饮品,是指以植物或植物提取物为原料,添加或不添加其他食品原辅料和(或)食品添加剂,经加工或发酵制成的液体饮料。

植物提取物(botanical extract)指植物(包括可食的根、茎、叶、花、果、种子)的水提取液或其浓缩液、粉。

12.1.2　植物饮料的分类

根据GB/T 31326—2014的规定,植物饮料分为可可饮料、谷物饮料、草本饮料/本草饮料、食用菌饮料、藻类饮料和其他植物饮料6类。

(1)可可饮料(cocoa beverage)　以可可豆、可可粉为原料,添加或不添加其他食品原辅料和(或)食品添加剂,经加工制成的饮料。

(2)谷物饮料(cereal beverage)　以谷物为原料,添加或不添加其他食品原辅料和(或)食品添加剂,经加工制成的饮料。

(3)草本饮料/本草饮料(herb beverage)　以国家允许使用的植物(包括可食的根、茎、叶、花、果、种子)或其提取物的一种或几种为原料,添加或不添加其他食品原辅料和

(或)食品添加剂,经加工制成的饮料,如凉茶、花卉饮料等。

注:国家允许使用的植物见有关部门发布,包括既是食品又是药品的物品名单等。

(4)食用菌饮料(edible fungi beverage)　以食用菌和(或)食用菌子实体的浸取液或浸取液制品为原料,或以食用菌的发酵液为原料,添加或不添加其他食品原辅料和(或)食品添加剂,经加工制成的饮料。

(5)藻类饮料(algae beverage)　以藻类为原料,添加或不添加其他食品原辅料和(或)食品添加剂,经加工制成的饮料,如螺旋藻饮料。

(6)其他植物饮料(other botanical beverage)　除(1)~(5)之外的植物饮料。

12.1.3　植物饮料的质量标准

(1)原辅材料要求　应符合相应的国家标准、行业标准等有关标准的规定。

(2)感官要求　应符合表12.1的规定。

表12.1　感官要求

项目	要求
色泽	具有标签标示的植物原料制成的饮料所特有的色泽
滋味及气味	具有标签标示的植物原料制成的饮料所特有的滋味及气味
状态	澄清的产品均匀透明,放置后允许有少量沉淀或絮状物;混浊的产品无明显分层,状态均匀,允许有少量沉淀或弱凝胶;带谷粒、果粒等的产品允许有相应的粒状物沉淀
杂质	无外来杂质

(3)理化要求　应符合表12.2的规定。

表12.2　理化要求

产品类别		项目	指标要求
可可饮料		固形物[a]/(g/L)	≥5
草本饮料/本草饮料	花卉		≥0.1
	其他		≥0.5[b]
谷物类饮料[c]		总膳食纤维/(g/L)	≥1

注1:食用量规定见有关部门发布。

注2:固形物指来源于植物原料和(或)其提取物的固形物,如来源于可可或其提取物的固形物、来源于国家允许使用的植物或其提取物的固形物,不包括来源于糊精、食糖、果葡糖浆等辅料的固形物。

[a] 以原料配比或计算值为准,饮料中来源于植物固形物的计算公式:$(c\times m)/V$,其中 c 为所使用植物提取物固形物的含量(g/kg),m 为使用的植物制品质量(kg),V 为饮料体积(L),通过产品进货台账、配料方案以及日常在线投料进行生产管理。

[b] 以有食用量规定的植物为原料,其使用量应严格执行有关规定。

[c] 谷物类饮料应执行QB/T 4221的有关规定。

(4)食品安全要求　应符合相关的食品安全国家标准。

12.2　可可饮料

可可饮料是以可可豆、可可粉为原料,添加或不添加其他食品原辅料和(或)食品添加剂,经加工制成的饮料。

可可豆是可可树果实中的种子,每个果实中有30~50粒种子,种子外面附有白色胶质,可通过发酵去除。可可豆为卵形或椭圆形,由种皮、子叶和胚组成。一般干可可豆的主要成分质量分数为:水分为10.44%,蛋白质为10.25%,脂肪为55.75%,淀粉为6.22%,粗纤维为2.61%,灰分为2.67%,可可碱为1.42%,咖啡因为0.03%。

12.2.1　可可粉加工

【工艺流程】

可可豆→挑选→清洗→焙炒→磨浆→榨油→可可饼→粗破碎→冷却→细粉碎→旋风分离→可可粉→包装→成品

【工艺要点】

(1)可可豆的处理　将可可豆挑拣、清洗,除尘土、碎石屑及其他夹杂物后即可焙炒。

(2)焙炒　焙炒可可豆是要使之生成应有风味、色泽与芳香,减少苦味与刺激臭味,并使豆皮与豆肉易分离。焙炒温度应掌握在使豆肉温度达110~120 ℃,加热温度在120~150 ℃。经25~35 min焙炒后,将可可豆用冷风吹凉。送至破碎机,将豆粒破碎成碎块,经风选设备去皮。

为提高豆肉的溶散性、香味和色泽,需将豆肉进行碱化处理,即将碳酸钠或碳酸钾配成质量分数5%~6%,按果仁质量的20%加入搅拌,再次焙炒至豆肉香气浓郁,并伴有焦味,含水在1.5%左右。

(3)磨浆　将经两次焙炒后的豆肉磨浆,细度在160目以上,输送至保温罐中,在75~85 ℃保温。

(4)榨油　将磨出的可可浆送入榨油机榨油,根据可可浆中的含脂量和可可饼(即可可粉的原料)要求含脂量来计算应榨出油量,进行定量榨油。榨出的油为可可脂,熔点仅为30~34 ℃,是做巧克力等食品的原料。可可浆榨油冷却后固化即为可可饼。

(5)粉碎　可可饼经磨粉机粉碎,最后经旋风分离器分离。风选得到符合要求的可可粉,所收集粗粉再磨细,风选,即可得到可可粉,包装即为成品。

12.2.2　可可乳饮料

可可乳饮料是指以乳(包括鲜牛乳、全脂乳粉、脱脂乳粉等)、糖和可可为主要原料,添加其他食品原辅料和(或)食品添加剂,经加工制成的饮料。

【工艺流程】

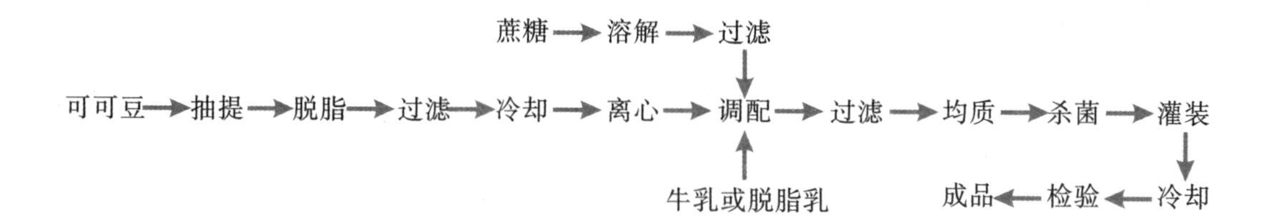

【配方】

全脂乳 80 kg,脱脂乳 2.5 kg,砂糖 6.5 kg,可可 1.5 kg,稳定剂 0.02 kg,着色剂 0.01 kg,水加至 100 kg。

【工艺要点】

(1)原料的选择及处理

1)可可　由于可可豆产地不同,其风味也有差异。可可不能只用热水溶解,若将其煮沸 4~5 min 则风味更佳。由于可可粉中含有一定量的粗纤维,且水溶性物质极少,大部分为非水溶性的蛋白质、油脂、纤维素,生产中常常出现产品分成三层的现象,即上浮的脂肪层、奶溶液层和可可粉沉淀层。为此,需采用均质、研磨处理,如对可可糖浆在胶体磨中进行微细化处理等,使可可粉的粒度变小,再加入一定量的稳定剂。

2)乳原料　一般可使用鲜乳、脱脂乳、炼乳或脱脂乳粉等,单独或合并使用均可。

3)甜味剂　通常使用白砂糖,也可使用葡萄糖、果糖以及果葡糖浆等。

4)稳定剂　多用羧甲基纤维素钠、黄原胶、卡拉胶、海藻酸钠等,使可可粉形成较稳定的溶胶体,脂肪不易形成游离脂肪球上浮,可可粉粒子也不易下沉,且经高温杀菌后能保持产品的原有组织状态和风味。各种稳定剂的用量需根据其性质、性能而有所不同,使用混合稳定剂效果更好。

5)其他原料香精、着色剂等　香精可使用可可香精与牛奶香精复配使用;着色剂可适量添加焦糖色素。

(2)调配　将脱脂后的可可浸提液、溶解过滤后的糖液及过滤后的鲜牛乳或乳粉溶液,在调配罐中混合均匀,并按配方要求加入乳化剂、稳定剂及香精等其他添加剂。

(3)均质　调配好的物料经过滤后进行均质处理,均质压力为 25~40 MPa,物料温度 55~60 ℃;通过均质可以使可可乳饮料的组织状态更加均匀稳定、口感更细腻。

(4)杀菌、灌装　饮料经均质处理后,通过 UHT 杀菌机杀菌处理,工艺参数为 135~137 ℃、6~10 s,用 PET 瓶 85~90 ℃热灌装,封盖后倒瓶杀菌 1 min,喷淋冷却至常温。也可用易拉罐灌装,封盖后在 115 ℃杀菌 15~20 min,再于冷却槽中用冷水冷却至常温,风干罐体表面水分,即得成品。

12.3 谷物饮料

12.3.1 谷物饮料发展概况

天然、营养、健康是全球饮料发展的方向。谷物饮料因营养成分种类全面，含量均衡，只需在某些成分上适当加以强化，其营养价值便能接近甚至超过牛奶、豆奶等，发展前景十分广阔，市场潜力巨大。目前，国内谷物饮料处于刚起步阶段，市场相关产品还较少，产品具有一定的新颖性，对求新求异的消费者有很大的吸引力，市场前景可观。

12.3.1.1 国内谷物饮料概况

我国传统的饮食习惯是以植物性食品为主，其中谷类食品是我国传统膳食的主体。早在两千年前的《黄帝内经》中，就明确提出了“五谷为养，五果为助，五畜为益，五菜为充”的膳食原则，阐明了谷类食物在饮食结构中的重要地位。根据《中国居民膳食指南》，谷类食物是人体最主要的能量来源，同时也是蛋白质、膳食纤维、B族维生素和矿物质的重要供应者，对于保障膳食平衡具有举足轻重的作用。

经历几千年的果不饱腹时期后，人类本能更倾向于高能量的食品。随着经济的发展，生活的改善，人们的饮食中摄入肉、蛋、乳等高能量的食品比例过高，造成了富贵病大幅跃升。食品行业及消费者本身，都非常期待出现一类营养更均衡、品质更安全、食用更方便的食品，以改善越来越失衡的膳食结构，提升国民的营养健康水平。谷物饮料既符合中国人传统的饮食习惯，也能满足当前人们快节奏生活的营养补给需求，并具有代餐功能；此外，谷物饮料更注重天然、健康，谷物饮料是未来饮料市场的发展方向。

谷物饮料满足了亚健康消费群体对低脂肪、低热量、高膳食纤维的营养需求，将“吃”谷物变成了“喝”谷物，产品给人耳目一新的感觉，更适合现代快节奏的生活方式，因此，谷物饮料一出现，便迅速被消费市场所接受。近5年来，我国谷物饮料产量增长了247万吨，2013—2018年复合增长率高达20%。目前，国内市场上的谷物类饮料基本上可分为3类：一是乳品中添加谷物，包括伊利的“谷粒多”、蒙牛的“谷粒早餐奶”、雀巢的“谷物早餐奶”等品牌；二是谷物饮料中添加果蔬汁、乳品，包括小洋人的“五谷奶昔”、君乐宝的“多谷力”等品牌；三是全谷物饮料，包括惠尔康的“谷粒谷力”、维维集团的“维维豆奶”、中绿集团的“粗粮王”等。此外，还有很多添加谷物成分的饮料，如统一阳光系列谷物饮料、朝能谷多维系列五谷粗粮饮料、美丽健谷膳坊系列等。谷物饮料原料来源丰富，常用的原料有玉米、燕麦、大麦、大米、红豆、黑豆、绿豆、荞麦、薏仁、香芋等。

12.3.1.2 国外谷物饮料状况

相对国内而言，欧美国家、日本、韩国等对谷物饮料的研发更深入，起步更早，不同口感风味的谷物饮料已形成系列化，并已拥有规模较大的稳定消费群体。

(1)日本

1)岩手县远野市农业合作社开发出一种叫“比安拉鲁库”的大米乳酸饮料。它由大米、牛奶、苹果等制成，其成分除了碳水化合物外，还有钙、磷、钾等，营养丰富而且热量低，是年轻妇女早餐的首选饮料。

2)大米发酵饮料　取糙米发芽后的米芽,风干粉碎得生米芽粉,与生豆乳混合发酵而制得富有特色的发酵型饮料。

3)风味米饮料　以白米、糙米或白米与糙米的混合物经水浸、煮制、打浆、均质所得的浓汤状浆液为基料,添加糖分含量低的调味液和必要的风味素材,混合调配而成。

此外,还有健康营养的糙米乳、糙米茶等。

(2)韩国　Woong Jin 食品有限公司出的 Morning Rice,由糙米和白米加工制成,不含香料和防腐剂,富含膳食纤维和微量元素,已成为众多韩国人早餐的首选饮品。

(3)欧洲　由比利时出品的原味天然大米饮料,是以大米为原料,100%纯植物制成的绿色清凉饮料,富含天然缓慢消化的糖类,未添加甜味剂,冷热饮俱佳。

(4)美国

1)Imagine Foods 公司出品的 Rice Bream Nondairy Beverages 系列。有三大类六种风味:Rice Dream Enriched(营养强化米饮料)、Rice Dream Original(天然米饮料)、Rice Dream Refrigerated(冷藏保鲜米饮料)。其原料均为天然优质糙米(某些产品选用有机糙米)与其他天然辅料,利用大麦酵素(酶)加工制成。不含任何人工合成的辅料与添加剂。其营养强化饮料所含钙、维生素 A 和维生素 D 的量可与牛奶相媲美,可作牛奶、豆奶代用品。产品包装有利乐无菌砖和冷藏包装两种,冷藏包装产品可保鲜约 45 天,利乐无菌砖包装产品则可保鲜一年,产品遍及北美及欧洲国家。

2)Pacific Foods 公司出品的 Rice Non-dairy Drinks(无乳米饮料)系列、The Hain Celestial Group 公司出品的 Westbrae Natural Rice Rice Beverage 系列米乳、Lundberg Family Farms 公司出品的 Drink Rice 系列米乳等,其情况及水平与 Imagine Foods 公司产品类似。国外的米乳饮料技术相对成熟,原料多选用天然、无公害有机大米或糙米,并通过强化营养、降低脂肪等,使得米乳饮料的营养成分含量可与牛奶、豆奶相媲美,甚至超过牛奶、豆奶。

12.3.2 谷物饮料生产工艺

国内外谷物饮料的生产,主要以大米、玉米、大麦、红豆、黑豆、绿豆、燕麦、荞麦、薏仁米等为原料,经过烘烤、浸泡、磨浆、液化、糖化、过滤、调配、均质、杀菌、灌装等工艺得到产品,各类型谷物饮料生产工艺大同小异。下面以大米为原料生产米饮料为例,介绍其生产工艺。

12.3.2.1 以碎米/整米为原料

以碎米(或整米)为主要原料,利用现代酶技术和微生物学技术,将其加工成不发酵型和发酵型风味各异的米饮料。

★不发酵型米饮料

制得的米汁可经煮沸后直接即时销售,即日本所推崇的具有美容作用的天然米汁饮料;也可根据不同的口味要求加以配料调味,或根据营养需要添加维生素和矿物质等营养强化剂,经罐装灭菌制得营养丰富、具有大米清香,浊汁型米饮料。

【工艺流程】

碎米(整米)→粉碎→蒸煮→冷却→酶解→灭酶→分离→调配→均质→灌装→杀菌→冷却→成品

【工艺要点】

(1)酶解　酶解工艺是采用一定量的淀粉酶、蛋白酶在一定条件下对谷物原料中的淀粉、蛋白质等大分子物质进行水解处理,使饮品中的颗粒细化,将不溶的淀粉、蛋白质分解为可溶性的糖、糊精、多肽和氨基酸等,从而提高饮品稳定性的工艺过程。生产中常用的酶制剂有 α-淀粉酶、β-淀粉酶、木瓜蛋白酶、菠萝蛋白酶等。

谷物饮品沉淀多、易分层,而稳定剂加入太多会导致黏度大、糊口,谷物原料中淀粉含量较大,是造成谷物饮品沉淀的重要原因,加入淀粉酶进行控制性水解,既提高了产品的风味,又利于消化吸收,和稳定剂、乳化剂配合,体系也更加稳定,酶解后的产品质量和口感远远高于细磨工序的产品。

在谷物饮料加工中进行酶解,加酶量、酶解温度和酶解时间非常关键。加酶过少,饮料中的淀粉水解不完全;加酶过多,饮料的酶味太重,也造成了酶制剂的浪费。酶解温度往往在酶制剂的最适温度上下波动,温度过高会影响酶制剂的活性从而达不到理想的酶解效果。酶解时间的确定务必使酶解过程完全,但时间过长,也会使饮品中的活性成分因长时间加热而变性。因此,控制合适的加酶量、酶解温度和时间在酶解过程中是非常重要的。

(2)均质　先将配制好的混合浆液预热到 45～55 ℃,然后利用均质机在 15～30 MPa 压力下进行均质处理。根据情况可采用一次均质或两次均质处理。如采用两次均质,则第二次均质压力一般比第一次高一些,如第一次 20 MPa,第二次 30 MPa。

均质温度和压力对谷物饮品稳定性的影响很大。一般来说,均质温度越高,乳化剂迁移吸附的速度越快,饮品达到的乳化效果越好。此外,均质温度必须高于原料中脂肪的熔点使脂肪呈液态才能达到均质效果。均质温度上限根据原料的热敏性而定,温度过高会破坏脂肪球膜,造成脂肪凝集和分离,也会引起饮品中的蛋白质变性。不同的谷物饮品所需的最佳均质温度也各不相同。在一定范围内提高均质压力能使饮品中粒子的直径明显减小,体系稳定性明显提高,饮品的口感得到改善。若压力继续增加,粒子表面积增大,自由能增加,饮品中的颗粒易聚合,产品稳定性随之下降。因此,选择合适的均质压力十分关键。

(3)灌装、杀菌　将均质后的饮料立即用易拉罐或玻璃瓶灌装,并封口,然后在 120 ℃下杀菌 15 min 左右,最后经过冷却即成成品。若用 PET 瓶或纸盒包装,则先杀菌后灌装,再经过二次杀菌后冷却,即为成品。

★乳酸发酵型米饮料

以碎米(整米)为主要原料,经乳酸菌发酵制备饮料。该产品呈乳白色,气味纯正,具有浓郁的大米发酵香气,酸甜可口,质地均匀一致,无沉淀,不分层,润滑爽口。该产品既保存了大米的营养价值,又具有乳酸菌发酵制品的营养保健作用,口感独特,其营养价值和保健功能均较高,市场潜力大。

【工艺流程】

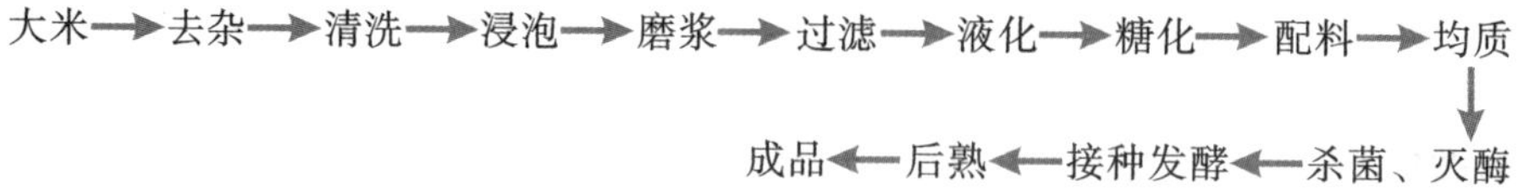

大米→去杂→清洗→浸泡→磨浆→过滤→液化→糖化→配料→均质→杀菌、灭酶→接种发酵→后熟→成品

发酵型的谷物乳酸菌饮料在国内早有报道,国内学者主要利用双酶法(即 α-淀粉酶液化处理之后再用 β-淀粉酶进行糖化处理)处理原料米汁。早在 1994 年,安徽农学院的学者以小麦为原料,采用酶法与发酵工程相结合的技术,将谷物淀粉转化为糖,再用选育出的优良乳酸菌种发酵将其转化为乳酸及其他代谢产物,加工处理后制成乳酸发酵饮料。江南大学用大米为主要原料,选择黑曲葡萄糖淀粉酶水解大米,以嗜热链球菌和保加利亚乳杆菌的混合菌种作为发酵剂进行乳酸菌发酵。这种新型米乳发酵饮料具有独特的风味和良好的营养保健作用,产品中乳酸菌的含量可达 3×10^{7} CFU/mL。李晶等以薏米为主原料发酵,强化锌、钙等成分,应用保加利亚乳杆菌和嗜热链球菌发酵生产新型保健饮料,该产品不仅保留了薏米的原有营养成分和天然芳香,而且柔和适口。康彬彬以发芽糙米为主要原料,经液化、糖化、乳酸发酵研制出发芽糙米营养酸奶。该产品乳酸菌数大于 1×10^{7} CFU/mL,是一种适合儿童及中小学生食用的天然保健饮品。

12.3.2.2 米浆饮料

【工艺流程】

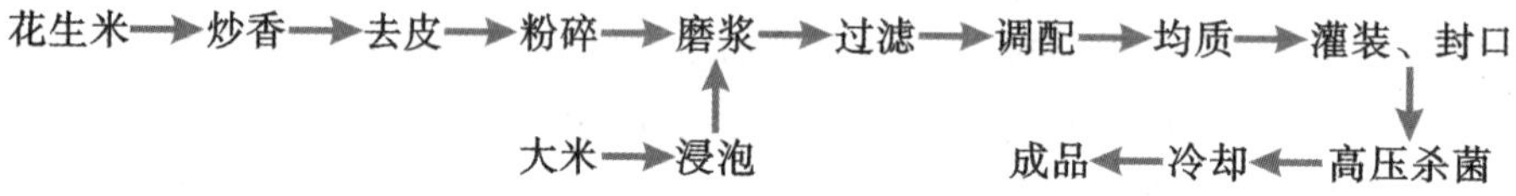

花生米→炒香→去皮→粉碎→磨浆→过滤→调配→均质→灌装、封口→高压杀菌→冷却→成品

大米→浸泡→磨浆

12.3.2.3 米胚芽饮料

【工艺流程】

米胚→去杂→浸泡→磨浆→浆渣分离→调配→均质→灌装封口→灭菌冷却→成品

目前市场上的相关产品有:沈阳天乐饮品有限公司的“天乐园米露”,黑龙江龙光食品有限公司的“黑米乳”和“鲜果汁米乳”,昆明品世食品有限公司的“黑米乳”,吉林天景食品有限公司的“玉米汁饮料”等。总体而言,国内现有产品档次不高,品种较少,口感与风味有待提升,产品发展空间大,市场潜力有待进一步挖掘。

12.3.3 谷物饮料生产实例

12.3.3.1 黑米饮料

黑米为米中珍品,素有"贡米""药米""长寿米"之美誉,具有特殊的营养价值,《本草纲目》中记载有滋阴补肾、健脾暖肝、明目活血的功效。用它入药,对头昏、贫血、白发、眼疾等疗效甚佳。

现代营养学研究表明,黑米中蛋白质含量为12.5%~17%,是普通优质大米的1.52倍。黑米中人体必需的八种氨基酸含量为4.3%~5.3%,比普通优质大米高出30%~60%,而且黑米中的氨基酸种类较齐全;黑米中含有一定量的脂肪,其中不饱和脂肪酸的含量较高。黑米中人体必需的多种微量元素和维生素的含量比普通优质大米的含量高得多。因此利用黑米制作饮料,可以得到色泽好,香味浓,营养丰富的保健饮品。

以黑米为原料制作饮料,首先是将黑米焙炒,然后用水浸提使其色素大部分融入水中,再将浸提过的黑米加水磨浆、糊化、加α-淀粉酶液化、加糖化酶糖化、煮沸灭酶、浆渣分离、调配、均质、罐装、灭菌等操作即得黑米营养饮料。

【工艺流程】

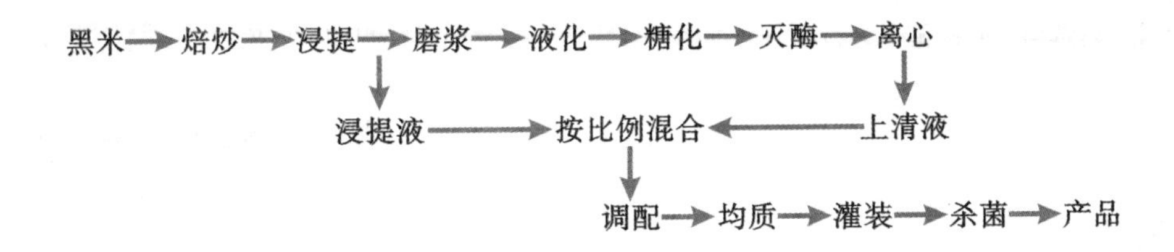

【工艺要点】

(1)烘焙　将黑米在160 ℃烘箱中烘烤30 min,使之产生焦香气味。烘烤能使黑米形成大量的香味化合物,使黑米具有浓郁的焙炒香味,从而使得黑米饮料也具有浓郁的特殊香味。此外,高温烘焙还可以使黑米适度糊化,提高淀粉酶的作用效果,增加黑米淀粉的可降解性。烘烤温度太低,产生的香味不浓;烘焙温度太高,容易产生焦煳的味道。

(2)浸提　黑米与水按1∶5~1∶8进行浸提,浸提温度控制在75 ℃,时间1 h,将浸提液过滤备用。

(3)磨浆　将浸提过的黑米,加入其质量5~8倍量的水进行磨浆。

(4)液化　按浆液质量加α-淀粉酶,加酶量为30 000~50 000 U/kg;控制酶解条件为pH=6.0~7.0,温度85~95 ℃,酶解时间45~50 min,酶解后*DE*值(*DE*值是指水解度)控制在14~16。

(5)糖化　液化结束后,先冷却浆液,随后按浆液质量加糖化酶(β-淀粉酶),加酶量为200 000~300 000 U/kg,控制酶解条件为pH=4.5~5.5,浆液温度55~60 ℃,酶解3~8 h。

(6)灭酶　糖化结束后,升温煮沸浆液,保持5~10 min,钝化淀粉酶。

(7)渣浆分离　糖化液在5 000 r/min离心机中离心10 min,或用200~300目的滤布过滤,得酶解液。

(8)调配　将浸提液与酶解液按1∶1的比例混合,再加混合浆液质量6%的果葡糖浆、0.1%蔗糖酯、0.1%卵磷脂和0.1%增稠剂(黄原胶或海藻酸钠),充分搅拌、溶解均匀。

(9)均质　浆液加热至60 ℃,在30 MPa、40 MPa下均质2次。

(10)灌装　若用易拉罐或玻璃瓶灌装,灌装后在115～121 ℃杀菌15 min,冷却后即得黑米营养饮料。如采用PET瓶或纸盒包装,饮料先经135～137 ℃、15 s杀菌处理后,热灌装或无菌灌装。

12.3.3.2　玉米汁饮料

玉米含有丰富的营养成分,如淀粉、脂肪、蛋白质、维生素、矿物质、人体必需氨基酸、水溶性多糖和糖醇类等,含有可以降低胆固醇的维生素E和谷胱甘肽,具有健脑、抗衰老作用的亚油酸等物质;玉米中的硒元素,可以抑制癌细胞的增长;玉米中的植物纤维素具有刺激胃肠蠕动,防止便秘及结肠癌功能。玉米在世界上被称为粮食中的黄金作物,是健康长寿的食品之一,制作饮料具有广阔的市场前景。

【工艺流程】

玉米粒→选料→浸泡→打浆→细磨→糊化→过滤→调配→均质→灌装→杀菌→冷却→贴标→检验→成品

【配方】

按质量分数计:砂糖10%,蜂蜜1%,蔗糖脂肪酸酯0.1%,复合稳定剂(琼脂和黄原胶)0.25%,柠檬酸0.2%,食盐0.1%,补水至100%。

【工艺要点】

(1)选料　选用颗粒饱满、无虫蛀、无霉变的玉米粒,并除去杂质。

(2)浸泡　用60 ℃左右热水浸泡4 h,使其组织软化,提高出汁率,去除生异味。

(3)打浆　浸泡后的玉米立即加10倍水(干玉米加100～200倍水)用打浆机打浆,经60目筛孔过筛。

(4)细磨　用胶体磨将过滤后的玉米浆进一步细化。

(5)糊化　将混合液加热到90 ℃,维持20 min,使之糊化。

(6)调配　按如上配方调配;将砂糖预先用水溶解,依次加入其他成分,然后加水定容,用柠檬酸调整pH为5.0左右。

(7)均质　将混合液加热到65 ℃,进行2次高压均质处理,第一次压力25 MPa,第二次30 MPa。

(8)杀菌　灌装封盖后的玉米乳送入杀菌锅,进行10′-15′-10′/121 ℃高压杀菌,或高温瞬时杀菌120～140 ℃下6～10 s。冷却后经贴标、检验后即得成品。该玉米乳饮料呈浅黄色,带有玉米的清香味,酸甜可口,口感细腻,组织均匀。

12.3.3.3　甜玉米浊汁饮料

甜玉米具有鲜嫩、黏糯、香甜、渣少的特点，即可鲜食，也可深加工。甜玉米营养丰富，蛋白质含量高，且较符合人体必需氨基酸比例模式；总糖含量比普通玉米高3% ~ 4%，低聚糖、还原糖含量高、大分子淀粉含量低；甜玉米还含有丰富的不饱和脂肪酸、水溶性膳食纤维，及丰富的维生素B、维生素C、维生素E、β-胡萝卜素、叶酸、烟酸和微量元素。以甜玉米为原料制作的饮料符合人们对天然、营养、健康型饮料的需求，近几年市场行情极好。

【工艺流程】

原料采收→预处理(剥苞衣、除杂、去须、清洗)→预煮→脱粒→脱皮→磨浆→过滤→调配→均质→灌装→排气→密封→高温高压杀菌→冷却→检验→成品

【工艺要点】

(1)原料采收　原料要求颗粒饱满柔嫩，呈淡黄色，组织不萎缩，无虫蛀霉变，各种营养成分含量高，淀粉等高聚物含量较少，还原糖等低聚物含量高，不溶性粗纤维较少，适口性好。最好在玉米授粉后21 ~ 24 d时采收。在此阶段，甜玉米的生命活动旺盛，糖分转化快，品质容易劣变。采收后若当天不能加工，应尽快装袋密封，冷冻保鲜储藏。

(2)原料预处理　留出2 ~ 4片苞叶，除去玉米上的穗须。将带少量苞叶的甜玉米穗放入90 ~ 95 ℃的水中煮10 ~ 15 min。预煮一方面可以钝化甜玉米穗中存在的多种酶，使其失活，可有效防止饮料色泽的变化延长储藏期；另一方面可以杀死田间附着在果穗表面的微生物，确保加工食品的卫生与食用安全；同时，可相应减轻原料的氧化程度。有利于保存产品的色泽及营养，并且使甜玉米籽粒具有一些热食感。甜玉米风味的形成，主要取决于预煮阶段胚乳中支链淀粉的糊化程度，只有全部糊化后，才有甜玉米的口感，并且经杀菌后还可保持同样的风味品质；如果糊化不好，煮不透，杀菌时支链淀粉又不能进一步糊化，则产品不宜食用；如果预煮时间太长，就会造成玉米籽粒开裂，营养成分流失，风味下降等现象。

经过预煮的玉米穗要及时脱粒；去除虫蛀，霉变籽粒；脱粒后立即倒入由适量的食盐、焦亚硫酸钠等配制的护色液中浸泡。再将玉米籽粒倒入45 ℃、2%的NaOH去皮液中，浸泡30 s即可脱皮，再用清水冲洗；根据玉米粒的质量，按1∶1的比例与水混合打浆，过滤除杂、备用。

(3)调配　原辅料加量(饮料总质量的百分比)：蔗糖7%、柠檬酸0.2%、食盐0.05%、复合稳定剂(黄原胶0.1%、羧甲基纤维素钠0.1%)0.2%，蔗糖脂肪酸酯0.1%。

先将砂糖、羧甲基纤维素钠、蔗糖酯、黄原胶热溶过滤，冷却后，与其他配料一同加入配料罐，搅拌均匀。

(4)均质　将调配好的浆液加热至70 ℃，均质2次，第一次均质压力为20 MPa，第二次为30 MPa，玉米微粒细度可达到2 μm。

(5)灌装、杀菌　将均质后的产品趁热灌装、排气、封口，之后进行高温高压杀菌：

15′-20′-15′/121 ℃。

产品感官呈黄色或淡黄色;具有甜玉米的清香和滋味,香气协调,甜度适口,无异味;混浊度均匀,允许有少量沉淀。

12.3.3.4 小黑麦麦芽乳酸发酵饮料

【工艺流程】

小黑麦→选麦→浸麦→发芽→干燥→除根→成品麦芽→粉碎→糖化→过滤→麦芽汁→煮沸→冷却→过滤→澄清麦芽汁(←牛乳、糖)→杀菌→冷却→接种→灌装→发酵→冷却→后熟→成品

【工艺要点】

(1)制麦芽　小黑麦经粗选除去杂质,先在0.03% NaOH溶液中浸泡1 h,以洗涤、杀菌,而后在15 ℃水中浸渍15 h,使小黑麦含水量(浸麦度)达到38%以后,进入发芽箱,在15 ℃、空气相对湿度95%条件下发芽78 h。当叶芽长度达到麦粒长度的1/2 ~2/3 时,先在50 ℃排湿干燥20 h,后于85 ℃焙烤4 h,使干麦芽水分低于5%,最后用除根机将麦根除去,即得成品麦芽。

(2)糖化工艺　用粉碎机将干麦芽粉碎,加6倍量45 ℃温水,水浴保温30 min,再在68 ~70 ℃保温糖化60 min,再经过滤、煮沸、冷却,最后用硅藻土真空抽滤,得澄清的麦芽汁。

(3)菌种活化与发酵剂的制备

1)菌种活化　将保加利亚乳杆菌与嗜热链球菌分别接种于5 mL灭菌脱脂乳试管中,于40 ~42 ℃培养到凝固,如此反复传代至活力恢复为止。

2)发酵剂制备　将上述活化菌种以2%接种量分别移入2只200 mL灭菌脱脂乳三角瓶中,在40 ~42 ℃培养12 ~14 h,于4 ℃冷藏备用。

(4)发酵　小黑麦麦芽汁与鲜牛奶以1∶2的体积比混合,加入原料6%的砂糖,经115 ℃灭菌20 min,冷却到40 ℃左右,接种3%乳酸菌(上述两种菌按1∶1比例混合)、灌装,再在40 ~42 ℃发酵3 ~3.5 h,使其pH降至3.8 ~4.0,之后在0 ~4 ℃下后熟。

【产品质量】

产品色泽呈乳黄色,不透明,无悬浮物及沉淀物,组织状态均匀,甜度适中,酸味柔和,具有浓厚的发酵乳香味及淡爽的麦芽焦香味;蛋白质含量1.0% ~1.2%,脂肪1.0% ~1.3%,总干物质10.5% ~11.5%,pH=3.8 ~4.0;乳酸菌数10^7 ~10^8 CFU/mL。

12.3.3.5 绿豆饮料

绿豆具有清热解毒,清暑止渴等功效。绿豆汤、绿豆茶早已成为人们家庭必备的清凉饮料。采用先进工艺技术生产的绿豆饮料备受广大消费者欢迎。

【工艺流程】

绿豆→挑选→浸泡→蒸煮→磨浆→过滤→酶解→过滤→调配→杀菌→灌装→冷却→成品

【工艺要点】

(1)选料 选用优质绿豆,除去虫蛀、霉粒及其他杂物,洗净备用。

(2)浸泡、蒸煮 在提取罐内加入绿豆质量 5 ~6 倍水,浸泡 6 ~10 h;随后在 0.2 MPa 气压条件下蒸煮至豆粒膨胀破皮、变软熟透为止。

(3)磨浆、过滤 熟化的绿豆与蒸煮液一起,经磨浆机磨浆处理,浆液经 200 目滤布过滤,得到绿豆浊汁。

(4)酶解 在豆汁中加入适量的 α-淀粉酶和中性蛋白酶,酶解处理 2 h,使豆汁中的淀粉和蛋白质分解,然后经 300 目滤布过滤,得绿豆原汁。

(5)配料装罐 绿豆原汁制成后,可根据需要配制成不同种类的产品。

1)瓶装绿豆汁饮料 将原汁加水稀释 1 ~2 倍,加糖加酸调整风味,然后灌装密封、杀菌,检验合格后装箱。为了加强绿豆的医疗保健作用,可加入适量的中草药汁液。

2)软包装绿豆汁饮料 将未经酶处理的绿豆原汁,加适量白糖,调味后装入塑铝复合袋(盒)中,在 80 ℃水浴锅中灭菌 1 h。

3)绿豆浓缩原浆 为了便于储存、外运和分厂生产,可将原汁投入真空浓缩罐中,在 88 ~93 kPa,46 ~53 ℃条件下浓缩到所需要的浓度,装罐,高温灭菌。

12.4 草本饮料

12.4.1 草本饮料发展概况

中国有药食同源的传统,随着主流消费者对健康、天然等理念的关注,对饮料的选择更趋于健康,从药材中提取功能成分用于饮料生产已成为一种趋势。如传统中草药中具有清热解毒功效的金银花、野菊花等,按科学的配比、萃取,通过工业化饮料生产工艺和热灌装技术,生产出适合现代人口味,又能满足人们对健康理念需求的凉茶。

凉茶是中草药植物性饮料的通称,是指将药性寒凉和能消解人体内热的中草药煎水做饮料喝,以消除夏季人体内的暑气,或治疗冬日干燥引起的喉咙疼痛等疾患。广东凉茶是凉茶文化的代表,凉茶对于广东人,可以说是“生命源于水,健康源于凉茶”。凉茶除了清热解毒、去湿生津、清火明目、散结消肿外,还可治目赤头痛、头晕耳鸣、疔疮肿毒和高血压,夏天完全可以当清凉饮料饮用。我国中医药文化源远流长,有许多药食两用的特有资源,传统医学中草药应用与实践为功能饮料的发展注入了新的活力。

12.4.2 草本饮料生产工艺

【工艺流程】

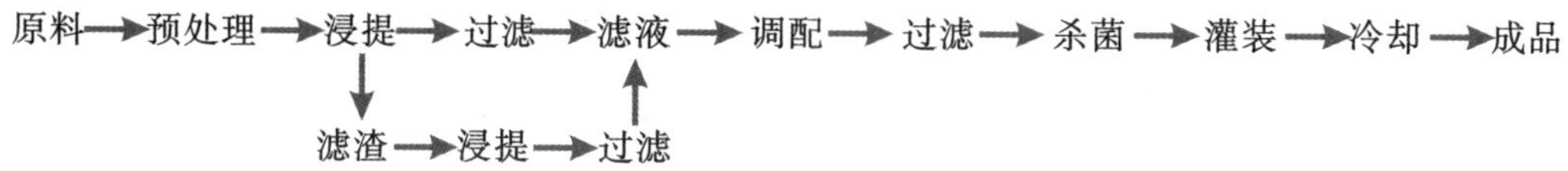

原料→预处理→浸提→过滤→滤液→调配→过滤→杀菌→灌装→冷却→成品
浸提↓滤渣→浸提→过滤↑滤液

【工艺要点】

(1)预处理　用于生产饮料的草本原料需挑选除杂,并粉碎成适当大小的粗粉或切成小段,以提高浸出效果。

(2)浸提　按原料与水质量比为 1∶80～1∶100,在已加热的软化水中加入 β-环状糊精,浸提温度为 80～85 ℃。原料浸提是整个草本饮料生产工艺的关键环节之一,浸提效果好坏直接影响到后续生产过程。

水温、浸提时间、原料与水的比例、水质、原料粉碎度等因素都会影响到浸提效果,研究表明,低温浸提可以显著减轻饮料混浊和沉淀物的产生,汤色较好,香气的保存性也较好。在低温条件下浸提要保持良好的品质,又要有一定的浸出率,必须在提取时加大用水量和增加浸提时间。微波和超声波辅助提取是目前较常用的两种新型提取方式。

(3)粗滤与精滤　浸提液用 200 目滤布粗滤,滤渣进行第二次浸提,合并两次滤液。

粗滤是去除浸提液中的汤渣以及较粗的杂质,精滤是去除沉淀物及颗粒细微的杂质或浸提液中的沉淀。粗滤常用 200～300 目滤布或滤网过滤,精滤可采用有机膜或无机膜过滤,陶瓷膜因其污染程度较轻、易清洗而应用较广,用其过滤的提取液透光率可达 98% 以上。

(4)调配　将白砂搪及果葡糖浆用热水溶解、过滤后,与提取液混合调配。调整 pH 值为 5.1±0.1,并升温到 80～85 ℃。

(5)UHT 灭菌　调配液经 135 ℃、5 s 杀菌处理,冷却到 85～90 ℃。

(6)灌装　可采用利乐纸盒无菌包装,或采用易拉罐装后再经 116 ℃、15 min 杀菌处理,冷却后即为成品。

12.4.3 草本饮料生产实例

12.4.3.1 铁皮石斛荷叶复合饮料

铁皮石斛是我国传统的名贵中药材,为兰科多年生草本植物。铁皮石斛含有多种氨基酸、生物碱、多糖等,具有降血糖、抗衰老等功能。荷叶为睡莲科植物,其主要功能成分荷叶碱具有清热解暑、利尿通便、降脂除油等作用。以铁皮石斛、荷叶为主要原料,可生产具有一定保健功能的草本饮料。

【工艺流程】

荷叶→预处理→浸提→过滤
↓
铁皮石斛→挑选→清洗→打浆→过滤→滤液→调配→过滤→杀菌→灌装→冷却
↓
成品

【工艺要点】

(1)荷叶汁的制备　将干荷叶粉碎至 8～10 目粗细，按质量比 1：20 的料液比加水，在 95～98 ℃浸提 15 min，间歇搅拌，200 目滤布过滤备用。

(2)铁皮石斛汁的制备称取　将新鲜的铁皮石斛经挑选除杂后，洗净，加 2 倍质量的水打浆，浆液经 200 目尼龙滤布过滤，得铁皮石斛汁。若用干的铁皮石斛，则粉碎为 10 目左右粗粉，加 20 倍质量的水，在沸腾状态下浸提 15～20 min，趁热过滤，滤液冷却备用。

(3)调配　将处理好的铁皮石斛汁和荷叶汁按不同比例混合，在混合汁中根据配方依次添加卡拉胶、白砂糖、柠檬酸，并搅拌溶解。调配好的半成品经 1 μm 膜精密过滤。

(4)均质　调配后的混合液加热至 70～80 ℃，30～35 MPa 均质处理。

(5)杀菌　均质后的饮料经 125～131 ℃、10 s 杀菌处理，冷却至 85～90 ℃。

(6)灌装　趁热进行热灌装，封口后倒瓶杀菌 1 min，喷淋冷却至 40 ℃以下。

12.4.3.2　红景天保健饮料

红景天为红景天属多年生草本或亚灌木野生植物，一般成片密集生长于高海拔地带。具有极强的环境适应性和顽强的生命力。现代分析研究已从红景天植物中分离出 40 多种有用的化合物，其中以红景天苷、黄酮类化合物为主，同时含 Ca、Mg、P、Zn、Fe 等矿质元素和 17 种氨基酸，其中含 7 种人体必需氨基酸。现代医学研究证明，红景天具有抗衰老、抗疲劳、耐缺氧，抗辐射等功能。我国青藏高原红景天植物资源丰富，品种及贮量均具世界之首。

【工艺流程】

滤渣→二次煮汁
↑　　　↓
红景天干燥全草→清洗→切碎→一次煮汁→过滤→滤液→调配→过滤→真空灌装封盖
↓
成品←检验←冷却←杀菌

【工艺要点】

(1)提取液制备　将红景天干燥全草清洗切碎，入提取罐内，按传统中药泡制方法采用二次煎煮提汁法。第一次提取时加入原料 12 倍质量的水，90～95 ℃煮制 20 min，将提取液经双联过滤器泵入配料罐中;并按相同操作提取第二次,滤液泵入配料罐合并。

(2)调配　按配方要求将蔗糖、葡萄糖、柠檬酸等溶解过滤,泵入配料罐中,其他辅料和饮料用水按比例依次加入,升温,搅拌、溶解均匀。产品基本配方(1 000 kg):红景天汁100 kg、糖60 kg、柠檬酸1.6 kg、抗氧化剂1 kg、定香剂1 kg、可乐香精0.3 kg。

(3)过滤　调配好的料液经硅藻土过滤器过滤,进一步除去杂质。

(4)杀菌　采用135 ℃、10 s的UHT杀菌处理,并冷却至85～90 ℃。

(5)灌装　采用PET或马口铁罐进行热灌装,封口后倒瓶杀菌1～2 min,喷淋冷却至40 ℃以下。

红景天饮料产品呈暗红色,具有红景天植物提取液的清香,草药味适中,酸甜爽口,柔和协调;饮料清亮透明,允许有少量药物性沉淀。

12.4.3.3　花卉饮料

食用花卉在我国已有2 000多年的历史,在国外花卉食品也比较盛行。现阶段,食花已成为一种时尚,鲜花中含有大量花粉,其富含蛋白质、糖、多种人体必需氨基酸、维生素及微量元素,具有很高的营养和药用价值。近年来,各类鲜花饮料不断涌现,受到了年轻消费者,特别是女性消费者的青睐。

★玫瑰花饮料

【工艺流程】

玫瑰花→去杂→清洗→浸提→过滤→调配→过滤→杀菌→灌装→二次杀菌→冷却→成品

【工艺要点】

(1)花汁的提取　选择优质的玫瑰花,去杂,用冷水喷淋清洗。在50～70 ℃温度下浸泡2 h,鲜花用50 ℃的热水,干花用70 ℃的热水。液料比为3∶1,浸提液最好加5%的柠檬酸。浸提两次,浸提液合并,过滤后备用。

(2)调配　将玫瑰花浸提液和糖、酸以及其他辅料按比例混合,调整饮料pH为5.5～6.5。

(3)过滤　调配液经200目尼龙网过滤一次,再经250目尼龙网过滤一次。

(4)杀菌　将过滤后的饮料经UHT杀菌,杀菌参数为135～137 ℃、10～15 s;杀菌后立即冷却至80～85 ℃。

(5)灌装　PET瓶或易拉罐包装容器洗净后进行热灌装,封盖后通过倒瓶装置进行二次杀菌1～3 min,之后凉水喷淋冷却,风干后检验,即得成品。若用纸盒包装,则进行冷灌装。

★金银花饮料

【工艺流程】

金银花→挑选→破碎→浸提→澄清→过滤→调配→杀菌→罐装→二次杀菌→冷却→成品

【工艺要点】

(1)原料选择 选用市售一级金银花,花蕊整齐,剔除烂花头、杂叶残枝及其他异物。

(2)破碎 将挑选后的金银花压碎,使花头破碎分开,以充分破坏组织及细胞结构,便于浸提;但不能粉碎过细,否则不利于过滤。

(3)浸提 将破碎后的金银花加入20倍质量的水,浸泡15 min后,通入蒸汽间接加热蒸馏,控制馏出液速度,至馏出液为加水量的1/5时,停止蒸馏,馏出液为金银花芳香油。剩余溶液快速煮沸并维持3 min,以钝化金银花中的过氧化物酶和多酚氧化酶;随后停止加热,维持95~100 ℃浸提20 min,过滤。在滤渣中再次加入10倍质量的水,加热至75~80 ℃浸提10 min,过滤。将两次提取液和蒸馏液合并,即为金银花浸提液。为防止金银花中的多酚物质氧化而使浸提汁颜色变深,浸提时可加入异抗坏血酸钠。

(4)澄清、过滤 在浸提液中加入其质量0.01%的果胶酶和0.02%的复合纤维素酶,搅拌均匀,在40~45 ℃酶解2 h,然后用硅藻土过滤,得到澄清透明的金银花汁。

(5)调配 将金银花汁稀释5倍,再按其质量加入蔗糖7%、柠檬酸0.1%、柠檬酸三钠0.05%、磷酸三钠0.07%、乙基麦芽酚0.002%、苯甲酸钠0.04%。各辅料加入后搅拌均匀。

(6)杀菌、灌装 与玫瑰花饮料一样,经过UHT杀菌后热灌装或冷灌装,经检验后即为成品。

【产品质量】

(1)感官指标 淡米黄色;具有金银花特有的芬芳香味;酸甜可口,无不良异味;清亮透明,允许有少量沉淀。

(2)理化指标 可溶性固形物≥7%;总酸≥0.1%,pH值3.8~4.0。

(3)微生物指标 符合国家标准。

★菊花甘草饮料

【工艺流程】

原料选择→清洗→浸提→粗滤→调配→冷却静置→精滤→杀菌→灌装→冷却→成品

【工艺要点】

(1)原料选择、清洗　选用优质菊花、甘草为原料，挑选去杂。甘草需切成小于0.5 cm的短棒状。分别用清水洗净。

(2)浸提　菊花中的多酚类物质易与金属离子络合而产生沉淀，故浸提用水需为去离子水。将菊花、甘草分别装于吊篮中，浸没于提取罐中浸提。菊花浸提工艺参数为：料水比1∶100，浸提温度85 ℃，浸提20 min；甘草浸提工艺参数为：料水比1∶100，浸提温度90 ℃，浸提25 min。提取完成后，将吊篮从提取罐中提出，得含有少量细小渣子的浸提液。

(3)粗滤　用200目滤布过滤，常用双联过滤器过滤，除尽浸提液中的固体杂质。

(4)调配　每吨饮料用菊花浸提液500 kg，甘草浸提液100 kg，蔗糖12.5 kg，柠檬酸125 g，异抗坏血酸钠100 g，β-环糊精1 kg，剩余用纯净水补足。

异抗坏血酸钠可防止菊花浸提液中大量的多酚类物质氧化而引起变色及产生乳酪沉淀。β-环糊精可包埋饮料中的儿茶素等多酚类物质，阻止多酚类物质与其他物质的络合反应。

(5)冷却、过滤　将调配好的饮料通过板式换热器冷却至4 ℃，静置1～2 h，使低温下易凝聚沉淀的物质快速沉淀，再经1 μm膜过滤，即可得澄清透明、不易沉淀的饮料。

(6)杀菌、灌装　将精滤后的饮料经131～135 ℃、10 s杀菌处理，冷却至80～85 ℃热灌装，或冷却至40 ℃无菌冷灌装，检验后即为成品。

【产品质量】

(1)感官指标　菊花为黄色，具有菊花特有的清香味，香气明显，口感纯正，甘凉爽口。外观均匀透明，无沉淀。

(2)理化指标　可溶性固形物≥1.5%；总糖质量分数为1.2%～1.5%；pH＝6.0～6.5。

(3)微生物指标　符合国家标准。

12.5　食用菌饮料

目前，随着国际市场上饮料向天然、营养、健康、功能型方向发展的趋势，及现代医学对食用菌保健功能揭示的深入，具天然、营养、保健于一体的食用菌饮料逐渐成为饮料家族中的重要一员，近几年得到了快速发展。

食用菌饮料是以食用菌和(或)食用菌子实体的浸取液或浸取液制品为原料，或以食用菌的发酵液为原料，添加或不添加其他食品原辅料和(或)食品添加剂，经加工制成的饮料。饮料中含有食用菌中的营养物质和生理活性物质，增强了饮料的营养价值和保健功能，具有滋补强身和提高人体免疫力等作用，在饮料市场具有较强的竞争力。

食用菌既可食用又可药用，素有“山珍”的盛名。食用菌所含的氨基酸、维生素、矿物质种类异常丰富，特别是富含人体所必需的八种氨基酸，弥补了其他植物中所缺乏的氨基酸；食用菌干品的蛋白质含量接近或相当于猪、牛、羊肉和禽蛋的含量，而脂肪的含量却大大低于肉蛋。大部分食用菌都有调节人体新陈代谢,降低高血压、胆固醇,防止血管硬化及防癌抗癌等作用。因此,食用菌不但是一种高蛋白、低脂肪的理想减肥食品,而且还具有其他各类植物所无可比拟的特殊药用价值。因此,利用食用菌作为原料开发食用菌饮料具有广阔的市场前景。

12.5.1　食用菌饮料生产工艺

【工艺流程】

食用菌→预处理→烫漂→打浆→榨汁→过滤→调配→均质→脱气→杀菌→灌装→杀菌→冷却→检验→成品

【工艺要点】

(1)原料预处理　以九成熟或十成熟食用菌的营养成分种类及含量最为丰富,用其为原料生产饮料最佳。食用菌采收后先经过挑选剔除腐烂、有病斑、有虫害的劣质原料,再经过2~3次清洗去掉尘土、培养基质等杂质。

(2)烫漂、打浆　将洗净的原料切成0.5~1 cm的均匀薄片,投入沸水中烫漂2~4 min,杀灭食用菌表面的微生物,并钝化组织内部的酶,防止酶促褐变。沸水烫漂会造成食用菌营养物质的流失,故应严格掌握烫漂时间。烫漂后的原料在传送带上经风机冷却,用打浆机打成匀浆。

(3)榨汁、过滤　用榨汁机对食用菌匀浆进行压榨取汁,为防止氧化引起的变色及营养物质的损失,榨汁时可加入适量的抗氧化剂。榨出的汁液用200目滤布过滤,得食用菌浊汁,泵入调配罐。

(4)调配　首先将蔗糖在80~85 ℃热水中溶解并过滤,泵入调配罐中与食用菌浊汁混匀,然后按配方要求,加入其他甜味剂、抗氧化剂、增稠剂、防腐剂、香精等配料。每种配料加入后均需搅拌均匀,并经样品检测、感官评价符合相关要求后,即可进入后续工序。

(5)均质、脱气　调配好的食用菌饮料经2次高压均质处理,可显著提高饮料的口感和稳定性。一次均质压力25~30 MPa,二次均质压力为20~25 MPa,均质前饮料温度升至45~50 ℃,均质效果更好。均质后的饮料通过真空脱气机进行脱气处理,以防止饮料的氧化;脱气真空度0.2~0.3 kPa,既可有效脱除饮料中的空气,又能防止香气损失。

(6)杀菌、灌装　食用菌饮料为中性饮料,宜采用UHT杀菌处理,杀菌参数为135~137 ℃、10~15 s。杀菌后采用易拉罐或PET瓶热灌装,并维持85~90 ℃、1~2 min进行二次杀菌,之后喷淋冷却并风干,检验合格即为成品。

12.5.2　食用菌饮料生产实例

12.5.2.1　香菇保健饮料

香菇不但营养丰富,而且还具有药用价值。香菇中含有多种药用成分,如香菇素可降低血液中胆固醇的含量,香菇多糖可调节人体的免疫机能,起到抑制肿瘤的作用。近年来,随着食用菌深加工产业的发展,利用香菇发酵液生产的保健饮料已见诸市场,下面对其简要介绍。

【工艺流程】

香菇菌种→提纯复壮→斜面试管培养→液体培养→浸提→香菇菌液→调配→过滤→灌装杀菌→成品

【工艺要点】

(1)母种斜面培养　采用常规马铃薯葡萄糖琼脂(PDA)培养基,按比例称好,拌匀,分装于试管,灭菌、冷却、接种。在25 ℃条件下培养7~10 d,菌丝长满斜面。

(2)液体培养　液体培养基(以质量分数计)组成:玉米粉3%、麦麸2%、葡萄糖2%、蛋白胨0.5%、$MgSO_4 \cdot 7H_2O$ 0.1%、KH_2PO_4 0.1%、维生素B_1 10 mg/L、豆油0.03%。

培养方法:取250 mL的三角瓶装培养基100 mL,在0.147 MPa灭菌30 min,冷却后,在无菌条件下将斜面菌种切割成小块,接种到液体种子培养基三角瓶中,每支斜面试管接4瓶,在25 ℃条件下静置24 h,再置于全温振荡器中25 ℃培养,转速为180 r/min,培养8 d。然后以此为液体发酵培养基的液体菌种,以10%的接种量转接新摇瓶,直接放在全温振荡器中25 ℃培养5 d,转速为180 r/min。

(3)浸提　将终止发酵的培养液装在容器内,于45~55 ℃恒温浸提5 h,香菇菌丝体中产生的大量β-1,3-葡聚糖酶和壳多糖酶,酶解菌丝体细胞壁而使其溶解,细胞中氨基酸、肌苷酸和鸟苷酸游离出来,培养液香气和鲜味显著改善。再将培养液升温至75 ℃,维持30 min,使其中的酶类失去活性,培养液中香味成分得以保持稳定;然后进行过滤分离,获得培养液原汁(即配制饮料的原汁),此时原汁为暗红褐色、清澈,具有浓郁香菇味,可用来配制香菇饮料。

(4)调配　按饮料成品总质量的比例,添加浸提液10%、白砂糖10%、柠檬酸0.3%和复合稳定剂(CMC为0.20%+PGA为0.30%),搅拌均匀配成香菇饮料,并精密过滤。

(5)杀菌、灌装　将调配好的香菇饮料于135~137 ℃杀菌15 s,热灌装后二次杀菌,喷淋冷却后风干,检验后即得成品。

12.5.2.2 香菇饮料

香菇营养丰富,尤其是氨基酸类含量较多,构成蛋白质的20种氨基酸中,香菇就含有18种,其中必需的氨基酸含7种;还含有30多种酶;维生素D是大豆的21倍、海带的8倍。此外,香菇中还含有香菇素、香菇多糖等多种药用成分,具有较高的保健功能。以香菇为原料制作的饮料具有很高的营养价值和药用价值,其市场前景广阔。

【工艺流程】

香菇→复水→预煮→打浆→榨汁→过滤→调配→均质→脱气→杀菌→灌装→杀菌→冷却→检验→成品

【工艺要点】

(1)原料清洗　选取无霉变、无腐烂的干香菇,淋洗干净。

(2)复水　用符合标准的适量饮料用水浸泡约4～6 h,热水浸泡直到泡软为止。

(3)预煮、打浆　用浸泡的水直接进行煮制,料水比1∶20,90～95 ℃煮制30 min。趁热将香菇与水一并打浆,得到浓稠的浆液。

(4)榨汁、过滤　浆液用卧螺离心机离心取汁,并经200目滤布或筛网过滤,得香菇浊汁,泵入调配罐。

(5)调配　按每吨饮料加入香菇浊汁400～500 kg、蔗糖60～70 kg、柠檬酸1～2 kg、CMC-Na 1.5～2 kg、黄原胶1～2 kg、乙基麦芽酚40～50 g,焦糖色素适量,搅拌均匀后用水定容。

(6)均质、脱气　饮料加热至50～60 ℃,20～25 MPa下均质处理;随后在真空罐中脱气处理,真空度0.2～0.3 kPa。

(7)杀菌、灌装　杀菌参数为125～131 ℃、10～15 s,杀菌后冷却至85～90 ℃进行热灌装,之后喷淋冷却、风干,检验后即为成品。香菇饮料呈淡棕色、澄清透明、无悬浮物和沉淀;酸甜可口、风味浓郁、口感协调,无异味。

12.5.2.3　金针菇增智饮料

金针菇营养丰富、味道鲜美,其所含的8种人体必需氨基酸含量显著高于其他食用菌,尤其是精氨酸、赖氨酸含量高。精氨酸和赖氨酸具有促进记忆、提高智力等功效,因此,金针菇在日本又被称为“增智菇”,并作为儿童保健和智力开发的必需食品。

【工艺流程】

原料选择→软化→打浆→分离→调配→精滤→杀菌→装瓶→冷却→成品

【工艺要点】

(1)原料选择　选取无病害、无霉变、无根蒂、无杂质的鲜金针菇。

(2)软化　将选好的金针菇放入锅中,加适量水,加热至90～100 ℃,维持15 min使菇体软化。

(3)打浆、分离　将软化的金针菇与水按1∶2用打浆机打成汁液,之后离心、过滤,备用。

(4)调配　将金针菇汁加5%～10%的苹果汁和过滤好的糖浆,使饮料含糖量达10%左右;再加适量的柠檬酸和增智强化剂(牛磺酸),调配好后再精密过滤。

(5)杀菌　将调配好的饮料在135 ℃下杀菌10 s。

(6)灌装　经杀菌后的饮料热灌装于PET或易拉罐中,冷却后即成一款营养丰富、酸甜可口的增智饮料。该饮料具有增强记忆力和提高智力作用,特别适合青少年饮用。

12.5.2.4　金针菇豆乳复合饮料

【工艺流程】

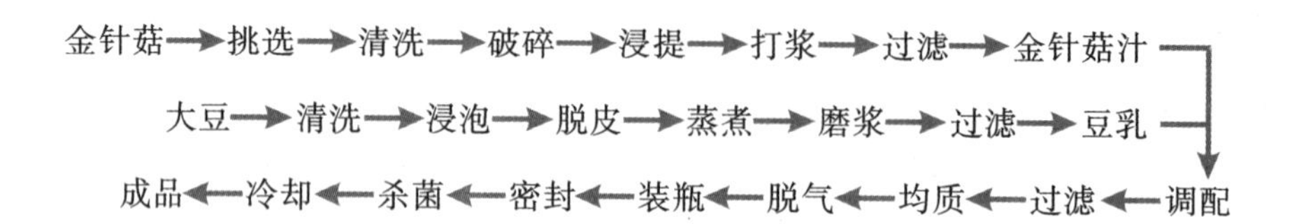

【配方】

按成品饮料的质量比:大豆3.2%,金针菇10%,蔗糖12%,琼脂0.06%,柠檬汁适量,CMC-Na 0.03%,海藻酸钠0.06%。

【工艺要点】

(1)金针菇的护色处理　选择新鲜、无杂质、无异味、无病虫害的金针菇,切除菇根,用清水洗净,浸入0.8%~1.0%的食盐溶液中进行护色,防止其中含有的多酚氧化酶使金针菇发生褐变。

(2)金针菇汁制备　护色处理后的金针菇先清洗脱盐,然后切成1 cm左右的碎段,将金针菇放入蒸煮锅中,加入0.1%抗坏血酸和适量的柠檬酸,在90~95 ℃下加热15 min,将金针菇与浸提液一同投入打浆机中趁热打浆两次,然后过滤,得到金针菇汁。

(3)豆乳制备　将清洗后的大豆加入3倍量水,室温浸泡12 h,用去皮机去皮;去皮后的大豆按料水比1∶8加水煮制5 min,使大豆充分熟透,钝化其中的酶和营养抑制因子;随后磨浆,过滤得豆乳。

(4)调配　将乳化剂、稳定剂与蔗糖混合后充分溶解、过滤,将其与豆乳依次加入金针菇汁中,边加边搅拌,充分混合均匀。用柠檬酸调整饮料pH值为5.0~5.5。

(5)均质、脱气　将调配好的浆液加热到60~70 ℃,经两次高压均质处理,均质压力为18~22 MPa。脱气时物料温度为50~70 ℃,真空度0.2~0.3 kPa。

(6)装瓶、密封、杀菌、冷却　趁热装瓶,密封温度不低于70 ℃。采用加压杀菌,杀菌温度为121 ℃、时间为10 min,然后迅速冷却至40 ℃左右。

【产品质量】

(1)感官指标　淡黄乳白色,色泽均一;具有金针菇特有的鲜美味及清爽的豆乳香味,口感细腻;汁液混浊均匀。

(2)理化指标　可溶性固形物12%,pH值6,砷(以As计)≤0.5 mg/kg,铅(以Pb计)≤1.0 mg/kg,铜(以Cu计)≤5 mg/kg。

(3)微生物指标　细菌总数≤100个/mL;大肠菌群≤3个/100 mL;致病菌不得

检出。

12.5.2.5　灵芝保健饮料

灵芝自古以来被认为是有“返老还童”作用的“仙草”和“长生不老药”，现代医学研究证明，灵芝含有丰富的灵芝苷和矿物质锗，其中锗的含量高达 1 920 mg/kg。灵芝具有扶正固本、健身美容、抗衰老的生理功效，经常服用可以保护肝脏、降低血压和血脂，排除体内有毒物质，显著增强人体免疫功能，对癌症、脑溢血、心脏病有较好的预防和治疗作用。

【工艺流程】

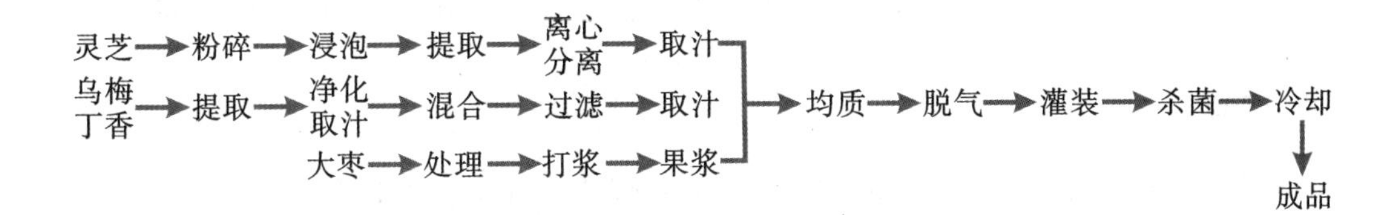

【工艺要点】

(1)灵芝处理与提取　将灵芝干品粉碎至 100 目，按以下过程提取：灵芝→粉碎→浸泡(50 ~ 60 ℃，48 h)→稀释→搅拌→再浸泡 10 h→分离灵芝残渣。将残渣再提取一次，合并两次提取液，离心分离，得到灵芝提取液。

(2)乌梅、丁香的提取　将原料按比例放入一定量的盐水中，加热至沸，维持 15 min，再浸泡 2 h，过滤，制得提取液备用。

(3)大枣处理、打浆　将大枣煮沸一定时间使其软化，分离枣核，放入打浆机中打浆，过滤得大枣汁。

(4)混合　将灵芝提取液，乌梅、丁香提取液和大枣汁混合，加入糖、酸、稳定剂等辅料，用软化水定容至所需容量，搅拌均匀，精密过滤。

(5)均质　在 20 ~ 25 MPa 下均质一次，并经真空脱气机脱气，之后灌装、密封。

(6)杀菌　于 121 ℃杀菌 15 min，之后迅速冷却，即成成品。

【产品质量】

(1)感官指标　色泽为红褐色；具有该品种特有的香气和滋味、微苦，味感协调柔和，酸甜适口；果肉均匀分布，无分层现象；无肉眼可见的外来杂质。

(2)理化指标　可溶性固形物≥12%，总酸(以柠檬酸计算)≥0.1%，氨基态氮≥80 mg/kg，有机锗≥0.12 mg/kg，灵芝苷 2 mg/kg，砷(以 As 计)≤0.5 mg/kg，铅(以 Pb 计)≤1.0 mg/kg，铜(以 Cu 计)≤5 mg/kg。

(3)微生物指标　细菌总数≤100 个/mL，大肠菌群≤3 个/100 mL，致病菌不得检出。

12.5.2.6　黑木耳饮料

黑木耳营养丰富，是世界公认的保健食品。黑木耳含有多种营养成分，每 100 g 干木耳含有蛋白质10.6 g、脂肪0.2 g、碳水化合物65.0 g、粗纤维7.0 g,此外,还含有 Ca、P、Fe、K、Na 等多种人体必需的营养物质。此外,黑木耳中含有的木耳多糖,具有抗肿瘤、抗白细胞降低、抗辐射、抗炎症、抗糖尿病、抗血栓形成等作用,以及降血脂、降血糖、降胆固醇、降血液黏度、减少自由基、延缓衰老、增强 SOD 活力等功能。目前,国内多家饮料厂已开发出黑木耳饮料,并成功上市。

【工艺流程】

黑木耳→预处理→浸提→过滤→混合→离心→调配→均质→脱气→杀菌→灌装→杀菌→冷却→检验→成品

【工艺要点】

(1)原料预处理　选择无虫害、无霉变、表面颜色尽量深些的木耳,清洗除去表面的附着物。将洗净的黑木耳加足量的水浸泡,使其完全复水,时间为 50～60 min。将浸泡好的黑木耳捞出沥干水分,除去其根部木屑,按干木耳∶水=1∶40(质量比)的比例加水,用打浆机打浆,使木耳粉碎至0.5 mm 左右粗细。

(2)浸提　将打好的黑木耳浆液在 60～80 ℃浸提 60 min,过滤,木耳渣再加入 20 倍的水,于 70 ℃再浸提 30 min,过滤,合并两次过滤液。

(3)离心　滤液经 3 000 r/min 离心 3 min,除去粗大的颗粒,防止在饮料中产生沉淀。

(4)调配　离心后的黑木耳汁泵入调配罐,并按其质量比加入其他配料进行调配。各配料加量为:糖 8%～10%、柠檬酸 0.1%～0.2%、蜂蜜 1%、β-环糊精 0.05%、CMC-Na 0.1%、黄原胶 0.03%。

(5)均质、脱气、灌装、杀菌　调配后的饮料加热至 50～60 ℃,在 30 MPa 下均质一次;随后升温至 65～70 ℃,并在 90～93 kPa 真空脱气;脱气后立即灌装,于 121 ℃杀菌 20 min,冷却后即得成品。

12.6　藻类饮料

藻类饮料是以海藻或人工繁殖的藻类为原料,添加或不添加其他食品原辅料和(或)食品添加剂,经加工(含发酵或酶解)制成的饮料,如螺旋藻饮料、海带饮料、紫菜饮料等。

12.6.1　螺旋藻饮料

螺旋藻具有高蛋白、低脂肪、低糖、低胆固醇的特点,并含有多种维生素、矿物质、微量元素、叶绿素、藻蓝素、多糖等,其中所含的氨基酸种类齐全,符合联合国粮农组织(FAO)标准模式,是一种理想的纯天然生物活性食品。螺旋藻还含有重要的多糖,可以提高机体免疫力,对多种疾病如高血压、心脏病、糖尿病等均有显著功效。因此螺旋藻被联合国粮农组织誉为“人类21 世纪最理想的保健食品之一”。

螺旋藻具有特殊的藻腥味，且其细胞壁的特殊结构影响其营养成分的释放。此外，螺旋藻饮料在杀菌和储存过程中，还容易产生螺旋藻蛋白引起的沉淀和分层现象。所以在加工时可以采用酶解的方法来适度降解其蛋白质，并使用高压均质的方法破坏细胞壁，有利于营养成分的释放和饮料的稳定。

12.6.1.1 螺旋藻营养饮料

【工艺流程】

螺旋藻精粉→溶解→浸提→均质→酶解→过滤→调配→均质→杀菌→灌装→冷却→成品

【工艺要点】

(1)溶解、浸提　由于螺旋藻粉细腻，不易吸水溶解，故加水后应搅拌辅助其均匀吸水，快速溶解。螺旋藻与水按 1 : 10 的比例进行溶解；螺旋藻溶液用微波辅助浸提5 min，可促使螺旋藻细胞壁进一步破坏，有利于蛋白质等成分的释放。经辅助浸提后，按料水比 1 : 300 补水，过胶体磨均质处理；均质后泵入夹层锅中酶解，酶解温度 50 ℃、料液 pH 6.5，按螺旋藻质量的 1% 加入木瓜蛋白酶(酶活力为 1.0×10^6 U/g)，酶解 2 h。

(2)过滤　将酶解液过滤，得到绿色螺旋藻酶解液。

(3)调配　按配方准确称取其他辅料，用适量水分别溶解后过滤，与制好的螺旋藻酶解液一起加入到配料罐中混合调配，补足剩余的水量。

生产 1 000 kg 饮料所需原辅料：螺旋藻 1 kg、白砂糖 60 kg、蜂蜜 20 kg、琼脂 1.5 kg、柠檬酸 1.5 kg、乙基麦芽酚 15 g、β−环糊精 3 kg。

(4)均质　调配好的混合液加热至 65 ~ 70 ℃，20 ~ 25 MPa 均质一次。

(5)杀菌、灌装、冷却　将均质后的料液泵入高温瞬时杀菌器，115 ℃杀菌 10 ~ 15 s，冷却至 85 ~ 90 ℃热灌装，喷淋冷却至 40 ℃左右。

螺旋藻饮料外观呈浅绿色，半透明，无沉淀和分层现象，具有螺旋藻特有的风味，且口感协调，无明显的螺旋藻腥味和其他不适异味。

12.6.1.2 螺旋藻茯苓保健饮料

【工艺流程】

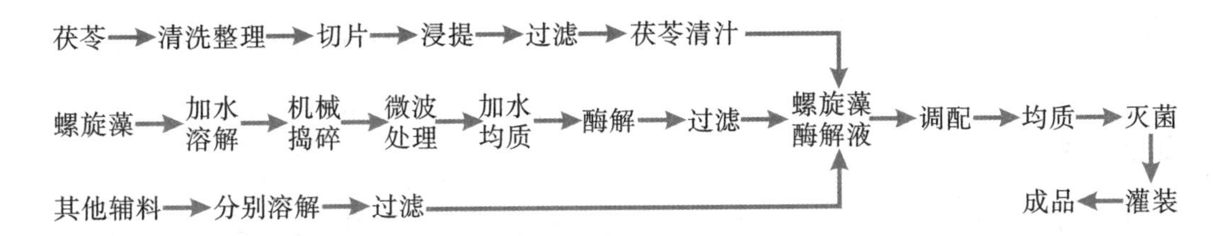

【工艺要点】

(1)茯苓汁的制备 按配方称取鲜茯苓,用温水浸泡,多次冲洗除去泥沙混杂物,整理好后用切片机切片,切片厚度1 mm;茯苓片按料水比1∶10 放入夹层锅中保温浸提,浸提温度80 ℃,浸提3 h,浸提时不断搅拌;浸提液用120 目滤布粗滤,除去茯苓渣,滤液再经双联过滤器精滤,得到茯苓汁。

(2)螺旋藻酶解液制备 称取螺旋藻粉0.1 kg,加水1 kg 搅拌溶解,并用微波辅助浸提5 min,再按料水比1∶300 补加水,过胶体磨均质处理,加入螺旋藻质量2% 的复合蛋白酶(酶活力100 万 U/g),50 ℃酶解2 h,过滤得螺旋藻酶解液。

(3)调配 按配方准确称取其他辅料,用适量水分别溶解后过滤,与制好的茯苓汁、螺旋藻酶解液一起加入配料罐中混合调配,补足剩余的水量。生产1 000 kg 饮料需螺旋藻0.1 kg、鲜茯苓2 kg、白砂糖5.5 kg、蜂蜜0.15 kg、CMC-Na 0.1 kg、柠檬酸0.125 kg、乙基麦芽酚1.5 g、β-环糊精0.15 kg。

(4)均质 调配好的混合液升温至65 ~70 ℃,20 ~25 MPa 均质后过滤。

(5)杀菌、灌装、冷却 将过滤后的料液泵入高温瞬时杀菌器,在115 ~121 ℃杀菌10 ~15 s,热灌装、密封,喷淋冷却至40 ℃左右,风干、检验后即为成品。

螺旋藻茯苓饮料呈淡绿色,均匀半透明,无沉淀和分层;酸甜柔和,具有螺旋藻特有的风味,无明显的腥味和其他异味。

12.6.2 海带饮料

海带是一种常年可食用的海洋黑色食品,营养成分丰富,含有蛋白质、维生素、矿物质、微量元素及高含量的碘和钙等。此外,海带还含有多种生物活性物质,具有较强的保健功能。如甘露醇、褐藻淀粉、褐藻酸、褐藻氨酸等能降低心血管病发病率;酸性多糖、凝聚素等具有抗肿瘤作用;结构特异的卤化物、胆碱、酚类化合物、萜烯类化合物等具有抗菌、抗病毒作用;海带几乎不含热量,其粗纤维素不被人体肠道消化,可作减肥食品。海带丰富的营养及特殊的生理活性成分为海带食品的开发和利用带来了很好的市场前景,海带饮料也逐步得以开发。

12.6.2.1 海带苹果复合饮料

【工艺流程】

苹果预处理→打浆→过滤→苹果汁
↓
海带预处理→打浆→浸提脱腥→过滤→离心→海带汁→调配→灌装→杀菌→成品

【工艺要点】

(1)海带预处理 挑选整齐、无霉烂的市售干海带,适当清洗后,在清水中浸泡3 ~4 h,使其充分吸收水分膨胀,再将泥沙清洗干净,切块。

(2)打浆　洗净的海带称重,加入海带质量10倍的水,于打浆机中打浆。

(3)浸提、脱腥　向海带浆中加入0.5%柠檬酸溶液,常压下煮沸浸提30 min;并向海带浆中加入0.5%的菊花茶煮沸20 min,有较好的脱腥效果。浸提液过滤,再于离心机中3 000 r/min离心处理5 min,获得色绿、清亮透明、海带味适中的海带汁。

(4)苹果汁制备　选择新鲜、成熟的红富士苹果,洗净,去皮去核后切块,于打浆机中加入苹果5倍质量的水打浆,同时加入0.6~0.7 g/kg的抗坏血酸护色,打浆后过滤,得到苹果浊汁。

(5)调配、灌装　将海带汁、苹果汁、糖、柠檬酸、增稠剂、香精等按一定比例混合,搅拌均匀后加热至75~80 ℃,立即热灌装。

(6)杀菌、冷却　灌装好的饮料装入杀菌篮,送入杀菌锅中,于85 ℃杀菌20 min,之后冷却至40 ℃左右,风干后检验,即得成品饮料。

【产品质量】

(1)感官指标　色泽淡绿色,清亮透明,流动性好;具有苹果的芳香气味和海带特有的风味;口感滑润,酸甜适口。

(2)理化指标　总可溶性固形物≥10%,总糖≥8%,总酸≤0.2%,碘含量65~70 mg/kg。砷(以As计)≤0.5 mg/kg,铅(以Pb计)≤1.0 mg/kg,铜(以Cu计)≤5.0 mg/kg。

(3)微生物指标　细菌总数≤100个/mL,大肠菌群≤3个/100 mL,致病菌不得检出。

12.6.2.2　海带杧果复合饮料

【工艺流程】

海带→选料→浸泡清洗→破碎→打浆→保温浸提→离心→过滤→澄清海带汁

杧果→去皮去核→破碎→预煮→榨汁→筛滤→脱气→离心过滤→澄清杧果汁

→混合→均质→高温瞬时杀菌→灌装→冷却→成品

【工艺要点】

(1)海带汁的制备　选取干燥、无虫、无霉烂的干海带,加水浸泡2 h,使其充分复水,加入少量食盐将海带充分清洗干净;用破碎机将洗净的海带粉碎成0.3~0.4 cm大小的颗粒,加入适量水,采用孔径为1 mm的单道打浆机打浆,并记录打浆时加入的水量;将海带浆泵入浸提罐,加入湿海带质量5倍的水(包含打浆时加入的水量),同时加入0.04%醋酸溶液,加热煮沸,在96~100 ℃下保持2 h,并不断搅拌以充分提取海带中的营养物质;用离心机将煮沸的料液离心除去残渣,分离出的料液用硅藻土过滤机趁热过滤,制得澄清海带汁,泵入贮罐中冷却备用。

(2)杧果汁的制备　选择充分成熟、无病虫害、无腐烂的新鲜杧果,去皮、去核后破碎为果块;将果块于沸水中烫漂3~5 min,软化果块,钝化多酚氧化酶,稳定色泽,改善组织和风味;同时排除原料中的空气,避免氧化褐变;将软化的果块于螺旋榨汁机中榨汁,汁液用200目尼龙网筛过滤,得杧果浊汁;杧果汁中含有较多的氧气,采用真空脱气机在40~50 ℃、真空度0.1 MPa下脱气处理。

(3)混合调配　按配方将各种原辅料加入调配罐中(蔗糖和稳定剂CMC-Na均要预先溶化、过滤后加入),搅拌混合均匀。生产1 000 kg饮料,需海带汁400 kg、杧果汁400 kg、糖80 kg、柠檬酸3 kg、CMC-Na 1 kg,其余为水。

(4)均质　将混匀的料液于30~40 MPa下均质处理一次,使组织均匀、细腻,避免产生分层沉淀。

(5)杀菌、灌装　将均质后的料液立即送入高温瞬时杀菌器,在115~121 ℃下杀菌10~15 s,并在无菌条件下装入洗净并消毒的玻璃瓶或易拉罐。装罐密封后迅速冷却至40 ℃以下,在37 ℃保温库中存放7 d,经检查验收合格即为成品。该产品呈黄绿色、清亮透明,流动性好;具有杧果的芳香气味和海带特有的风味;口感滑润,酸甜适口。

12.6.2.3　海带发酵饮料

【工艺流程】

乳粉、蔗糖、稳定剂 ↓(配制发酵基质)

干海带→清洗浸泡→脱腥→打浆→过胶体磨→均质→配制发酵基质→灭菌、冷却

↓

成品←杀菌←灌装←脱气←二次均质←调配←发酵←接种

↑(二次均质) 白砂糖、柠檬酸

【工艺要点】

(1)海带清洗、脱腥　选择完整的干海带,用流动清水反复清洗,将附着在海带上的泥沙洗净。清洗后的海带放入20 ℃水中浸泡1.5 h。将浸泡好的海带放入质量分数为1.5%的绿茶水中,水温60 ℃,浸泡20 min脱腥。

(2)打浆、过胶体磨　将脱腥后的海带打成浆状,加水稀释至原质量的5倍后,过胶体磨,得海带原汁。

(3)发酵基质的配制　在海带原汁中分别加入其质量5%的乳粉、7%的蔗糖和0.1%的CMC。

(4)灭菌、冷却　将配制好的发酵基质灭菌,冷却到39 ℃。

(5)发酵　将活化后的保加利亚乳酸杆菌和嗜热链球菌按照1∶1的质量比接入发酵基质中,菌种接入量为6%,发酵温度为39 ℃,发酵12 h。

(6)调配　按如下比例(海带发酵原汁50%,柠檬酸0.085%,白砂糖为2%)调配成饮料。该产品外观呈黄绿色,无分层及沉淀,组织细腻均匀,有浓郁的海带香气和乳香,酸甜适口,无腥味和其他异味。

(7)均质、脱气　将调配好的饮料升温至60 ℃,在20~25 MPa下均质两次。均质好

的饮料在压力 0.5 MPa 的真空度下脱气 2 min。

(8)灌装、杀菌　将饮料加热到 80～85 ℃,趁热灌装,并于 85 ℃杀菌 20 min,之后冷却至室温。

【产品质量】

(1)感官指标　应具有与海带汁相符的黄绿色,均匀细腻,无分层,无沉淀;具有淡淡的海带香气及乳香,香气协调,酸甜可口,滋味纯正,无异味。

(2)理化指标　海带汁添加量≥10%,总糖≥10%,总酸 60～70 °T。

(3)微生物指标　细菌总数≤100 个/mL,大肠菌群≤3 个/100 mL,致病菌不得检出

12.6.3　紫菜饮料

紫菜是一种重要的经济海藻,广泛分布于世界各地,现已发现约 70 余种。干紫菜含蛋白质达 25%～50%,及丰富的碳水化合物、不饱和脂肪酸、维生素和矿物质,具有很高的营养价值。研究表明,紫菜多糖具有抗衰老、降血脂、抗肿瘤等生物活性。我国从 20 世纪 90 年代后期开始,研究出了紫菜饮料、紫菜发酵饮料、紫菜红枣复合饮料等产品,为紫菜饮料的工业化生产奠定了技术基础。

12.6.3.1　紫菜风味饮料

【工艺流程】

柠檬→清洗→榨汁→过滤→柠檬汁
↓
紫菜→烘干→粉碎→浸提→过滤→调配→灌装→杀菌→冷却→检验→成品

【工艺要点】

(1)紫菜汁制备　选市售优质干紫菜,用电热鼓风干燥箱干燥至含水量 3%～5%,研磨粉碎过 40 目筛,加 40 倍质量的水,在 25 ℃、pH 5.0 的条件下浸提 8 h,过滤得紫菜汁。

(2)柠檬汁制备　选取市售优质新鲜柠檬,洗净去皮,榨汁、过滤,制得柠檬汁。

(3)调配　柠檬汁与紫菜汁按 1∶3 的质量比混合,添加 5% 蔗糖、0.2% β-环糊精、0.1% CMC-Na,加入辅料后搅拌均匀;调配好后于 20～25 MPa 均质处理一次。

(4)灌装、灭菌　调配好的饮料灌装后,在杀菌锅中 115 ℃杀菌 15 min,立即冷却至 40 ℃。

该产品呈淡紫色,清亮透明,无沉淀;甜度适中,口感滑润,无腥味,且含有较高的碘和氨基酸,是一款营养丰富的饮料。

12.6.3.2 紫菜苹果汁复合饮料

【工艺流程】

苹果→清洗→榨汁→过滤→苹果汁
↓
紫菜→清洗→浸提→粗滤→调配→灌装→杀菌→冷却→检验→成品

【工艺要点】

(1)紫菜汁制备　选择表面光滑,具有紫菜特有香气的优质干紫菜,清洗干净,按照料水比1∶50,在温度60 ℃、pH为4.0的条件下浸提5 h,之后粗滤、精滤,制得紫菜汁。

(2)苹果汁制备　选取市售优质新鲜苹果,洗净、破碎、榨汁、过滤,制得苹果汁。

(3)调配　将紫菜汁、苹果汁、白砂糖、柠檬酸、维生素C、β-环状糊精等按照配方进行调配,紫菜汁与苹果汁质量比为7∶3,白砂糖8%,柠檬酸0.35%,β-环糊精1.5%,使用0.2%瓜尔豆胶作为稳定剂。

(4)均质　将调配好的饮料在温度65~70 ℃、压力20 MPa条件下均质2次。

(5)杀菌、冷却　将均质后的饮料灌装、密封后,在95 ℃下加热杀菌10~15 min,之后冷却到40 ℃以下,检验合格即为成品。

该产品为淡紫色,清亮透明,无沉淀,具有良好的稳定性;酸甜适宜,具有紫菜和苹果的风味,无腥味。

思考题

1. 什么是植物饮料?都包括哪些种类?
2. 举例说明草本饮料的工艺流程及工艺要点。
3. 简述食用菌乳酸发酵饮料的加工技术。
4. 谷物饮料加工中应注意哪些问题?
5. 举例说明米乳饮料的加工技术。
6. 举例说明藻类饮料的加工技术。
7. 举例说明花卉饮料的加工技术。

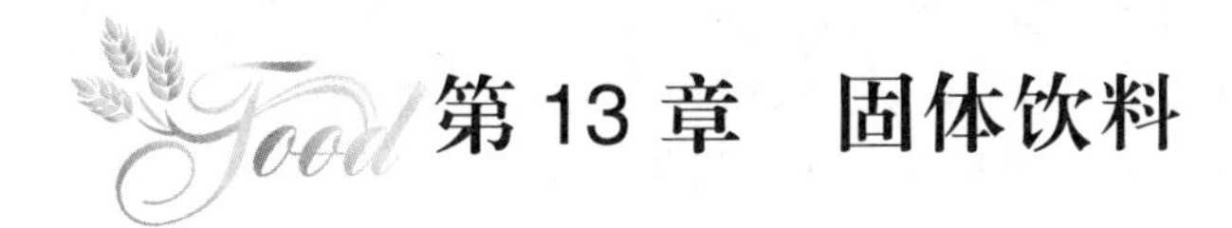

第13章　固体饮料

【内容提要】

本章主要介绍了固体饮料的概念及分类以及固体饮料的工艺流程和工艺要点;同时还介绍了固体饮料的原辅料和生产设备。

【学习目标】

了解固体饮料所使用的原料及所用的设备;掌握固体饮料概念及分类;掌握固体饮料的工艺流程及操作要点。

【名词及概念】

固体饮料;果香型固体饮料;蛋白型固体饮料,速溶茶

13.1　固体饮料概述

按组织状态划分,饮料可分为固体饮料、液体饮料和共态饮料三大类。固体饮料是指用食品原料、食品添加剂等加工制成的粉末状、颗粒状或块状等固态料的供冲调饮用的制品。与液体饮料相比,固体饮料具有体积小,运输、储存与携带方便,营养丰富等优点。同时固体饮料生产设备与工艺相对简单、建厂投资少、周期短、利润高。因而受到越来越多食品企业的重视,具有广阔的市场前景。

13.1.1　固体饮料的定义

根据中华人民共和国国家标准《饮料通则》(GB/T 10789—2015)的定义,固体饮料又叫固体饮品,是指用食品原辅料、食品添加剂等加工制成的粉末状、颗粒状或块状等,供冲调或冲泡饮用的固态制品。如速溶豆粉、茶粉、果汁粉、咖啡粉、果味型固体饮料、固态汽水(泡腾片)、姜汁粉等。

植脂末指以糖(包括食糖和淀粉糖)和(或)糖浆、食用油脂等为主要原料,添加或不添加乳或乳制品等食品原辅料、食品添加剂,经加工制成的粉状产品。

13.1.2　固体饮料的分类

根据中华人民共和国国家标准《固体饮料》(GB/T 29602—2013)的规定,固体饮料分为风味固体饮料、果蔬固体饮料、蛋白固体饮料、茶固体饮料、咖啡固体饮料、植物固体

饮料、特殊用途固体饮料和其他固体饮料8类。

13.1.2.1 风味固体饮料

以食用香精(料)、糖(包括食糖和淀粉糖)、甜味剂、酸味剂、植脂末等一种或几种物质作为调整风味主要手段,添加或不添加其他食品原辅料和食品添加剂,经加工制成的固体饮料,包括果味、乳味、茶味、咖啡味、发酵风味固体饮料等。

13.1.2.2 果蔬固体饮料

以水果和(或)蔬菜(包括可食用的根、茎、叶、花、果)或其制品等为主要原料,添加或不添加其他食品原辅料和食品添加剂,经加工制成的固体饮料。

(1)水果(果汁)粉 以水果或其汁液为原料,不添加其他食品原辅料,可添加食品添加剂,经加工制成的固体饮料。

(2)蔬菜(蔬菜汁)粉 以蔬菜或其汁液为原料,不添加其他食品原辅料,可添加食品添加剂,经加工制成的固体饮料。

(3)果汁固体饮料 以水果或其汁液、水果粉为主要原料,可添加糖(包括食糖和淀粉糖)和(或)甜味剂等一种或几种其他食品原辅料和食品添加剂,经加工制成的固体饮料。

(4)蔬菜汁固体饮料 以蔬菜或其汁液、蔬菜粉为主要原料,可添加糖(包括食糖和淀粉糖)和(或)甜味剂、食盐等一种或几种其他食品原辅料和食品添加剂,经加工制成的固体饮料。

(5)复合果蔬粉及其固体饮料 两种或两种以上的水果粉,或蔬菜粉,或果汁粉和蔬菜粉复合而成的固体饮料;以两种或两种以上的水果粉,或蔬菜粉,或果汁粉和蔬菜粉为原料,可添加糖(包括食糖和淀粉糖)和(或)甜味剂、食盐等一种或几种其他食品原辅料和食品添加剂,经加工复合而成的固体饮料。

(6)其他果蔬固体饮料 除上述5类以外的果蔬固体饮料。

13.1.2.3 蛋白固体饮料

以乳和(或)乳制品,或其他动物来源的可食品蛋白,或含有一定蛋白质含量的植物果实、种子或果仁或其制品等为原料,添加或不添加其他食品原辅料和食品添加剂,经加工制成的固体饮料。

(1)含乳蛋白固体饮料 以乳和(或)乳制品为原料,可添加糖(包括食糖和淀粉糖)和(或)甜味剂等一种或几种其他食品原辅料和食品添加剂,经加工制成的固体饮料。

(2)植物蛋白固体饮料 以含有一定蛋白质含量的植物果实、种子或果仁或其制品为原料,可添加糖(包括食糖和淀粉糖)和(或)甜味剂等一种或几种其他食品原辅料和食品添加剂,经加工制成的固体饮料。

(3)复合蛋白固体饮料 以乳和(或)乳制品、其他动物来源的可食用蛋白,或含有一定蛋白质含量的植物果实、种子或果仁或其制品等中的两种或两种以上为主要原料,可添加糖(包括食糖和淀粉糖)和(或)甜味剂等一种或几种其他食品原辅料和食品添加剂,经加工制成的固体饮料。

(4)其他蛋白固体饮料 除上述3类以外的蛋白固体饮料。

13.1.2.4 茶固体饮料

以茶叶的提取液或其提取物或直接以茶粉(包括速溶茶粉、研磨茶粉)为原料,添加或不添加其他食品原辅料和食品添加剂,经加工制成的固体饮料。

(1)速溶茶(速溶茶粉) 以茶叶的提取液或其浓缩液为主要原料,或采用茶鲜叶榨汁,不添加其他食品原辅料,可添加食品添加剂,经加工制成的固体饮料。

(2)研磨茶粉 以茶叶或茶鲜叶为原料,经过干燥、研磨或粉碎等物理方法制得的粉末状固体饮料,乳抹茶、超微茶粉。

(3)调味茶固体饮料 以茶叶的提取液或其提取物或直接以茶粉(包括速溶茶粉、研磨茶粉)为原料,添加其他食品原辅料和食品添加剂,经加工制成的固体饮料。

(4)果汁茶固体饮料 以茶叶的提取液或其提取物或直接以茶粉、果汁(水果粉)为原料,可添加糖(包括食糖和淀粉糖)和(或)甜味剂等一种或几种其他食品原辅料和食品添加剂,经加工制成的固体饮料。

(5)奶茶固体饮料 以茶叶的提取液或其提取物或直接以茶粉、乳或乳制品为原料,可添加糖(包括食糖和淀粉糖)和(或)甜味剂、植脂末等一种或几种其他食品原辅料和食品添加剂,经加工制成的固体饮料。

(6)其他调味茶固体饮料 除上述5类以外的调味速溶茶固体饮料。

13.1.2.5 咖啡固体饮料

以咖啡豆及咖啡制品(研磨咖啡粉、咖啡的提取液或其浓缩液、速溶咖啡等)为原料,添加或不添加其他食品原辅料和食品添加剂,经加工制成的固体饮料。

(1)速溶咖啡 以咖啡豆和(或)咖啡制品(研磨咖啡粉、咖啡的提取液或其浓缩液)为原料,不添加其他食品原辅料,可添加食品添加剂,经加工制成的固体饮料。

(2)研磨咖啡(烘焙咖啡) 以咖啡豆为原料,经过干燥、烘焙和研磨制成的粉末状固体饮料。

(3)速溶/即溶咖啡饮料 以咖啡豆及咖啡制品(研磨咖啡粉、咖啡的提取液或其浓缩液、速溶咖啡等)为原料,可添加糖(包括食糖和淀粉糖)和(或)甜味剂、乳或乳制品、植脂末等一种或几种其他食品原辅料及食品添加剂,经加工制成的固体饮料。

(4)其他咖啡固体饮料 除上述3类以外的咖啡固体饮料。

13.1.2.6 植物固体饮料

以植物及其提取物(水果、蔬菜、茶、咖啡除外)为主要原料,添加或不添加其他食品原辅料和食品添加剂,经加工制成的固体饮料。

(1)谷物固体饮料 以谷物为主要原料,添加或不添加其他食品原辅料和食品添加剂,经加工制成的固体饮料。

(2)草本固体饮料 以药食同源或国家允许使用的植物(包括可食的根、茎、叶、花、果)或其制品的一种或几种为主要原料,添加或不添加其他食品原辅料和食品添加剂,经加工制成的固体饮料,如凉茶固体饮料、花卉固体饮料。

(3)可可固体饮料 以可可为主要原料,添加或不添加其他食品原辅料和食品添加剂,经加工制成的固体饮料,如可可粉、巧克力固体饮料。

(4)其他植物固体饮料 除上述3类以外的植物固体饮料,如食用菌固体饮料、藻类固体饮料。

13.1.2.7 特殊用途固体饮料

通过调整饮料中营养成分的种类及其含量,或加入具有特定功能成分适应人体需要的固体饮料,如运动固体饮料、营养素固体饮料、能量固体饮料、电解质固体饮料等。

13.1.2.8 其他固体饮料

上述以外的固体饮料,如植脂末、泡腾片、益生菌固体饮料等。

13.1.3 固体饮料的质量标准与特点

13.1.3.1 质量标准

(1)原辅材料要求　应符合相应的国家标准、行业标准等有关规定。

(2)感官要求　冲调或冲调后具有该产品应有的色泽、香气和滋味,无异味,无外来杂质。

(3)水分要求　应不高于7.0%。对于含椰果、淀粉制品、糖渍豆等调味(辅料)包的组合包装产品,水分要求仅适用于可冲调成液体的固体部分。

(4)基本技术要求　按照标签标示的冲调或冲泡方法稀释后应符合表13.1的规定。

(5)安全要求　应符合相关的食品安全国家标准。

13.1.3.2 特点

固体饮料具有便于携带、易于保存、体积小、便于运输、食用方便、营养丰富、风味独特、品种多样等特点。但同时固体饮料易吸潮霉变,特别是蛋白型固体饮料加工时稍有不慎,容易滋生细菌,生产加工卫生要求严格。另外,固体饮料所含营养成分于高温下容易分解损失,故饮用固体饮料时最好用55~75 ℃的温水冲调为好。

13.2 固体饮料的原辅材料

(1)甜味剂　甜味剂是固体饮料的主要原料,是该类产品的主体,使人有甜美的感觉。蔗糖、葡萄糖、果糖、麦芽糖等,均可作为甜味剂,但常用蔗糖,因为蔗糖甜味纯正,价廉,货源充足,易保管且工艺性能较好。蔗糖在外观上必须洁白、干爽、晶体大小基本一致,无杂质,无异味。蔗糖应保存于干燥处。

(2)酸味剂　酸味剂是固体饮料的重要原料之一,使产品具有酸味,起到调味、促进食欲的作用。柠檬酸、苹果酸、酒石酸均可作为酸味剂,其中最常用的是柠檬酸,其酸味比较纯正,货源比较充足。柠檬酸一般为白色结晶,容易受潮和风化,适宜存放于阴凉干燥处,注意加盖避免受潮,一般用量为0.7%~1.0%。

(3)香精　香精使产品具有各种鲜果的香气和滋味。各种果味型食用香精如甜橙、橘子、柠檬、香蕉、杨梅、樱桃等均可采用,但必须溶解于水,并且香气浓郁而无刺激,用量一般为0.05%~0.08%。香精应存放于阴凉干燥处,避免日晒和靠近热源。

表 13.1　基本技术要求

分类			项目		指标或要求
果蔬固体饮料	水果粉		按原始配料计算	果汁(菜)含量(质量分数)/%	100
	蔬菜粉			蔬菜汁(浆)含量(质量分数)/%	
	果汁固体饮料			果汁(浆)含量(质量分数)/%	≥10
	蔬菜汁固体饮料			蔬菜汁(浆)含量(质量分数)/%	≥5
	复合水果粉、复合蔬菜粉、复合果蔬粉			果汁(浆)和(或)蔬菜汁(浆)的含量(质量分数)/%	100
				不同果汁(浆)和(或)蔬菜汁(浆)的比例	符合标签标示
	复合果汁固体饮料、复合蔬菜汁固体饮料、复合果蔬汁固体饮料			果汁(浆)和(或)蔬菜汁(浆)的含量(质量分数)/%	≥10
				不同果汁(浆)和(或)蔬菜汁(浆)的比例	符合标签标示
蛋白固体饮料	含乳固体饮料		乳蛋白质含量(质量分数)/%		≥1
	植物蛋白固体饮料		蛋白质含量(质量分数)/%		≥0.5
	复合蛋白固体饮料		蛋白质含量(质量分数)/%		≥0.7
			不同来源蛋白质含量的比例		符合标签标示
	其他蛋白固体饮料		蛋白质含量(质量分数)/%		≥0.7
茶固体饮料	速溶茶粉、研磨茶粉	绿茶	茶多酚含量/(mg/kg)		≥500
		青茶			≥400
		其他茶			≥300
	调味茶固体饮料		茶多酚含量/(mg/kg)		≥200
			果汁含量(质量分数)/%(仅限于果汁茶)		≥5
			乳蛋白质含量(质量分数)/%(仅限于奶茶)		≥0.5
咖啡固体饮料*	速溶咖啡		咖啡含量/(mg/kg)		≥200*
	研磨咖啡				
	速溶/即溶咖啡饮料				
风味固体饮料 植物固体饮料 特殊用途固体饮料 其他固体饮料			—		

* 声称低咖啡因的产品，咖啡因含量应小于 50 mg/kg

(4)果汁　果汁是固体饮料的主要原料。除了使产品具有相应鲜果的色、香、味外，还提供人体必需营养素如糖、维生素、无机盐等。多种鲜果如苹果、广柑、橘子、杨梅、猕猴桃、刺梨、沙棘、葡萄等，经过破碎、压榨、过滤、浓缩，均可制得高浓度的果汁。果汁浓度的高低，须根据果汁固体饮料生产工艺而定，如果采用喷雾干燥法或浆料真空干燥法，则果汁浓度可低些，否则果汁浓度尽可能高，一般要求达到40°Bx 左右，以使饮料能尽量多含一些果汁成分。产品中原汁含量一般为20%左右。

(5)食用色素　食用色素使产品具有与鲜果相应的色泽和真实感，从而提高其商品价值。食用色素的种类很多，一般使用的有胭脂红、苋菜红、柠檬黄、亮蓝、姜黄、甜菜红、红花黄色素、虫胶色素、叶绿素铜钠、焦糖色素、辣椒红、番茄红等。目前国内外大多使用的仍是人工合成色素，因为天然色素虽然安全，但其稳定性差，易变色，有一定异味，价格昂贵等。使用色素的用量可参考国家食品卫生标准。

(6)稳定剂　包括增稠剂和乳化剂，是用来改善和稳定各组分的物理性质和组织状态，使浆体混合成具有所要求的流变性和质构形态，并使其保持稳定、均匀。常用的增稠剂有羧甲基纤维素钠、明胶、卡拉胶、阿拉伯树胶、海藻酸钠等。常用的乳化剂有单硬脂酸甘油酯、蔗糖酯、各类复合乳化剂等。

(7)乳粉　以鲜乳喷雾制成的全脂乳粉为淡黄色粉末，无结块及发霉现象，有明显乳香味，无不良气味。脂肪含量不低于26%，水分不高于4%，酸度应低于19°T。

(8)甜炼乳　以新鲜全脂牛乳加糖，经真空浓缩制成，呈淡黄色，无杂质，无异味及酸败现象，不得有霉斑及病原菌。一般要求水分低于26.5%，脂肪不低于8.5%，蛋白质不低于7%，蔗糖含量40%～44%，酸度低于48°T。

(9)奶油　由新鲜牛乳脱脂所获得的乳脂加工制成，呈淡黄色，无霉味、哈味和其他异味，无霉斑。水分低于16%，酸度小于20°T，脂肪大于80%。

(10)蛋黄粉　以新鲜蛋或蛋黄混合均匀后，经喷雾干燥制成，为黄色粉状，气味正常，无苦味及其他异味，溶解性良好。脂肪不低于42%，游离脂肪酸低于5.6%(油酸计)。

(11)麦精　呈棕黄色，有显著麦芽香味，无发酵味、焦苦味及其他不正常气味，酸度不超过0.8%，水分低于22%，浓度大于41.5°Bx(20 ℃)。

(12)麦芽糊精　白色粉状物，由淀粉水解而制成，为D-葡萄糖的聚合物，其组成主要是糊精。用于生产特殊风味的奶晶，如人参奶晶、银耳奶晶等，以降低其甜度并增加其黏稠性。

(13)可可粉　以新鲜可可豆发酵干燥后，经烘炒、去壳、榨油、干燥等工序加工制成，呈深棕色，有天然可可香，无受潮、发霉、虫蛀、变色等不正常气味。水分低于3%，脂肪16%～18%，细度以能通过100～120目筛为准。用于可可型麦乳精，用量约占全部原料的7%。

(14)维生素　作为强化剂，用于生产强化麦乳精。常采用的是维生素A、维生素D和维生素B_1，其中维生素A和维生素D只溶于油，维生素B_1可溶于水，都应符合药用要求。

(15)小苏打(碳酸氢钠)　用于中和原料带来的酸度，以避免蛋白质受酸的作用而产生沉淀和上浮现象。可采用药用级或食用级产品。

(16)植脂末　又称奶精、粉末油脂，其主要成分是氢化植物油、乳化剂、葡萄糖浆、酪朊酸钠等。它是经调配、乳化加工成的水包油型(O/W)乳状液再经过杀菌、喷雾干燥而形成的粉末状或颗粒状油脂，也可以采用冷冻干燥法、微胶囊化法等工艺生产。

(17)抗结剂(膨松剂)　添加于食品以防止颗粒或粉状食品聚集结块、保持其松散或自由流动的物质。

(18)其他添加物 主要是指用以生产具有特殊风味的奶晶、饮料需要的添加物,如人参浸膏、银耳浓浆等。这些添加物的使用,必须符合食品卫生法的规定,一般都是由各生产单位自行制备。

13.3　固体饮料主要生产设备

目前国内固体饮料的生产,主要采用真空干燥工艺。其生产过程包括调制、均质、脱气、真空干燥、轧粒、包装等。现将其生产所需的主要设备介绍如下。

(1)化糖锅　用于溶化各种糖料如砂糖、葡萄糖、麦精等。化糖锅为夹层,夹层中通蒸汽加热。内壁为不锈钢,有搅拌桨叶,便于搅匀各种糖料,加速溶化操作。夹层接通蒸汽进出管,锅顶接有水管,锅底有出料管通往混合锅。出料口还装有可以拆装的筛板,筛眼为 100 ~ 120 目。

(2)配料锅　用于调配炼奶、奶粉、蛋粉、可可粉、奶油等。配料锅的结构和材质与化糖锅基本相同,由出料管通往混合锅。

(3)混合锅　混料一般多采用单桨槽型混合机。该机主要部件是盛料槽,槽内有电动搅拌桨,槽外边有与齿轮联动的把手,还有料槽的支架等,使得各种原料能在槽内充分混合,并在混合完毕后自动倒出。

(4)乳化均质设备　乳化均质可使混合料均匀一致,并有使其分散介质微粒化的作用。一般选用均质机和胶体磨。

(5)真空脱气设备　利用真空抽吸作用,消除浆料在乳化过程中所带进的空气,并调整浆料烘烤前的水分。适用于麦乳精、奶晶、果汁晶等物料的真空连续脱气。

(6)成型设备　一般采用摇摆式颗粒成型机,主要部件是加料槽,正反旋转的带有刮板和筛网的圆筒、网夹管、减速装置和支架等。该机主要作用是将混合好了的坯料,通过旋转滚筒,由筛网挤压而出。筛网可随时更换,一般为 6 目。

(7)干燥设备　干燥设备用于烘干浆料,使产品中的水分符合要求。主要有真空干燥、喷雾干燥、冷冻干燥设备。蒸汽真空干燥法,主要设备是在箱体内装上蒸汽管或蒸汽薄板,供蒸汽进入加热,并供冷水进行冷却。蒸汽管或蒸汽薄板上可搁置料盘。辅助设备有蒸汽锅炉、真空泵、冷却器、平衡筒等。喷雾干燥设备一般分离心和压力两种:离心式喷雾干燥塔中主要设备是高速旋转的雾化盘或高压喷嘴;压力式喷雾干燥塔中主要设备为隔膜泵和旋风分离器。冷冻干燥设备的主要设备有装有干燥箱体、作为换热导体的隔板,压缩机、真空泵等。

(8)粉碎设备　轧碎机能轧碎从烘箱中取出的整块多孔状干料。该机为不锈钢圆外筒,内有一定大小筛孔的筛网套和可以转动的轧片,将干燥块料轧碎后从筛孔按压而出。超微粉碎设备主要分为研磨式粉碎机、机械剪式粉碎机和气流粉碎机。

(9)包装设备　应根据不同包装材料如塑料袋、玻璃瓶、铁听等,而采用不同的封装设备。近年来,大多厂家都用能自动称量、自动制袋和自动封口的全自动或半自动塑料封袋机。铁听封口则与罐头封盖一样,采用多种型号的全自动或半自动封盖机。食品生产中为保持原有风味质地，通常还采用充氮包装，主要由真空室、真空充氮封口装置、连续辊封装置等组成。

(10)其他设备　规模较小的工厂，多从原料产地购进浓缩果汁以生产果汁固体饮料，因此也就无须设置果汁加工设备。至于规模较大的工厂自行加工果汁时，就必须设置加工果汁的设备，例如漂洗、破碎、压榨、过滤、浓缩等单机。这些属于果汁生产设备，此处不再赘述。

13.4 固体饮料生产工艺

13.4.1 风味固体饮料生产工艺

风味固体饮料是以食用香精(料)、糖(食糖、淀粉糖)、甜味剂、酸味剂、植脂末等一种或几种物质作为调整风味主要手段，添加或不添加其他食品原辅材料和食品添加剂，经加工制成的固体饮料。

【工艺流程】

原料→配料→混料→干燥→检验→包装→成品

【工艺要点】

(1)调配　准备好各种原料，用粉碎机等设备加工成符合要求细度的粉末，按照配方要求的比例充分混合均匀。

(2)混料　调配后的物料添加适量的水，搅拌混合，使之成黏稠的浆状或浓稠的溶液；混料过程中根据配方要求可添加或不添加相应的食品添加剂。

(3)干燥　干燥方式有流化床干燥法、喷雾干燥法、真空冷冻干燥等，风味固体饮料多采用流化床法，干燥至含水量低于7%。

(4)包装　风味固体饮料一般采用袋装方式包装，近年来多采用多层贴合材料，密闭性、防潮性更好。

13.4.2 果蔬固体饮料生产工艺

【工艺流程】

原辅料→预处理→称量→合料→成型→烘干→过筛→检验→包装→成品

【工艺要点】

(1)原料预处理　砂糖需先经粉碎至能通过80～100目筛，以免结块的混入，保证配料均匀，不出现色点和白点。麦芽糊精也需过筛，并且在加入糖粉之后投料。色素及柠檬酸需分别用少量水溶解之后再分别投料。然后再投入香精，搅拌均匀。投入混合机的全部用水(包括溶解色素和柠檬酸的水,也包括香精等液体),须保持在全部投料的5% ~ 7% 。如果用水过多,则产品颗粒坚硬,影响质量,也不易成型;如果用水过少,则产品不能形成颗粒,只能成为粉状,不合乎质量要求;如果用果汁取代香精,则果汁浓度必须尽量高,并且合料时绝对不能加水。

(2)合料 合料时必须严格按照产品配方和投料次序进行投料,且充分搅拌均匀。果味型固体饮料的一般配方是砂糖 97% ,柠檬酸或其他食用酸 1% 、各种香精 0.8% ,食用色素控制在国家食品卫生标准以内。果汁型固体饮料的配方基本上与果味型固体饮料相似,所不同的是以浓缩果汁取代全部或绝大部分香精,柠檬酸、食用色素可以不用或少用。果味型和果汁型固体饮料中一般都加糊精,以减少甜度。

(3)成型 将混合均匀和干湿适度的坯料,放进造粒机中进行造粒。成型颗粒的大小,与造粒机筛网孔眼大小有直接关系,必须合理选用,一般以 6 ~8 目为宜。造粒后的颗粒状坯料,由造粒机出料口进入料盘。

(4)烘干 将盛装盘子中的颗粒坯料,放进干燥箱干燥。烘烤温度应保持 80 ~ 85 ℃,以取得产品较好的色、香、味。还可采用冷冻干燥方法,以减少营养成分的损失。

(5)过筛 将完成烘烤的产品通过 6 ~8 目筛网进行筛选,以除掉较大颗粒或少数结块,使产品颗粒大小基本一致。

(6)包装 将通过检验合格的产品,摊凉至室温之后包装。产品如不摊凉而在温度较高的情况下包装,则产品容易回潮,引起一系列变质。包装如不严密,也会引起产品的回潮变质。

13.4.3 蛋白型固体饮料生产工艺

蛋白型固体饮料的生产工艺,基本上可分为真空干燥法和喷雾干燥法。前一方法较为普遍,后一方法与生产奶粉相似。下面以麦乳精的生产为例,介绍真空干燥法生产蛋白固体饮料的生产工艺。

【工艺流程】

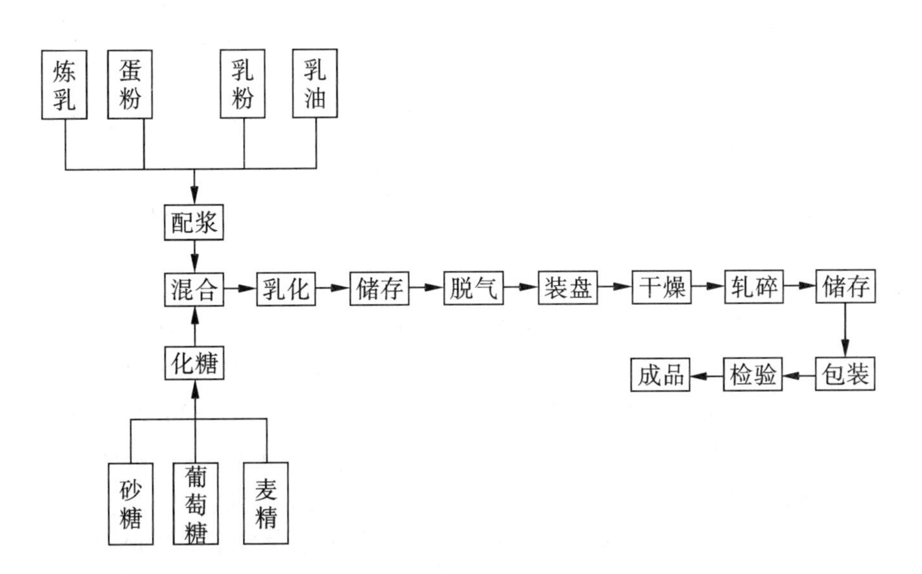

【工艺要点】

(1)原料配比　各种原料的配比,需根据原料的成分情况和产品质量要求计算决定,一般麦乳精的质量配比是:乳粉 4.8%,葡萄糖粉 2.7%,炼乳 42.9%,乳油 2.1%,蛋粉 0.7%,柠檬酸 0.002%,麦精 18.9%,小苏打 0.2%,可可粉 7.6%,白砂糖 20.1%。

生产强化麦乳精时,须加维生素 A、维生素 D 和维生素 B_1 以达到产品质量要求。由于维生素 A、维生素 D 不溶于水,因此应先将其溶于乳油中,然后投料。维生素 B_1 溶于水,可在混合锅中投入。

若要添加人参浸膏、银耳浓浆的蛋白型固体饮料,一般不加麦精,以突出这些添加物的独特风味。为了降低此类产品的甜度并增加黏稠性,可添加 10% ~20% 的麦芽糊精。

(2)化糖　首先在化糖锅中加入一定量水,然后按照配方加入砂糖、葡萄糖、麦精及其他添加物,在 90 ~95 ℃条件下搅拌溶化,使其全部溶解,然后用 40 ~60 目筛网过滤,投入混合锅,待温度降至 70 ~80 ℃时,在搅拌情况下加入适量碳酸氢钠,用来中和各种原料可能引进的酸度,从而避免随后与之混合的乳浆引起凝结的现象。碳酸氢钠的加入量,随各种原料酸度高低而定,一般加入量为原料总投入量的 0.2% 左右。

(3)配料　在配浆锅中加入适量的水,然后按照配方加入炼乳、蛋粉、乳粉、可可粉、乳油等,使温度升至 70 ℃,搅拌混合。蛋粉、乳粉、可可粉等须先经 40 ~60 目的筛网过滤,避免硬块进入锅中而影响产品质量。乳油应先经熔化,然后投料。浆料混匀后,经 40 ~60 目筛网进入混合锅。

(4)混合　在混合锅中,为了使糖液与乳浆充分混合,需要加入适量的柠檬酸来突出乳香并提高乳的热稳定性。柠檬酸用量一般为全部投料的 0.002%。

(5)乳化　一般需用胶体磨、均质机等进行两次以上均质处理,使浆料中的脂肪球破碎成尽量小的微粒,以增大脂肪球的总表面积,改变蛋白质的物理状态,减缓或防止脂肪分离,从而大大地提高和改善产品的乳化性能。

(6)脱气　如果浆料在乳化过程中混进大量空气,须将乳化后的浆料在浓缩锅中脱气。脱气所需的真空度为 96 kPa,蒸汽 0.1 ~0.2 MPa。当从视孔中看到浓缩锅内的浆料不再有气泡翻滚时,则说明脱气已完成。脱气浓缩还有调整浆料水分的作用,一般应使完成脱气的浆料水分控制在 28% 左右,以待分盘干燥。

(7)分盘　是将脱气完毕并且水分含量合适的浆料分装于烘盘中。每盘数量须根据烘箱具体性能及其他实际操作条件而定,浆料厚度一般为 0.7 ~1.0 cm。

(8)干燥　将装有物料的烘盘送入干燥箱加热干燥。干燥初期,真空度保持 90 ~94 kPa。随后提高到 96 ~98.6 kPa,蒸汽压力控制在 0.15 ~0.2 MPa,干燥时间为 90 ~100 min。干燥完成后,不能立即消除真空,必须先停止蒸汽加热,然后改用冷却水进行冷却约 30 min。待物料温度下降后才可消除真空,再出料。全过程为 120 ~130 min。

(9)轧碎　将干燥完成的蜂窝状的整块产品,放进轧碎机中轧碎,使产品基本上保持均匀一致的鳞片状,在此过程中,要特别重视卫生要求,所有接触产品的机件、容器及工具等均须保持洁净,工作场所要有空调设备,以保持温度为 20 ℃左右,相对湿度 40% ~45%,避免产品吸潮而影响产品质量,并有利于正常进行包装操作。

(10)检验、包装　在产品轧碎后,包装之前必须按照质量要求抽样检验。经过检验

合格的产品,在有空调的包装间进行包装,包装间温度20 ℃左右,相对湿度40% ~45%。包装后,则着重检验成品包装质量。

13.4.4 茶固体饮料生产工艺

茶固体饮料是以茶叶的提取液或其提取物或直接以茶粉(包括速溶茶粉、研磨茶粉)为原料,添加或不添加其他食品原辅料和食品添加剂,经加工制成的固体饮料。包括速溶茶(速溶茶粉)、研磨茶粉和调味茶固体饮料三种类型。下面以速溶茶为例介绍茶固体饮料的生产。

速溶茶产品按原辅料分为纯速溶茶、调味速溶茶。

(1)纯速溶茶　将茶叶或茶鲜叶用水提取,或茶鲜叶榨汁,经加工制成的,除可在生产过程中加入抗氧化剂、稳定剂外,不添加其他任何添加剂,具有原茶特有风味而没有茶渣的粉末状、片状或颗粒状固体。纯速溶茶分为速溶红茶、速溶绿茶、速溶青茶(速溶乌龙茶)、速溶白茶、速溶黄茶、速溶黑茶、速溶花茶、其他速溶茶。

(2)调味速溶茶　将茶叶或茶鲜叶用水提取,或茶鲜叶榨汁,经加工制成的,可在生产过程中加入抗氧化剂、稳定剂、食用香精、食用酸、食用碱、乳或乳制品、果汁(果粉)、食糖和(或)甜味剂等的一种或几种制成的粉末状、片状或颗粒状固体。

【工艺流程】

速溶茶的生产多以成品茶叶为原料进行提取,其一般工艺流程如下:

茶叶原料选择→浸提→净化→茶汁→浓缩→干燥→包装→速溶茶

【工艺要点】

(1)原料选择　速溶茶生产中原料的选择至关重要,这不仅影响速溶茶的产品品质,而且与其经济效益密切相关。将不同特点的地区茶、季节茶或不同等级的茶叶进行适当混配,可较好地解决品质与效益之间的关系。如生产速溶红茶时,搭配10% ~15%的绿茶,可以明显改善汤色,并提高产品的鲜爽度;如果使用中低档茶或茶叶的副产品做原料,则会因原料中有效成分含量低且各成分之间协调性差而使速溶茶产品品质粗劣、香气淡薄,为提高品质,可在中低档茶叶原料中加入20% ~30%的中高档茶;在绿茶原料中加入30%左右的红茶,则可使成品速溶绿茶兼有乌龙茶的风味;如选用鲜叶或绿茶加工成速溶红茶则需要转化。

(2)浸提　浸提工序在速溶茶生产中甚为关键,速溶茶风味优劣与所提取的可溶性物质种类及数量关系密切。有些成分易于浸出,如鲜味和香气成分,另一些成分则相对较难提取。所以浸提工序操作是否得当,不仅影响提取效率,还决定速溶茶品质。影响浸提效果的主要因素有浸提方法、茶水比例、提取次数及时间等。

1)浸提方法　常用浸提方法有沸水浸泡提取和低温连续抽提2种。沸水浸泡提取的茶水比为1∶12~1∶20,连续抽提的茶水比为1∶9,温度为70~85 ℃。沸水提取的茶汁浓度为1% ~5%;连续抽提的茶汁浓度可达到15% ~20%,且因提取温度低,茶汁品质更好。而使用微波或超声波辅助提取技术,可以显著提高提取效率,降低提取温度,最大程度的保持色泽、香气和风味物质，提升茶汁品质。

2）茶水比例　速溶茶生产中要进行浓缩，所以在保证提取率的同时宜将茶水比控制在较低的水平，以降低能耗，一般的茶水比在1：6～1：12。实践表明，茶水比越大，提取率越大，但浸提用水太多，会导致茶汁浓度较低，增加浓缩负担，延长浓缩时间，增大能耗。且在长时间的浓缩过程中，茶汁有效成分会发生不良变化，香气和风味物质损失，茶香减弱，并产生熟汤味，降低茶汁品质。

3）提取时间　当提取达到一定时间后，有效成分的浸出量与提取时间变化的关系不再明显。试验表明，当茶水比为1：12，浸提10 min后，各成分的浸出量为68.17%；浸提40 min的浸出量为69.94%。由此可见，提取时间不宜过长。若长时间提取，会造成茶汁较长时间处于水受热状态而色泽加深、风味变差、品质降低。故提取时间以10～15 min为宜。

4）提取次数　提取次数因原料茶叶情况而定。一般中高档茶是使用嫩芽或嫩叶加工成的，原料中维生素、蛋白质和氨基酸、咖啡因等含量高，茶多酚等含量低；低档茶多用老叶为原料制成，单宁等茶多酚类苦味物质含量高，而氨基酸、咖啡因等含量少。为提高茶汁品质，一般中高档茶提取2～3次，低档茶提取1～2次。

（3）净化　清澈明亮的新鲜茶汤是保证速溶茶品质的重要前提。净化的目的在于充分去除提取液中的各种杂质和混浊、沉淀物质，如少量的茶渣、悬浮物及将要产生混浊或沉淀的茶乳。净化有物理和化学2种方法。物理净化，以过滤和离心最普遍；化学净化，则以碱法为代表，主要是针对“冷后浑”物质经适当的化学处理，促使这部分物质转溶。实践上，往往是几种净化方法的综合运用，保证茶汁澄清透明。

（4）浓缩　经过净化后的茶汁一般浓度较低，必须进行浓缩以提高可溶性固形物浓度，使其达到20%～40%，以提高干燥效率，同时得到低密度的速溶茶颗粒或粉末。

茶汁属于高热敏性物质，对于浓缩设备有苛刻的要求，因此应选择适宜的浓缩方法。目前普遍使用的是各种结构的真空薄膜蒸发装置，如瑞典Alfa-Laval公司的真空薄膜蒸发器或离心式真空薄膜蒸发器，很适合于茶汤、果汁等不宜高温长时间热处理的物料浓缩。冷冻浓缩和反渗透膜浓缩虽然浓缩效率相对较低，但浓缩期间没有热效应，能更好地保护茶汁的风味和成分，速溶茶产品质量更好。茶的香气物质含量较少且易于挥发，浓缩时应考虑从茶汁中回收香气，并在浓缩后兑入浓茶汁内，使香气还原后再干燥。

（5）干燥　目前速溶茶生产中最常用的干燥方法是真空冷冻干燥和喷雾干燥，这两种速溶茶产品具有各自的特点。真空冷冻干燥的产品，由于干燥过程在低温状态下进行，茶叶的香气损失少，很好地保持了原茶的香味及风味；产品呈多孔的海绵体结构，复水性强；风味要比喷雾干燥产品更能接近原茶的固有特色，但产品必须经过粉碎、筛分才能达到粒度均匀；缺点是干燥时间长、能耗大、成本高。喷雾干燥的产品在高温条件下进行雾化并迅速干燥，芳香物质损失大；外形呈颗粒状，流动性能好；干燥时间短，成本低。两种干燥方法的产品，其干燥成本前者是后者的6～7倍，因此，国内外生产速溶茶产品均广泛使用喷雾干燥方法。喷雾干燥时热空气进口温度在180～200 ℃，出口温度100～120 ℃。

无论采用哪种干燥方法，都要求速溶茶产品具有茶叶的固有品质，具有较低的松密度，一般为9～11 g/100 mL，复水性好，粒径控制在200～500 μm，以满足商业上的一般

要求。

（6）包装　速溶茶产品为疏松的颗粒、片状或粉末状，对异味敏感，很容易吸收其他气味而变味；同时具有很强的吸潮性，轻度吸潮会结块、氧化，使香味变淡，汤色加深；严重吸潮则会形如沥青状，并滋生细菌而无法饮用。目前，速溶茶饮料的包装常采用防潮包装和充氮包装形式。包装车间要求自动调温调湿，温度控制在20～25 ℃，空气相对湿度控制在50%左右；包装容器有铝箔袋、玻璃瓶、马口铁罐等。

13.4.5 咖啡固体饮料生产工艺

咖啡固体饮料是以咖啡豆及咖啡制品（研磨咖啡粉、咖啡的提取液或其浓缩液、速溶咖啡等）为原料，添加或不添加其他食品原辅料和食品添加剂，经加工制成的固体饮料。包括速溶咖啡、研磨咖啡（烘焙咖啡）和速溶/即溶咖啡饮料三种类型。下面以速溶咖啡为例，介绍咖啡固体饮料的生产。

【工艺流程】

咖啡豆→预处理→焙炒→磨粉→萃取→过滤→浓缩→干燥→配料→包装

【工艺要点】

（1）预处理　将生咖啡豆筛选、清洗，清除混杂其中的金属、石粒、灰尘等异物，剔除碎豆、霉豆等。主要目的是通过振动筛，风压输送或真空输送等方式进行分离清洗。除去咖啡原豆中的杂质、碎石及缺陷豆等，精选出优良的咖啡豆。中粒种咖啡特别适合制备速溶咖啡。

（2）焙炒　是速溶咖啡风味和品质形成的决定性工序，一般使用转筒式焙炒炉，烘烤温度和烘烤时间是关键控制因素。不同种类的咖啡豆分开焙炒，焙炒时火候控制应由大到小，一般控制最高温度在230～250 ℃，在此温度下能产生较好的芳香味并在萃取时取得较合适的香味。当咖啡豆达到所要求焙炒的程度时，停止加热，同时向炉内喷洒一定量的冷水，把焙炒好的咖啡豆排出炉体，焙炒时间不应超过20 min，这样可以尽量减少芳香物质的挥发。

（3）研磨　焙炒好的咖啡豆最好先存放1 d，让咖啡豆在焙炒过程中所产生的二氧化碳和其他气体进一步挥发和释放，同时也充分吸收空气中的水分，使颗粒变软，从而有利于萃取。

研磨的程度要根据所用抽提设备以及所采用的溶剂比例确定。咖啡豆磨得很碎，抽提容易，以少量的水就可以实现高效率的抽提，但难以过滤；如果磨得不碎，要得到同样效果，就需要大量的水，还需要较高的温度和较大的压力，但容易过滤。

（4）萃取　是生产速溶咖啡过程中最复杂的核心工序，温度和压力是萃取过程中最直接的两个参数，其中温度是决定性因素。焙炒咖啡的可溶物约占25%，在100 ℃下萃取率可达30%，当温度达到180 ℃时，可以使一些高分子碳水化合物提取出来，从而使萃取率提高10%～20%，这些高分子碳水化合物有利于芳香成分的结合，从而达到调整风味的效果；但温度高于190 ℃时，提取物中就有不良风味物质萃取出来。萃取压力一般设定为0.9～1.5 MPa。萃取时间和萃取率与产品质量有关，在适当的范围内升高温度，增大压力，可缩短萃取的时间，减少不良萃取物，保证产品质量。萃取率越高，产量越高，但对质量来讲，则不能太高，如发现产品有酸味、苦味、涩味太重等现象，说明萃取率偏高，应减少抽提量。

(5)浓缩　一般采用真空浓缩。真空浓缩时真空度高达0.09 MPa以上，此时水的沸点只有50 ℃左右，从而加快液体的蒸发浓缩，浓缩液的浓度一般不超过60%（折光度计）。由于从蒸发塔出来的浓缩液温度高于常温，因此必须经过冷却再送入贮罐，从而减少芳香物的损失。

(6)干燥　咖啡浓缩液的干燥主要采用喷雾干燥、真空冷冻干燥等方法。

1)喷雾干燥　喷雾干燥是咖啡粉形成的过程。浓缩液与芳香液经过调配成咖啡液（混合液），咖啡液通过压力泵直接输送到塔顶的喷嘴。干燥塔的进口温度控制在250～270 ℃，出口温度控制在110～130 ℃，调整喷嘴与喷雾压力，使喷出的咖啡浆形成厚壁的中空球形毛细管结构，颗粒达到100～200 μm，体积质量控制在220～250 g/L，水分含量为3%左右。在喷雾干燥中要注意咖啡液的浓度，因为溶液浓度越高，黏度越高，表面张力越大，这样有利于厚壁中空颗粒的形成，同时可减少各运行参数和温度压力等调节的幅度，但也不是浓度越高越好，太高的浓度使雾化度太低，造成雾化不良，因此咖啡（混合）液的浓度应控制在30%～40%为佳。

2)真空冷冻干燥　利用真空冷冻干燥技术生产的冻干咖啡是目前世界上品质最佳、风味和口感最好的速溶咖啡，它避免了喷雾干燥过程中高温对咖啡品质的影响，完好地保留了焙炒咖啡的风味和口感，显著提高了咖啡品质。

13.4.6 植物固体饮料生产工艺

植物固体饮料是以植物及其提取物（水果、蔬菜、茶、咖啡除外）为主要原料，添加或不添加其他食品原辅料和食品添加剂，经加工制成的固体饮料，包括谷物固体饮料、草本固体饮料、可可固体饮料和其他植物固体饮料四种类型。

【工艺流程】

原料→制备→调配→干燥→粉碎→称量→包装→成品

【工艺要点】

(1)原料　植物固体饮料中，常用的原料有谷物、草本植物、可可豆、食用菌、藻类等，较常见的是可可粉及多种谷物混合的谷物粉。近年来出于营养、风味等方面的考虑，推出了一系列混合植物固体饮料，混合范围也扩大至藻类、食用菌等。

(2)制备　谷物类固体饮料一般需要烘干、粉碎、过筛、熟化等工序，制备为典型的谷物香气微粉，再经浸提、浓缩得到谷物浓缩液；可可豆经过清洗、焙炒、粉碎、筛分加工为细粉，并经浸提、浓缩得到可可浓缩液；草本或食用菌等原料干燥后，通过酶解、萃取、浓缩等制备得较高浓度的浓缩液。

(3)调配　根据产品需要及国家标准，在浓缩液中添加蔗糖、柠檬酸、β-环糊精、

CMC-Na、香精、色素等辅料及食品添加剂，混合均匀。

(4)干燥、粉碎 一般常用喷雾干燥方式进行干燥，可制备得到粉末或细颗粒状产品；含有较多热敏性成分的则采用真空冷冻干燥，再经粉碎、筛分得到粉末或颗粒状产品。

(5)包装 产品在包装间经充分冷却至室温，采用塑料袋、马口铁罐等容器进行防潮包装。

13.4.7 特殊用途固体饮料生产工艺

特殊用途固体饮料是通过调整饮料中营养成分的种类及其含量，或加入具有特定功能成分适应人体需要的固体饮料，如运动固体饮料、营养素固体饮料、能量固体饮料、电解质固体饮料等。

【工艺流程】

原料→干燥→粉碎→混合→干燥→粉碎→包装→检验→成品

【工艺要点】

(1)原料 特殊用途固体饮料的原辅料除了常见的蔗糖、葡萄糖、柠檬酸、色素、香精香料等甜味剂、酸味剂、着色剂、香精外，还有多糖、低聚糖、膳食纤维、糖醇类、蛋白质、多肽、维生素、矿物质等。饮料生产中，一般直接购买上述原辅料成品进行生产。

(2)干燥、粉碎 含水量较高的原辅料应适当烘干，以防止粉碎时黏结；将颗粒状原辅料经粉碎机粉碎为过60目筛细度的粉末。原辅料本身为粉末状的不需粉碎。

(3)混合 根据配方要求，将各种原辅料按一定比例充分混合均匀，加水溶解并调制均匀。根据生产工艺要求，采用喷雾干燥的，加水量以将所有原辅料调制为浓浆状为宜；采用造粒或直接装盘热风干燥的，加水量应控制为将原辅料调制为面团状，以便于造粒、装盘及干燥时节约能耗。

(4)干燥 采用喷雾干燥、热风干燥或冷冻干燥方式对汁的浆液、料团进行干燥，至含水量≤6%。

(5)粉碎、包装 对热风干燥或冷冻干燥得到的块状、片状产品，用粉碎机粉碎至要求的粒度，过筛后充分冷却，在干燥的包装间内用塑料袋、马口铁罐或玻璃罐等进行防潮包装。

13.5 固体饮料生产实例

13.5.1 果珍

果珍属于果味固体饮料，是由白砂糖、柠檬酸、食用香精、抗结剂、增稠剂、着色剂、维生素等原辅料调制而成的颗粒状固体饮料。目前国内市场知名果珍品牌有雀巢、卡夫、怡泰、晶花、高乐高、艺福堂、亿滋等；主要风味有甜橙味、柠檬味、杧果味、菠萝味、水蜜桃味等。下面以甜橙味果珍为例,介绍其生产工艺与工艺要点。

【工艺流程】

原料→配料→混合→造粒→干燥→包装→成品

【工艺要点】

(1)配料　甜橙味果珍的主要原辅料有白砂糖、葡萄糖、柠檬酸、柠檬酸钠、磷酸三钙、二氧化钛、CMC-Na、维生素C、食用盐、焦磷酸钠、安赛蜜、阿斯巴甜、柠檬黄、食用香精等。

(2)配料、混合　按配方用量将需要的颗粒状原辅料粉碎为细粉,与其他粉状辅料充分混合均匀,再加入液体辅料和适量水,调制成浓稠的浆料或较干的面团状,充分搅拌均匀。

(3)造粒　搅拌均匀后的较干面团状混合料,送入14~20目筛孔的造粒机中造粒。

(4)干燥　浓稠浆料状的混合料一般采用喷雾干燥,控制压力喷雾的压力或离心喷雾的离心力,使之形成较大雾滴,干燥后得到要求粒径的颗粒状产品。经造粒机造粒的半成品可放入料盘,将料盘送入热风干燥机进行干燥,或采用流化床进行干燥,最后将干燥的饮料颗粒进行筛分,获得均一的固体饮料。

(5)包装　干燥好的颗粒饮料必须经充分冷却,再在干燥的包装间进行防潮包装。产品为橙黄色颗粒状固体,颗粒大小均匀,溶解性良好,经冲调稀释后甜酸适口,无异味,具有甜橙的典型风味。

13.5.2 奶茶

奶茶属于蛋白固体饮料中的含乳蛋白固体饮料,主要由植脂末、白砂糖、奶粉等组成,也有的添加了椰果等果粒,具有奶香和茶香味。近几年,我国奶茶发展很快,以香飘飘、小洋人、优乐美、立顿、雀巢、香约等知名品牌为代表,有原味、草莓味、蓝莓味、椰果味、麦香味、巧克力味等多种口味。

【工艺流程】

原辅料→粉碎→过筛→混合→包装→检验→成品

【工艺要点】

(1)原辅料　用于生产奶茶的原辅料主要有白砂糖、植脂末、速溶茶粉、脱脂(全脂)奶粉、乳清蛋白粉、磷酸三钙、柠檬酸、柠檬酸钠、CMC-Na、瓜尔胶、山梨酸钾、食用香精香料等。

(2)粉碎、过筛　所有颗粒状原辅料均需粉碎,且粗细度应与其他粉末状辅料一致,以避免混合后因密度差异而出现集聚现象。全部原辅料细粉均应经过相同孔径的筛网过筛处理。

(3)混合　按照配方要求,将各种原辅料计量后在混合罐内充分混合均匀。

(4)包装　目前国内的固体奶茶主要采用杯装,将混合均匀的固体料用定量包装系统进行包装,封盖后塑封,检验合格后即为奶茶成品。

13.5.3　速溶乌龙茶粉

速溶茶粉是以茶叶的提取液或其浓缩液为主要原料,或采用茶鲜叶榨汁,经配料、干燥后得到的茶固体饮料。速溶茶粉因健康、便捷、时尚而备受消费者青睐,在国内市场发展较快,品类有速溶绿茶、速溶红茶、速溶乌龙茶、速溶茉莉花茶等。

【工艺流程】

原料茶处理→浸提→冷却→过滤→离心→浓缩→干燥→包装

【工艺要点】

(1)原料茶处理　乌龙茶都较粗大,为提高浸提效果,一般均需要粉碎。要求粉碎后茶叶粒度在 14 ~20 目。

(2)浸提　采用高效密闭加压循环连续抽提,水温 95 ~100 ℃,提取时间 10 min,压力 185 ~205 kPa,提取液在密闭系统中冷却,进入下一道工序。

(3)离心　由于提取液含有部分残渣和不溶性杂质,因此需过滤、离心处理。经冷却的提取液用压力泵泵入过滤器,在 245 kPa 左右压力下过滤,滤液再经 2 600 r/min 的离心机离心澄清。

(4)浓缩　经离心后的茶提取液,还需浓缩以减轻干燥时的负荷。浓缩工序采用薄膜蒸发浓缩,料液进入蒸发器锥体盘后,在离心力作用下使料液分布于锥盘外表面,形成 0.1 cm 厚的液膜,1 s 内受蒸汽加热而蒸发水分。浓缩至固形物含量 30% 左右。

(5)干燥　喷雾干燥工艺参数为进风温度 175 ℃、出风温度 75 ℃,干燥得到粉末状速溶茶。也可采用冷冻干燥方式进行干燥,得到块状产品,经粉碎过筛后即为粉末速溶茶粉。冷冻干燥得到的乌龙茶粉品质更好,但成本比喷雾干燥高。

(6)包装　选择具有良好防潮和密封性能的包装材料,在低温、低湿条件下迅速包装。

13.5.4　速溶豆乳粉

速溶豆粉又称豆奶粉,是大豆经去皮,磨浆加入砂糖,添加或不添加鲜乳(或乳粉)及其他辅料,经浓缩、喷雾干燥而成的制品。

【工艺流程】

原料→筛选→剥皮→蒸煮→冲洗→蒸煮→冲洗→冷却→粉碎→配料→均质→干燥

【工艺要点】

(1)原料处理　选用籽粒饱满、粒大圆润的新鲜大豆为原料。筛选剔除有霉变、虫害的次品;用剥皮机脱去大豆的种皮。

(2)蒸煮　在每 100 kg 大豆原料中加入 200 kg 水,0.2 kg 柠檬酸及 0.3 kg 磷酸,使用蒸汽加压蒸煮,温度保持 115 ℃,时间为 15 min 左右。

(3)冲洗　放出蒸煮水后,即用 70 ℃的热水进行冲洗,可以去除腥味物质。在加压蒸煮时,通常要进行两次蒸煮和冲洗,即第一次冲洗完毕后,立刻加入少量 70 ℃的热水继续加压蒸煮,15 min 后停止加热,再用 70 ℃的热水进行冲洗。

(4)冷却、粉碎　经两次蒸煮、冲洗后的大豆基本消除了豆腥味,为了进一步去掉大豆中残存的豆腥味,可把冲洗后的大豆冷却至 40 ℃左右,加入 0.5 kg 乳酸菌和 0.1 kg 蛋白质酶。乳酸菌能使产品带有乳香,蛋白酶能使大豆分解生成有香味的氨基酸,同时能清除产品中的苦味。经处理后的大豆用磨浆机磨浆,豆水比为 1 ∶ 5,豆浆浓度应在 10% 以上,pH 以 7.2 为宜,并在 40 ℃下保持 2 h。

(5)配料　把 2 kg 山梨醇酐脂肪酸酯、0.7 kg 蔗糖酯、0.1 kg 偏磷酸钠溶解于 130 kg,70 ℃的热水中搅拌均匀,然后与豆浆混合。

(6)均质　均质处理是提高豆乳品口感与稳定性的关键工序。将混合均匀的豆浆在 35 ~ 40 MPa 下均质处理 1 ~ 2 次,使蛋白质和脂肪球进一步细化,以提高口感和乳化稳定性。

(7)干燥　经均质乳化后的豆浆用喷雾干燥法制成粉末状成品。用该法制得的豆乳粉无腥味,可溶性蛋白质无损失,加水溶解后,分散性良好,具有乳香味。

13.6　影响固体饮料溶解性的因素

13.6.1　固体饮料各组成物质的溶解性

固体饮料通常用水冲调,因此各组成物质均应为可溶于水的极性分子,或其分子表面带有大量极性官能团如羟基、羧基等。组成成分的分子量不宜过大,否则扩散速度慢而降低溶解度。含蛋白质的固体饮料加工过程中要防止蛋白质变性而影响溶解度,脂肪等不溶性物质应通过添加乳化剂来保持稳定的乳化状态。

13.6.2　颗粒大小

影响传质速率的因素有:颗粒直径、颗粒的内外表面积、液膜厚度以及颗粒表面至液膜外水相主体中含有的溶解颗粒浓度之差、颗粒内部至颗粒表面的浓度差、扩散系数等。因此,增大颗粒的内外比表面积,减小颗粒直径有利于传质过程,即有利于颗粒的溶解。固体饮料粒度越小,则颗粒比表面积越大;颗粒直径越小,扩散距离越短,溶解速度越快。同时,粒度小,颗粒之间的空隙也小,颗粒表面溶解时容易粘连,从而阻止水分向粉体内部扩散;又由于粉体直径小,容重轻,易浮在液面上,湿润面积相对减少,溶解性下降。因此,固体饮料粒度太小,溶解速度反而较差。生产实践中,粒度在 40 ~ 120 目范围内一般可使固体饮料具有良好的溶解性和乳化性。

13.6.3　粉体流散性

粉体的流散性直接影响着固体饮料的溶解性，人体肉眼观察到的粉体颗粒实际上是由颗粒互相黏附而成的粉团粒。粉团粒对流散性的影响体现在其形状和大小上，一般团粒大，形状接近球形者流散性好，冲调时容易分散。团粒过小者形状大多不规则，且流散性差，表现为冲调时易出现"疙瘩"；团粒过大者在水中分散速度较慢，尚未分散完毕就已沉到容器底部，形成沉淀。因此，固体饮料生产中通过造粒工序可以使粒度分布均匀、颗粒较大且接近球形，提高其溶解性。

13.6.4　粉体容重

对于均质流体，粉体容重大有利于粉体向水下运动，粉体容重小则易漂浮在水面上，形成表面湿润、内部干燥的粉团，不利于固体饮料的溶解。

13.6.5　颗粒密度

颗粒密度过大，会阻止水分向粉体内部扩散，降低溶解速度；颗粒密度过小，则冲调时易上浮，降低溶解速度。颗粒密度接近水的密度时，颗粒可以在水中悬浮，保证了颗粒与水的充分接触，使之具有良好的溶解性。

思考题

1. 固体饮料包括哪些类型？
2. 固体饮料的原辅料主要有哪些？常用哪些生产设备？
3. 简述果蔬固体饮料的生产工艺及工艺要点。
4. 简述蛋白固体饮料的生产工艺及工艺要点。

参考文献

[1]蒲彪,胡小松.饮料工艺学[M].3版.北京:中国农业大学出版社,2016.
[2]孟宪军,乔旭光.果蔬加工工艺学[M].北京:中国轻工业出版社,2016.
[3]王丽霞.食品生产新技术[M].北京:化学工业出版社,2016.
[4]张慜,孙金才,卢利群.蔬菜食品加工品质调控与质量安全新技术[M].北京:科学出版社,2015.
[5]马松柏.果汁分离技术与装备[M].北京:中国农业科学技术出版社,2015.
[6]杨红霞.饮料加工技术[M].重庆:重庆大学出版社,2015.
[7]金征宇,彭池方.食品加工安全控制[M].北京:化学工业出版社,2014.
[8]尤玉如.乳品与饮料工艺学[M].北京:中国轻工业出版社,2014.
[9]曾洁,朱新荣,张明成.饮料生产工艺与配方[M].北京:化学工业出版社,2014.
[10]杨荫深.饮料食品[M].上海:上海辞书出版社,2014.
[11]阮美娟,徐怀德.饮料工艺学[M].北京:中国轻工业出版社,2013.
[12]孙宝国.食品添加剂[M].2版.北京:化学工业出版社,2013.
[13]王国军,孙洁心.软饮料工艺学[M].武汉:武汉理工大学出版社,2011.
[14]王丽琼.果蔬汁加工技术[M].北京:中国社会出版社,2009.
[15]于新奇.过程装备机械基础[M].北京:北京大学出版社,2009.
[16]蒋和体.软饮料工艺学[M].重庆:西南师范大学出版社,2008.
[17]汪秋安.香料香精生产技术及其应用[M].北京:中国纺织出版社,2008.
[18]刘钟栋.食品添加剂[M].南京:东南大学出版社,2006.
[19]蔺毅峰.软饮料加工工艺与配方[M].北京:化学工业出版社,2006.
[20]张国治.软饮料加工机械[M].北京:化学工业出版社,2006.
[21]田呈瑞,徐建国.软饮料工艺学[M].北京:中国计量出版社,2005.
[22]邓舜扬.新型饮料生产工艺与配方[M].北京:中国轻工业出版社,2004.
[23]郝利平.食品添加剂[M].北京:中国农业出版社,2004.
[24]方世辉.茶叶生产技术[M].合肥:安徽大学出版社,2002.
[25]周家华.食品添加剂[M].北京:化学工业出版社,2001.
[26]吴阳佑.流体超高温杀菌机的恒温控制方法及优化[D].广州:仲恺农业工程学院,2017.
[27]杜辉.红花饮料生产工艺优化及储藏期稳定性研究[D].哈尔滨:哈尔滨商业大学,2016.
[28]庆波.高效率灌装机的关键结构设计与研究[D].南京:南京理工大学,2015.
[29]李彬.中药凉茶及草药饮料产品色谱定性定量质量控制方法构建[D].长沙:湖南师范大学,2014.

[30]白超杰.青稞谷物类饮料工艺研究[D].南昌:南昌大学,2015.
[31]李洪涛.新型核桃花生蛋白饮料及蜜柚果粒枸杞汁饮料加工技术的研究[D].厦门:集美大学,2014.
[32]凌孟硕.苦荞麦芽-小米复合谷物饮料的工艺研究[D].无锡:江南大学,2013.
[33]邵云飞.速溶凤凰茶加工工艺研究[D].乌鲁木齐:新疆农业大学,2013.
[34]许亚翠.谷物早餐粉挤压工艺及其冲调性的研究[D].无锡:江南大学,2013.
[35]董红红.云南小粒咖啡湿法发酵中微生物的研究[D].北京:北京化工大学,2013.
[36]张啟.出口脱皮花生仁加工与储藏研究[D].南昌:江西农业大学,2012.
[37]赵容钟.花生牛奶饮料的制备工艺与稳定性研究[D].广州:华南理工大学,2011.
[38]傅庆辉.功能性饮料市场新进入者的市场营销策略[D].上海:华东理工大学,2011.
[39]弓志青.速溶杨梅-甘蓝固体饮料的加工及储藏工艺研究[D].无锡:江南大学,2008.
[40]叶倩.绿茶和菊花茶饮料色泽褐变机理和控制技术研究[D].杭州:浙江大学,2008.
[41]周康.佛掌山药固体饮料加工工艺、工厂设计及副产物综合利用研究[D].武汉:华中农业大学,2013.
[42]吴金鋆.复合全豆植物蛋白饮料的稳定性及流变特性研究[D].广州:华南理工大学,2010.
[43]周鹏.含牛乳米乳饮料的工艺及稳定性研究[D].无锡:江南大学,2008.
[44]张易,易万.复配豆奶粉和果珍的喷雾干燥工艺研究[J].食品工业,2015,36(06):70-73.
[45]钟佳娜,陈杰,孟岳成.响应面优化天然固体奶茶饮料配方的研究[J].食品科技,2014(4):96-100.
[46]朱向东.天然草本(植物)饮料新品研发与市场趋势的思考[J].中国食品添加剂,2012(05):192-202.
[47]李海凤.基于消费者行为的草本饮料市场营销策略研究[J].现代营销(下旬刊),2014(6):62-63.
[48]付方圆.《植物饮料》(GB/T 31326—2014)国家标准解读[J].饮料工业,2016,19(03):4-5.
[49]赵红艳,冀晓莹.植物功能性饮料的现状与发展趋势[J].食品工业科技,2016,37(15):390-393+396.
[50]赵溪竹,赖剑雄,李付鹏,等.我国可可产业发展现状与前景[J].中国热带农业,2018(05):4-5+51.
[51]郑广军.蜂蜜可可饮料的研制[J].现代化农业,2014,(08):24-25.
[52]苏州悦华生物科技有限公司.饮料新宠-谷物饮料的发展趋势[J].食品安全导刊,2013,11(06):66.
[53]贾福怀,晏永球,袁媛,等.基于谷物生物处理与营养重组技术的植物基营养乳饮料的开发[J].饮料工业,2018,21(05):26-35.
[54]马永强.格瓦斯与谷物发酵饮料的创新与发展[J].饮料工业,2016,19(03):53-56.
[55]丁志刚,桑宏庆,王泰.发芽糙米谷物饮料的研究[J].饮料工业,2013,16(06):

37-40.
[56]陈国庆,赵才武,吴昌远.铁皮石斛荷叶复合饮料生产工艺研究[J].中国新技术新产品,2016,58(15):90-91.
[57]耿黎明.草本饮料开启健康生活新方式[J].中国品牌,2017(10):60-61.
[58]邓腾.无糖凉茶植物饮料的研制[J].食品与机械,2013,29(04):210-213.
[59]郭晓帆,杨蓓蕾,王欣悦,等.食用菌加工产品发展前景分析[J].现代园艺,2018(04):21.
[60]周春丽,刘腾,胡雪雁,等.食用菌的营养价值及应用进展[J].食品工业,2016,37(06):247-252.
[61]于配配,方孝贤,何鑫平,等.海藻植物发酵液饮料的研制[J].食品工业科技,2017,38(21):224 -228+318.
[62]饶建平.市售即饮咖啡产品及发展趋势分析[J].饮料工业,2018(2):63-66.
[63]杨雁,吴荣书.红豆咖啡复合饮料的研制[J].食品与发酵科技,2013(03):60-63.
[64]杨洋,刘海燕,高航,等.小粒咖啡乳饮料制作工艺研究[J].江苏调味副食品,2017(04):7-10.
[65]徐侃,郭芬,吴坚,等.咖啡湿法加工过程中影响品质的因素[J].中国农业信息,2014(3): 153-154.
[66]张梦娇,王蓓,李妍,等.咖啡中的特征风味组分研究进展[J].食品研究与开发,2016(16):213-219.
[67]李学俊,黎丹妮,崔文锐,等.小粒种咖啡品质的影响因素及咖啡质量控制技术[J].中国热带农业,2016(03):16-18.
[68]陈云兰,陈治华,蒋快乐,等.不同初加工工艺对云南阿拉比卡咖啡品质的影响[J].现代食品科技,2018,35:1-9.
[69]文志华,高玉梅,何红艳,等.咖啡湿法加工对咖啡品质影响探究[J].农村经济与科技,2016(12):53-54.
[70]武瑞瑞,李贵平,王雪松,等.咖啡湿法加工过程中影响品质的因素分析[J].热带农业工程,2012,36(05):1-3.
[71]吴琛,盛丽.冷萃咖啡的现状及应用[J].食品安全导刊,2017(21):111.
[72]唐臻睿.不同增稠剂对咖啡乳饮料稳定性的影响[J].食品工业,2017(03):92-94.
[73]郑自健,范耀辉,杨菁,等.新型乳化剂在咖啡乳饮料中的应用研究[J].中国食品添加剂,2018(07):150-154.
[74]韩在祺,昌盛,冯波,等.苦瓜咖啡饮料的研制及其减肥功能的研究[J].吉林医药学院学报,2019(01):9-12.
[75]刘爽,龙达嘉.咖啡椰奶配方研究[J].饮料工业,2018,21(03):28-30.
[76]邓代君.不同增稠剂对咖啡乳饮料的稳定性影响分析[J].现代食品,2017(13):4-6.
[77]李向东,刘鹭.咖啡发酵含乳饮料的研制[J].中国酿造,2012,31(07):171-174.
[78]赵芳芳,王华,贲东旭,等.乳化剂对咖啡乳饮料脂肪稳定性的影响[J].中国食品添加剂,2017(05):169-174.